Mathematik im Kontext

Herausgeber:
David E. Rowe
Klaus Volkert

Klaus Volkert

Das Undenkbare denken

Die Rezeption der nichteuklidischen Geometrie
im deutschsprachigen Raum (1860–1900)

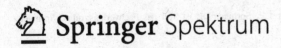

Klaus Volkert
Bexbach, Deutschland

ISSN 2191-074X   ISSN 2191-0758 (electronic)
ISBN 978-3-642-37721-1   ISBN 978-3-642-37722-8 (eBook)
DOI 10.1007/978-3-642-37722-8

Mathematics Subject Classification (2010): 01A55

Die Deutsche Nationalbibliothek verzeichnet diese Publikation in der Deutschen Nationalbibliografie; detaillierte
bibliografische Daten sind im Internet über http://dnb.d-nb.de abrufbar.

Springer Spektrum

Springer Spektrum ist eine Marke von Springer DE. Springer DE ist Teil der Fachverlagsgruppe Springer
Science+Business Media
www.springer-spektrum.de

Für Aline, Pascal, Rasmus und Sorrel

Dank

Der Inhalt dieses Buches beschäftigte mich seit vielen Jahren. Mehrfach habe ich über ihn Vorlesungen angeboten, u.a. in Frankfurt, Heidelberg, Strasbourg und Wuppertal. Mein Dank gilt allen Hörerinnen und Hörern dieser Vorlesungen, die durch ihre Fragen und ihr Staunen meine Einsichten wesentlich befördert haben. Einige Freunde und Kollegen haben mich durch die Jahrzehnte begleitet und mich in vielerlei Hinsicht nicht nur fachlich unterstützt. Stellvertretend für alle diese nenne ich Erhard Scholz (Wuppertal), Philippe Nabonnand (Nancy), Gerhard Heinzmann (Nancy) und Jean-Pierre Friedelmeyer (Osenbach). Mein besonderer Dank gilt Erhard Scholz, der die mühevolle Aufgabe des Korrekturlesens auf sich genommen hat und dessen Rat mir immer von größtem Nutzen war und ist. Den Mitarbeitern in der Arbeitsgruppe „Didaktik und Geschichte der Mathematik" Sara Confalonieri, Hannah Hoffmann, Mechthild Köhler, Desirée Kröger, Sebastian Kitz und Alfredo Ramirez sowie meinen früheren Mitarbeitern Frauke Böttcher und Jan Schmidt gilt mein Dank für ihre Unterstützung bei der Beschaffung von Literatur und anderweitige vielfältige Hilfe. Kollege Gregor Schiemann hat mein Verständnis von der Entwicklung der Wissenschaft im 19. Jh. speziell und der Philosophie im Allgemeinen durch viele Gespräche und insbesondere in unseren gemeinsamen Seminaren wesentlich bereichert. David Rowe (Mainz) als Mitherausgeber der Reihe „Mathematik im Kontext" und Clemens Heine (Heidelberg) als zuständiger Bereichsleiter im Springer-Verlag gilt mein Dank dafür, dass sie die Realisierung dieses lange erstrebten, unter dem Aspekt der Umsatzrendite sicherlich nicht allzu attraktiven Projekts ermöglichten. Schließlich danke ich meinen Söhnen Bernhard Pascal und Lucien Rasmus für mannigfaltige technische Hilfe und Marco Kraemer (Wemmetsweiler) für die sorgfältige Erstellung der Druckvorlage dieses Buches.

Bexbach, im Februar 2013   Klaus Volkert

Inhaltsverzeichnis

Kapitel 1
Einleitung

Gefordert soll sein:
[...] 5. Und dass, wenn eine gerade Linie beim Schnitt mit zwei geraden
Linien bewirkt, dass innen auf derselben Seite entstehende Winkel
zusammen kleiner als zwei Rechte werden, dann die zwei geraden
Linien bei Verlängerung ins Unendliche sich treffen auf der Seite, auf
der die Winkel liegen, die zusammen kleiner als zwei rechte sind.

(Euklid)

Übersicht zum Inhalt des Buches

Wenige Themen aus der Mathematikgeschichte sind so gut und umfassend untersucht und
dokumentiert worden, wie die Geschichte der nichteuklidischen Geometrie[1]. Das Schwer-
gewicht des Interesses lag dabei auf der Vorgeschichte der nichteuklidischen Geometrie,
deren Ende man in den Publikationen von Janos Bolyai und Nikolaus Lobatschewskij
ab ca. 1830 sieht. Mit den Werken der beiden Genannten lagen Bearbeitungen vor, die
– mathematisch gesehen – das Problem im Großen und Ganzen lösten, indem sie nachwiesen, dass eine systematische Entwicklung einer Geometrie, welche auf einer Negation
des Euklidischen Parallelenpostulats beruht, durchgeführt werden kann. Was die beiden
Begründer der nichteuklidischen Geometrie von Vorläufern im 18. Jh. wie G. Saccheri
und J. H. Lambert hauptsächlich unterschied, war, dass sie davon überzeugt waren, dass
sich in der neuen Geometrie keine Widersprüche ergeben würden – im Unterschied zu
G. Saccheri beispielsweise, der hundert Jahre zuvor zahlreiche Sätze der nichteuklidischen Geometrie hergeleitet hatte, um dann doch den Widerspruch (der allerdings aus
moderner Sicht keiner war), von dessen Existenz er überzeugt war, zu finden. Die Frage der Widerspruchsfreiheit der nichteuklidischen Geometrie in dem Sinne, wie wir sie

---

[1] Ich verwende „nichteuklidische" Geometrie im Folgenden meist im engeren Sinn, also als Synonym für
„hyperbolische" Geometrie; Ausnahmen hiervon werden angezeigt. Zur Entstehung dieser Terminologie
vgl. man Kap. 3.

K. Volkert, *Das Undenkbare denken*, Mathematik im Kontext, DOI 10.1007/978-3-642-37722-8_1,   1
© Springer-Verlag Berlin Heidelberg 2013

heute auffassen, sollte erst viel später diskutiert werden (vgl. Kap. 8). Selbst die ersten Versuche, die nichteuklidische Geometrie konkret-anschaulich zu interpretieren, hatten anfänglich mit ihr wenig bis gar nichts zu tun. Das werden wir in den Kap. 3, 4 und 6 genauer sehen.

Die Durchsetzung der nichteuklidischen Geometrie verlief keineswegs nach dem Schema „veni, vidi, vici". Die Erkenntnisse ihrer Begründer schlummerten jahrzehntelang unbeachtet in der mathematischen Fachliteratur. Dabei spielte sicher eine Rolle, dass diese Begründer eher Außenseiter in der mathematischen Welt ihrer Zeit waren, dass sie ihre Erkenntnisse teilweise in schwer zugänglicher Form darlegten und dass diese mit vielen liebgewonnenen Überzeugungen im Widerstreit standen. Schließlich fehlte die Autorität, die ihnen zum Durchbruch hätte verhelfen können, denn Gauß hütete seine diesbezüglichen Überzeugungen konsequent. Der Prozess, wie sich die nichteuklidische Geometrie schließlich durchsetzte, ist deshalb auch ein Lehrstück der Entwicklung der Mathematik allgemein. Dabei zeigt sich in Kap. 2, wie überraschend wichtig die Frage der Autorität gewesen ist. Trotz Bekanntwerden und Anerkennung der nichteuklidischen Geometrie blieben weitere Unmöglichkeitsbeweise nicht aus. Diese drangen gar bis in die höchsten Höhen der wissenschaftlichen Welt – nämlich in die Pariser Akademie der Wissenschaften – vor. Parallel hierzu blieb auch die kritische Aufgabe, genau aufzuweisen, woran die älteren und neueren Beweisversuche scheiterten. Für ältere Beweise hatte bereits G. S. Klügel mit seiner Göttinger Dissertation (1763) Pionierarbeit geleistet, doch waren danach noch einige besonders populäre neue „Beweise" gefunden worden (u. a. von A. M. Legendre und B. Thibaut). Diese beiden Aspekte sind Gegenstand des siebten Kapitels. Nachdem sich die nichteuklidische Geometrie etabliert hatte, wurde diese tiefgreifende Veränderung gerne mit jenen grundlegenden Ereignissen der Wissenschaftsgeschichte verglichen, die das moderne Weltbild ermöglicht hatten – also mit einer Art von Kopernikanischer Wende:

> Nicht unwahrscheinlich ist es, dass sich noch in dem ablaufenden Jahrhundert allmählich in den Vorstellungskreis der Gebildeten eine Neuerung drängt, welche in Art und Bedeutung jener Vorstellungsänderung gleichsteht, die vor wenigen Jahrhunderten in Bezug auf die Gestalt der Erde und die Stellung derselben im Weltall zum Abschlusse kam.
>
> (Most 1883, 1)

Es gibt zahlreiche hervorragende Studien, insbesondere auch Quellensammlungen, zur Geschichte der nichteuklidischen Geometrie, weshalb es angebracht ist, hier das Besondere der vorliegenden Quellensammlung herauszustellen. Da ist zuerst einmal der bislang wenig beachtete Zeitraum zu nennen, den wir hier betrachten werden. Dieser reicht etwa von 1860 bis 1900.[2] Sodann geht es inhaltlich darum, wie die nichteuklidische Geometrie allmählich ins allgemeine mathematische Bewusstsein und noch weiter drang, wie sie also rezipiert worden ist. Dabei werden wir uns mit gewissen sinnvollen Ausnahmen auf den deutschsprachigen Raum konzentrieren, denn schon hier ist die Fülle des Materials überwältigend. Wir werden uns nicht nur auf das höchste Niveau der mathematischen Forschung beschränken, sondern auch einen Blick auf Lehrerkreise werfen; auch dies

---

[2] Eine Ausnahme bildet Voelke (2005), der aber eine andere Zielsetzung verfolgt und zudem ausführlich den französischsprachigen Raum berücksichtigt. Diesem sehr sorgfältig gearbeiteten Werk verdankt der Autor des vorliegenden Buches viele Anregungen und Ideen. Pont (1986) enthält einige der hier präsentierten Texte. Für den englischen Sprachraum ist Richards (1988) zu nennen.

scheint dem Verfasser eine große Lücke in der vorhandenen Literatur zu sein. Die Parallelenlehre war – und ist – ein traditionelles Teilgebiet der gymnasialen Schulgeometrie; tiefgreifende Änderungen in ihr warfen sofort auch die Frage auf, ob Konsequenzen für den Unterricht zu ziehen seien. Das umso mehr als viele Gymnasiallehrer in der zweiten Hälfte des 19. Jhs. durchaus noch den Anspruch hatten, an der Wissenschaft teilzuhaben und aktiv daran teilzunehmen. Mit den sogenannten Schulprogrammen stand ihnen eine Publikationsform zur Verfügung, deren Wichtigkeit die mathematikhistorische Forschung erst kürzlich für sich entdeckt hat (vgl. hierzu Kap. 7 und vor allem 10).

Natürlich müssen wir auch auf die Diskussionen eingehen, die mehr oder minder philosophisch geprägt waren. Vielen Philosophen – professionelle und auch nichtprofessionelle – schien die Möglichkeit der nichteuklidischen Geometrie geradezu ausgeschlossen. Kants Erkenntniskritik wurde zum „locus classicus" für die Zurückweisung der nichteuklidischen Geometrie in der Hand vieler Gegner der neuen Geometrie. Andererseits gewann die empirische Sichtweise auf Geometrie im 19. Jh. allgemein und insbesondere im Zusammenhang mit der nichteuklidischen Geometrie stark an Einfluss. Ihr zufolge ist die Natur des Raumes durch Messungen zu klären und die Grundbegriffe der Geometrie sind empirischen Ursprungs. Die Geometrie ist so gesehen die exakteste Naturwissenschaft (H. Helmholtz, M. Pasch). Schließlich schien die nichteuklidische Geometrie dem Relativismus Tür und Tor zu öffnen: Wenn selbst eine scheinbar felsenfeste Aussage wie „Die Winkelsumme im Dreieck beträgt zwei Rechte" keine absolute Wahrheit mehr darstellte, wie konnte es dann überhaupt noch Sicherheit geben, etwa bezüglich wichtiger – z. B. ethischer oder naturwissenschaftlicher – Fragen? Diese Herausforderung muss man auch auf dem Hintergrund der Auseinandersetzungen um den Darwinismus sehen, die damals weite Kreise – bis hin zum vorübergehenden Verbot des Faches Biologie (1883)[3] – zogen. Der Darwinismus war stets dem Materialismusverdacht ausgesetzt; von diesem war es nur ein kleiner Schritt hin zu Sozialismus und Kommunismus, Weltanschauungen, die das deutsche Kaiserreich mit allen Mitteln bekämpfte. Darüber hinaus wurde heftig gestritten um die Einführung bzw. den Ausbau der Naturwissenschaften im Gymnasium; im Unterschied zu diesen war der Bestand des Faches Mathematik nie gefährdet.[4] Der „Wahrheitsgewissheitsverlust" (G. Schiemann), der sich in den Naturwissenschaften, allen voran in der Physik, bemerkbar machte, und der dazu führte, dass die Naturwissenschaften schließlich umfassend einen hypothetischen Status bekamen, trug ein Übriges dazu bei, althergebrachte Grundlagen auch der Geometrie in Frage zu stellen. Umgekehrt begünstigte die Entwicklung in der Geometrie natürlich auch die allgemeine Entwicklung hin zur Überzeugung, alle Wissenschaft sei letztlich hypothetisch, indem eine der letzten Bastionen des Apriorismus gestürmt wurde. Diese Fragen werden im Kap. 9 diskutiert.

Eine große Rolle spielten die „Versinnlichungen" der nichteuklidischen Geometrie, die ab 1868 gefunden wurden (oder konstruiert wurden, je nach philosophischer Lesart) und die man viel später „Modelle" nennen sollte. Diese lösten in den Augen vieler Mathematiker ein ontologisches (und kein logisches) Problem, indem sie den Nachweis lieferten, dass auch die nichteuklidische Geometrie eine „reale" Grundlage besitzt. Die Geschichte dieser Modelle ist faszinierend: Blickt man genauer hin, so erkennt man viele überra-

---

[3] Daum (2002), 83.
[4] Daum (2002), 43–84.

schende Facetten und Hindernisse, die man aus moderner Sicht gar nicht erwartet hätte. Darüber geben die Kap. 3, 4 und 6 ausführlich Auskunft.

Gewissermaßen diametral der Versinnlichung gegenüber gestellt ist traditionell die Axiomatik. Diese wird gerne begriffen als der Versuch, jeglichen Bezug zur Anschauung auszuschalten und die gesamte Mathematik, insbesondere aber die Geometrie, rein deduktiv aufzubauen. Die Frage nach dem Status des Parallelenpostulats war ja ursprünglich eine zur Axiomatik: Handelt es sich wirklich um ein Axiom (bzw. in Euklids Ausdrucksweise um ein Postulat) oder nicht doch um einen ableitbaren Satz? In diesem Sinne ist das Problem der nichteuklidischen Geometrie auch eingebettet in die allgemeine Entwicklung der Axiomatik, insbesondere da seit dem so genannten ersten Satz von Legendre klar war, dass nicht nur das Parallelenaxiom sondern auch die Frage der „Unendlichkeit" der Geraden, die man durchaus unterschiedlich in einem „Axiom der Gerade" fasste, eine wichtige Rolle im Bereich der hier interessierenden Fragen spielt. Hierauf gehen wir in Kap. 8 ein.

Schließlich geht es in Kap. 5 um die sphärische und die elliptische Geometrie. Auch in diesen gilt eine Negation des Parallelenpostulats – es gibt hier bekanntlich keine Parallelen. Hinzu kommt aber, dass die Geraden nur noch endliche Länge besitzen und die Anordnung der Punkte auf Geraden eine zyklische ist. Insgesamt hat die Klärung der Verhältnisse, die hier vorliegen, eine große Rolle in der Rezeption der Alternativgeometrien[5] gespielt.

Der Anhang schließlich enthält zwei bemerkenswerte, bislang wenig bekannte Dokumente zur Geschichte der nichteuklidischen Geometrie: nämlich die Dissertation von S. G. Klügel (1763), die eine Vielzahl von Beweisen für das Parallelenpostulat kritisch untersucht (und verwirft), sowie den ausführlichen Artikel zur Parallelenlehre von L. A. Sohncke aus der Enzyklopädie von Ersch und Gruber, in dem dieser einen Überblick zur Lage gab, wie sie sich um die Mitte des 19. Jhs. für alle Nichteingeweihten darstellte. Die Übersetzung der Dissertation von G. S. Klügel hat Herr Dr. M. Hellmann (Wertheim) mit großer Sorgfalt vorgenommen; die Dissertation wird hier erstmals in deutscher Sprache gedruckt.

Das vorliegende Buch ist eine kommentierte Quellensammlung. Viele der hier wiedergegebenen Texte werden erstmals einem größeren Publikum zugänglich gemacht bzw. sind erstmals in die deutsche Sprache übersetzt worden. Anders aber als in der klassischen Quellensammlung von P. Stäckel und Fr. Engel werden hier ausführliche Kommentare gegeben – in der Hoffnung, so das Verständnis zu fördern. Mathematisch-technische Entwicklungen wurden weitgehend vermieden. Allerdings war der Autor bestrebt, die Grundlagen zumindest soweit vorzustellen, dass ein kundiger Leser diese weiterführen oder sich in der reichlich vorhandenen Fachliteratur informieren kann. Fußnoten geben unmittelbar Informationen zum Text, Endnoten der Kapitel dagegen bieten weiterführende Informationen, insbesondere auch Hinweise auf die Literatur, an. Über die verwendete Terminologie – ein aufgrund der herrschenden Uneinheitlichkeit schwieriges Thema – gibt die Bemerkung „Zur Terminologie" am Ende dieser Einleitung Auskunft. Um das Verständnis der geschichtlichen Zusammenhänge zu fördern, werden die wichtigsten Akteure in Kurzbiographien vorgestellt. Die Schreibweisen – ein weiteres unerfreuliches Thema –

---

[5] Diesen Terminus verwende ich als Oberbegriff. Im weiteren Sinne zählt zu ihm auch die vier- und höherdimensionale Sichtweise, welche aber im vorliegenden Buch nicht zur Sprache kommen wird. Er ist synonym mit nichteuklidische Geometrie im weiteren Sinne.

wurden konsequent vereinheitlicht, außer in Titeln, die im Literaturverzeichnis auftreten (um deren Suche nicht unnötig zu erschweren). Auch wurden alle Texte – soweit sie nicht gescannt sind – in Schreibweise und Orthographie heutigen Standards angepasst.

Die Situation der Mathematik insbesondere der Geometrie im deutschsprachigen Raum

Die in diesem Buch dargestellt Rezeptionsgeschichte spielte sich in der Hauptsache in der zweiten Hälfte des 19. Jhs. im deutschsprachigen Raum ab. Es erscheint deshalb sinnvoll, einige Bemerkungen allgemeiner Art voran stellen, um deutlich zu machen, in welcher Situation sich damals die Mathematik – was genau sollte das sein? – befand. Wenn wir im Folgenden vom „deutschsprachigen Raum" sprechen, so ist damit in etwa der politische Raum gemeint, der mit der Reichsgründung 1871 festgelegt wurde; selbstverständlich ist dieser – die „kleindeutsche" Variante – erheblich kleiner als der deutsche Sprachraum im eigentlichen Wortsinne. Auch nach der Reichsgründung blieb den Einzelstaaten[6] eine erhebliche Autonomie, welche insbesondere auch damals das Bildungswesen betraf. Insofern sind allgemeine Aussagen nur schwer zu treffen. Im universitären Bereich hatte sich die Mathematik von einem propädeutischen Fach, das in der Artistenfakultät im Rahmen des Quadriviums hauptsächlich als Arithmetik und Geometrie von einem mehr oder (meist) weniger qualifizierten Dozenten unterrichtet wurde, zu einer eigenständigen und gleichberechtigten Disziplin in der Philosophischen Fakultät, zu der die Artistenfakultät im 19. Jh. aufgewertet worden war, entwickelt. Dabei ist zu beachten, dass sich erst im Laufe des 19. Jhs. die Disziplinenvielfalt so herausgebildet hat, wie sie uns heute geläufig ist. Parallel hierzu verläuft eine fortschreitende Autonomisierung der Disziplinen, in Sonderheit auch der Mathematik. Man verbittet sich zunehmend Einmischungen von „außen" seitens der Philosophie, der Theologie oder anderer Gebiete. Wissenschaft wird zur Autorität. Im 19. Jh. änderte sich das Kräfteverhältnis zwischen den Fakultäten auch insofern, als ab ca. 1870 die Philosophische Fakultät zur größten Fakultät aufstieg – gefolgt von der Medizin auf Platz zwei – und damit die Jurisprudenz von Platz eins verdrängte.[7] Der Anteil der Studenten der Philosophischen Fakultät, welche Mathematik oder Naturwissenschaften belegten, stieg geringfügig von 18,3% im Jahr 1861 auf 19,3% zehn Jahre später.[8] Einen wichtigen Anteil hieran hatte die mit Beginn des 19. Jhs. einsetzende Professionalisierung des Mathematiklehrerberufs an Gymnasien als Folge der durchgreifenden Organisation des Bildungswesens durch den Staat – eine sehr folgenreiche Neuerung des 19. Jhs. Bis Ende dieses Jahrhunderts gab es eigentlich nur zwei Berufsmöglichkeiten für Absolventen der Mathematik: die Dozentenlaufbahn an Universitäten, technischen Hochschulen oder ähnlichen Institutionen[9] oder eben das Lehramt an

---

[6] Die wichtigsten neben Preußen: Bayern, Baden, Hessen, Mecklenburg, Oldenburg, Sachsen, Württemberg sowie das Reichsland Elsaß-Lothringen.

[7] Vgl. Wehler (2006), 419, wo sich sehr informatives Zahlenmaterial findet. Ich danke V. Remmert (Wuppertal) dafür, dass er mich auf diese wertvolle Quelle aufmerksam gemacht hat.

[8] Vgl. Wehler (2006), 421.

[9] Z. B. Maschinenbauschulen, Bauschulen etc. – gelegentlich als Mittelschulen bezeichnet.

Gymnasien. Dabei war es nicht selten, dass spätere Mathematikprofessoren einige Zeit an Gymnasien unterrichteten, eine Durchlässigkeit war durchaus gegeben.

Etwa ab der Mitte des 19. Jhs. war die Struktur für die universitäre Karriere eines Mathematikers die folgende: Promotion, Habilitation, Privatdozent, oft Extraordinarius, Ordinarius. In der Regel erhielten nur die Ordinarien eine feste Bezahlung, die Extraordinarien mussten sich mit Hörergeldern und bezahlten Lehraufträgen (zum Beispiel für die Kameralisten) eventuell auch mit einer geringen festen Bezahlung begnügen, Analoges galt für Privatdozenten.[10]

1860 gab es im Gebiet des späteren deutschen Reichs 20 Universitäten, die jüngste hierunter war Bonn (gegründet 1818), gefolgt von Breslau (1811) und Berlin (1810), etwa die Hälfte davon lag auf preußischem Gebiet. Nach dem Vertrag von Frankfurt (1872) kam dann noch die Universität in Straßburg hinzu, die im Anschluss systematisch ausgebaut wurde zur Kaiser-Wilhelm-Universität. Diese Situation war erstaunlich stabil; sie blieb unverändert bis zum Ersten Weltkrieg.[11] Die Anzahl der Studierenden blieb lange Zeit etwa konstant, begann dann aber nach 1870 zu wachsen. Im Zuge dieses Wachstums änderte sich auch die soziale Herkunft der Studenten dadurch, dass verstärkt Studenten aus kleinbürgerlichen Verhältnissen auftraten.[12]

Jede Universität verfügte über ein bis zwei Ordinariate für Mathematik, ganz selten waren es mal drei.[13] Man kommt so auf etwa 50 Ordinarien für Mathematik im deutschen Reich.[14] Eine Karriere als Mathematiker anzustreben, war somit reichlich riskant. Am besten war es natürlich, man hatte ein finanzstarkes Elternhaus im Hintergrund oder sonstige ergiebige Einnahmequellen.[15] In der Regel gab es ein bis zwei Extraordinarien und einen Privatdozenten an jeder Universität, so dass man auf rund 100 hauptberuflich forschende Mathematiker kommt. Dabei ist zu beachten, dass „Mathematik" an Universitäten schlichtweg „reine Mathematik" bedeutete, was dennoch viele ihrer Professoren nicht daran hinderte, auch in angewandten Bereichen – vorrangig in Physik und Himmelsmechanik – zu forschen (aber nur selten zu lehren). Weiterhin gab es noch forschende Mathematiker an den (ab 1875 so genannten) neun Technischen Hochschulen und an

---

[10] Der Unterschied zwischen Privatdozenten und Extraordinarien war materiell und universitätsrechtlich gering; insbesondere hatten beide kein Mitspracherecht, entschieden haben im 19. Jh. die Ordinarien allein.

[11] Erst danach kam es zu Neu- und Wiedergründungen (Hamburg, Frankfurt a. M. und Köln).

[12] Wehler (2006), 427.

[13] Berlin, Göttingen; in Straßburg gab es ein bezahltes Extraordinariat. Andererseits existierten auch Universitäten mit einem einzigen mathematischen Ordinariat wie Heidelberg und Greifswald.

[14] Genauere Angaben finden sich bei Lorey (1916), 17, der für WS 1914/15 folgende Zahlen (für Mathematik) angibt: 49 Ordinariate, 6 Honorarprofessoren, 18 Extraordinate, 22 Privatdozenten, 2 sonstige Dozenten. Für das Jahr 1870 gibt Wehler als Gesamtzahl für die Mitglieder des Lehrkörpers aller deutschen Universitäten 1521 Männer an; vgl. Wehler (2006), 423.

[15] Bespiele: L. Kronecker, der große Ländereien (mit-)besaß und zeitweise auch selbst verwaltete; F. E. Prym, der eine florierende Fabrik für Druckknöpfe besaß (ältere Leute kennen heute noch die früher sehr verbreiteten Prymschen Druckknöpfe), A. Pringsheim, Schwiegervater von Th. Mann und Spross der angeblich zweitreichsten Berliner Familie (nach Siemens), die ihr Vermögen Kaufhäusern verdankte. Diese Auswahl ist natürlich rein zufällig und keineswegs repräsentativ. Neben diesen finanziellen Schranken gab es auch speziell Hindernisse für Juden, die sich weigerten, zu konvertieren, und die erst spät im 19. Jh. Beamte werden konnten. Vgl. hierzu die eindrückliche Schilderung bei L. Königsberger (Königsberger 1919, 30–32). Bekennende Sozialisten hätten sicher auch keine Chance gehabt, anscheinend gab es aber keine unter den Mathematikern der zweiten Hälfte des 19. Jhs.

einigen Akademien[16] (wie Münster und Braunsberg in Ostpreußen [heute Braniewo in Polen]) sowie an den bereits genannten Mittelschulen.[17] An den technischen Hochschulen – damals meist Polytechnika genannt – etablierte sich im Laufe des 19. Jhs. die darstellende Geometrie als ein neues mathematisches Fach, was dazu führte, dass hierfür meist ein Geometer beschäftigt wurde. Aufgrund dieser schwierigen Situation sahen sich manche Privatdozenten oder Extraordinarien genötigt, Rufe ins Ausland anzunehmen. Eine wichtige Rolle spielte hierbei die ETH in Zürich (damals Polytechnikum genannt), die für viele deutsche Mathematiker[18] die erste Sprosse in der Karriereleiter bildete. Ganz mutige (oder verzweifelte?!) wagten sich gar in die USA wie H. Maschke (1891–1908 Assistenzprofessor in Chicago) und O. Bolza (1894–1910 Professor in Chicago). Die mathematische Gemeinschaft war klein und überschaubar, man kannte sich in der Regel. Das Zentrum der Mathematik lag im 19. Jh. zuerst lange Zeit in Göttingen (Gauß, Dirichlet, Riemann, Clebsch), um dann in den 70ern sich nach Berlin zu verlagern (Kummer, Kronecker, Weierstrass) und schließlich wieder nach Göttingen (Klein, Hilbert, Minkowski) zurückzukehren. Die Dominanz von Berlin wurde durchaus als lastend empfunden, Belege hierfür findet man bei F. Klein an vielen Stellen, aber auch bei G. Cantor.[19] Die Akademien der Wissenschaften,[20] die im 18. Jh. der wichtigste Träger der mathematischen Forschung gewesen waren, verloren im 19. Jh. angesichts des Aufstiegs der neukonzipierten Forschungsuniversitäten an Bedeutung. Allerdings boten sie ihren Mitgliedern, neben Prestige und eventuell auch Bezahlung, vor allem bequeme Möglichkeiten der Publikation.

Kommunikationsmöglichkeiten stellten die mathematischen Fachzeitschriften bereit, die im 19. Jh. im deutschsprachigen Raum entstanden: das „Journal für die reine und angewandte Mathematik", gegründet 1826 von A. L. Crelle, das „Archiv der Mathematik und Physik", gegründet 1841 von J. A. Grunert, das „für die besonderen Bedürfnisse der Lehrer an höheren Bildungsanstalten" geplant war, die „Zeitschrift für Mathematik und Physik", gegründet 1856 von O. Schlömilch, sowie die 1868 in Abgrenzung zur Berliner Schule von A. Clebsch ins Leben gerufenen „Mathematischen Annalen". Abgesehen von einem vorüber gehenden Tief unter dem Herausgeber K. W. Borchardt behauptete das Crelle-Journal auch international seine führende Position bis in die 1890er Jahre hinein, als allmählich die Konkurrenz durch die „Mathematischen Annalen" immer stärker wurde. Hinzu kam 1870 die „Zeitschrift für den mathematischen und naturwissenschaftli-

---

[16] Diese boten einen höheren Abschluss nur für Theologen an, verfügten aber über ein breiteres Angebot an Fächern, die man mit dem Lehrerexamen abschließen konnte. Bekanntes Beispiel eines Akademiestudenten ist K. Weierstrass, der sein Lehrerexamen in Münster ablegte, nachdem sein Studium der Kameralistik in Bonn wenig Erfolg gebracht hatte. Weierstrass und später auch sein Schüler W. Killing wurden Professor an der Akademie in Braunsberg.

[17] Hier waren die Möglichkeiten, aktiv zu forschen, wohl eher bescheiden. Ein bekannter Mathematiker, der an einer derartigen Mittelschule, nämlich der Maschinenbauschule in Hagen, unterrichtete, war V. Schlegel.

[18] Beispiele: R. Dedekind, E. B. Christoffel, H. A. Schwarz, G. Frobenius, A. Hurwitz, F. Prym, H. Weber, F. Schottky, H. Minkowski.

[19] Cantor litt doppelt unter Berlin: zum einen durch die heftigen Angriffe Kroneckers auf seine Mengenlehre, zum anderen durch die von ihm als ungerecht empfundene Differenz in der Bezahlung; vgl. Décaillot (2011), 6–7.

[20] Solche gab es in dem von uns betrachteten Raum in Preußen (Berlin, Göttingen), Sachsen (Leipzig) und Bayern (München); daneben gab es die Leopoldina in Halle.

chen Unterricht", gegründet von I. C. V. Hoffmann, die sich didaktischen Fragen widmete. Eine andere Kommunikationsmöglichkeit bot die mathematische Sektion der Versammlung deutscher Naturforscher und Ärzte (seit 1843), später kam eine Sektion für den mathematisch-naturwissenschaftlichen Unterricht hinzu.[21] Auch die Versammlung deutscher Philologen und Schulmänner, die sogenannte Wanderversammlung, hatte seit 1864 eine Sektion für den Mathematikunterricht. Reisen – außer zu den Naturforscherversammlungen – waren selten und auswärtige Vorträge (in der Art moderner Kolloquien) gab es noch nicht. Dafür wechselte man häufig Briefe – die Korrespondenz war auch in der zweiten Hälfte des 19. Jhs. eine wichtige Form, um mathematische Ideen zu kommunizieren. Hin und wieder druckten die Fachzeitschriften solche Briefe.

Mathematik und insbesondere Geometrie war Bestandteil des gymnasialen Unterrichts. In der Regel gab es an einem Gymnasium – diese waren meist sechsklassig – zwei Mathematiklehrer, einen Oberlehrer, der die Qualifikation besaß, in der Oberstufe zu unterrichten, und einen Unterlehrer, der die restlichen Klassen versorgte. Daneben unterrichteten diese Lehrer immer auch in anderen Fächern, den Ein-Fach-Lehrer gab es in Deutschland nie. Im Laufe des 19. Jhs. erfuhr die Mathematik als Schulfach nach langem Kampf eine Aufwertung, insbesondere entstanden „realistische"[22] Anstalten. Der Kampf um deren Gleichstellung dauerte das ganze Jahrhundert, erst der königliche Erlass vom 26.11.1900 stellte in Preußen die Realanstalten den anderen Gymnasien gleich (z. B. bezüglich der Berechtigung zum Studium, die das entsprechende Abitur bot). In den Auseinandersetzungen mit den Altphilologen spielte die Frage eine große Rolle, welchen Beitrag die Mathematik zur Bildung und zum Erlernen des Denkens leiste.

Günstig für die Mathematik war natürlich die Tatsache, dass die auch in Deutschland im 19. Jh. einsetzende Industrialisierung einen massiven Bedarf an Fachkräften, z. B. Ingenieuren, mit sich brachte.[23] Allerdings entstand in Gestalt der sogenannten Ingenieursbewegung gegen Ende des 19. Jhs. eine einflussreiche Bewegung, die die ihrer Meinung überzogenen mathematischen Ansprüche in der Ausbildung von Ingenieuren kritisierte. Im 19. Jh. wuchs das staatliche Interesse an Wissenschaft und Technik[24] ungemein; insbesondere entstand in Deutschland das System staatlich finanzierter Forschungsuniversitäten, das Vorbildcharakter für viele andere Länder gewinnen sollte. Dennoch bleibt festzuhalten, dass sich weder die Universitäten noch die traditionellen Gymnasien direkt an den Bedürfnissen der Industrialisierung orientierten.[25]

In Gestalt der Schulprogramme stand den Gymnasiallehrern eine Literaturgattung zur Verfügung, die einen regen Austausch ermöglichte. Einem Schulprogramm, das im Wesentlichen das Schulleben eines Schuljahres dokumentierte, wurde in der Regel eine wissenschaftliche Abhandlung (oft Programmschrift genannt), geschrieben von einem Lehrer

---

[21] Vgl. Tobies und Volkert (1998).

[22] Das heißt solche Schulformen, die den Realia (im Gegensatz zu den Humaniora) – also den Naturwissenschaften Mathematik eingeschlossen – eine wichtige Stellung einräumten, was auf Kosten des Unterrichts in den alten Sprachen geschah. Realgymnasien boten noch Latein als Fach, Oberrealschulen ermöglichten das lateinlose Abitur. Lateinlosigkeit konnte Probleme hervorrufen, wie A. Hurwitz aber auch noch der spätere Nobelpreisträger K. Röntgen beim Versuch, sich zu habilitieren, erfahren mussten.

[23] Zur Frage der Technisierung und deren Auswirkungen auf den mathematischen Unterricht, insbesondere an den Technischen Hochschulen und ihren Vorläufern, vgl. man Hensel (1989).

[24] Man denke an die Chemie, insbesondere an die Agrarchemie.

[25] Vgl. Wehler (2006), 421.

der Schule, beigegeben.[26] Unter den Tausenden von Programmschriften finden sich nicht wenige, die sich mit mathematischen Themen aus fachwissenschaftlicher Sicht beschäftigten. Viele von Mathematikern geschriebene Programme widmeten sich auch der Frage nach dem Bildungswert der Mathematik, den es gegen die Kritik der Philologen nachzuweisen galt.

Geht man von etwa 800 Gymnasien im uns hier interessierenden Raum aus, so kommt man auf etwa 1600 Mathematiklehrer.[27] Das vergrößert das Publikum für Diskussionen über mathematische Themen beträchtlich, bleibt aber letztlich immer noch eine überschaubare Anzahl. In kleineren Städten waren die Mathematiklehrer des Gymnasiums oftmals die lokalen Repräsentanten von Naturwissenschaft und Mathematik schlechthin; gefordert wurde deshalb, sie mit einem entsprechenden Wissen auszustatten. Zumindest in größeren Städten gab es oft „naturhistorische" oder ähnlich benannte Vereine, die sich um die Förderung von Mathematik und Naturwissenschaften bemühten und in denen oft auch Mathematiker eine Rolle spielten.[28] Um 1880 herum sorgte der von dem Leipziger Astrophysiker F. K. Zöllner ausgelöste Skandal dafür, dass die Mathematik und mit ihr die Idee einer vierten Dimension Schlagzeilen machte und selbst in Blättern wie der „Gartenlaube" besprochen wurde.[29]

Insgesamt ergibt sich ein zwiespältiges Bild von der Rolle der Mathematik in der Gesellschaft: auf der einen Seite engagierte Förderung mit dem Anspruch, eine für die Bedürfnisse der neuen Zeit – des vielzitierten Fortschritts – sehr wichtige Wissenschaft zu vertreten, auf der anderen Seite massive Widerstände.

- Verzeichnis der Universitäten:[30]
  Berlin (1810), Bonn (1818), Breslau (1811), Erlangen (1743), Freiburg i. Br. (1457), Gießen (1607), Göttingen (1737), Greifswald (1456), Halle-Wittenberg (1694/1502), Heidelberg (1386), Jena (1558), Kiel (1665), Königsberg (1544), Leipzig (1409), Marburg (1527), München (1472)[31], Rostock (1419), Tübingen (1872), Würzburg (1582).
- Verzeichnis der Technischen Hochschulen:[32]
  Aachen (1870), Berlin-Charlottenburg (1799), Braunschweig (1745), Darmstadt (1868), Dresden (1851), Hannover (1847), Karlsruhe (1825), München (1868), Stuttgart (1840); die Bergakademie Freiberg (1765) wurde 1899 einer Technischen Hochschule gleichgestellt.

Die größten Universitäten waren Berlin (1871 studierten dort 2208 Studenten), Leipzig (1803 Studenten im Jahr 1871) und München (1107 im Jahr 1871), rund die Hälfte aller Studenten studierten an den fünf größten Universitäten (neben den genannten noch die

---

[26] Vgl. Schubring (1986).

[27] Die Zahl der Kandidaten, die in Preußen das Staatsexamen mit Mathematik und Naturwissenschaften ablegten, stieg von etwas über 20 im Jahre 1839 auf rund 170 um 1884 herum, um dann im letzten Jahrzehnt des 19. Jhs. wieder auf das Niveau von 1839 zu fallen (nach Lorey (1916), 22).

[28] Ein Beispiel hierfür sind Max Brückner und der Zwickauer Verein für Naturforschung. In Marburg gab es die Gesellschaft zur Beförderung der gesamten Naturwissenschaften. Mehr zu diesen Vereinen, insbesondere zu ihrer Rolle im Rahmen der Volksbildung, findet man bei Daum (2002), 85–131.

[29] Zur populärwissenschaftlichen Literatur vgl. man Daum (2002), zu populärwissenschaftlichen Zeitschriften insbesondere dort 337–376.

[30] Nach Lorey (1916), 1.

[31] Ursprünglich gegründet in Ingolstadt (bis 1800), dann zeitweise in Landshut (1800–1826).

[32] Nach Lorey (1916), 142. In Klammern das Jahr der Gründung.

Universitäten in Breslau und Halle).[33] Universitäten wie Heidelberg und Tübingen hatten
1871 539 bzw. 671 Studenten, Kiel und Rostock bildeten die Schlusslichter mit 112 und
108 Studenten.

Innermathematisch gilt das 19. Jh. vor allem als das Jahrhundert der Analysis, genauer gesagt, der Funktionentheorie, und der Algebra. Aber auch die Geometrie erfuhr
in ihm einen erheblichen Aufschwung. Das lag nicht zuletzt daran, dass neue Teildis-
ziplinen in der Geometrie entstanden. Man denke nur an die projektive Geometrie, die
darstellende Geometrie, die nichteuklidische Geometrie, die Liniengeometrie und als Verallgemeinerung der Geometrie die Topologie. Durch die zunehmende Auffächerung stellte
sich implizit die Frage, was überhaupt denn Geometrie sei. Eine Antwort hierauf wurde
von F. Klein in seinem später sehr bekannt gewordenen „Erlanger Programm" (1872)
vorgeschlagen. Zwanzig Jahre zuvor schon hatte die französische Zeitschrift „Nouvelles
annales de mathématiques" eine Liste veröffentlicht mit dem Titel „Über verschiedenen
Geometrien":

> Heute gibt es *acht* Geometrien, die sich untereinander durch verschiedene Logiken unterscheiden.
> Wir kennzeichnen diese Geometrien durch die Namen französischer Geometer, die entsprechende
> Werke veröffentlicht haben.
>
> 1. Die alte Geometrie, die *grundlegende* Geometrie, diejenige der Gymnasien (Legendre);
> 2. die projektive Geometrie (Poncelet);
> 3. die *dualistische* Geometrie , die Geometrie der *polaren Reziprozität* (Poncelet);
> 4. die *segmentäre* Geometrie (Chasles);
> 5. die *infinitesimale* Geometrie (Bertrand, Ossian Bonnet)[34];
> 6. die *kinematische* Geometrie (Mannheim);
> 7. die *algorithmische* Geometrie der *Determinanten* und *Invarianten* (Painvin);
> 8. Die *epiphanoische* Geometrie mit Familien *homofokaler Flächen*, *Isothermen* und *Äquistatiken*
>   (Lamé).
>
> Es gibt noch zwei weitere Geometrien, deren Prinzipien noch nicht bekannt sind.
>
> a) Die Geometrie der *Lage*, die von Leibniz angedeutet wurde; Beispiele: Solitärspiel, Springer
>   im Schach (Euler); Brücken des Pregel (Euler).
> b) Die Geometrie der *Disposition*, welche von Hrn. Sylvester in sechs öffentlichen Vorlesungen
>   behandelt worden ist [. . .]
>
> Ein wertvolles Werk wäre ein elementares Lehrbuch, das neben der grundlegenden Geometrie auch
> die Prinzipien der anderen Geometrien mit ihren wichtigsten Anwendungen auf Linien und Flächen
> im *Allgemeinen* enthalten würde. [. . .]
> Jede dieser Geometrien beansprucht einen Euklid für sich.[35]

Ein derartiges Labyrinth konnte einem schon skeptisch machen.

Auch und gerade im 19 Jh. erwies sich das Feld der Geometrie als sehr fruchtbar, wobei
der Streit zwischen der analytischen und der synthetischen Methode, der in Frankreich für
erhebliches Aufsehen sorgte, im deutschsprachigen Raum allerdings keine vergleichbare
Schärfe annahm. Die Geometrie war in einer merkwürdigen Zwitterstellung: Zum einen
war sie von alters her dadurch ausgezeichnet, dass sie axiomatisch-deduktiv aufgebaut war
und somit dem Ideal einer mathematischen Theorie von allen mathematischen Disziplinen

---

[33] Vgl. Wehler (2006), 421.
[34] Damit ist die Differentialgeometrie gemeint. Bonnet war einer der ersten Mathematiker in Frankreich,
der die Bedeutung von Gaußens Arbeiten zur Differentialgeometrie erkannte.
[35] Anonym in Nouvelles annales de mathématiques 1. série 18 (1859), 449–450.

am nächsten kam. Zum andern rückte sie immer mehr in die Nähe einer Naturwissenschaft und wurde in einem Atemzug mit der Mechanik genannt. Diese Entwicklung hatte mit der empiristischen Auffassung von Geometrie zu tun, auf die wir im Folgenden immer wieder stoßen werden. So gesehen war die Geometrie weit entfernt vom Ideal einer reinen stets Wahrheiten liefernden Wissenschaft; diesen Ehrentitel musste sie im 19. Jh. abgeben an die gerade entstandene Zahlentheorie. Das Paradigma der reinen letztbegründeten Wissenschaft spielte eine zentrale Rolle im Bildungsideal des Neuhumanismus, der zeitweise – vor allem in Preußen durch W. von Humboldt – großen Einfluss auf das Bildungssystem erlangte.[36] Königin und Magd zugleich, so etwa könnte man die Rolle der Geometrie im 19. Jh. charakterisieren.

Die Entdeckung der nichteuklidischen Geometrie spielte eine wichtige Rolle im jenem Prozess des „Wahrheitsgewißheitsverlusts", der in der zweiten Hälfte des 19. Jhs. zum seinem Ende kam und in dessen Verlauf die Naturwissenschaften ihren Anspruch, unerschütterliche letzte Wahrheiten zu liefern und das Wesen der Natur zu entschleiern, aufgeben mussten zugunsten einer umfassenden Hypothetisierung ihres Wissens.[37] An immanenten Faktoren kann man sowohl in den Naturwissenschaften allgemein als auch in der Geometrie speziell nennen: Erreichen von Grenzen der überkommen Auffassung, Selbstthematisierung und Historisierung.[38] Insofern scheint sich eine dialektische Beziehung zwischen Geometrie und Naturwissenschaft allgemein abzuzeichnen: Einerseits war der Verlust des Alleinvertretungsanspruchs der klassischen Geometrie förderlich für ähnliche Entwicklungen in der Naturwissenschaft allgemein, andererseits erleichterte der Wahrheitsgewissheitsverlust der Naturwissenschaften auch einen entsprechenden Verzicht in der Geometrie. Dies alles setzt wohlgemerkt voraus, dass man zwischen Geometrie und Naturwissenschaften keine prinzipiellen Unterschiede sieht – was, wie wir gesehen haben, eine wesentliche Neuerung des 19. Jhs. gewesen ist.

Nicht zuletzt sollte man auch sehen, dass sich neue Anwendungsfelder für die Geometrie in dieser Zeit eröffneten. Man denke nur an die Geometrisierung der Kristallographie, die Entstehung der graphischen Statik und die darstellende Geometrie als Universalsprache, in der sich nach dem Willen ihres Schöpfers G. Monge Wissenschaftler, Ingenieure und Arbeiter verständigen können sollten.[39] Der Aufschwung der Industrie schuf einen ungeheuren Bedarf in dieser Richtung; für jeden Neubau brauchte man Pläne und der Eisenbahnbau, das technologische Großprojekt in der zweiten Hälfte des 19. Jhs., verlangte nicht nur eine Trassierung sondern warf auch mathematische Probleme auf – z. B. beim Bau von Kurven. Schließlich schloss das 19. Jh. die letzten weißen Flecke auf der Weltkarte, es schuf riesige Räume, die nach geometrischen Prinzipien vermessen (als Vorstufe zur Beherrschung) und aufgezeichnet wurden. Raum und Zeit wurden in völlig neuartiger Weise verschränkt; zum Beispiel durch die Möglichkeit, telegraphisch in kürzester Zeit riesige Distanzen zu überwinden. Der Unterschied von Zentren und Peripherie be-

---

[36] Vgl. Jahnke (1990).

[37] Man kann einen Reflex hiervon in der Opposition von Helmholtz' „Tatsachen, die der Geometrie zu Grunde liegen" zu Riemanns „Hypothesen, die der Geometrie zu Grunde liegen" sehen. Helmholtz selbst war eine zentrale Figur in dieser Entwicklung des Wahrheitsgewissheitsverlustes und hat diese durchaus in seinem eigenen Denken nachvollzogen (vgl. Schiemann 1997). Inwieweit hierbei die Geometrie eine Rolle gespielt hat, lässt sich anscheinend leider nur mutmaßen, vgl. Schiemann (1997), 346–355.

[38] Diese Liste verdanke ich G. Schiemann.

[39] Vgl. Paul (1980).

gann sich zu relativieren; der Raum wurde allmählich homogen und isotrop, wie sich das Helmholtz und andere in der Geometrie längst schon vorstellten.[40] Schließlich brachte das Ende des 19. Jhs. mit der Einführung und massenhaften Verbreitung der Segnungen der Elektrotechnik die wohl folgenreichste technische Revolution der Menschheitsgeschichte überhaupt. Bei all dem spielte die Mathematik eine wichtige wenn auch nicht immer deutlich wahrgenommene kommunikative Rolle:

> Die Mathematik, die übrigens nach etwa 1875 auch zu einer wichtigen Ausdrucksweise der Wirtschaftswissenschaft wurde, und einige natürliche Sprachen von transkontinentaler Verbreitung garantierten die Mobilität wissenschaftlichen Sinnes.
>
> (Osterhammel 2011, 1107–1108)[41]

Zur Terminologie

Im Folgenden wird gelegentlich der Terminus „nichteuklidische Geometrien" (gelegentlich auch „Alternativgeometrien" genannt) im weiteren Sinne als Bezeichnung für alle geometrischen Systeme verwandt, welche vom euklidischen Vorbild abweichen – also etwa auch für die Geometrie des vierdimensionalen Raumes. Das entspricht weitgehend der Sichtweise des 19. Jhs. Wenn nicht ausdrücklich gesagt wird nichteuklidische Geometrie aber im engeren Sinne verwendet als Synonym für die hyperbolische Geometrie, eine sehr geschickte Bezeichnung, die von F. Klein 1871 vorgeschlagen wurde, die sich aber erst allmählich durchsetzte. In der nichteuklidischen (hyperbolischen) Geometrie wird der Begriff „Parallelen" im vorliegenden Text für die beiden ersten nichtschneidenden Geraden zu einer Geraden durch einen nicht auf ihr liegenden Punkt verwendet. Alle anderen Geraden, die die vorgegebene Gerade nicht schneiden, heißen Überparallelen.

Schreibweisen

Die Schreibweisen bei Namen richten sich nach der Schreibweise des „Brockhaus". Sie erheben keinen Anspruch auf Wissenschaftlichkeit.

---

[40] Vgl. Kern (1983).
[41] Mehrere Mathematiker des 19. Jhs. beschäftigten sich übrigens auch mit der Konstruktion einer Universalsprache, so z. B. G. Peano und E. Schröder.

Kapitel 2
Erstes Bekanntwerden

> *Der Mathematiker kann durch Schlüsse die Gestalt der Bahnen*
> *bestimmen, welche die Planeten beschreiben müssten, wenn die Sonne*
> *sie im umgekehrten kubischen Verhältnis der Entfernungen anzöge,*
> *obgleich es eine solche Anziehung nicht gibt, ja er kann sogar (wie*
> *Lobatschewskij in Crelle's Journal XVIII, 295) die Konsequenz der*
> *Voraussetzung eines ebenen Dreiecks, in dem die Winkelsumme weniger*
> *als 2R beträgt, untersuchen, obgleich ein solches Dreieck nur imaginär*
> *ist.*
>
> (Drobisch 1863, 15–16)

Trotz der Publikationen, die Lobatschewskij gleich in mehreren Sprachen – Russisch, Französisch und Deutsch – und J. Bolyai – in Latein und Deutsch – zwischen 1828 und 1855 vorgelegt hatten, wurde die nichteuklidische Geometrie nicht zur Kenntnis genommen, sondern höchst selten mal als Kuriosum erwähnt. Fleißig wurden immer neue (und natürlich falsche) Beweise des euklidischen Parallelenpostulats publiziert[1]. Erstaunlich wirkt nicht zuletzt, dass selbst Lobatschewskijs Aufsatz „Géométrie imaginaire" in Crelle's Journal, mit vollem Namen „Journal für die reine und angewandte Mathematik", in der Fachöffentlichkeit so gut wie unbemerkt blieb – trotz seines geheimnisvollen Titels und der Tatsache, dass es sich um eine der wichtigsten und verbreitetsten mathematischen Fachzeitschriften ihrer Zeit handelte. Dies änderte sich erst mit Beginn der 1860er Jahre, wobei Gauß' gewaltige Autorität gewissermaßen posthum eine wichtige Rolle spielte. Erste Andeutungen, dass dieser bezüglich der Geometrie nicht nur deren Euklidische Variante für möglich hielt, konnte man dem Gedenkband entnehmen, den Wolfgang Sartorius von Waltershausen, Geologe und Kollege von Gauß in Göttingen, kurze Zeit nach dessen Tod 1856 veröffentlichte.

Dort heißt es:

> Die Geometrie betrachtete Gauß nur als ein konsequentes Gebäude, nachdem die Parallelentheorie als Axiom an der Spitze zugegeben sei; er sei indes zur Überzeugung gelangt, dass dieser Satz nicht bewiesen werde könne, doch wisse man aus der Erfahrung z. B. aus den Winkeln des Dreiecks Brocken, Hohenhage, Inselsberg, dass er näherungsweise richtig ist. Wolle man hingegen das

---

[1] Vgl. Sommerville (1911).

K. Volkert, *Das Undenkbare denken*, Mathematik im Kontext, DOI 10.1007/978-3-642-37722-8_2,   13
© Springer-Verlag Berlin Heidelberg 2013

genannten Axiom nicht zugeben, so folge daraus eine andere ganz selbständige Geometrie, die er gelegentlich einmal verfolgt und mit dem Namen Antieuklidische Geometrie bezeichnet habe.

Gauß, nach seiner öfters ausgesprochenen innersten Ansicht betrachtete die drei Dimensionen des Raumes als eine spezifische Eigentümlichkeit unserer Seele.

(Waltershausen 1856, 81)

Deutlicher waren die Andeutungen, die der Fachwelt ab 1860 zugänglich wurden, als der umfangreiche Briefwechsel von Gauß mit dem Astronomen H. C. Schumacher in Altona nach und nach veröffentlicht wurde. Es wurde klar, dass Gauß in seinen Briefen recht deutlich zum Ausdruck gebracht hatte, dass er die nichteuklidische Geometrie für möglich halte.

So heißt es in einem Brief von Gauß an Schumacher vom 12. Juli 1831:

In diesem Sinne enthält die Nicht-Euklidische Geometrie durchaus nichts Widersprechendes, wenn gleich diejenigen [die sie kennen lernen] viele Ergebnisse derselben anfangs für paradox halten müssen, was aber für widersprechend zu halten nur eine Selbsttäuschung sein würde, hervorgebracht von der frühen Gewöhnung, die Euklidische Geometrie für streng wahr zu halten.

(Gauß (1900), VIII, 216 = Stäckel und Engel (1895), 233)

Im Anschluss hieran führt Gauß zwei der paradox erscheinenden Eigenschaft der nichteuklidischen Geometrie an:

• Es gibt keine ähnlichen nicht kongruenten Figuren.
• Es gibt absolut Großes.[2]

Veröffentlicht wurde dieser Brief erstmals 1860 von C. A. F. Peters im zweiten Band der Korrespondenz von Gauß und Schumacher. Bekannt ist, wie Gauß auf die Mitteilung seines Jugendfreundes W. (F.) Bolyai reagierte, in der dieser ihn auf den „Appendix" seines Sohnes hinwies.

Dass aber Gauß auch die Arbeiten Lobatschewskijs kannte, belegt wieder ein Brief an Schumacher, diesmal vom 28.11.1846:

Ich habe kürzlich Veranlassung gehabt, das Werkchen von Lobatschewskij (Geometrische Untersuchungen zur Theorie der Parallellinien. Berlin 1840, bei G. Funcke. 4 Bogen stark) wieder durchzusehen. Es enthält die Grundzüge derjenigen Geometrie, die stattfinden müsste und strenge konsequent stattfinden könnte, wenn die Euklidische nicht die wahre ist. [...] Materiell für mich Neues habe ich also im Lobatschewskij'schen Werke nicht gefunden, aber die Entwicklung ist auf anderem Wege gemacht, als ich selbst eingeschlagen habe, und zwar von Lobatschewskij auf eine meisterhafte Art in echt geometrischem Geiste.

(Peters (1863), V, 246 = Stäckel und Engel (1895), 235)

Wie wir sehen werden, begleitete der Hinweis auf Gauß fast alle frühen Publikationen zur nichteuklidischen Geometrie.[3] Seine Autorität wurde ins Feld geführt, um die Beschäftigung mit dieser so widerspenstigen neuen Theorie zu rechtfertigen: Wenn Gauß dies tat, dann geht das schon in Ordnung!

Öffentlich ausgesprochen hatte sich Gauß zum Parallelenproblem nur in zwei Buchbesprechungen, welche er (wie 92 andere) für den „Göttinger Gelehrten Anzeiger" 1816

---

[2] Wir würden sagen: Es gibt ein absolutes Längenmaß, d. h. eine Strecke, die eine dem Vollwinkel analoge Rolle übernimmt. Alle Strecken lassen sich auf diese ausgezeichnete Strecke beziehen.

[3] So ließ J. Houël seiner Übersetzung von Lobatschewskij (1840) ins Französische – eine der ersten Publikationen zur nichteuklidischen Geometrie nach Bolyai und Lobatschewskij überhaupt – auch Auszüge aus dem Briefwechsel von Gauß und Schumacher folgen. Vgl. Houël (1866).

und 1822 verfasste.[i] In diesen ging es jeweils um Publikationen, die sich das Ziel gesetzt hatten, das Parallelenpostulat zu beweisen.[4] In der Besprechung von J.C. Schwab und M. Metternich aus dem Jahre 1816 heißt es:

> Es wird wenige Gegenstände im Gebiete der Mathematik geben, über welche so viel geschrieben wäre, wie über die Lücke im Anfange der Geometrie bei Begründung der Theorie der Parallellinien. Selten vergeht ein Jahr, wo nicht irgendein neuer Versuch zum Vorschein käme, diese Lücke auszufüllen, ohne dass wir doch, wenn wir ehrlich und offen reden wollen, sagen könnten, dass wir im Wesentlichen irgend weiter gekommen wären, als Euklides vor 2000 Jahren war. Ein solches aufrichtiges und unumwundenes Geständnis scheint uns der Würde der Wissenschaft angemessener, als das eitle Bemühen, die Lücke, die man nicht ausfüllen kann, durch ein unhaltbares Gewebe von Scheinbeweisen zu verbergen.
>
> (Stäckel und Engel (1895), 220 = Gauß (1880), 364–365)

Im Lichte der späteren Entwicklungen – post festum also – kann man Gauß' Bemerkung über die Lücke, „die man nicht füllen kann" natürlich so lesen, als bringe diese die prinzipielle Unmöglichkeit dieses Vorhabens zum Ausdruck. Sie könnte aber auch bescheidener interpretiert werden als Anmerkung, dass es eben noch niemanden gelungen sei, die fragliche Lücke zu schließen.

Interessant ist folgende Anmerkung von Gauß, in der er auf Kants Philosophie eingeht:

> Ein großer Teil der Schrift dreht sich um die Behauptung gegen Kant, dass die Gewissheit der Geometrie sich nicht auf Anschauung, sondern auf Definitionen und auf das Principium identitatis und das Principium contradictionis gründe. Dass von diesen logischen Hilfsmitteln zur Einkleidung und Verkettung der Wahrheiten in der Geometrie fort und fort Gebrauch gemacht werde, hat wohl Kant nicht leugnen wollen: aber dass dieselben für sich nichts zu leisten vermögen, und nur taube Blüten treiben, wenn nicht die befruchtende lebendige Anschauung des Gegenstandes überall waltet, kann wohl niemand verkennen, der mit dem Wesen der Geometrie vertraut ist.
>
> (Stäckel und Engel (1895), 221 = Gauß (1880), 365–366)

1822 bemerkt dann Gauß:

> Rec. hat bereits vor sechs Jahren in diesen Blättern seine Überzeugung ausgesprochen, dass alle bisherigen Versuche, die Theorie der Parallellinien streng zu beweisen, oder die Lücke in der Euklidischen Geometrie auszufüllen, uns diesem Ziele nicht näher gebracht haben, und kann nicht anders, als dies Urteil auch auf alle späteren ihm bekannt gewordenen Versuche ausdehnen. Inzwischen bleiben doch manche solcher Versuche, obgleich der eigentliche Hauptzweck verfehlt ist, wegen des darin bewiesen Scharfsinns den Freunden der Geometrie lesenswert, und Rec. glaubt in dieser Rücksicht die vorliegende bei Gelegenheit einer Schulprüfung bekannt gemacht kleine Schrift besonders auszeichnen zu müssen.
>
> (Stäckel und Engel (1895), 223–224 = Gauß (1880), 368)

Die Schwierigkeiten – auch fachlicher Art – die selbst hervorragende Mathematiker jener Zeit mit der nichteuklidischen Geometrie hatten, belegt eine Veröffentlichung von Arthur Cayley aus dem Jahre 1865: „Note on Lobatschewsky's imaginary geometry".[ii] Darin stellt Cayley fest, dass man aus Ausdrücken wie

$$\frac{1}{\cos a'} = \cos a = \frac{\cos A + \cos B \cos C}{\sin B \sin C}$$

---

[4] J.C. Schwab: Commentatio in primum elementorum Euclidis librum (Stuttgart, 1814), M. Metternich: Vollständige Theorie der Parallel-Linien (Mainz, 1815), C.R. Müller: Theorie der Parallelen (Marburg, 1822). Metternich blieb übrigens durch die Kritik von Gauß unbeeindruckt und veröffentliche 1822 nochmals eine Theorie der Parallel-Linien.

„die man hinschreibt" (Cayley 1865, 231) Formeln gewinnen kann, die Lobatschewskij im Rahmen seiner nichteuklidischen Geometrie bereits hergeleitet hatte.

In der obigen Gleichung sind „A, B, C reelle positive Winkel $< \frac{1}{2}\pi$" und „a', b', c' rein imaginär von der Form $p'i$, $q'i$, $r'i$, wobei p', q', r' reelle positive Größen" sind. Setzt man nun unter der Annahme, dass $A + B + C < \pi$ gilt, ai, bi, ci an Stelle von a, b, c, so erhält man die Beziehung

$$\frac{1}{\cos a'} = \cos ai = \frac{\cos A + \cos B \cos C}{\sin B \sin C}$$

Diese Gleichungen sind (wenn wir nur in ihnen $\frac{1}{2}\pi - a'$, $\frac{1}{2}\pi - b'$, $\frac{1}{2}\pi - c'$ an Stelle von a', b', c' schreiben) tatsächlich die Gleichungen, die N. Lobatschewskij, Rektor der Universität von Kasan, in einer weniger symmetrischen Form in seiner merkwürdigen Abhandlung „Géométrie imaginaire" *Crelle*, vol. XVII (1837), pp. 293–320 angibt. Die Sichtweise des Autors auf diese ist schwer zu verstehen. Er erwähnt, dass er in einer vor fünf Jahren in einer Kasaner wissenschaftlichen Zeitschrift veröffentlichten Arbeit – nachdem er eine neue Theorie der Parallelen entwickelt hat – sich bemüht habe, zu beweisen, dass es lediglich die Erfahrung sei, die uns dazu verpflichtet anzunehmen, dass die Winkelsumme im Dreieck zwei Rechte betrage, und dass eine Geometrie existieren könne – wenn nicht in der Natur, so zumindest in der Rechnung – mit der Hypothese, dass die Winkelsumme kleiner als zwei Rechte sei; [...]

Ich verstehe das nicht; es wäre aber sehr interessant, eine reale geometrische Interpretation des zuletzt erwähnten Gleichungssystem zu finden, [...], das den Gleichungen der gewöhnlichen sphärischen Trigonometrie entspricht.

(Cayley 1865, 231–233)

Arthur Cayley (* Richtmond upon Thames 1821, † Cambridge 1891) Studium der Mathematik in Cambridge (Senior wrangler), danach Tätigkeit als Anwalt in London (in Kooperatioon mit J. J. Sylvester (Versicherungsmakler)), 1863 Ernennung zum Sadlerian Professor der Mathematik in Cambridge. Sehr produktiver Mathematiker, vor allem im Gebiet der Algebra, aber auch geometrische Arbeiten (vgl. Kap. 4).

Für eine erste breitere Bekanntschaft mit der nichteuklidischen Geometrie sorgten im deutschsprachigen Raum 1867 zwei Publikationen: Zum einen der Aufsatz „Ueber den neuesten Stand der Frage von der Theorie der Parallelen" von J. A. Grunert (1867), und zum andern die überarbeitete zweite Auflage des Buches „Elemente der Mathematik" von R. Baltzer. Wenden wir uns zuerst dem Aufsatz von Grunert in seinem „Archiv der Mathematik und Physik" zu.

Johann August Grunert (* Halle 1797, † Greifswald 1872) studierte zuerst Architektur in Halle, wurde dort aber von J. F. Pfaff für die Mathematik begeistert, in der er 1820 promovierte. Zuvor absolvierte er in Göttingen einen Studienaufenthalt, um bei Gauß zu lernen. 1821 bis 1828 war Grunert Lehrer in Torgau, dann in Brandenburg, 1833 wurde er Professor in Greifswald. 1841 gründete Grunert das „Archiv für Mathematik und Physik", die zweite größere in Deutschland erscheinende mathematische Fachzeitschrift, welche insbesondere die Fachlehrer der Mathematik ansprechen sollte. Er war ein erfolgreicher Lehrbuchautor und gab die letzten Bände des von Klügel begründeten „Mathematischen Wörterbuchs" heraus sowie zwei Supplementbände dazu. Grunert war ein später Anhänger der im Abstieg begriffenen „kombinatorischen Schule" (von Hindenburg); seine Liebe zu Formeln (sehr deutlich zu sehen in seinem Beitrag „Dreieck" im ersten Supplementband zu Klügels „Wörterbuch") veranlasste O. Schlömilch, ihn in einem Gutachten wegen

„seiner langweiligen Formelmacherei" einen „Tapetendrucker" zu nennen (Lorey 1916, 105). 1870 hat Grunert eine analytische Behandlung der Parallelwinkelfunktion von Lobatschewskij veröffentlicht.

XXIV.

Ueber den neuesten Stand der Frage von der Theorie der Parallelen.

Von

dem Herausgeber.

———————

Seit den Zeiten des Euclides hat die Frage von der Theorie der Parallelen die Geometer, wenn auch theilweise mit längeren Unterbrechungen, doch immer wieder von Neuem lebhaft beschäftigt, viele Abhandlungen sind verfasst worden, in denen man diese Versuche gesammelt und einer eingebenden Kritik unterworfen hat. Schon in einer im Jahre 1763 erschienenen verdienstlichen Schrift von Klügel sind achtundzwanzig mehr oder weniger von einander verschiedene Parallelentheorieen gesammelt und beurtheilt worden, und wer wollte alle die übrigen in den verschiedensten Sprachen und Ländern erschienenen Schriften ähnlicher Art aufzählen, die in den seit jener Zeit verflossenen hundert Jahren verfasst worden sind, was am Wenigsten hier mein Zweck und meine Absicht sein kann.

Alle Parallelentheorieen bewegen sich wenigstens zunächst um das berühmte eilfte Axiom des Euclides, dem man allgemein, und gewiss mit vollem Rechte, die zu einem Grundsatze erforderliche Evidenz — was freilich ein etwas schwankender und verschiedener Deutungen fähiger Begriff ist — abgesprochen hat. Bekanntlich ist dieser Satz der folgende:

Wenn zwei gerade Linien von einer dritten geraden Linie geschnitten werden, und die Summe der beiden inneren auf derselben Seite der schneidenden Linie liegenden Winkel weniger als zwei rechte Winkel beträgt: so müssen die beiden durchschnittenen Linien, genugsam verlängert, auf der Seite der schneidenden Linie, auf welcher die beiden in Rede stehenden Win-

kel liegen, nothwendig zusammentreffen oder sich
schneiden.

Klügel sagt von diesem Satze: „Allerdings kann man dem
Satze die Stelle unter den Grundsätzen streitig machen. Dcoh
konnte Euclides auch nicht ihn in die Reihe anderer scharf
erwiesener Sätze bringen. Er hat ihn also, um einen Ausdruck
aus der Kant'schen Philosophie zu borgen, als einen synthetischen
Satz a priori unter die Grundsätze gestellt. Der Satz
enthält eine Eigenschaft der geraden Linie, welche sie von den
krummen unterscheidet, ob man gleich sie nicht aus der Natur
derselben durch eine Verbindung mit andern Sätzen herleiten
kann, weil sie unmittelbar in ihr liegt. Proklus setzt den
Grundsatz unter die Postulate (αιτηματα)."

Lässt man den obigen Satz als Grundsatz gelten, so ist in
den Elementen des Euclides die Parallelentheorie unstreitig mit
der grössten Einfachheit und aller erforderlichen Strenge und
Evidenz dargestellt, dieselbe fällt aber auch gänzlich, wenn man
jenen Satz nicht als Grundsatz anerkennt, wobei ich — so bekannt
die Sache auch an sich ist — doch hervorzuheben nicht
unterlassen will, dass der wesentliche Inhalt der Parallelentheorie
sich auf zwei Hauptsätze reducirt, von denen der zweite die Umkehrung
des ersten ist; der Beweis des ersten Satzes lässt sich
ohne das eilfte euclidische Axiom leicht in aller Strenge führen,
was aber von dem umgekehrten Satze nicht gilt, so dass also
die eigentliche Schwierigkeit in dem Beweise dieser Umkehrung liegt.

Vielfach hat man an die Stelle der euclidischen Erklärung
der Parallelen:

Zwei in einer und derselben Ebene liegende Gerade
heissen einander parallel, wenn sie, so weit man sie
auch nach beiden Seiten hin verlängern mag, niemals
mit einander zusammentreffen oder sich schneiden.

und des eilften Axioms andere Erklärungen und andere mehr oder
weniger evidente Grundsätze zu setzen versucht, wodurch aber
die Schwierigkeit nicht gehoben, sondern im Wesentlichen immer
die alte geblieben ist, wobei man diese Schwierigkeit nur immer
in dem nachher genau und bestimmt zu bezeichnenden Sinne aufzufassen
hat. Vorzüglich ist aber hervorzuheben, dass die Schwierigkeit
in der Theorie der Parallelen mit der Schwierigkeit, einen
anderen Satz, nämlich den Satz:

Die Summe der drei Winkel eines jeden ebenen
Dreiecks beträgt zwei rechte Winkel.

streng zu beweisen, auf das Genaueste zusammenhängt und auf
das Engste verbunden ist. Lässt man das eilfte euclidische Axiom
als Grundsatz gelten, so ist der Satz von der Constanz der
Summe der drei Winkel des ebenen Dreiecks leicht völlig streng
zu beweisen; kann man aber umgekehrt diesen letzteren Satz
unabhängig streng beweisen, so lässt sich daraus das euclidische
eilfte Axiom mit völliger Evidenz und Strenge ableiten, und die
Schwierigkeit in der Theorie der Parallelen ist dann völlig gehoben. Das Eine fällt also mit dem Anderen im Wesentlichen
vollständig zusammen.

Will man nun aber überhaupt von einer Schwierigkeit in der
Parallelentheorie reden, so scheint es mir vor allen Dingen nöthig
zu sein, dass man klar und bestimmt ausspreche, worin man
diese Schwierigkeit sucht und findet, weil auch nur dann erst
überhaupt die Frage sich aufwerfen lässt, ob und wie dieselbe
gehoben werden kann. Dass in verschiedenem Sinne eine
Beseitigung derselben möglich ist und sich denken lässt, scheint
mir unzweifelhaft zu sein, und es scheint mir hier selbst einer
derjenigen Punkte vorzuliegen, wo Mathematik und Philosophie
an einander streifen und sich berühren; ich bin auch überzeugt, dass
mancher Philosoph kopfschüttelnd sich wundern wird, wie der
Mathematiker überhaupt bei diesen Dingen eine Schwierigkeit
finden kann, die nach seiner Ansicht vielleicht gar nicht vorhanden oder wenigstens leicht zu heben und zu beseitigen ist, eine
Ansicht, die — bei den möglichen verschiedenen Auffassungs-
weisen — wohl auch nicht ohne alle Berechtigung sein und alles
Grundes entbehren dürfte.

Deshalb will ich die hier zur Sprache kommende Frage, wie
ich dieselbe von jetzt an in diesem Aufsatze auffassen werde, in
möglichst bestimmter Weise wie folgt präcisiren und aussprechen:

Lässt sich, unter Zugrundelegung der euclidischen
Definition der Parallelen, mit Hülfe der niemals an-
gefochtenen und angezweifelten Grundsätze des Euclides, aber mit Ausschluss des eilften unter denselben, ferner mit Hülfe der ohne dieses Axiom in aller
Strenge beweisbaren und bewiesenen Propositionen I.
bis XXVI. des ersten Buchs der Elemente des Euclides
die Lehre von den Parallelen in aller Strenge begründen oder nicht?

In neuerer Zeit hat die Beantwortung dieser früher so vielfach discutirten Frage, wie es scheint, eine längere Reihe von
Jahren geruhet oder ist wenigstens gegen früher sehr in den

Hintergrund getreten; ja die französische Akademie der Wissenschaften soll sich einmal die Zusendung neuer Parallelentheorieen
Behufs ihrer Beurtheilung Seitens der Akademie in einer besonderen Bekanntmachung förmlich verbeten haben. Als nun aber
Professor Peters in Altona neuerlichst durch die Veröffentlichung des so vieles Interessante enthaltenden Briefwechsels
zwischen Gauss und Schumacher sich ein so wesentliches,
nicht genug'anzuerkennendes Verdienst erworben hatte, fand man,
dass die Frage von der Parallelentheorie auch zwischen diesen
beiden trefflichen Männern einmal lebhaft discutirt und ventilirt
worden war. Die nächste Veranlassung zu dieser lebhaften Discussion hatte Schumacher gegeben, Gauss sprach sich mit
seiner überall hervortretenden Superiorität in bestimmtester Weise
über die schon oft aufgeworfene Frage aus, und liess auch nicht
unerwähnt, dass dieselbe schon seit einer langen Reihe von Jahren der Gegenstand seines eifrigsten Nachdenkens gewesen sei.
Zugleich erinnerte Gauss mit vielem Lobe an eine nunmehr
schon vor fast dreissig Jahren erschienene Schrift des als Professor in Kasan verstorbenen russischen Mathematikers Nico-
laus Lobatschewsky, mit deren Inhalt er sich im Wesentlichen ganz einverstanden erklärte. Ausserdem fand man, dass
noch früher als Lobatschewsky der ungarische Mathematiker
Bolyai, Farkas *), und auch sein Sohn J. Bolyai sich vielfach und gründlich mit der Theorie der Parallelen beschäftigt
und ähnliche Ideen ausgesprochen hatten, so dass also diese
neueren Ansichten vorzugsweise auf den älteren Bolyai, einen
Freund von Gauss, zurückzuführen sein dürften, und dessen
Name daher, wie es scheint, hauptsächlich genannt und der
Nachwelt erhalten werden muss, wenn von den sich jetzt geltend
zu machen suchenden neueren Ansichten über die Parallelentheorie die Rede ist.

Die Schriften von Bolyai und Lobatschewsky waren
schon fast ganz der Vergessenheit anheim gefallen, und haben
es wohl hauptsächlich den Bemerkungen von Gauss zu danken,
dass sie jetzt wieder, ihrem unbestreitbaren Werthe gemäss, an's
Licht gezogen worden sind.

Hiebei ist auch noch besonders hervorzuheben, dass Professor Houel in Bordeaux sich die Mathematiker zu besonderem
Danke dadurch verpflichtet hat, dass er von der Schrift von Lobatschewsky, in Verbindung mit den zwischen Gauss und Schumacher gewechselten Briefen, eine französische Uebersetzung
unter dem Titel:

―――――――

*) Die Vornamen werden nachgesetzt.

der Frage von der Theorie der Parallelen.   **311**

Études géométriques sur la théorie des parallèles par N. J. Lobatschewsky; traduit de l'Allemand par J. Hoüel. Suivi d'un extrait de la Correspondance de Gauss et de Schumacher. Paris. Gauthier - Villars. 1866. 8⁰.

veröffentlicht hat, wozu neuerlichst noch die so eben unter dem Titel:

Essai critique sur les principes fondamentaux de la Géométrie élémentaire, ou Commentaire sur les XXXII premières propositions des Éléments d'Euclide, par J. Hoüel. Paris. Gauthier-Villars. 1867. 8⁰.

erschienene Schrift gekommen ist, welche wir der Beachtung der Mathematiker recht sehr empfehlen. In der besonderen Note VI.

(Grunert 1867, 307–311)

Die historischen Ausführungen Grunerts, insbesondere seine Einschätzung der Rolle von F. Bolyai, sind aus heutiger Sicht so nicht haltbar; wir werden auf die Frage nach der Urheberschaft für die nichteuklidische Geometrie noch mehrfach zurück kommen.

Im nachfolgenden Text behandelt Grunert sorgfältig die beiden ersten Legendreschen Sätze (das sind die Sätze A und B im untenstehenden Auszug), wobei er sich auf die 11. Auflage von dessen „Eléments de géométrie" (1817) bezieht, in der sich erstmals diese Variante der Parallelentheorie fand. Die Konklusion hiervon ist bei Grunert, dass zwei Geometrien prinzipiell möglich sind, eine, in der die Winkelsumme in allen Dreiecken konstant 180° beträgt (die traditionelle Euklidische eben), und eine, in der die Winkelsumme in allen Dreiecken kleiner als 180° ist (variabel zwischen 0° und 180°). Bemerkenswert und typisch für seine Zeit ist Grunerts Fazit: Die Entscheidung zwischen diesen beiden Alternativen ist eine Frage der Erfahrung!

So hätten wir denn nun, wie wir glauben, mit Euklidischer Strenge zweierlei bewiesen, nämlich:

A. Die Summe der drei Winkel eines ebenen Dreiecks kann nicht grösser sein als zwei rechte Winkel, dieselbe kann nur eben so gross oder kleiner als zwei rechte Winkel sein.

B. Wenn nur in irgend **einem** ebenen Dreiecke die Summe der drei Winkel zwei rechte Winkel beträgt, so beträgt in völliger Allgemeinheit in allen ebenen Dreiecken, ohne alle Ausnahme, die Summe der drei Winkel zwei rechte Winkel, und ist also eine den Werth 2R habende constante Grösse.

Wo ist denn nun aber oder welches ist denn nun das Individuum der ebenen Dreiecke, von dem man a priori mit euclidischer Strenge, bloss mit Hülfe der euclidischen Grundsätze, natürlich mit völliger Ausschliessung des berühmten eilften Axioms, beweisen kann, dass die Summe seiner drei Winkel genau zwei rechte Winkel beträgt? Bis jetzt ist kein solches Individuum gefunden worden, Keinem ist es gelungen, den in Rede stehenden Beweis auf die angegebene Weise auch nur für ein einziges ebenes Dreieck zu führen; wie die Sache jetzt liegt, sind nur ebene Dreiecke mit einer zwei rechte Winkel übersteigenden Winkelsumme unmöglich, gleich möglich dagegen sind ebene Dreiecke mit Winkelsummen, die gleich zwei rechten Winkeln oder kleiner als zwei rechte Winkel sind; es ist aber auch nach den vorher bewiesenen Sätzen entweder in allen ebenen Dreiecken die Winkelsumme gleich zwei rechten Winkeln, oder in allen ebenen Dreiecken die Winkelsumme kleiner als zwei rechte Winkel; und da scheinen sich nun, um hierüber zur Entscheidung zu kommen, die Ansichten der neueren Geometer, und zwar zum Theil sehr gewichtiger Stimmen, darin zu vereinigen, dass die apriorische theoretische Betrachtung mit dem Obigen ihre Endschaft erreicht habe, und nichts Anderes übrig bleibe, als die Erfahrung zu befragen. Also die Geometrie doch wenigstens in **einem** Punkte eine Erfahrungswissenschaft!! In allen ebenen Dreiecken aber, deren Winkel bis jetzt mit den genauesten und vollkommensten winkelmessenden Instrumenten gemessen worden sind, hat sich die Summe der Winkel jederzeit mit der grössten Annäherung gleich zwei rechten Winkeln, nahezu in gleich vielen Fällen etwas kleiner oder etwas grösser als zwei rechte Winkel, ergeben; auch haben sich die Abweichungen der gemessenen Winkelsummen von zwei rechten Winkeln stets desto kleiner herausgestellt, dieselben sind jederzeit der Null desto näher gekommen, je vollkommener die angewandten Messinstrumente waren; je genauer die Winkel auf ihren

320   *Grunert: Ueber den neuesten Stand*

Limben und Nonien sich ablesen liessen; je mehr Sorgfalt man
auf die Messungen verwandte; je günstiger die Umstände, unter
denen die Messungen angestellt wurden, waren; von je weniger
störenden äusseren Einflüssen dieselben afficirt wurden. Man
bilde sich nur ein einziges ebenes Dreieck von einer der Winkelmessung besonders günstigen Form, warte die Messung besonders begünstigende Umstände ab und messe die Winkel mit
der grössten Sorgfalt und mit den genauesten Instrumenten, welche
die mechanische Kunst herzustellen im Stande ist, so wird man
alles Obige vollkommen bestätigt finden, wie die Erfahrung schon
in der vielfachsten Weise gelehrt hat. Also giebt es erfahrungsmässig ebene Dreiecke, deren Winkelsummen mit der allergrössten
Annäherung zwei rechte Winkel betragen, wodurch wir uns
nun nach den oben in aller Strenge a priori bewiesenen Sätzen
für berechtigt halten müssen, wenigstens mit der grössten Wahrscheinlichkeit — aber mehr dürfen wir auch zur Zeit für unsere
Behauptung nicht beanspruchen — den Satz:

  1. In jedem ebenen Dreiecke ist die Winkelsumme
gleich zwei rechten Winkeln.

auszusprechen, und auf diesem Fundamente das weitere Gebäude
der Geometrie aufzuführen. Einige weitere Bemerkungen über
diesen Gegenstand wird man am Ende dieser Abhandlung finden.

(Grunert 1867, 319f)

Diese Position wird heute als die empiristische bezeichnet; als Paradebeispiel für sie diente
oft Gaußens Vermessung (1823) des großen Dreiecks Brocken–Inselsberg–Hoherhagen.
Dabei wurde unterstellt – Gauß selbst hat sich hierzu niemals klar geäußert – dass der
Prinz der Mathematiker auf diesem Wege herausfinden wollte, ob die Winkelsumme im
Dreieck von 180° signifikant abweichen kann.[iii] In den Anfängen der nichteuklidischen
Geometrie wurde (noch) nicht deutlich unterschieden zwischen dem mathematischen und
dem physikalischen Raum, nur der letztere lässt sich natürlich vermessen. Die empiristische Auffassung bekam weiteren Aufwind durch die Entdeckung E. Beltramis (vgl.
Kap. 3), dass sich die nichteuklidische Geometrie als solche einer Fläche mit konstanter
negativer Krümmung modellieren lässt (die Euklidische entspricht dem Fall konstant verschwindender Krümmung). Also läuft das Problem darauf hinaus, diese konstante Krümmung zu bestimmen: Werte von Konstanten zu bestimmen ist aber landläufig betrachtet
eine typische Aufgabe des Messens.[iv]

Grunert scheint ein größeres Interesse an der Parallelenfrage gehabt zu haben, denn er
publizierte bereits 1863 eine lange Arbeit von Jules Houël in französischer Sprache in seiner Zeitschrift mit dem Titel „Versuch einer vernünftigen Darlegung der Grundprinzipien
der Elementargeometrie"[5], in der sich dieser kritisch mit Beweisversuchen auseinander
setzte:

---

[5] Houël (1863). Kritische Stimmen finden sich schon hin und wieder im 18. Jh., wie z. B. W. Karsten:
„Und da mich dieses veranlasst hat, die Sache nochmals zu überdenken, so fange ich an, zu glauben, dass

Seit längerem konzentrieren sich die wissenschaftlichen Arbeiten der Mathematiker zu den Grundprinzipien der Elementargeometrie fast ausschließlich auf die Theorie der Parallelen. Da bis heute die Anstrengungen so vieler eminenter Denker zu keinem einzigen befriedigenden Resultat geführt haben, ist es vielleicht erlaubt, hieraus zu schließen, dass man, indem man diese Forschungsrichtung verfolgt, vom rechten Weg abkommt und dass man sich einem unlösbaren Problem gewidmet hat, dessen Wichtigkeit man überschätzte in Folge von ungenauen Vorstellungen über das Wesen und den Ursprung der ersten Wahrheiten der Wissenschaft der Ausdehnung.[6]

Unserer Ansicht nach liegt die Quelle dieses Fehlers in einer falschen metaphysischen Auffassung, die man annahm, indem man die Geometrie als eine Wissenschaft des reinen Denkens verstand und als Axiome nur notwendige Wahrheiten aus dem Bereich des reinen Denkens zulassen wollte. So gelangte man dazu, den Axiomen eine vollkommen andere Natur zuzuschreiben als jenen anderen geometrischen Wahrheiten, die uns die Erfahrung außerhalb jeglicher wissenschaftlicher Untersuchung enthüllt und die die Geometrie diesen Axiomen als Folgerungen zuordnet.

Allerdings widmet sich die Geometrie wie die Mechanik und die Physik dem Studium einer konkreten Größe, der Ausdehnung, die auf unsere Sinne in bestimmter Weise einwirkt. Nur durch diese Erregungen unserer Sinne können wir von den grundlegenden Eigenschaften dieser besonderen Größenart Kenntnis erlangen.

(Houël 1863, 172)[7]

Heinrich Richard Baltzer (* Meißen 1818, † Gießen 1887) studierte in Leipzig (u. a. bei A. F. Möbius); 1842 wurde er Oberlehrer an der Kreuzschule in Dresden, 1861 Professor daselbst, 1869 erhielt er einen Ruf an die Universität Gießen als ordentlicher Professor der Mathematik (Nachfolge von A. Clebsch). Baltzer ist vor allem als Lehrbuchautor bekannt geblieben; neben seinen „Elementen" war sein Lehrbuch über Determinanten (1857) sehr erfolgreich (u. a. Übersetzung ins Französische), andere Bücher beschäftigten sich mit der Gleichungslehre (1868) und der analytischen Geometrie (1882). 1870 publizierte Baltzer „Ueber die Hypothesen der Parallelentheorie", worin er den von J. Bertrand vertretenen „Beweis" kritisch analysierte (vgl. Kap. 7).

Mehr noch als Grunerts Artikel hat vermutlich die zweite Auflage des zweiten Bands der „Elemente der Mathematik" (1867) von Richard Baltzer zur Verbreitung der Einsicht, eine nichteuklidische Geometrie so möglich, beigetragen. Diese „Elemente" blieben bis Ende des 19. Jhs. ein vielgenutztes Lehrbuch und Nachschlagewerk (u. a. für Mathematiklehrer), das große Teile der (Elementar-)Mathematik zugänglich machte und das auch durch seine historischen Informationen von großem Nutzen war.[8] In der Einleitung zum 2. Band in der zweiten Auflage heißt es (Baltzer 1867, II iii):

---

man keinen völlig strengen Beweis aus den Grundsätzen, die sonst bei dieser Lehre nur vorausgesetzet werden, führen könne, ..." (Karsten 1761, 287). Ich danke D. Kröger (Wuppertal) für den Hinweis auf Karsten.

[6] Die klassische Definition des Begriffs „Geometrie", wie sie sich beispielsweise in Legendre (1817) findet.

[7] Im Weiteren gibt der Verfasser eine Diskussion der Axiomatik der Geometrie; vgl. zu diesem Thema Kap. 8 unten. In deren Verlauf stellt er auch vier eigene Axiome auf – z. B. „Drei Punkte genügen im Allgemeinen, um im Raum die Position einer Figur festzulegen." (Houël 1863, 179), die allerdings meines Wissens nach in den weiteren Diskussionen um die Axiomatik der Geometrie keine Rolle spielen sollten.

[8] Die letzte, siebte Auflage des Buches von Baltzer – ab der zweiten Auflage erschienen beide Bände in einem – erschien 1885 in Leipzig. Vgl. auch Kap. 10, wo das Nachfolgewerk von Weber/Wellstein vorgestellt wird.

Vorrede zur zweiten Auflage.

Nachdem Legendre die in der alten Theorie der parallelen Linien bemerkbare Lücke durch wiederholte und vielseitige Untersuchungen auszufüllen gesucht hatte, ohne zu einem befriedigenden Abschluß zu gelangen, war in der allgemeinen Meinung die Arbeit an dem elften Axiom der Euclidischen Geometrie wenig besser berufen, als die Bemühung um die Quadratur des Kreises und das perpetuum Mobile. Dieser Gegenstand hatte das allgemeine Interesse in dem Grade verloren, daß die Andeutungen, welche Gauß gelegentlich über die correcte Begründung der Parallelentheorie machte, unbeachtet blieben, und daß auch diejenigen, welche unterdessen das Richtige zu Tage förderten, Lobatschewsky in Kasan und Bolyai in Marosvasarhely, Gehör sich nicht verschaffen konnten. Seit 1843 verschwand der Titel Parallelen aus den Inhaltsverzeichnissen, die den Comptes rendus der Pariser Academie beigegeben werden. Erst durch die Veröffentlichung von Gauß's Briefen an Schumacher ist die ungelöst beigelegte Frage wieder auf die Tagesordnung gebracht worden. Aus diesen Briefen erfährt man, daß Gauß frühzeitig den Sitz der Schwierigkeit erkannt hat, daß auf den bisherigen Wegen das alte Kreuz der Geometrie nicht überwunden werden kann, daß man etwas zu beweisen gesucht hat, was sich nicht beweisen läßt sondern durch die Erfahrung entschieden wird, und daß Lobatschewsky den richtigen Weg mit Erfolg eingeschlagen hat. Zugleich ist durch Gerling die auf dasselbe Ziel gerichtete und nicht minder gelungene Arbeit Bolyai's der Vergessenheit entrissen worden.

Also auch hier wieder der Verweis auf den Briefwechsel von Gauß und Schumacher; die Autorität von Gauß sollte einem veranlassen, über die Frage der Beweisbarkeit des Parallelenpostulats in einem neuen Lichte nachzudenken. Deutlicher noch als Grunert sagt Baltzer, dass die Beweisbarkeit des Parallelenpostulats nicht gegeben ist. Daraus folgt auch für Baltzer, dass man auf die Erfahrung zurückgreifen muss:

Man kann nun beweisen, dass bei Parallelen die Summe der inneren Winkel 180° nicht übersteigt[9], und dass auch bei einem geradlinigen Dreieck die Summe der Winkel 180° nicht übersteigt; und wenn es unter den geradlinigen Dreiecken[10] ein Individuum gibt, bei dem die Summe der Winkel 180° beträgt, so schließt man, dass bei jedem geradlinigen Dreieck und bei je zwei Parallelen die Summe der inneren Winkel 180° beträgt. Ob es ein solches Individuum gibt, kann durch Konsequenzen der allgemeinen Raumbegriffe nicht entschieden werden; an dieser Stelle der Geometrie bleibt nichts anderes übrig, als der Erfahrung das Wort zu erteilen. Im Kreise unserer Erfahrung gilt tatsächlich die gemeine Geometrie, wie sie von den Griechen ausgebildet worden ist; an sich

---

[9] Gemeint sind die Supplementwinkel bei Parallelen – man könnte natürlich auch von den Stufen- oder Wechselwinkeln reden; vgl. Euklid I, 27 bis 29.

[10] Damit soll ausgedrückt werden, dass es nicht um die sphärische Geometrie geht, deren Dreiecke ja gekrümmte Linien – nämlich Großkreisbögen – zu Kanten besitzen.

könnte auch eine andere Spezies der abstrakten Geometrie gelten, die von Gauß, Lobatschewskij, Bolyai für alle Fälle entworfen worden ist.

(Baltzer 1867, II iii–iv)

In seiner Darstellung der Parallelenlehre (Baltzer 1867, II 13–17) gibt Baltzer historische Hinweise und nennt Quellen: Neben Legendre sind dies die „Geometrischen Untersuchungen" von Lobatschewskij (Berlin, 1840) und J. Bolyai's „Appendix" (Maros Vasarhely, 1832).

Grundlegend ist nach Baltzer die Frage des Parallelwinkels (in der Abbildung unten < $FAB \equiv$ < DAB). In der Euklidischen Geometrie beträgt dieser 90°, weshalb linke (FA) und rechte (AD) Parallele (durch A zu EC) zusammenfallen, in der nichteuklidischen Geometrie („imaginäre, Pangeometrie" [Baltzer (1867), II 16]) ist er kleiner, weshalb man zwei unterschiedliche Parallelen bekommt.

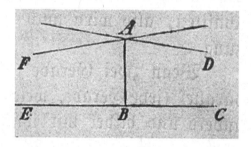

Hierzu gibt es ausführliche historische Erläuterungen:

Diese fundamentale Unterscheidung ist zuerst von Gauß (seit 1792) erkannt, aber nicht ausführlich mitgetheilt worden. Andeutungen darüber findet man in Gauß' Anzeigen von Schwab commentatio in primum elementorum Euclidis librum und Metternich Theorie der Parallellinien, Gött. gel. Anz. 1816 p. 617, und von C. R. Müller Theorie der Parallelen, Gött. gel. Anz. 1822 p. 1725, Weiteres in Gauß' Briefen an Schumacher (seit 1831) II p. 268 und 431, V p. 246. Vergl. Sartorius v. Waltershausen, Gauß zum Gedächtniß p. 81. Die wirklichen Gründer einer correcten Parallelentheorie und der abstracten Geometrie sind J. Bolyai (vergl. 7) und Lobatschewsky Neue Anfangsgründe der Geometrie mit einer vollständigen Theorie der Parallelen (im Kasan'schen Boten 1829 und in den gelehrten Schriften der Universität Kasan 1836—38), Géométrie imaginaire 1837 (in Crelle's J. 17 p. 295), Geometrische Untersuchungen zur Theorie der Parallellinien: Berlin 1840, Pangéométrie: Kasan 1855.

(Baltzer 1867, II 17)

Im Jahre 1867 erschienen noch einige andere Hinweise auf die nichteuklidische Geometrie, so publizierte das „Archiv für Mathematik und Physik" die Lebensbeschreibung von Farkas (Wolfgang) und Janos Bolyai (Schmidt 1868), der bereits erwähnte Houël lieferte eine Übersetzung des „Appendix" von Bolyai ins Französische und ließ ihr 1870 eine „Note über die Nichtbeweisbarkeit des Parallelenpostulats" folgen.

Ebenfalls im Jahre 1867 – zugänglich allerdings erst ein Jahr danach – erschien Riemanns berühmter Habilitationsvortrag „Über die Hypothesen, welche der Geometrie zu Grunde liegen" erstmals im Druck. Dieser bahnbrechende Vortrag, der – so wieder Sartorius von Waltershausen – den alten Gauß so sehr beeindruckt haben soll, ebnete verallgemeinerten Auffassungen von Geometrie den Weg. Allerdings ist darin nicht von nichteuklidischer Geometrie im klassischen Sinne die Rede und es scheint plausibel, dass Riemann weder Lobatschewskijs noch Bolyais Arbeiten gekannt hat. Ähnliches gilt auch für H. Helmholtz, der seine Untersuchungen zu den „tatsächlichen Grundlagen der Geometrie" in seinem Heidelberger Vortrag vor dem naturhistorisch – medizinischen Verein vom 22. Mai 1868[11] erstmals vorstellte. Er begann mit dem Ziel nachzuweisen, dass die Euklidische Geometrie die einzige mit seinen Grundannahmen verträgliche sei: „Damit ist Riemanns Ausgangspunkt gewonnen und es folgt auf dem von ihm betretenen Wege weiter, dass, wenn die Zahl der Dimensionen auf drei festgestellt und die unendliche Ausdehnung des Raumes gefordert wird, keine andere Geometrie möglich ist, als die von Euklides gelehrte." (Helmholtz 1865, 201)

Erst ein Brief von E. Beltrami vom 24. April 1869 belehrte Helmholtz eines Besseren.[12] Diese seine neue Position, die der Tatsache Rechnung trug, dass seine Axiome auch mit der nicht-euklidischen Geometrie kompatibel sind, legte Helmholtz in einer Korrektur im Jahr 1869 dar.[13] Helmholtz gab im Jahre 1870 dann eine allgemein verständliche Darstellung der nichteuklidischen Geometrie,[14] die viel Beachtung fand. Mit Helmholtz hatte die nichteuklidische Geometrie eine weitere große Autorität auf ihrer Seite, die ihre Ansichten zudem geschickt für ein breiteres Publikum aufzubereiten verstand. Ganz zu schweigen von Riemann, dessen Ruhm nach 1868 kontinuierlich wuchs. Die mathematische Fachwelt war nun bereit, sich mit der neuen Geometrie auseinander zu setzen.

J. J. Sylvester brachte einmal die Wichtigkeit der Autoritäten auch in der Mathematik sehr schön zum Ausdruck: „Wenn Gauß, Cayley, Riemann, Schläfli, Salmon, Clifford, Kronecker bezüglich der Realität des transzendenten Raumes[15] eine innere Sicherheit empfinden, dann bemühe ich mich, meine Fähigkeiten geistiger Vision mit ihnen in Einklang zu bringen." (Sylvester 1869, 238 Note +)

Kleine Chronologie der 1860er Jahre

1860 Briefwechsel zwischen F. K. Gauß und H. C. Schumacher. Herausgegeben von C. A. F. Peters. Insgesamt 6 Bände 1860–1865

1863 Drobisch, M. W.: Neue Darstellung der Logik nach ihren einfachsten Verhältnissen. Mit Rücksicht auf Mathematik und Naturwissenschaften (Leipzig, [3]1863).

1865 Beltrami, E.: Risoluzione del problema: „riportare i punti di una superficie sopra un piano in modo che linee geodetiche vengano rappresentate da linee rette" (Annali di Matematica pura ed applicata 7 (1865), 185–204).

Cayley, A.: Note on Lobatchevsky's Imaginary Geometry (Phiosophical Magazine (4) 29 (1865), 471–472).

Helmholtz, H.: Über die thatsächlichen Grundlagen der Geometrie (Verhandlungen des Naturhistorisch-medicinischen Vereins Heidelberg 4 (1865), 31–32).

---

[11] Helmholtz (1865). Die Chronologie dieses Vortrags ist etwas verwirrend, vgl. hierzu Volkert (1993).
[12] Abgedruckt bei Boi et al. (1998), 204–205; vgl. dort auch 205–207 für einen zweiten Brief von Beltrami an Helmholtz sowie 27–31 für eine Darstellung der Diskussion zwischen Helmholtz und Beltrami.
[13] Helmholtz (1869).
[14] Helmholtz (1883b). Vgl. auch Kap. 3.
[15] Gemeint: Ein Raum, der die Erfahrung übersteigt, z. B. ein vierdimensionaler.

1866 Lobatschewskij, N. I. : Etudes géométriques sur la théorie des parallèles. Suivi d'un extrait de la correspondance de Gauss et de Schumacher. Übersetzung von J. Houël (Mémoires de la Société des sciences physiques et naturelles de Bordeaux 4 (1866), 83–128).

Riemann, B. : Über die Hypothesen, welche der Geometrie zu Grunde liegen (Abhandlungen der Göttinger Gesellschaft der Wissenschaften 13 (1866), 133–152).

1867 Baltzer, R. : Die Elemente der Mathematik. Band 2: Geometrie (2. Auflage Dresden, 1867).

Battaglini, G.: Sulle geometria immaginaria di Lobatchewsky (Giornale di matematiche 5 (1867), 217–231).

Bolyai, J. : La Science Absolue de l'Espace indépendante de la vérité ou de la fausseté de l'Axiome XI d'Euclide (que l'on ne pourra jamais établir a priori) ; suivi de la quadrature géométrique du cercle dans le cas de la fausseté de l'axiome XI par Jean Bolyai ; précédé d'une Notice sur la Vie et les Travaux de W. et J. Bolyai par Fr. Schmidt. Übersetzung von J. Houël (Mémoires de la Société des sciences physiques et naturelles de Bordeaux 5 (1867), 189–248).

Lobacevskij, N. I. : Pangeometria, o sunto di geometria fondata sopra una teoria generale e rigorosa delle parallele. Übersetzung von G. Battaglini (Giornale di matematiche 5 (1867), 273–320).

Schmidt, F.: Aus dem Leben zweier ungarischer Mathematiker Johann und Wolfgang Bolyai von Bolya (Archiv der Mathematik und Physik 48 (1867), 217–228).

1868 Beltrami, E.: Saggio di interpretazione della geometria non-euclidea (Giornale di matematiche 6 (1868), 284–312).

Beltrami, E. : Teoria fondamentale degli spazii di curvatura constante (Annali di Matematica pura ed applicata (2) 2 (1868), 232–255).

Bolyai, J. : Sulla scienzadello spazie assolutamente vera, ed indipendente dalla verità e della falsità dell' assioma XI di Euclide (giammai da potersi decidere a priori). Übersetzung von G. Battaglini (Giornale di Matematiche 6 (1868), 97–115).

Helmholtz, H.: Über die tatsächlichen Grundlagen der Geometrie (Verhandlungen des Naturhistorisch-medicinischen Vereins Heidelberg 4 (1865), 197–202).

Helmholtz, H. : Über die Tatsachen, die der Geometrie zum Grunde liegen (Nachrichten von der Göttinger Gesellschaft der Wissenschaften 14 (1868), 618–639).

1869 Beltrami, E. : Essai d'interpretation de la géométrie non euclidienne. Übersetzung von J. Houël. (Annales scientifiques de l'école normale supérieure 6 (1869), 251–288).

Beltrami, E. : Théorie fondamentale des espaces de courbure constante. Übersetzung von J. Houël. (Annales scientifiques de l'école normale supérieure 6 (1869), 347–375).

Bertrand, J. : Sur la somme des angles d'un triangle (Compte rendu des Séances de L'Académie des Sciences 69 (1869), 1267–1269).

Helmholtz, H.: Correctur an dem Vortrag vom 22. Mai 1868, die thatsächlichen Grundlagen der Geometrie betreffend (Verhandlungen des Naturhistorisch-medicinischen Vereins Heidelberg 5 (1869), 31–32).

Ein wichtiger Schritt in der Akzeptanz und Rezeption einer neuen Theorie ist immer das Erscheinen von Lehrbüchern.[16] Natürlich sind hier die Übergänge fließend; so kann man die kommentierten Ausgaben der Schriften von Bolyai und Lobatschewskij (von Houël und Frischauf[17]) als erste Schritte in Richtung auf Lehrbücher betrachten. Das Verdienst, das erste weitgehend eigenständig erarbeitete Lehrbuch der nichteuklidischen Geometrie verfasst zu haben, kommt J. Frischauf mit seinen „Elementen der absoluten Geometrie" (1876) zu. „Absolute Geometrie" ist hier im Sinne von Bolyai gemeint, bezeichnet also die nichteuklidische (hyperbolische) Geometrie und nicht etwa – wie heute üblich – den Teil der Geometrie, der vom Parallelenaxiom unabhängig ist. Frischauf erklärt die Idee, die sich hinter dieser Bezeichnung verbirgt, folgendermaßen:

> Aus der ersten Voraussetzung folgt: Für unendlich kleine Figuren gilt die gewöhnliche Geometrie unabhängig vom Parallelenaxiom. Die zweite Voraussetzung gestattet die Auffassung der gewöhnlichen (Euklidischen) Geometrie als speziellen Fall der nichteuklidischen Geometrie, indem man nur die Konstante k so groß voraussetzt, dass dies für unsere Messungen mit den obigen genäherten Formeln ausreicht. Aus diesem Grunde kann die nichteuklidische Geometrie die absolute Geometrie genannt werden, indem sie vom Parallelenaxiom, dessen Unbeweisbarkeit hier unmittelbar klar ist, als unabhängig betrachtet werden kann.
>
> (Frischauf 1876, 66)[18]

Wir geben im Folgenden einige Passagen aus Frischaufs Werk wieder. Diese spiegeln einerseits die Situation wider, welche sich Anfang/Mitte der 1870er Jahre ergeben hatte, andererseits zeigen sie auch deutlich die Konsequenzen, welche man aus der neuen Geometrie zog: die Erfahrung muss es richten. Frischaufs Inhaltsverzeichnis macht klar, dass es sich bei seinem Werk tatsächlich um ein systematisch aufgebautes, vom Einfachen zum Schwierigen fortschreitendes eigenständiges Lehrbuch handelt, das sich von dem Vorbild Bolyais zu Gunsten einer didaktischen Aufbereitung des Stoffes gelöst hat. Das im § 31 angesprochene Modell von Beltrami wird im nächsten Kapitel ausführlich behandelt.

Johannes Frischauf (* Wien 1837, † Graz 1924) Studium der Mathematik in Wien (an der Universität [Weyr] aber auch an der Technischen Hochschule), dort 1861 Promotion, 1863 Assistent an der Sternwarte in Wien, 1866 Professor in Graz (ab 1867 als Ordinarius), wo er bis 1906 lehrte und maßgeblich daran beteiligt war, das Mathematikstudium einzurichten. Frischauf war auch als Geodät und Kartograph aktiv, was sich mit seinen alpinistischen Interesse bestens verband. Neben dem Lehrbuch, das uns hier interessiert, ist sein bekanntestes Werk „Die Sennthaler Alpen". Dort – heute heißen sie Steiner Alpen (sie liegen in Slowenien) – findet sich auch heute noch die Frischauf-Hütte.[19]

---

[16] Eigene Vorlesungen zur nichteuklidischen Geometrie scheint erst F. Klein Ende der 1880er Jahre gehalten zu haben. Vgl. Klein (1928).
[17] Houël (1866, 1867); Frischauf (1872).
[18] Natürlich beruht die nichteuklidische Geometrie auf der Negation des Parallelenaxioms.
[19] Vgl. Tichy und Wallner (2009).

ELEMENTE

DER

ABSOLUTEN GEOMETRIE

VON

Dr. J. FRISCHAUF,

PROFESSOR A. D. UNIVERSITÄT GRAZ.

LEIPZIG.

DRUCK UND VERLAG VON B. G. TEUBNER.

1876.

Vorwort.

———

Die Grundlage der vorliegenden Schrift bildet meine vor mehr als drei Jahren erschienene freie Bearbeitung von J. Bolyai's absoluter Raumlehre.* Zu dieser Arbeit veranlasste mich der damals in der »Zeitschrift für den mathematischen und naturwissenschaftlichen Unterricht« in höchst unduldsamer und leidenschaftlicher Weise geführte Streit über die zweckmässigste Behandlung der Lehre von den Parallelen; dadurch wollte ich Klarheit in diese wichtige Frage bringen, namentlich das Unnütze der Beweis-Versuche für das elfte euclidische Axiom darlegen.

Da gegenwärtig die richtige Ansicht über die Parallelen-Frage in die meisten Kreise gedrungen ist, so glaubte ich, dass eine vollständige Untersuchung der geometrischen Voraussetzungen und eine übersichtliche Zusammenstellung der Resultate der darauf bezüglichen Arbeiten nicht ohne Interesse sein dürfte.

Die Literatur, soweit sie sich auf den hier in engen Grenzen behandelten Stoff bezieht, konnte Dank der vielfachen Unterstützung meiner Freunde ziemlich vollständig berücksichtigt werden. Besonders dankend muss ich die Bereitwilligkeit des Herrn Dr. J. Hoüel (Professor in Bordeaux) rühmen, der mir nebst anderen wichtigen Schriften das Manuscript seiner Uebersetzung des in russischer Sprache erschienenen Hauptwerkes von Lobatschewsky's »Neue Principien der Geometrie nebst einer vollständigen Theorie der Parallelen« für meine Studien zur Verfügung stellte.

Die Darstellungsweise wurde durch die Rücksicht bestimmt, dass meine Schrift Lesern gewidmet sei, welche mit der gewöhnlichen Behandlung der Geometrie vertraut, das Bedürfnis einer Aufklärung der Dunkelheiten in den Prinzipien fühlen; diesen Zwecke glaubte ich durch eine kurze, alles überflüssige Detail vermeidende Schreibweise am besten zu erreichen. Dass ich unter diesen Umständen bei der Wahl der aus den Elementen als bekannt vorauszusetzenden Theorien manchmal nach der einen oder anderen Richtung etwas zu weit ging, möge der geehrte Leser entschuldigen. Als das Endziel meiner Schrift halte ich die Erkenntnis des Einflusses einer jeden einzelnen geometrischen Voraussetzung: denn nur dadurch können die den verschiedenen Formen der Erfahrung entsprechenden Theorien aufgebaut werden.

[...]

Inhalt.

Erstes Buch.

Voraussetzungen und Grundgebilde.

Zweites Buch.

Erster Abschnitt.
Parallelen-Axiom und euclidische Geometrie.

Zweiter Abschnitt.
Nichteuclidische Geometrie.

Drittes Buch.

Endlicher Raum und absolute Geometrie.

Erstes Buch.

Voraussetzungen und Grundgebilde.

Einleitende Bemerkungen.

1.

Die Erfahrung führt uns zur Idee, die Körper ohne Rücksicht auf ihre besonderen Eigenschaften blos nach der Möglichkeit der Zusammensetzung zu einem anderen und der Zerlegung in Theile zu betrachten. Die Erfahrung lässt uns auch erkennen, dass jeder Körper einen gewissen Raum einnimmt, nämlich einen Theil des durch die Erfahrung gegebenen Raumes. Dadurch gelangen wir zur Idee eines Raumes, in welchem Körper sein können, aber nicht sein müssen. Dieser Raum ist, da wir ihn durch das Wegdenken der in demselben sich befindlichen Dinge erhalten, ein leerer Raum; man nennt ihn desshalb auch den i d e a l e n.

In dem idealen Raume kann man sich einzelne Theile denken, die durch die Körper der Erfahrung ausgefüllt werden können. Diese Theile kann man unter einander gleichartig voraussetzen — weil sie eben durch keine bestimmten Körper ausgefüllt sind. Den idealen Raum stellt man sich daher überall gleichartig und ohne Unterbrechung zusammenhängend, d. i. s t e t i g vor. Derselbe ist daher auch t h e i l b a r bis zu beliebig kleinen Theilen.

[...]

7.

Die Aufgabe der Geometrie besteht in der Erforschung der Eigenschaften der Gebilde, sowol der einfachen unmittelbar gegebenen, als auch solcher, welche aus diesen durch Verbindung und unter Voraussetzung des Congruenz-Axioms erhalten werden. Man beginnt ihre Entwicklung gewöhnlich derart, dass man gewisse einfache Gebilde durch ihre Definitionen einführt. Es wird die Existenz von Linien und Flächen, die resp. aus congruenten Theilen zusammengesetzt sind, vorausgesetzt. Nennt man, wie dies fast allgemein geschieht, G e r a d e diejenige Linie, die durch zwei Punkte bestimmt ist — die also aus congruenten Stücken zusammengesetzt, mithin an allen Stellen gleichartig ist —, ferner E b e n e diejenige Fläche, dass die geradlinige Verbindung zweier Punkte vollständig in ihr liegt; so sind mit der Unbegrenztheit und Unendlichkeit der Geraden die Unbegrenztheit und Unendlichkeit der Ebene ausgesprochen. Da die Unbegrenztheit des idealen Raumes aus dessen Gleichartigkeit an allen Theilen folgt, so kann der Geraden, also auch der Ebene die Eigenschaft der Unbegrenztheit zuerkannt werden. Die Eigenschaften der Endlichkeit und Unendlichkeit müssen besonders vorausgesetzt werden, und daher die bezüglichen Formen der Geometrie einzeln entwickelt werden.

An der Stelle dieses gewöhnlichen Verfahrens sollen diese Gebilde aus einfacheren Voraussetzungen hergeleitet werden, wodurch auch ihre Eigenschaften vollständiger und naturgemässer entwickelt werden.

A n m e r k u n g 1. Diese Ableitung wurde in gelungener Weise zuerst von W. B o - l y a i und L o b a t s c h e w s k y durchgeführt. Der Grundgedanke, welcher bereits von L e i b n i z (s. Uylenbrök »Christiani Hugenii aliorumque seculi XVII virorum celebrium exercitationes mathematicae et philosophicae« Hagae MDCCCXXXIII, Fasc. II, p. 8) bei der Erklärung der geometrischen Orte angedeutet wurde, besteht in Folgendem: Um die Ebene zu erhalten, denke man sich von zwei Punkten O und O' (als Mittelpunkte) fortgesetzt (concentrische) Kugelflächen mit (demselben aber) immer grösser werdenden Radius beschrieben. Der Inbegriff der Durchschnittslinien je zweier Kugelflächen mit gleichem Radius ist eine E b e n e. Dreht man die sämmtlichen Durchschnittslinien d. h. Kreise um die durch die Endpunkte eines Durchmessers eines dieser Kreise bestimmte Gerade als Axe, so bleiben bei dieser Bewegung die Punkte der Axe in Ruhe, während alle übrigen Punkte der Ebene ihre Lage verändern.

Die ziemlich übereinstimmende Darstellung der beiden oben genannten Mathematiker wurde auch in dieser Schrift befolgt.

A n m e r k u n g 2 . Die Versinnlichung von geometrischen Figuren und ihren Beziehungen durch Zeichnung hat nur den Zweck, eine Uebersicht der Lagenverhältnisse und der Anordnung im Allgemeinen zu vermitteln. Daraus folgt, dass es nicht nöthig ist, die wahren Dimensionen (oder deren Verhältnisse) der Figuren durch eine Zeichnung darzustellen — was für räumliche Gebilde auch unmöglich ist —; sondern es genügt, wenn die Linien, Winkel, .. der Figur durch Linien, Winkel, .. in der Zeichnung versinnlicht sind, ohne dass man sich zu sehr um die Richtigkeit der einzelnen Verhältnisse zu kümmern braucht. Diese Verzerrung kann sogar in den einzelnen Theilen der Zeichnung wechseln; namentlich für diejenigen Theile der Figur, welche in der vorliegenden Untersuchung gar nicht in Betracht kommen, kann die Abweichung ziemlich bedeutend werden, während es zweckmässig ist, von den in Untersuchung gezogenen Theilen der Figur eine möglichst richtige Zeichnung zu liefern. Diese beiläufige Andeutung der Lagenverhältnisse der Figuren findet in der absoluten Geometrie häufig statt. Aber auch in den angewandten mathematischen Wissenschaften verfährt man ja auf dieselbe Art. Z. B. Die nahezu kreisförmigen Planetenbahnen werden bei der Untersuchung der elliptischen Bewegung durch stark excentrische Ellipsen, hingegen, wenn es sich um die Anordnung der Bahnen im Sonnensystem handelt, durch Kreise, deren Radien nicht in den Verhältnissen der mittleren Entfernungen stehen, sondern so gewählt werden, dass man eine bequeme Zeichnung erhält, versinnlicht.

[...]

Euclidische Geometrie.

28.

Aus den Voraussetzungen des vorigen Artikels, welche mit dem sogenannten elften Axiom Euclid's »Zwei Gerade, welche von einer dritten so geschnitten werden, dass die beiden innern an einerlei Seite liegenden Winkel zusammen kleiner als zwei Rechte sind, schneiden sich hinreichend verlängert an eben dieser Seite« identisch sind, erhält man die gewöhnliche »e u c l i d i s c h e « Geometrie. In dieser haben die Punkte der Parallelen gleiche Abstände, und umgekehrt: der Ort aller Punkte, welche von einer Geraden gleichen Abstand haben, ist eine zur ersteren parallele Gerade.

Die euclidische Geometrie hielt man bis in dieses Jahrhundert als die einzig mögliche Form der Raumwissenschaft. Man huldigte fast allgemein der Ansicht, dass das Parallelen-Axiom eine Folge der Eigenschaft der Geraden, also mit Hülfe der übrigen Grundsätze und Axiome beweisbar sei*. Dass diese Beweisversuche erfolglos sein mussten, wird im zweiten Abschnitte dieses Buches nachgewiesen; hier mag nur bemerkt werden, dass die auf der erwähnten Ansicht basirten Parallelentheorien mit Ausnahme von L e g e n d r e kaum etwas wissenschaftlich Bemerkenswerthes zu Tage förderten.

[...]

Zweiter Abschnitt.
Nichteuclidische Geometrie.

Historische Bemerkungen.

31.

Die Erfolglosigkeit aller Bemühungen eines Beweises des elften euclidischen Axioms haben schliesslich dahin geführt, die zweite noch mögliche — diesem Axiom entgegenstehende — Voraussetzung, »dass die Summe der innern Winkel zweier Parallelen mit einer schneidenden Geraden oder die Summe der Winkel eines geradlinigen Dreiecks kleiner als zwei Rechte ist«, zu untersuchen. Die consequente Durchführung der letzteren Voraussetzung liefert ebenfalls eine in sich widerspruchfreie Geometrie, welche von C. F. G a u s s (der sich seit 1792 damit beschäftigte) die n i c h t e u c l i d i s c h e*, von N. L o b a t s c h e w s k y die i m a g i n ä r e[†] und von J. B o l y a i die

---

*Briefwechsel zwischen Gauss und Schumacher. Briefe vom Jahre 1831 und 1846; besonders interessant ist der Brief vom 12. Juli 1831.

[†]Zum erstenmale am 12. Februar 1826 in einem Vortrag der phys. math. Facultät in Kazan auseinandergesetzt. Darstellungen dieser Theorie finden sich: Kazaner Bote 1829 und 1830. Gelehrte Schriften der Universität Kazan 1836–1838, welche das Hauptwerk (russisch) unter dem Titel »Neue Principien der Geometrie nebst einer vollständigen Theorie der Parallelen« enthalten. Géométrie imaginaire. Crelle J. B. 17. Geometrische Untersuchungen zur Theorie der Parallellinien, Berlin 1840. Pangéometrie, ou Précis de Géométrie fondée sur une théorie générale des parallèles; Kazan 1855. Ins Italienische übersetzt von Battaglini (Giornale di Matematiche. Vol. V). Eine neue vollständige Ausgabe der Schriften Lobatschewsky's wird gegenwärtig von M. J a n i c h e w s k y besorgt. Vergl. den Art.

absolute Raumlehre* genannt wurde. Eine Uebereinstimmung der beiden Geometrien kann nur in den auf die Congruenz allein sich stützenden Betrachtungen vorkommen, wobei jedoch zu beachten ist, dass die Congruenzen nicht vermittelst Sätze, die das Parallelen-Axiom voraussetzen, erhalten werden dürfen. In allen Theilen der Geometrie, welche sich auf eine Voraussetzung der Parallelen (oder der Winkelsumme des Dreiecks) stützen, muss — wegen des Gegensatzes der euclidischen und nichteuclidischen Annahme — zwischen den beiden Geometrien Verschiedenheit eintreten. Scheinbare Ausnahmen, d. i. Ueberstimmung der beiden Geometrien in diesen Theilen

---

von Hoüel »Notice sur la vie et les travaux de N. J. Lobatschefsky« in dem Bulletin des sciences, tome I, Paris.

*In dem Anhange zu dem »Tentamen« seines Vaters W. Bolyai. Der vollständige Titel dieses Werkes lautet: »Tentamen Juventutem studiosam in elementa Matheseos purae, elementaris ac sublimioris, methodo intuitiva, evidentique huic propria, introducendi. Cum Appendice triplici. Auctore Professore Matheseos et Physices, Chemiaeque Publ. Ordinario. Tomus Primus. Maros Vásárhelyini 1832. Typis Collegii Reformatorum per Josephum et Simeonem Kali de Felsö Vist.« 8°. Mit 4 Kupfertafeln. Tentamen Juventutem etc. Tomus Secundus, ibidem 1833. Mit 10 Kupfertafeln.

Dem ersten Bande folgt ein Anhang seines Sohnes mit folgendem Titel: »Appendix, scientiam spatii *absolute veram* exhibens: a veritate aut falsitate Axiomatis XI Euclidei (a priori haud unquam decidenda) independentem; adjecta ad casum falsitatis, quadratura circuli geometrica. Auctore Johanne Bolyai de eadem, Geometrarum in Exercitu Caesareo Regio Austriaco Castrensium Capitaneo«. Derselbe enthält 26 Seiten Text mit einer Figurentafel und 2 Seiten Errata.

Als ein Auszug und Bericht des Tentamen ist die Schrift: »Kurzer Grundriss eines Versuches, I) die Arithmetik, durch zweckmässig construirte Begriffe, von eingebildeten und unendlichkleinen Grössen gereinigt, anschaulich und logisch-streng darzustellen. II) In der Geometrie die Begriffe der geraden Linie, der Ebene, des Winkels allgemein, der winkellosen Formen und der Krummen, der verschiedenen Arten der Gleichheit u. dgl. nicht nur scharf zu bestimmen sondern auch ihr Sein im Raume zu beweisen: und da die Frage, o b zwei von der dritten geschnittene Geraden, wenn die Summa der inneren Winkel nicht = 2R, sich schneiden oder nicht? Niemand auf der Erde ohne ein Axiom, wie Euclid das XI., aufzustellen beantworten wird; die davon unabhängige Geometrie abzusondern, und eine auf die Ja-Antwort, andere auf das Nein so zu bauen, dass die Formeln der letzten auf einen Wink auch in der ersten gültig seien. — Nach einem lateinischen Werke von 1829, Maros-Vásárhely, und eben daselbst gedrucktem ungarischen, Maros-Vásárhely 1851.« (8°, mit 88 Seiten Text) zu betrachten, welche auch einen Vergleich der Appendix mit Lobatschewsky's »Geometrische Untersuchungen« enthält.

Sämmtliche Schriften von W. Bolyai sind ohne Namen des Verfassers erschienen. Eine ausführliche Biographie der beiden Bolyai hat Franz Schmidt in Grunerts Archiv, Theil XLVIII, gegeben. Französische und italienische Uebersetzungen der Appendix wurden resp. von J. Hoüel und im Giornale di Matematiche Vol. V geliefert.

---

werden sich aus der Stetigkeit der beiden Voraussetzungen erklären lassen.

(Frischauf 1876, ii–1, 6–7, 28, 30–32)

Man sieht, dass die Einsicht, die nichteuklidische Geometrie sei ebenfalls möglich, direkt die Frage nach der wahren Geometrie provozierte. „Wahr" wurde dabei so verstanden, dass dies die Geometrie sei, die die Wirklichkeit korrekt beschreibe.[20] Anders aber als

---

[20] Im Sinne der philosophischen Tradition könnte man von einer korrespondenztheoretischen Auffassung von Wahrheit sprechen im Sinne der bekannten „Adequatio rei et intellectus" des Thomas von Aquin.

in England[21] scheint man im deutschsprachigen Raum das Aufkommen der Alternativgeometrie nicht als einen Frontalangriff auf den Wahrheitsanspruch der Wissenschaften im Allgemeinen und der Mathematik im Besonderen empfunden zu haben. Wir werden hierauf im Kap. 9 zurückkommen.

Neben Fachzeitschriften und -büchern gab es im deutschsprachigen Raum in der zweiten Hälfte des 19. Jhs. wenig Gelegenheit für Fachmathematiker, sich auszutauschen. Einen Fachverband gründeten diese erst 1890 – die heute noch bestehende „Deutsche Mathematikervereinigung". Allerdings hatte diese eine Art von Vorläufer, nämlich die Sektionen für Mathematik[22] der Versammlung Deutscher Naturforscher und Ärzte. Diese bestand seit der Versammlung in Graz 1843 mit wechselnder Beteiligung; die Beiträge, die sich mit der Mathematik im engeren Sinne beschäftigten, lagen in der Regel im einstelligen Bereich. Soweit feststellbar konnte jeder Teilnehmer einen Beitrag anmelden, eine Begutachtung nebst Auswahl fand nicht statt. Die Teilnehmer der Sektion wechselten in hohem Maße von einem Veranstaltungsort zum andern; nur wenige Namen finden sich bis 1890 mehr als viermal unter den Teilnehmern.[23] Dagegen war es üblich, dass die örtlichen Fachmathematiker sich an den Versammlungen beteiligten – sofern eine Universität oder eine ähnliche Institution vor Ort war;[24] auch Gymnasiallehrer sind häufig unter den Teilnehmern zu finden.[25] In der Zeit von 1843 bis 1890 zählt man bei insgesamt 53 Versammlungen rund 210 Beiträge zur Mathematik im engeren Sinne; diese wurden in der Regel durch ein Kurzreferat des Inhaltes – evtl. auch der an den Vortrag anschließenden Diskussion – im „Tageblatt" (das tatsächlich während der Versammlung täglich erschien) dokumentiert.[26]

Reinhold Hoppe (* Naumburg a. S. 18.11.1816, † Berlin 7.6.1900), 1839–42 Studium der Mathematik in Greifswald, Kiel und Berlin, danach Lehrtätigkeit an Gymnasien in Greifswald (Probejahr), Keilhau und Berlin, 1850 Promotion in Halle, 1854 Habilitation in Berlin für Mathematik, später nach zwei vergeblichen Anläufen auch für Philosophie (1871), 1858 bis 59 Lehrer in Glogau, danach als Privatgelehrter in Berlin; seit 1872 Herausgeber des Archivs von Grunert. Bewerbungen um ein Extraordinariat blieben wegen schlechter Lehrerfolge erfolglos.[27]

---

[21] Vgl. Richards (1988).

[22] Üblicherweise bildete die Mathematik nicht alleine das Thema einer Sektion sondern in Verbindung mit anderen Gebieten wie Astronomie (sehr häufig), Physik, Mechanik, Geographie etc.

[23] Diese sind: Moritz Cantor (6mal), Siegmund Günther (6mal), Reinhold Hoppe (9mal), Benedikt Listing (6mal), Franz Meyer (5mal), Karl Reuschle (5mal), Oskar Schlömilch (8mal), Ernst Schröder (7mal), Heinrich Schröter (8mal), Simon Spitzer (7mal), Heinrich Weber (5mal) und Christian Wiener (6mal).

[24] Das war bis 1890 der Fall in Graz (1843 und 1875), Kiel (1846), Aachen (1847), Greifswald (1850), Tübingen (1853), Göttingen (1854), Wien (1856), Bonn (1857), Karlsruhe (1858), Königsberg (1860), Gießen (1864), Hannover (1865), Dresden (1868), Innsbruck (1869), Leipzig (1872), Breslau (1874), München (1877), Danzig (1880), Freiburg i. Br. (1883), Straßburg (1885), Berlin (1886), Heidelberg (1889).

[25] Bei der Versammlung 1868 in Dresden gab es erstmals eine Sektion für den mathematischen und naturwissenschaftlichen Unterricht, kurz „Unterrichtssektion" genannt. Diese kam in der Folgezeit nur unregelmäßig zustande; sie bildete dennoch die Keimzelle für den späteren „Verein zur Förderung des mathematischen und naturwissenschaftlichen Unterrichts"; vgl. hierzu Lorey (1938).

[26] Gelegentlich erschien auch ein „Amtlicher Bericht".

[27] Vgl. Biermann (1988), 86–89.

Als großes und öffentliches Ereignis spiegeln die „Versammlungen" auch den Zeitgeist, die wichtigsten aktuellen Auseinandersetzungen und die gesellschaftlichen Strömungen der Zeit wider.[28] Dies wird im nachfolgend zitierten öffentlichen Vortrag des Berliner Mathematikers Reinhold Hoppe deutlich:

Ueber das Verhältniss der Naturwissenschaft zur Philosophie
im Anschluss an den von Prof. Virchow in Rostock gehaltenen Vortrag
von Professor Hoppe aus Berlin.

Hochverehrte Anwesende! Auf der vorjährigen Versammlung deutscher Naturforscher und Aerzte hat Herr Professor Virchow einen Vortrag über die Aufgaben und Naturwissenschaften in dem neuen nationalen Leben Deutschlands gehalten, der da zeigt, was von unserer Seite geschehen muss, wenn das in unserer Zeit so oft und gern gehörte Wort: Die Wissenschaft ist die Kraft der Nation — zur vollen Wahrheit werden soll. Ich leiste nur dem Aufruf Folge, indem ich es unternehme zu zeigen, wie das, was geschehen muss, auch sofort und mit Erfolg in Angriff genommen werden kann. Dafür, dass Hr. Prof. Virchow die Nothwendigkeit vor Augen gestellt hat, bin ich ihm sehr dankbar, — es war dies keine leichte Arbeit — nur halte ich es nicht für überflüssig, den Grundgedanken des Vortrags, der unter der Menge der zum Nachweis angezogenen Beispiele der Aufmerksamkeit fast entgangen ist, weit mehr in in den Vorderung zu stellen, immer und immer darauf zurückzukommen, und ihn specieller zu kennzeichnen. Die Stelle, auf die ich Bezug nehme, lautet:

„Unsere Aufgabe muss es sein, dafür zu sorgen, dass das Wissen wieder ein gleichmässiges, homogenes, ein aus gemeinsamer Quelle fliessendes werde. Dazu gehört eben eine allgemein geübte Methode des Denkens und gewisse gleichmässige Formen der Auffassung und Deutung der Erscheinungen. Leider muss ich sagen, es kommt mir gegenwärtig nicht selten vor, dass sich Naturforscher finden, die auf ihrem besonderen Gebiete nach der naturwissenschaftlichen Methode ganz streng und gewissenhaft arbeiten, aber in dem Augenblicke, wo sie aus ihrem Gebiete heraus auf ein anderes Gebiet übergehen, eine ganz andere Methode annehmen, die den porphyrartigen Bau ihres psychologischen Wesens deutlich erkennen lässt."

(Hoppe 1872, 104)

Spätestens seit dem Krieg von 1870/71 – eigentlich schon im Zuge der Napoleonischen Kriege – war das Thema „Beitrag der Mathematik, Naturwissenschaft und Technik zur Vormachtstellung einer Nation" ein wichtiger Topos.[29] Für die Mathematik erwuchs hieraus die Aufgabe, zu zeigen, dass auch sie einen wichtigen Beitrag zu dieser Mission zu leisten vermochte.

Hoppes Thema ist allerdings ein anderes – nämlich die Rettung der Philosophie, gekennzeichnet durch „ihr Unvermögen, den unabweisbaren Forderungen ihrer Aufgabe, sowie einer Wissenschaft überhaupt gerecht zu werden"[30], durch die Mathematik und die Naturwissenschaften:

Mathematik und Naturwissenschaft sind die Paradigmata der Universalwissenschaft, zunächst also die Zeugnisse für die Befähigung des Menschen zur exakten Erkenntnis, dann die Belege, wenn es sich darum dreht, was der Begriff, die Bedingungen und Forderungen exakten Wissens seien, ferner die Wegweiser, welche die von der Natur eröffneten Bahnen der Forschung anzeigen; endlich gewähren sie auch mancherlei disponible Mittel zur Untersuchung.

(Hoppe 1872, 105–106)

---

[28] Vgl. etwa Schipperges (1976).

[29] Das gilt in besonderem Maße für Frankreich, den Verlierer des Krieges 1870/71, wo man früh die Überlegenheit der Preußischen Truppen auf deren bessere Ausbildung u. a. in den fraglichen Bereichen zurückführte. Eine besondere Rolle beim Versuch, diese Überlegenheit auszugleichen, fiel in den Jahrzehnten nach 1870 der Pariser Ecole Polytechnique zu, die deshalb auch den Beinamen „Ecole de la revanche" (Schule der Revanche) bekam.

[30] Hoppe (1872), 105.

Der Fehler der zeitgenössischen Philosophie – so Hoppe – besteht darin, dass diese die Wirklichkeit beiseite lässt. Speziell zur Mathematik heißt es: „Die Mathematik ist von Natur in der glücklichen Lage, dass jede Lösung eines Problems, von einem Einzigen geliefert, sogleich für jedermann fertig vorliegt."[31] Dies ist in der Naturwissenschaft anders, denn dort erfolgt immerwährende Prüfung an der Erfahrung, weshalb ihr auch die Gewissheit fehlt, welche die Mathematik prägt. Drei Jahre später bei der Versammlung in Graz forderte Hoppe dann: „Die Naturwissenschaft muss die Fragen der Philosophie in die Hand nehmen, und wird in der Kürze zur einfachen entscheidenden Lösung führen, was durch den Unverstand der gesonderten Philosophie zu anscheinend unlösbaren Problemen geworden war. In Bezug auf den Raum ist das Geforderte bereits geschehen: von Seiten der Geometrie wird die philosophische Frage untersucht."[32] Bezüglich des Raumbegriffes sind zwei Aspekte zu unterscheiden:

> Der Raum ist einerseits eine Eigenheit der tatsächlich erlebten Empfindungen, namentlich der Gesichts- und Tastempfindungen, andrerseits ein vom Verstande gebildetes System. Erstere ist subjektiv und vor jeder Erkenntnis da, letzteres objektiv und rational empirisch zu begründen. Der tatsächlich gegebene Raum ist allerdings der ursprüngliche Gegenstand, mit dem sich die objektiv räumliche Erkenntnis beschäftigt; ...
>
> (Hoppe 1875, 143)

Die Grundlegung der Geometrie veranlasste eine immer tiefer gehende Beschäftigung mit dem objektiven Raumbegriff: „Hierzu hat der Parallelensatz den Antrieb gegeben."[33] Womit wir bei unserem Thema im engeren Sinne wären: Die Frage der nichteuklidischen Geometrie als Motor für die Selbstbesinnung der Mathematik. Ein Jahr später, 1876 in Hamburg, wurde Hoppe in seinem Vortrag konkreter:

> In neuerer Zeit ist viel darüber geschrieben worden, dass die Mathematik empirische Elemente enthält. [...] Es ist auffallend, dass fast alle Schriftsteller, welche die Bolyaische Geometrie und deren Konsequenzen besprechen, die Frage über die Rolle der Erfahrung in der Geometrie so auffassen, als ob es sich um die Zuverlässigkeit der mathematischen Doktrin handelte, die mit Zulassung empirischer Elemente negiert wäre. Die Quelle dieser Bangigkeit um das Bestehen der exakten Geometrie kann man in Kant finden, der ganz unumwunden eine gleiche Konsequenz zieht.
>
> (Hoppe 1876, 60)

Hoppe versucht, das Problem zu lösen, indem er verschiedene Rollen der Erfahrung in der Mathematik unterscheidet („die konstituierende, die theoretische und die praktische, welche beziehungsweise die Bildung der mathematischen Grundbegriffe, die Reihe der Entdeckungen und die technische Nutzbarmachung enthalten"[34]) und für die theoretische Geometrie einen rein hypothetischen Charakter in Anspruch nimmt, weshalb konfligierende Hypothesen kein Problem sind.[35] Die Frage nach der Rolle der Erfahrung in der Geometrie wurde im Rahmen der Naturforscherversammlung auch von R. Voigt angesprochen. Bei der Tagung 1874 in Breslau äußerte er sich „Über die Bedeutung der Nicht-Euklidischen Geometrie für unsere Ansichten über die Natur des Raumes":

---

[31] Hoppe (1872), 106.
[32] Hoppe (1875), 142. Vorsitzender der mathematischen Sektion beim Vortrag von Hoppe war übrigens der uns schon bekannte J. Frischauf
[33] Hoppe (1875), 143.
[34] Hoppe (1876), 61.
[35] Diese Position erinnert an die von Pasch vertretene, vgl. hierzu Kap. 8.

Die Bearbeiter des als Nicht-Euklidische Geometrie bekannten Zweiges der neueren Geometrie haben in ihrem Bestreben im Allgemeinen ein Beweismoment für die empiristische, anti-Kantische Auffassung von der Natur des Raumes gefunden. Eine alleinige Ausnahme scheint Grassmann zu machen, der in seiner „Ausdehnungslehre" ähnliche Untersuchungen als Argumente für die aprioristische Theorie benutzt. Eine nähere Prüfung zeigt, dass die Geometrie und besonders die Nicht-Euklidische Geometrie nicht im Stande ist, eine Entscheidung über philosophische Raumtheorien zu liefern. Ihre Methode und ihre Resultate sind mit dem Empirismus und dem Idealismus in gleicher Weise vereinbar.

Nach einer sich daran anschließenden Diskussion, an der sich neben dem Vortragenden die Herren Prof. Hoppe, Prof. Rosanes und Dr. Günther beteiligten, wurde vom Vorsitzenden den Mitglieder für die rege Beteiligung an den Sektionssitzungen der wärmste Dank ausgesprochen und gegen 12 Uhr die letzte Sitzung geschlossen.

(Voigt 1874, 178)[36]

Hiermit möchte ich den Überblick zu den Diskussionen in der Naturforschertagung beenden. Man sieht, dass die nichteuklidische Geometrie dort zwischen 1872 und 1876 ein wichtiges Thema war, wobei vor allem die Frage nach der Erfahrung im Vordergrund stand. Auf diese philosophischen Aspekte werden wir im Kap. 9 genauer eingehen. Erwähnt sei nur noch, dass die mehrdimensionale Geometrie als eine Spielart der nichteuklidischen Geometrie im weiteren Sinne bei den Naturforscherversammlungen ebenfalls eine wichtige Rolle spielte, wobei hier auch mehr technische Aspekte behandelt wurden.[37]

Will man etwas über die allgemeinere Verbreitung einer wissenschaftlichen Theorie lernen, so ist ein Blick in allgemeine Lexika interessant. Das Meyersche Konversationslexikon vermeldet unter „Geometrie" in seiner Ausgabe von 1876 (3. Auflage, 1874–78 in 15 Bänden):

Wer schließlich die neueren Versuche der G.[eometrie], sich von der gewöhnlichen Raumanschauung zu emanzipieren, d. h. die nichteuklidische Geometrie kennen lernen will, greift am besten zu folgenden Schriften: Frischauf, Absolute G. (Leipz. 1872) und J. C. Becker, Abhandlungen aus dem Grenzgebiete der Mathematik und Philosophie (Zür. 1870).

1894 hingegen (5. Auflage; 1893–1901 in 17 Bänden) gibt es schon im Stichwort Geometrie[38] einen ganzen Abschnitt zum Thema:

---

[36] Bemerkenswert ist die Erwähnung Grassmanns, welcher damals noch ziemlich unbekannt war.

[37] Tobies und Volkert (1998), 71–74. Hoppe war übrigens einer der Pioniere der vierdimensionalen Geometrie im deutschsprachigen Raum; vgl. Volkert (2013b).

[38] Die Artikel im „Meyer" wurden in der Regel anonym publiziert. Es ist allerdings bekannt, dass die mathematischen Stichworte von A bis R für die vierte Auflage von Max Simon stammen (vgl. Schmidt 1985, E 17); auf M. Simon kommen wir in Kap. 10 zu sprechen.

Nichteuklidische Geometrie

bezeichnet im allgemeinen Sinne jede G., welche von unsrer Anschauung abweichende Annahmen über den Raum zuläßt. Solche sind z. B., daß der Raum mehr als drei Dimensionen (s. Dimension) habe (Graßmann, Riemann, Helmholtz), daß er endlich sei (Riemann), daß sein Krümmungsmaß (s. d.) negativ sei (Gauß). Im engern Sinne heißt sie auch imaginäre, auch Pan= geometrie (Lobatschewski), absolute (Bolyai), und rührt von Gauß her, der etwa um 1792, beeinflußt von Lambert, zu der Einsicht kam, daß unser Parallelen= axiom zwar eine Thatsache der Anschauung, aber keine Denknotwendigkeit sei. Er hat nicht nur Bolyai, son= dern auch Lobatschewski beeinflußt, der in einem Vor= trag zu Kasan 26. Febr. 1826 zum erstenmal eine G. veröffentlichte, welche annahm, daß es durch jeden

[...]

Zehn Jahre später, 1907 (7. Band der 6. Auflage, 1902–1908 in 20 Bänden), ist es dann wieder recht ruhig geworden um die nichteuklidische Geometrie:

So meisterhaft die Entwicklung der G. ist, die Euklid aus dieser Grundlage [Axiomatik] gegeben hat, so blieben doch immer noch Fragen offen, erstens ob diese Axiome wirklich alle erforder- lich sind, ob also keines aus den übrigen folgt, und zweitens, ob nicht später im Verlaufe der Untersuchung stillschweigend Axiome benutzt werden, die eigentlich ausdrücklich hätten ausge- sprochen werden müssen. Die erste Frage ist immer wieder von neuem bei dem Parallelenaxiom gestellt worden, bis man endlich erkannte, dass dieses zur Begründung der euklidischen Geometrie unentbehrlich ist, dass man es aber auch fallen lassen kann und dann zu einer neuen, der von Lobat- schewskij und J. Bolyai begründeten nichteuklidischen G. kommt. Die zweite Frage ist unbedingt zu bejahen, denn Euklid setzt z. B. stillschweigend voraus, dass die Gerade eine unendliche Länge hat. Riemann hat zuerst gezeigt, dass man auch dieses Axiom fallen lassen kann und dann eine von der Lobatschewskij-Bolyaischen G. verschiedene nichteuklidische G. erhält, bei der die Winkel- summe größer als zwei Rechte ist. Ein Beispiel einer solchen G. liefert übrigens schon die G. auf der Kugelfläche (die sphärische G.). Die Untersuchung über die zum Aufbau der G. notwendigen und hinreichenden Axiome ist besonders durch Riemann, Helmholtz und Lie gefördert worden, neuerdings aber durch Hilbert zu einem gewissen Abschluss gebracht. Die von Kant ausgespro- chene Ansicht, dass die Sätze der euklidischen Geometrie „synthetische Urteile apriori" seien, und dass der Raum nur Form unserer Anschauung sei, ist durch die Möglichkeit der nichteuklidischen G. endgültig widerlegt.

Bemerkenswert ist noch folgende Bemerkung, mit der der Abschnitt „Grundbegriffe und Grundlagen der G.", aus dem gerade zitiert wurde, eingeleitet wird:

> Zu untersuchen, wie sie [die Grundbegriffe wie Punkt, Gerade, Ebene] zustande kommen, ist nicht Sache der G., sondern der Philosophie, besonders der Psychologie.

Endnoten

[i]Die fraglichen Besprechungen wurden in den Werken von Gauß zweimal abgedruckt: Einmal im Band IV (1873), S. 364–370 und dann nochmals im Band 8 (1900), 219–226. Diese Besprechungen sind vermutlich die Ursache dafür, dass Gauß' Beschäftigung mit dem Parallelenproblem manchmal auf die Zeit um 1815 herum datiert wird. Gauß selbst legt die Anfänge seines Nachdenkens über dieses Problem auf das Jahr 1792, was indirekt durch einen Brief an F. Bolyai aus dem Jahre 1799 bestätigt wird, wo Gauß davon spricht, dass seine „Arbeiten darüber weit vorgerückt" (Stäckel und Engel 1895, 219) seien. Mögliche Beziehungen zwischen Gauß und J. Bolyai sowie N. Lobatschewskij, den Begründern der nicht-euklidischen Geometrie, insbesondere auch zu Gauß und M. Bartels, der als „Missing link" zwischen Gauß und Lobatschewskij in Betracht gezogen wurde, werden sorgfältig diskutiert in Reich und Roussanova (2012), 165–188 und 473–520. In beiden Fällen ist der Befund eindeutig: Es gibt keine Belege für eine direkte oder indirekte Beeinflussung durch Gauß.

[ii]Dies scheint die erste Arbeit überhaupt zu sein, die einen expliziten Hinweis auf Lobatschewskijs neue Geometrie im Titel enthielt.

[iii]Ähnliche Überlegungen gab es auch bei Lobatschewskij, der sich allerdings auf die Vermessung astronomischer Dreiecke stützen wollte. Die Intention von Gauß selbst ist umstritten, vgl. Breitenberger (1984) und Scholz (2004) für konträre Auffassungen.

[iv]Die moderne Kosmologie beschäftigt sich in modifizierter Form – Bestimmung der Hubble-Konstanten und damit der globalen Geometrie des Universums – immer noch damit. Vgl. etwa Luminet (2005).

Kapitel 3
Geometrie auf Flächen konstanter Krümmung, erste Modelle (Beltrami)

Wie wir in Kap. 2 gesehen haben, verbreitete sich in den 60er Jahren allmählich das Wissen um eine mögliche nichteuklidische Geometrie. Neben den Originalarbeiten von Lobatschewskij und Bolyai trugen hierzu auch Übersetzungen derselben bei. Dies trifft insbesondere auf Eugenio Beltrami zu, der Hauptperson in diesem Kapitel, der nach eigenem Bekunden die nichteuklidische Geometrie durch die Übersetzung der „Geometrischen Untersuchungen" von Lobatschewskij ins Französische[1] kennenlernte.

Eugenio Beltrami (* Cremona 1835, † Rom 1900), Studium der Mathematik in Pavia und Mailand bei Betti, Brioschi und Cremona, 1856 aus finanziellen Gründen Eisenbahningenieur, 1864 Professor in Pisa, dann in Pavia, Bologna und Rom, 1898 Präsident der Accademia dei Lincei; Hauptarbeitsgebiete: Differentialgeometrie, später dann mathematische Physik.

Im Jahre 1868 veröffentlichte Beltrami seine bahnbrechende Arbeit „Saggio di interpretazione della geometria non-euclidea", also der „Versuch einer Interpretation der nichteuklidischen Geometrie". Aus Beltramis Briefwechsel mit Houël wissen wir, dass diese Abhandlung im Herbst 1867 entstanden ist; Houël verstand deren Wichtigkeit sofort und publizierte bereits 1869 eine Übersetzung ins Französische.

Beltrami beseitigte mit seiner Abhandlung ein ganz wesentliches Defizit der nichteuklidischen Geometrie: Diese lag „nur" in Gestalt einer überwiegend analytischen Theorie vor, die sich einer anschaulichen Deutung vollständig entzog. Eine solche aber galt als sehr wichtig – nicht nur, weil sie helfen konnte, Sätze zu finden und zu beweisen, sondern auch, weil sie damals für die Anerkennung einer mathematischen Theorie geradezu notwendig war. Erst eine anschaulich „versinnlichte" Theorie – ein sehr glücklicher Begriff, der von Gauß eingeführt wurde[2] – konnte Anspruch auf „die wahre Meta-

---

[1] Houël (1866). Vgl. Brief von Beltrami an Houël vom 18. November 1868 (Boi et al. 1998, 65–68) [siehe unten] und Brief von Beltrami an Helmholtz vom 16. Mai 1869 (Boi et al. 1998, 205–207).

[2] Vgl. Gauß (1831), 632. Gauß bezog sich hier auf die komplexen Zahlen und die von ihm angegebene Interpretation in der Ebene (heute Gaußsche Zahlenebene genannt). Ein anderes Beispiel, das zeitnah zu Beltrami liegt, liefert die Geometrie des vierdimensionalen Raumes. Hier machte erst die Behandlung der regulären Polytope aus einer „Algebra in geometrischer Einkleidung" eine „richtige" Geometrie. Auch die tiefe Erschütterung, welche das Weierstrasssche Beispiel (Monster) einer stetigen nirgends differenzierbaren Funktion hervorrief, kann man auf diesem Hintergrund sehen.

K. Volkert, *Das Undenkbare denken*, Mathematik im Kontext, DOI 10.1007/978-3-642-37722-8_3,   45

physik"[3] im Reich der Mathematik erheben. Es sei hier eine warnende Bemerkung eingefügt. Aus moderner Sicht hat Beltrami das erste so genannte Modell der nichteuklidischen
Geometrie gefunden. Dessen wichtigste – um nicht zu sagen: einzige – Funktion ist es
aus heutiger Sicht, die relative Widerspruchsfreiheit der nichteuklidischen Geometrie zu
beweisen. Wie wir sehen werden, tritt der Begriff „Modell" weder bei Beltrami noch
seinen Zeitgenossen auf und die Idee der Widerspruchsfreiheit spielte bestenfalls eine
untergeordnete Rolle. Anders gesagt: Beltrami löst in seiner Arbeit kein logisches Problem (Widerspruchsfreiheit) sondern ein ontologisches (Seinsweise der mathematischen
Gegenstände).[4] Zwar ist gelegentlich von Widerspruchsfreiheit oder Ähnlichem die Rede,
aber damit ist in jener Zeit immer nur gemeint, dass in der nichteuklidischen Geometrie keine Widersprüche angetroffen wurden. In diesem Sinne war Widerspruchsfreiheit
ein empirisches Faktum – letztlich natürlich auch in der Euklidischen Geometrie. Anders gesagt beruhte die Ausarbeitung der nichteuklidischen Geometrie im 19. Jh.[5] auf
der Annahme, dass diese widerspruchsfrei sei, weshalb dieses Problem nur von geringem
Interesse war.

Ernst Ferdinand Adolf Minding (* Kalisch [heute Kalisz (Polen)] 23.1.1806, † Dorpat [heute Tartu (Estland)] 13.5.1888), Studium von Philologie, Philosophie und Physik
in Halle und Berlin, der Mathematik autodidaktisch, 1827 Promotion in Halle, Gymnasiallehrer, 1830 Habilitation in Berlin, 1834 Professor an der Bauakademie in Berlin, ab
1843 Mathematikprofessor in Dorpat (damals Russland). Verfasser zahlreicher Lehrbücher, hielt auch Vorlesungen über Geschichte der Mathematik an der Universität Berlin.

Die Vorgehensweise von Beltrami ist hauptsächlich differentialgeometrisch, sein Ausgangspunkt ist ein Ausdruck für das Linienelement einer Fläche konstanter Krümmung.
An die Stelle der Geraden treten geodätische Linien[6]. Dabei griff er vor allem auf Arbeiten von F. Minding zurück. In einer Abhandlung mit dem aussagekräftigen Titel „Wie
sich entscheiden lässt, ob zwei gegebene krumme Flächen auf einander abwickelbar sind
oder nicht; nebst Bemerkungen über die Flächen von unveränderlichem Krümmungsmaß"
(1839) bewies Minding folgendes Resultat:

> Folglich lassen sich überhaupt zwei Flächen von gleichem unveränderlichem Krümmungsmaße
> auf einander abwickeln, und zwar auf unendlich viele Arten, indem man zwei beliebige Punkte
> der einen zweien beliebigen der anderen entsprechend setzen kann, wenn nur die Längen kürzester
> Linien auf den Flächen, zwischen beiden Paaren von Punkten einander gleich sind. Hieraus fließen
> folgende Zusätze:
>   Jede Fläche, deren Krümmungsmaß gleich Null ist, ist eine Biegung der Ebene; – wie bekannt.
>   Jede Fläche, deren Krümmungsmaß (k) unveränderlich und positiv, lässt sich auf eine Kugel
> vom Halbmesser $\frac{1}{\sqrt{k}}$ abwickeln.
>
>   (Minding 1839, 375f)[7]

---

[3] Gauß (1831), 633.

[4] Vgl. Voelke (2005), 168. Man könnte hier eventuell auch von einem semantischen Problem sprechen.

[5] Anders als im 18. Jh. bei Saccheri etwa.

[6] Bemerkenswert ist, dass Beltrami an dieser terminologischen Unterscheidung konsequent festhält: Er
bezeichnet geodätische Linien niemals als Geraden. Helmholtz prägte den Begriff „geradeste Linien" –
eine Art Kompromiss (vgl. hierzu den Text von Helmholtz am Ende dieses Kapitels).

[7] Mindings Ergebnisse sind lokaler Natur.

Minding war sich also im Klaren darüber, dass die Euklidische Geometrie der Geometrie der Flächen konstant verschwindender Krümmung entspricht und die sphärische derjenigen von Flächen konstanter positiver Krümmung. Was im dritten Fall – konstante negative Krümmung – geschieht, darüber schweigt Minding. Allerdings scheint ihn diese Frage durchaus beschäftigt zu haben, denn im nachfolgenden Jahr gab er eine Teilantwort, indem er die Trigonometrie von geodätischen Dreiecken auf Flächen konstanter negativer Krümmung charakterisierte:

> Dass auf jeder Fläche von unveränderlichem positivem Krümmungsmaße zwischen den Seiten und Winkeln eines aus kürzesten Linien gebildeten Dreiecks die Formeln der sphärischen Trigonometrie gelten, folgt sogleich, wenn man sich erinnert, dass jede Fläche dieser Art sich auf eine Kugel abwickeln lässt. Ist das Krümmungsmaß negativ, so gelten dieselben Formeln mit der Änderung, dass die hyperbolischen Funktionen der Seiten an die Stelle der trigonometrischen treten. Sind nämlich a, b, c die Seiten des Dreieckes, A der Gegenwinkel von a, und k das unveränderliche Krümmungsmaß, gleichviel ob positiv oder negativ, so ist es nicht schwer, die Richtigkeit folgender Gleichung zu beweisen:

$$\cos a \sqrt{k} = \cos b \sqrt{k} \cdot \cos c \sqrt{k} + \sin b \sqrt{k} \cdot \sin c \sqrt{k} \cdot \cos A.$$

(Minding 1840, 324)

Gemäß dieser Bemerkung leitet dann Minding die entsprechenden Formeln für das Dreieck ab. Hätte Minding die Abhandlung „Géométrie imaginaire" von Lobatschewskij gekannt, die zwei Jahre zuvor ebenfalls im Crelle-Journal erschienen war, so hätte er vermutlich sofort gesehen, dass seine Formeln für das geodätische Dreieck auf Flächen konstanter negativer Krümmung mit denjenigen übereinstimmen, die Lobatschewskij dort für das Dreieck in der nichteuklidischen Geometrie herleitet – womit klar gewesen wäre, dass diese beiden Geometrie übereinstimmen. Hätte umgekehrt Lobatschewskij die Arbeit von Minding gekannt, so wäre ihm diese Identität auch sofort klar gewesen. Allerdings las Lobatschewskij das Crelle Journal nicht mehr, nachdem seine Abhandlung darin publiziert worden war.[8] Es blieb Beltrami vorbehalten, diesen entscheidenden Schritt zu vollziehen, wobei er natürlich von seiner profunden Kenntnis der Differentialgeometrie profitierte, aber auch von Houëls Übersetzung von Lobatschewskijs Buch.

Um deutlich zu machen, wie die Zeitgenossen Beltramis Leistung einschätzten, seien hier einige Passagen aus Frischaufs Lehrbuch[9] der nichteuklidischen Geometrie – dem ersten seiner Art – von 1876 zitiert:

---

[8] Vgl. den Hinweis bei Rosenfeld (1988), 288 n.4.
[9] Vgl. hierzu Kap. 2 oben.

Versinnlichung der Geometrie.

108.

Da die Bestimmung der Constanten k aus den Beobachtungen zu geschehen hat, letztere aber nachweisen, dass wir für alle unsere Messungen diese Constante gleich unendlich setzen können, so können die Resultate der ebenen nichteuclidischen Geometrie und der sphärischen Planimetrie nicht in unserem Erfahrungsraume durch ebene Figuren in ihren wahren Verhältnissen versinnlicht werden. Diese Versinnlichung kann dagegen auf krummen Flächen, in welchen die kürzesten Linien den in einer Ebene liegenden Geraden entsprechen, geschehen. Für die ebene Geometrie des endlichen Raumes dient die Kugelfläche und die auf ihr gezogenen kürzesten Linien d. h. die grössten Kreise als Versinnlichung. Alle Resultate der einen Untersuchung können unmittelbar in entsprechende Untersuchungen des anderen Gebietes umgesetzt werden. In gleicher Weise können auch die Resultate der nichteuclidischen Geometrie auf gewissen krummen Flächen interpretirt werden, wie dies durch E. B e l t r a m i's* Untersuchung der constant negativ gekrümmten Flächen geschehen ist.

109.

Den Ausgang dieser Arbeiten bildet die G a u s s'sche Untersuchung über die Krümmung der Flächen und die Anwendung dieser Theorien auf die biegsamen Flächen.[†]

Unter B i e g u n g einer Fläche versteht man eine solche Aenderung der Fläche, bei welcher die Längen aller auf ihr liegenden Linien ungeändert bleiben. Ist daher auf einer biegsamen Fläche eine von kürzesten Linien gebildete Figur gegeben, so ändern sich bei der Biegung die Längen der Seiten und die Winkel nicht. Letztere bleiben desshalb unverändert, weil der Winkel zweier krummen Linien durch die im Scheitel zusammenstossenden Linienelemente bestimmt ist und diese sowie die Verbindung ihrer Endpunkte ihre Grösse

---

*»Saggio di interpretazione della Geometria non-euclidea.« Giornale di matematiche. Vol. VI, 1868. In's Französische übersetzt von J. Ho̎uel in den »Annales de l' École Normale supérieure« S. VI, 1869.

†G a u s s, Disquisitiones generales circa superficies curvas — Eine französische Uebersetzung mit Zusätzen gibt R o g e r 1870. Die hier nöthigen Sätze findet man vollständig in J o a c h i m s t h a l's »Anwendung der Differential- und Integralrechnung etc.« Leipzig, 1872.

---

nicht ändern. Man kann daher die Flächen auch rücksichtlich derjenigen Eigenschaften untersuchen, welche von der Biegung unabhängig sind.

Zu diesen gehören die auf die Krümmung der Flächen bezüglichen, da der Ausdruck für das Krümmungsmass nur vom Ausdrucke für das Linienelement der Fläche abhängt. Aber auch umgekehrt: Zwei Flächen, deren Punkte in einer solchen Beziehung stehen, dass jedem Punkt der einen Fläche ein Punkt der zweiten Fläche derart entspricht, dass je zwei entsprechende Punkte dasselbe Krümmungsmass besitzen, stehen im Verhältniss der Biegung zu einander.

[...]

110.

Von besonderem Interesse ist der Fall, wenn das Krümmungsmass für alle Punkte einer Fläche constant ist. Zwei Flächen constanter Krümmung, welche dasselbe Krümmungsmass besitzen, können durch Biegung zur Deckung gebracht werden. Ist das Krümmungsmass gleich Null, so können die Flächen durch Biegung in ebene Flächen verwandelt werden. Ein Flächenstück von constanter positiver Krümmung $= 1 : k$ lässt sich mit einer Kugelfläche, deren Radius k ist, zur Deckung bringen, und in dieser Lage ohne weitere Biegung beliebig verschieben. Zwei Flächenstücke constanter negativer Krümmung $= -1 : k^2$ lassen sich zwar durch Biegung zur Deckung bringen; allein ohne weitere Biegung kann das erstere nicht auf dem zweiten bewegt werden. Denn in jedem Punkte besitzen die Radien der beiden Krümmungslinien entgegengesetzte Richtung.

(Frischauf 1876, 110–111, 113, 114–116)[10]

Doch erteilen wir nun Beltrami das Wort:

In letzter Zeit hat die mathematische Öffentlichkeit begonnen, sich mit einigen neuen Ideen zu beschäftigen, welche dazu bestimmt zu sein scheinen, die gesamte Ordnung der klassischen Geometrie zu ändern. Diese Ideen stammen nicht aus der unmittelbaren Vergangenheit. Der berühmte Gauß hatte sie sich seit den ersten Schritten in seiner wissenschaftlichen Karriere zu Eigen gemacht; obwohl keine seiner Schriften eine explizite Darlegung derselben enthält, belegen seine Briefe die Vorliebe, mit der er diese Ideen pflegte, sie belegen auch, dass er der Lehre Lobatschewskijs vollständig zustimmte.

In der Wissenschaftsgeschichte findet man oft derartige Versuche, die Prinzipien radikal zu erneuern [...] Sind diese Versuche die Frucht gewissenhafter Forschungen und ehrlicher Überzeugungen und stehen sie unter der Schirmherrschaft einer beeindruckenden bislang unbestrittenen Autorität, so ist es die Pflicht der Wissenschaftler, diese vorurteilsfrei zu diskutieren und sich dabei zugleich von Enthusiasmus und von Misstrauen fernzuhalten. Andererseits kann in der Mathematik der Triumph neuer Konzepte niemals die bereits erreichten Wahrheiten entwerten: Er kann lediglich deren Stellenwert oder deren logischen Grund ändern, wobei sich Wert und Nützlichkeit vergrößern oder verringern können. Die tiefgreifende Kritik der Prinzipien kann nie die Solidität des wissenschaftlichen Gebäudes in Mitleidenschaft ziehen, selbst wenn sie nicht dazu führt, dass seine wahren und eigentlichen Grundlagen entdeckt und besser anerkannt werden.

Geleitet von diesen Absichten haben wir, soweit uns das unsere Kräfte erlaubten, versucht, uns selbst Rechenschaft darüber abzulegen, wohin die Resultate, die sich aus Lobatschewskijs Lehre ergeben, uns führen. In Übereinstimmung mit einer Vorgehensweise, die uns vollkommen vereinbar mit den guten Traditionen der wissenschaftlichen Forschung zu sein scheint, waren wir bestrebt, ein reales Substrat dieser Lehre zu finden, bevor wir ihr die Notwendigkeit einer neuen Ordnung von Entitäten und Begriffen zuerkennen. Wir glauben, diese Absicht für den planimetrischen Teil der Doktrin verwirklicht zu haben; dagegen nehmen wir an, dass dies für deren Rest[11] unmöglich ist.

Die vorliegende Abhandlung soll vor allem den ersten Teil dieser Thesen entwickeln; was deren zweiten Teil anbelangt, so begnügen wir uns im Moment mit einigen Andeutungen, damit man den Sinn, den wir unserer Interpretation beilegen, besser beurteilen kann.

[...]

---

[10] Bei Frischauf gibt es hier im § 110 einen Druckfehler: Es muss $1/k^2$ heißen nicht $1/k$.
[11] Gemeint ist der räumliche Fall. Beltrami erkannte schon bald, dass die von ihm hier geäußerte Vermutung nicht haltbar war, siehe unten.

1.

Das fundamentale Kriterium, das man in den Beweisen der Elementargeometrie verwendet, beruht darauf, dass man *gleiche Figuren zur Deckung bringen kann*.[12]

Dieses Kriterium lässt sich nicht nur in der Ebene verwenden, sondern auch auf allen Flächen, in denen es gleiche Figuren in unterschiedlichen Positionen geben kann, das heißt, auf allen Flächen, bei denen ein beliebiger Teil derselben sich exakt mit Hilfe einer einfachen Biegung auf einen beliebigen anderen Teil der Flächen selbst abbilden lässt. Man bemerkt in der Tat, dass die Starrheit der Flächen, auf welchen die Figuren gezeichnet sind, keine notwendige Voraussetzung für die Anwendung dieses Kriteriums ist: So verändert sich beispielsweise die Exaktheit der Beweise in der Geometrie der Euklidischen Ebene in keiner Weise, wenn man sich vorstellt, dass die Figuren auf der Oberfläche eines Zylinders oder eines Kegels gezeichnet wären anstatt in der Ebene.[13]

Die Flächen, in denen die hier interessierende Eigenschaft ohne Einschränkungen realisiert sind, sind einem berühmten Satz von Gauß zufolge alle jene, bei denen in allen Punkten das Produkt aus den beiden Hauptkrümmungen konstant, oder, anders gesagt, bei denen das Krümmungsmaß fest ist. Die anderen Flächen gestatten es nicht, das Prinzip der Deckungsgleichheit zum Vergleich von Figuren, die in ihnen gezeichnet sind, ohne Einschränkung anzuwenden. Folglich können diese Figuren keine Struktur besitzen, die vollkommen unabhängig von ihrer Position ist.[14]

Das wichtigste Element der Figuren und Konstruktionen in der Geometrie ist die gerade Linie. Deren spezifischer Charakter ergibt sich daraus, dass sie bereits durch zwei ihrer Punkte vollkommen bestimmt ist; folglich können zwei gerade Linien nur dann durch zwei gegebene Punkte des Raumes gehen, wenn sie in ihrer gesamten Ausdehnung zusammenfallen. Allerdings wird dieses Charakteristikum in der ebenen Geometrie in seinem gesamten Gehalt nicht ausgenutzt; betrachtet man die Dinge genau, so stellt man fest, dass die Gerade in die Überlegungen der Planimetrie nur aufgrund des folgenden *Postulats* eingeführt wird: „Bringt man zwei Ebenen, in denen jeweils eine Gerade existiert, zur Deckung, so genügt es, dass sich diese beiden Geraden in zwei Punkten decken, um sicher zu stellen, dass sie in ihrem gesamten Verlauf zusammenfallen."

Nun ist aber dieses solcherart eingeschränkte Charakteristikum nicht nur geraden Linien bezüglich Ebenen zu Eigen; es ist (im Allgemeinen) auch für geodätische Linien in Flächen konstanter Krümmung bezüglich dieser Flächen gegeben. Bereits auf einer beliebigen Fläche hat eine geodätische Linie die Eigenschaft, dass sie (allgemein gesprochen) ohne Zweideutigkeit durch zwei ihrer Punkte festgelegt ist. Aber für Flächen konstanter Krümmung – und nur für diese – bleibt die analoge Eigenschaft zu derjenigen der Geraden in der Ebene ohne Einschränkung erhalten, das heißt, es gilt: „Hat man zwei Flächen, bei denen in allen ihren Punkten die Krümmung konstant ist, und deren Krümmung übereinstimmt, und existiert in beiden eine geodätische Linie, so gilt: Bringt man die beiden Flächen derart zum Zusammenfallen, dass die geodätischen Linien zwei Punkte gemeinsam haben, so fallen diese Linien (im Allgemeinen) in ihrer gesamten Erstreckung zusammen."

Hieraus folgt, außer in den Fällen, in denen diese Eigenschaft Ausnahmen erleidet, dass diejenigen Sätze, die in der Planimetrie mit Hilfe des Superpositionsprinzips und des Geradenpostulats für Figuren in der Ebene bewiesen werden, auch gleichermaßen für Figuren weitergelten, die in analoger Weise in einer Fläche konstanter Krümmung von geodätischen Linien gebildet werden.

Hierauf gründen sich die vielfachen Analogien zwischen der Geometrie der Sphäre und der Ebene. Den Geraden der letzteren entsprechen geodätische Linien der ersteren, das heißt Großkreise. Diese Analogien wurden schon vor langer Zeit von den Geometern bemerkt. Dass weitere Analogien, welche andersartig sind, aber dennoch denselben Ursprung haben, nicht sofort bemerkt

---

[12] Vgl. Axiom 7 bei Euklid: „Was sich deckt, ist einander gleich."

[13] Genau genommen ist das nur lokal zutreffend, denn global unterschieden sich Zylinder und Ebene sehr wohl (z. B. in topologischer Hinsicht).

[14] Das von Beltrami hier angesprochene Problem ist als „freie Beweglichkeit" bekannt. Es spielte sowohl beim sogenannten Riemann-Helmholtzschen Raumproblem als auch bei den Clifford-Kleinschen Raumformen eine wichtige Rolle. Es ist dabei notwendig, lokale und globale freie Beweglichkeit zu unterscheiden; was genau hier Beltrami meint, ist schwierig zu entscheiden.

wurden, muss man der Tatsache zuschreiben, dass der Begriff flexibler und aufeinander abwickelbarer Flächen erst in letzter Zeit entwickelt wurde.

Wir haben auf Ausnahmen hingewiesen, die die fragliche Analogie aufheben oder einschränken können. Diese Ausnahmen gibt es tatsächlich. Beispielsweise bestimmen zwei Punkte in der Sphäre keinen Großkreis in eindeutiger Weise, wenn sie diametral einander gegenüber liegen. Das ist der Grund, warum einiger Sätze der Planimetrie keine Analoga auf der Sphäre besitzen. Ein Beispiel hierfür ist der Satz „Zwei Geraden, die senkrecht auf einer dritten stehen, schneiden sich nicht."

Diese Überlegungen bildeten den Ausgangspunkt für unsere vorliegenden Forschungen. Zuerst bemerkten wir, dass die Folgerungen aus einem Beweis auf die gesamte Kategorie der Gegenstände zutreffen, in welchen alle notwendigen Bedingungen gegeben sind, die ihm zur Geltung verhelfen. Wurde der Beweis mit Blick auf eine bestimmte Kategorie von Gegenständen erdacht, ohne dass man aber darin tatsächlich die Bestimmungen verwendet, die die fragliche Kategorie in einer größeren Kategorie abgrenzen, so ist klar, dass die Folgerungen aus dem Beweis eine größere Allgemeinheit erlangen, als man ursprünglich meinte. In diesem Falle kann es sehr wohl vorkommen, dass einige dieser Folgerungen unvereinbar mit der Natur derjenigen Gegenstände zu sein scheinen, welche man im Speziellen im Auge hatte. Auch können im Falle einiger dieser besonderen Gegenstände gewisse Eigenschaften, die im Allgemeinen für eine gegebene Kategorie von Gegenständen zutreffen, sich merklich verändern oder sogar gänzlich verschwinden. Ist dem so, so liefern die Resultate der Forschungen, die man gerade unternommen hat, scheinbare Widersprüche, die der Geist nicht verstehen kann, wenn er sich nicht klar macht, dass die Basis seiner Untersuchungen zu breit gewesen ist.

Nachdem dies festgehalten wurde, betrachten wir nun die Beweise der Planimetrie, die sich ausschließlich auf die Verwendung des Prinzips der Superposition und auf das Postulat der Geraden[15] stützen, wie dies bei den Sätzen der nichteuklidischen Planimetrie der Fall ist. Diese Resultate gelten ohne Einschränkung in allen jenen Fällen weiter, in denen das genannte Prinzip und das genannte Postulat ihre Gültigkeit behalten. Nach dem, was wir gesehen haben, sind alle diese Fälle in der Lehre von den Flächen konstanter Krümmung enthalten; allerdings kann man sie nur für diejenigen dieser Flächen verifizieren, bei denen keine Ausnahmen bezüglich der Voraussetzungen dieser Beweise auftreten. Das Superpositionsprinzip erleidet für keine dieser Flächen eine Ausnahme. Was aber das Geradenpostulat (oder besser gesagt, das Postulat der geodätischen Linien) anbelangt, so haben wir bereits festgestellt, dass dieses auf der Sphäre – und somit für alle Flächen konstanter positiver Krümmung – Ausnahmen erleidet.[16] Gibt es solche Ausnahmen auch für Flächen konstanter negativer Krümmung? Anders gesagt: Kann es auf derartigen Flächen vorkommen, dass zwei Punkte keine geodätische Linie eindeutig bestimmen?

Soweit ich weiß, wurde diese Frage bislang nicht behandelt. Könnte man beweisen, dass derartige Ausnahmen nicht möglich sind, so würde es *apriori* evident werden, dass die Sätze der nichteuklidischen Planimetrie ohne Einschränkung weitergelten für die Flächen mit konstanter negativer Krümmung. Es könnten einige Resultate, die mit der Voraussetzung der Ebenheit unvereinbar erschienen, akzeptiert werden, falls man Flächen der genannten Art annimmt. So ergäbe sich eine nicht weniger einfache als befriedigende Erklärung. Zugleich könnten die Phänomene, welche den Übergang von der nichteuklidischen Planimetrie zur euklidischen Planimetrie begleiten, eine Erklärung finden durch diejenigen, welche die Flächen mit verschwindender Krümmung in der Folge der Flächen konstanter negativer Krümmung auszeichnen.

Das sind die Überlegungen, welche uns als Leitfaden bei den nachfolgenden Untersuchungen gedient haben.

(Beltrami (1869a), 254–255, sowie Voelke (2005), 145)[17]

---

[15] Hier ist gemeint: Zwei Punkte legen genau eine Gerade fest. Weiter unten werden wir ein anderes „Axiom der Geraden" kennenlernen, welches besagt, dass Geraden unendlich lang sind.

[16] Beltrami zieht hier offenkundig die elliptische Geometrie nicht in Betracht. Dort ist das Axiom der Geraden in seinem Sinne nicht verletzt; vgl. Kap. 5.

[17] Voelke gibt an der angegebenen Stelle – was die ersten drei Abschnitte angeht – eine ausführlichere und präzisere Übersetzung (ins Französische) des Originaltextes von Beltrami als Houël. Deshalb habe ich Voelkes Version meiner deutschen Übersetzung zu Grunde gelegt.

Der Dreh- und Angelpunkt in Beltramis Zugang war die Formel für das Quadrat des Linienelementes, welches für Flächen konstanter (negativer) Krümmung auf eine besondere Form gebracht werden kann. Diese Vorgehensweise stand in der Tradition der Differentialgeometrie, wie sie vor allem von Gauß in seiner Abhandlung „Disquisitiones circa superficies curvas" [Allgemeine Flächentheorie] (1828) geprägt worden war. Neu ist allerdings Beltramis Sichtweise, wie das Weitere zeigen wird.

Die Formel[18] (1)

$$ds^2 = R^2 \frac{(a^2 - v^2)du^2 + 2uv\,du\,dv + (a^2 - u^2)dv^2}{(a^2 - u^2 - v^2)}$$

stellt das Quadrat des Linienelementes einer Fläche dar, deren sphärische Krümmung überall konstant ist; diese ist negativ und gleich $-\frac{1}{R^2}$. Die Form dieses Ausdrucks ist zwar weniger einfach als diejenige äquivalenter Ausdrücke, die man erhalten kann, indem man andere Variablen einführt, hat aber den sehr speziellen Vorzug (der für unsere Zwecke sehr wichtig ist), dass jede in u und v lineare Gleichung eine geodätische Linie beschreibt. Umgekehrt gilt, dass jede geodätische Linie durch eine lineare Gleichung in diesen Variablen dargestellt werden kann.

[...]

Die Formeln (2)[19] machen deutlich, dass die zulässigen Werte für die Variablen u, v beschränkt werden durch die Relation

$$(3)\ u^2 + v^2 \leq a^2$$

Zwischen diesen Schranken bleiben die Funktionen E, F, G reell, monodrom[20], stetig und endlich; weiterhin sind die Größen E, G, $EG - F^2$ positiv und von Null verschieden. Folglich, [...], ist der Teil der Fläche, der an dem Rand mit der Gleichung (4) $u^2 + v^2 = a^2$ endet, einfach zusammenhängend; das Netz, das in diesem Teil von den geodätischen Koordinatenlinien gebildet wird, hat um jeden Punkt herum die Eigenschaften desjenigen Netzes, das von zwei Systemen paralleler Geraden in der Ebene gebildet wird. Das heißt, zwei geodätische Linien aus ein und demselben System haben keinen Punkt gemeinsam und zwei geodätische Linien aus unterschiedlichen Systemen liegen niemals tangential zueinander. Hieraus folgt, dass im betrachteten Gebiet jedes Paar von reellen Werten für u und v, das der Bedingung (3) genügt, einem einzigen und wohlbestimmten reellen Punkt entspricht; umgekehrt gehört zu jedem Punkt genau ein wohlbestimmtes Paar von reellen Werten von u und v, welches der fraglichen Bedingung genügen.

Bezeichnen wir mit x, y die rechtwinkligen Koordinaten der Punkte einer Hilfsebene, so liefern die Gleichungen $x = u$, $y = v$ eine Darstellung des betrachteten Gebiets. Gemäß dieser Darstellung entspricht jedem Punkt der Region ein einziger und wohlbestimmter Punkt der Ebene und umgekehrt. Das gesamte Gebiet wird im Innern eines Kreises vom Radius a repräsentiert. Der Mittelpunkt dieses Kreises ist der Koordinatenursprung; wir nennen die Kreislinie *Grenzkreis*. In dieser Darstellung entsprechen den geodätischen Linien der Fläche Sehnen des Grenzkreises; insbesondere entsprechen den geodätischen Koordinatenlinien die Linien, welche zu den beiden Koordinatenachsen parallel sind.[i] Überlegen wir nun, wie auf der Flächen dasjenige Gebiet begrenzt wird, auf das sich die voranstehenden Überlegungen beziehen.[21]

---

[18] Diese knüpft direkt an frühere Untersuchungen von Beltrami an (vgl. Beltrami 1867). Hervorzuheben ist, dass Beltramis Fläche ganz abstrakt definiert ist, insbesondere geht er nicht von einer Einbettung derselben in den Euklidischen Raum aus.

[19] Dies sind Formeln zur Berechnung des Schnittwinkels zwischen Geodätischen von der Art $u = 0$, $v = 0$.

[20] Einwertig. In den 1860er Jahren war es nicht unüblich, auch mehrwertige Relationen als Funktionen zu bezeichnen. Anders gesagt, es gab einwertige und mehrwertige Funktionen. E, F und G sind die bekannten Funktionen in der ersten Fundamentalform aus Gaußens Flächentheorie.

[21] Beltrami berechnet im Anschluss hieran durch Integration über das Linienelement die Bogenlänge einer Geodätischen, die von $(0, 0)$ nach (u, v) verläuft. Mit Hilfe des so gewonnenen Ausdrucks findet er, dass die Punkte, die den Punkten des ebenen Grenzkreises entsprechen, auf der Fläche im Unendlichen liegen.

[...]

Damit ist klar, dass die Randkurve, welche durch die Gleichung (4) ausgedrückt wird, und die in der Hilfsebene durch den Grenzkreis dargestellt wird, nichts anderes ist als der Ort derjenigen Punkte der Fläche, die im Unendlichen liegen. Dieser Ort kann als ein geodätischer Kreis betrachtet werden, dessen Mittelpunkt der Punkt $(u = v = 0)$ ist, und dessen (geodätischer) Radius unendlich ist. Jenseits dieses geodätischen Kreises mit unendlichem Radius[22] existieren nur noch imaginäre oder ideale Teile der Fläche. Folglich dehnt sich das soeben betrachtete Gebiet unbeschränkt und in alle Richtungen stetig aus, es umfasst alle reellen Punkte der Fläche. Damit wird im Innern des Grenzkreises der gesamte reelle Bereich unserer Fläche dargestellt – und zwar so, dass die konzentrischen Kreise, welche im Innern des Grenzkreises liegen, den geodätischen Kreisen der Fläche entsprechen, deren Mittelpunkt der Punkt $(u = v = 0)$ ist. Das ist so, obwohl der gleiche Grenzkreis der Linie entspricht, auf der die Punkte im Unendlichen liegen.

[...]

Aus dem Vorangehenden ergibt sich, dass die geodätischen Linien der Fläche in ihrem gesamten (reellen) Verlauf dargestellt werden durch Sehnen des Grenzkreises, während die Verlängerungen dieser Sehnen außerhalb dieses Kreises keine (reelle) Bedeutung besitzen. Andererseits werden zwei reelle Punkte der Fläche repräsentiert durch zwei ebenfalls reelle Punkte, die innerhalb des Grenzkreises liegen. Diese bestimmen eine Sehne dieses Kreises. Man bemerkt also, dass zwei *beliebig gewählte* reelle Punkte der Fläche stets *eine wohlbestimmte geodätische Linie* festlegen, welche in der Hilfsebene durch diejenige Sehne wiedergegeben wird, die durch die beiden zugehörigen Punkte geht.

Also erleiden die Flächen konstanter negativer Krümmung nicht die Ausnahmen, die in dieser Hinsicht bei den Flächen konstanter positiver Krümmung eintreten; folglich lassen sich die Sätze der nichteuklidischen Planimetrie auf sie anwenden. Mehr noch: Diese Sätze sind in ihrer Mehrzahl keiner konkreten Interpretation fähig, außer, man bezieht sie anstatt auf die Ebene genau auf die genannten Flächen, wie wir gerade detailliert gezeigt haben. Um Umschreibungen zu vermeiden, bezeichnen wir die Flächen konstanter negativer Krümmung als *pseudosphärisch*[23]; für die Konstante R, von der der Wert der Krümmung abhängt, behalten wir die Bezeichnung *Radius* bei.[24]

[...]

Man kann somit folgende Regeln formulieren:

1. Zwei Sehnen, die sich im Innern des Grenzkreises schneiden, entsprechen zwei geodätischen Linien, die sich in einem Punkt endlichen Abstands unter einem Winkel schneiden, der zwischen 0 und 180 Grad liegt.

2. Zwei verschiedenen Sehnen, die sich auf dem Grenzkreis selbst schneiden, entsprechen zwei geodätische Linien, die gegen einen Punkt konvergieren, der unendlich fern liegt, und die in diesem einen Nullwinkel einschließen.

3. Endlich entsprechen zwei Sehnen, die sich außerhalb des Grenzkreises schneiden, zwei geodätische Linien, die im gesamten (reellen) Verlauf der Fläche keinen Punkt gemeinsam haben.

Sei nun (Figur 1) pq eine beliebige Sehne des Grenzkreises, r ein Punkt im Innern des Kreises, der nicht auf der Sehne liegt.

---

[22] Nichteuklidisch betrachtet: Das folgt aus (1), wenn man bedenkt, dass für die Punkte, die den Punkten auf dem Grenzkreis entsprechen, gilt: $u^2 + v^2 = a^2$.

[23] Dieser Begriff ist also eine Erfindung von Beltrami.

[24] Beltrami leitet im Weiteren eine Beziehung zwischen dem Schnittwinkel zweier Geodätischer und demjenigen der zugehörigen Sehnen ab. Da hier nicht einfach Gleichheit gilt (siehe auch weiter unten), ist sein Modell nicht konform, was ein gewisser Nachteil ist. Ein konformes Modell ist das von Poincaré, vgl. Kap. 6.

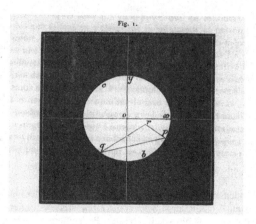

Dieser Sehne entspricht auf der Fläche eine geodätische Linie $p'q'$, welche zu den Punkten p', q' (die p, q entsprechen), die sich im Unendlichen befinden, hinläuft. Dem Punkt r entspricht ein Punkt r', der im Endlichen liegt und außerhalb der geodätischen Linie $p'q'$. Durch diesen Punkt kann man unendlich viele geodätische Linien ziehen; eine Art derselben trifft die geodätische Linie $p'q'$, die anderen Arten treffen sie nicht. Die Ersteren werden durch die Geraden repräsentiert, die vom Punkt r aus zu den unterschiedlichen Punkten des Bogens pbq (< 180 Grad) laufen.[25] Die anderen werden durch Geraden dargestellt, die vom selben Punkt aus zu den Punkten des Bogens pcq (> 180 Grad) hinlaufen.[26] Zwei ausgezeichnete geodätische Linien bilden den Übergang von der einen Kategorie zu der anderen: das sind diejenigen, die durch die Geraden rp, rq dargestellt werden, das heißt, es sind die beiden geodätischen Linien, die von r' ausgehen und p', q' im Unendlichen treffen – eine auf der einen Seite, eine auf der anderen.[27] Da die Scheitel der geradlinigen Winkel rpq, rqp auf dem Grenzkreis selbst liegen, folgt mit (2), dass die entsprechenden geodätischen Winkel $r'p'q', r'q'p'$ Null sind, obwohl die ersteren endlich sind. Im Unterschied hierzu liegt r im Innern des fraglichen Kreises und außerhalb der Sehne pq. Der Winkel prq ist verschieden von 0 und von 180 Grad;[28] gemäß (1) bilden die zugehörigen geodätischen Linien $r'p', r'q'$ in r' einen Winkel, der ebenfalls von 0 und von 180 Grad verschieden ist. Nennt man die geodätischen Linien $r'p', r'q'$ *parallel* zu $p'q'$, weil diese den Übergang von der Kategorie derjenigen Linien, die $p'q'$ schneiden, zu derjenigen Kategorie, die $p'q'$ nicht treffen, markieren, so kann man folgendes Resultat formulieren: „Durch einen beliebigen (reellen) Punkt der Fläche kann man stets *zwei* (reelle) geodätische Linien ziehen, die parallel zu einer (reellen) geodätischen Linie sind, die nicht durch den fraglichen Punkt geht. Diese beiden geodätischen Linien schließen einen Winkel ein, der weder 0 noch 180 Grad beträgt."

Dieses Ergebnis stimmt, sieht man von der unterschiedlichen Terminologie ab, mit demjenigen überein, das die Basis der nichteuklidischen Geometrie bildet. Um in der pseudosphärischen Geometrie die Interpretation anderer Aussagen der nichteuklidischen Geometrie einzusehen, betrachten wir ein geodätisches Dreieck. Studiert man Figuren, die sich auf einer nicht auf die Ebene abwickelbaren Flächen befinden, so ist es bekanntlich oft für das Verständnis förderlich, in der Ebene eine andere Figur zu zeichnen. Obwohl diese aus der ersteren nicht gemäß einem wohlbestimmten geometrischen Gesetz abgeleitet worden ist, dient sie dennoch dazu, die allgemeine Disposition angenähert anzudeuten, da die wichtigsten Lagebeziehungen wiedergegeben werden. Damit die andeutende Figur diese Bedingung erfüllt, ist es erforderlich, dass alle Größen – sowohl die linearen als auch die Winkelgrößen – der vorgegebenen Figur darin ersetzt werden durch Größen der jeweils gleichen Art: Weiterhin ist notwendig, dass die Längen zweier sich entsprechender

---

[25] Heute schneidende Geraden genannt.

[26] Heute Überparallelen genannt.

[27] Heute Parallelen genannt.

[28] Die Hälfte dieses Winkels ist der Parallelwinkel.

Linien und die Sinusse zweier sich entsprechender Winkel zueinander stets ein endliches Verhältnis haben; übrigens spielt es kaum eine Rolle, dass dieses Verhältnis von einem Teil der Figur zum nächsten variiert, vorausgesetzt, dass es weder Null noch unendlich wird. Schließlich ist klar, dass es bei einer solchen Vielfalt von Wahlmöglichkeiten nützlich ist, in der andeutenden Figur die Wahl so zu treffen, dass das fragliche Verhältnis niemals allzu sehr von einem gewissen mittleren Wert abweicht.

Liegen die Ecken des geodätischen Dreiecks, von dem wir soeben sprachen, alle im Endlichen, so ist es nach unseren Ausführungen von oben klar, dass ein beliebiges ebenes Dreieck zu seiner Repräsentation dienen kann. Dieses ebene Dreieck mag das geradlinige Dreieck selbst sein, das dessen Repräsentation in der Hilfsebene ist und welches ganz im Innern des Grenzkreises liegt. Je nach den Umständen kann man auch ein krummliniges Dreieck bevorzugen, dessen Winkel beispielsweise gleich denen des geodätischen Dreiecks sein könnten. Geht man aber davon aus, dass sich die Ecken des geodätischen Dreiecks unbeschränkt entfernen, um ins Unendliche zu wandern, so ist Folgendes klar: Während das Dreieck selbst weiterhin eine Figur bleibt, die in der Fläche existiert, und deren Punkte sämtlich mit Ausnahme seiner Ecken im Endlichen liegen, kann die andeutende Figur nicht in allen Hinsichten endlich sein, ohne dass einige der von uns formulierten Bedingungen verletzt würden. Beispielsweise könnte das geradlinige Dreieck, das das geodätische Dreieck in der Hilfsebene darstellt, endliche Winkel besitzen, während diejenigen des geodätischen Dreiecks Null sind. Weiter verletzt ein geodätisches Dreieck, dessen Seiten tangential zueinander in den Eckpunkten sind, ebenfalls die fraglichen Bedingungen: Nimmt man zwei Punkte b, c (Figur 2) auf den Kanten, die sich in einer Ecke a [tangential] treffen[29], so erhält man Abschnitte ab, bc, deren Verhältnis im andeutenden Dreieck endlich, im geodätischen Dreieck hingegen unendlich ist.[ii]

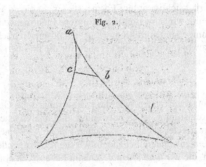

Fig. 2.

Um diese Unstimmigkeit zu beseitigen, wäre es erforderlich, dass alle Abschnitte, die analog zu bc sind, in der andeutenden Figur Null wären, was nur möglich ist, wenn man dieser eine Anordnung in Art der Figur 3 geben würde. Dabei konzentriert sich in dem einzigen Punkt O die Darstellung aller Punkte, die in dem geodätischen Dreieck im Endlichen liegen. Eine derartige Figur ergäbe sich, würde man das geodätische Dreieck durch eine Linse betrachten, die die (fiktive) Eigenschaft besitzt, eine unendliche Verkleinerung zu bewirken. Unter dieser Annahme würden alle endlichen Abschnitte als Null erscheinen und die unendlichen Abschnitte würden zu endlichen.

---

[29] Man beachte, dass a im Endlichen liegt.

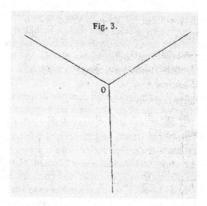

Das stimmt im Wesentlichen mit dem überein, was Gauß in seinem Brief an Schumacher vom 12. Juli 1831[30] bemerkt; in diesem fügt er hinzu, dass der halbe Umfang des nichteuklidischen Kreises vom Radius ρ die Länge

$$\frac{1}{2}\pi k \left(e^{\frac{\rho}{2}} - e^{-\frac{\rho}{2}} \right)$$

habe, wobei k eine Konstante ist. Diese Konstante, von der Gauß sagt, sie sei uns aus der Erfahrung bekannt, hat einen sehr großen Wert im Verhältnis zu Allem, was wir messen können. Aus unserer jetzigen Sicht und unter Berücksichtigung der Formel (8) ist sie nichts anderes als der Radius der pseudosphärischen Fläche, die wir unwissentlich in unsere Planimetrie (welche an die Stelle der euklidischen Ebene tritt) immer dann einführen, wenn sich unsere Betrachtungen nur auf jene Voraussetzungen stützen, die sowohl in der Ebene als auch für die hier betrachteten Flächen gegeben sind.

IV.

Da wir nun konkreter angeben wollen, wie die pseudosphärische Geometrie mit der nichteuklidischen Planimetrie übereinstimmt, ist es notwendig, den analytischen Ausdruck, den wir zur Darstellung des Linienelements der pseudosphärischen Fläche verwendet haben, genauer zu untersuchen. Bevor wir uns dem zuwenden, behandeln wir die nachfolgende Frage: „Müssen wir die beiden geodätischen Linien, die wir *fundamental* genannt haben[31], in einer speziellen Weise wählen, damit das Linienelement die oben angegebene Form annimmt?" Tatsächlich sieht es so aus, als könne man diese beliebig wählen, da jeder Teil der Fläche in beliebiger Weise mit der Fläche selbst zur Deckung gebracht werden kann. Es ist klar, dass zwei beliebige orthogonale geodätische Linien, die in dem fraglichen Teil liegen, mit zwei anderen beliebigen aber ebenfalls orthogonalen geodätischen Linien zur Deckung gebracht werden können. [...]

Aus dieser Tatsache und aus den bereits dargelegten Gründen gelten die Sätze der nichteuklidischen Planimetrie für ebene geradlinige Figuren notwendigerweise auch für die analogen geodätischen Figuren auf der pseudosphärischen Fläche. [...]

Betrachten wir nun die beiden geodätischen Linien durch einen gegebenen Punkt, welche parallel sind zu einer gegebenen geodätischen Linie. Sei δ die Länge der geodätischen Normalen, welche von dem fraglichen Punkt auf die geodätische Linie gezogen wurde. Diese Normale teilt den Winkel, den die beiden Parallelen einschließen, in zwei gleiche Teile. Nimmt man das Zweieck, das zwischen der geodätischen Normalen, einer der Parallelen und dem zugehörigen Teil der gegebenen geodätischen Linie liegt, und wendet man dieses derart um, dass es wieder auf der Fläche zu liegen kommt, und zwar so, dass die Normale auf sich zu liegen kommt, während der eine

---

[30] „Vergleiche den *Anhang* zu der Übersetzung der *Etudes géométriques sur la Théorie des Parallèles* de Lobatschewskij von M. Houël." (Anmerkung im Original).
[31] Gemeint sind die Linien $u = 0$, $v = 0$.

Teil der geodätischen Linie deren anderen Teil deckt, so wird klar, dass die Parallele, welche das Zweieck begrenzt, auf die andere Parallel fallen muss, weil es sonst zwei Parallelen zu der vorgegebenen Linie geben würde.[32] Den Winkel, den die Parallelen jeweils mit der Normalen einschließen, nennen wir *Parallelwinkel*. Wir bezeichnen ihn mit Δ. Um den Parallelwinkel zu berechnen, verwenden wir die gewöhnliche Analysis. Wir legen den Ursprung ($u = v = 0$) in den gegebenen Punkt und legen die fundamentale geodätische Linie $v = 0$ so, dass sie senkrecht zur gegebenen geodätischen Linie verläuft. [...][33]

Die vorangegangen Resultate scheinen uns die Korrespondenz zwischen der nichteuklidischen Planimetrie und der pseudosphärischen Geometrie vollkommen klar hervortreten zu lassen. Um diese Aussage von einem anderen Standpunkt aus zu verifizieren, werden wir direkt – ohne Verwendung unserer Analyse – den Satz über die Summe der drei Winkel eines Dreiecks ableiten.

[Im Weiteren diskutiert Beltrami Einzelheiten der pseudosphärischen Geometrie – z. B. den Umfang geodätischer Kreise, Horozykel sowie die Natur der Pseudosphäre.]

VI.

Das Vorangegangen scheint uns in jeglicher Hinsicht die angekündigte Interpretation der nichteuklidischen Planimetrie mit Hilfe der Flächen konstanter negativer Krümmung zu bestätigen.

Das Wesen selbst dieser Interpretation macht leicht deutlich, dass es keine analoge, ebenfalls reelle Interpretation für die nichteuklidische Stereometrie geben kann. Um die Interpretation zu erhalten, die wir dargelegt haben, musste wir die Ebene ersetzen durch eine Fläche, welche sich nicht auf die Ebene reduzieren lässt, das heißt, deren Linienelement sich in keiner Weise auf die Form

$$\sqrt{dx^2 + dy^2}$$

bringen lässt, welche wesentlich die Ebene selbst charakterisiert. Stände der Begriff der auf die Ebene nicht abwickelbaren Fläche uns nicht zur Verfügung, so wäre es nicht möglich, der hier entwickelten Bedingung eine wirkliche geometrische Bedeutung beizulegen. Die Analogie veranlasst uns in natürlicher Weise anzunehmen: Sollte es eine analoge Interpretation für die nichteuklidische Stereometrie geben können, so müsste sich diese Konstruktion eines Raumes bedienen, dessen Linienelement sich nicht auf die Form

$$\sqrt{dx^2 + dy^2 + dz^2},$$

die essentiell den Euklidischen Raum charakterisiert, reduzieren lässt. Da uns bislang der Begriff eines Raumes, der von dem Euklidischen unterschiedlich ist, zu fehlen oder zumindest den Bereich der gewöhnlichen Geometrie zu überschreiten scheint, erscheint es uns vernünftig anzunehmen, dass die Resultate, die man im letzteren Fall – dass man nämlich die analytischen Entwicklungen vom Bereich von zwei Variablen auf jenen von drei erweitert – erhalten würde, jedenfalls nicht mit den Mitteln der gewöhnlichen Geometrie konstruiert werden könnten.

(Beltrami 1869a, 255–280)

---

[32] Beltrami begründet hier, dass die Parallelwinkel auf beiden Seiten des Lotes gleich groß sind, weshalb es Sinn macht, von dem Parallelwinkel zu sprechen.

[33] Beltrami leitet dann die bekannte Formel von Lobatschewskij für den Parallelwinkel ab (in Beltramis Schreibweise): $\tan \frac{1}{2}\Delta = e^{-\frac{\delta}{R}}$. Diese Formel zitiert er aus der Übersetzung von Houël. Üblicherweise bezeichnet man heute den Parallelwinkel im Anschluss an Lobatschewskij mit Π, genauer mit $\Pi(\delta)$, wobei δ die Länge des Lots angibt. Δ ist gebräuchlich als Symbol für die Umkehrfunktion der Parallelwinkelfunktion $\Pi(\delta)$.

Weiterhin geht Beltrami auf die nichteuklidische Trigonometrie ein und stellt fest, dass diese mit der sphärischen übereinstimmt, wenn man in letzterer die Quotienten der Seiten zum Radius mit $\sqrt{-1}$ multipliziert. Das entspricht i. w. Lamberts Idee der Geometrie auf einer Kugel mit imaginärem Radius (vgl. Stäckel und Engel (1895), 203 und Peters (1961/62)).

Die Pseudosphäre im engeren Sinne war übrigens schon Gauß bekannt, wie folgende Aufzeichnung belegt. Er hat allerdings darüber nichts veröffentlicht.

> *Gar keine Schwierigkeit hat übrigens die Umformung der Oberfläche eines Revolutionskörpers in die eines andern. Man hat nemlich (m = const.):*
>
> $$dy = ds . \sin \varphi \qquad\qquad dy' = ds' . \sin \varphi'$$
>
> $$dx = ds . \cos \varphi \qquad\qquad dx' = ds' . \cos \varphi'$$
>
> $$s = s'$$
>
> $$my = y'$$
>
> $$m \sin \varphi = \sin \varphi'$$
>
> $$x' = \int dx \sqrt{\left(1 + (1 - mm)\frac{dy^2}{dx^2}\right)}.$$
>
> *Für die Curve, durch deren Revolution das Gegenstück der Kugel entsteht, ist:*
>
> $$y = R \sin \varphi$$
>
> $$x = R \cos \varphi + \log \tang \tfrac{1}{2} \varphi$$
>
> $$s = R \log \frac{1}{\sin \varphi}.$$

(Gauß 1900, 265)[34]

Minding bestimmte in seiner Arbeit über die Abwickelbarkeit von Flächen[35] durch Integration aus dem Linienelement die drei Typen von Rotationsflächen mit konstanter negativer Krümmung. Diese werden von Kurven erzeugt, die in der nachfolgenden Abbildung zu sehen sind[36]:

---

[34] Die von Gauß hier verwendete Ausdrucksweise „Gegenstück der Kugel" wird in Abardia et al. (2012) zum Anlass genommen, die Frage zu stellen, ob Gauß hier an Lamberts imaginäre Kugelfläche gedacht habe. Diese wird von den Autoren positiv beantwortet, ohne allerdings tatsächliche quellenmäßig abgesicherte Belege erbringen zu können. Vgl. Abardia et al. (2012), 293–297 insbesondere 298 n 24.

[35] Minding (1839).

[36] Minding (1839), Tafel III (nach Seite 388).

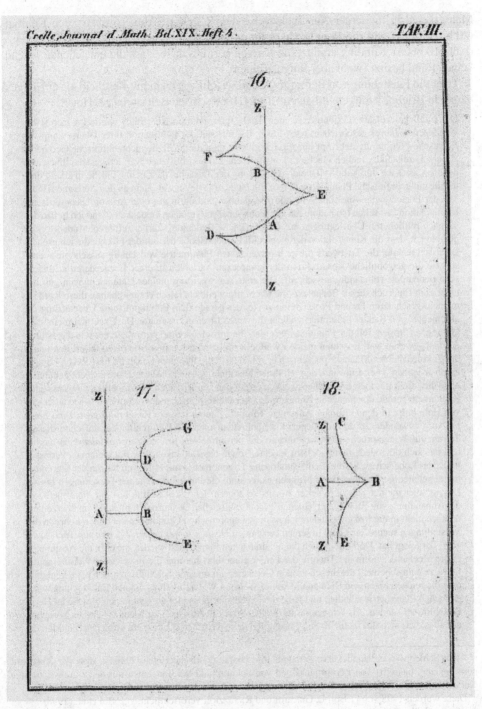

Mindings Darstellung der Kurven, die die Rotationsflächen konstanter negativer Krümmung erzeugen

Man erkennt in moderner Ausdrucksweise den Kegeltyp (Abb. 16 oben), den Kehltyp (Abb. 17 oben) und die Pseudosphäre im engeren Sinne, die Drehfläche der Traktrix[37] (Abb. 18 oben). Minding ergänzt die Kurven periodisch so, dass die entstehende Fläche keinen Rand besitzt (wohl aber Singularitäten).

Über die Entstehung von Beltramis Arbeit wissen wir recht gut Bescheid, da er Einiges hierzu in Briefen[38] mitgeteilt hat. Am 18.11.1868 schrieb Beltrami an J. Houël:

Der fragliche Aufsatz (derjenige, der den Titel „Interpretation etc" trägt) wurde im Herbst des vergangenen Jahres geschrieben, nach Ideen, die mir seit der Publikation Ihrer Übersetzung von Lobatschewskij durch den Kopf gingen. Ich glaube, dass die Idee, die nichteuklidische Geometrie auf einer vollständig reellen Fläche zu konstruieren, damals völlig neu war. Ich gestehe Ihnen aber dennoch, dass ich durch die vollständige Erklärung der Tatsache, dass meine Fläche in allen Punkten die nichteuklidische Planimetrie liefere, zuerst dazu verleitet war, nicht an den stereometrischen Teil der Forschungen von Lobatschewskij zu glauben und darin nur eine Art von „geometrischer Halluzination" zu sehen (so nannte ich sie, wohlgemerkt in meinen Gedanken). Und ich hoffte diese, nach reiflicheren Überlegungen auf ihre wirkliche Bedeutung zurückzuführen. Anders gesagt glaubte ich, dass die Konstruktion der nichteuklidischen Geometrie auf der Fläche, die ich pseudosphärisch nannte, die Tragweite dieser transzendenten Planimetrie vollständig ausschöpfe – etwa so, wie die gewöhnliche Konstruktion der komplexen Variablen in einer Ebene deren arithmetische Bedeutung vollständig ausschöpft. Die erste Ausarbeitung meiner Untersuchungen geschah unter dem Eindruck dieser Bedenken (die ich mittlerweile als falsch erkannt habe), diese legte ich meinem geschätzten Freund Prof. Cremona vor, der gerade dem Publikum seine Übersetzung der „Elemente" von Baltzer präsentiert und der die neuen Ideen erfasst hatte. Die Exaktheit meiner Erklärungen (für den Teil der Planimetrie) schien ihn im selben Grad zu frappieren, wie das bei mir der Fall gewesen war. Er schien meine Zweifel bezüglich der Raumgeometrie zu teilen, denn nach der Lektüre meines Manuskripts schrieb er mir wörtlich: „Ich glaube fast, du hast Recht." Später erhob er jedoch einen Einwand, den ich Ihnen hier nicht genauer darlege. Hätte er recht gehabt, so hätte dies nicht nur meine Vorgehensweise umgestoßen sondern auch diejenige Riemanns in seiner posthumen, gerade erschienenen Abhandlung über die Hypothesen der Geometrie sowie auch jene von Helmholtz in den Göttinger Anzeigen; folglich glaubte ich, die Regel *nihil probat qui nimis probat*[39] anwenden zu dürfen. Dennoch veranlassten mich die Befürchtungen, auf eben diesem Terrain auf Widersprüche zu stoßen und so das berühmte *rem prorsus substantialem*[40] zu verlieren, das sich doch Jedermann sichern möchte, sowie das Bedenken (das mich niemals verlassen hat), dass Lobatschewskij die pseudosphärische Trigonometrie mit Hilfe von Sätzen der Stereometrie abgeleitet hat und dass diese dennoch exakt sind, die Publikation meiner Forschungen bis zur Lösung aller meiner Schwierigkeiten hinaus zu zögern. Ich dachte daran fast gar nicht mehr, als die Abhandlung von Riemann erschien, die trotz zahlreicher Obskuritäten mich davon überzeugte, dass ich nicht in die Irre ging, indem ich nach den analytischen Grundlagen der neuen Lehre in den Vorstellungen suchte, die Gauß in seinen berühmten *Disquisitiones generales circa superficies curvas*[41] dargelegt hat. Dort finden sich die quadratischen Funktionen wieder, die er in die Arithmetik, in die Mechanik und in die Theorie der Fehler eingeführt hat und die in gewisser Weise eine der Ideen zu sein scheinen, die diesen großen Geometer am meisten beschäftigten. Ich habe geglaubt, dass die reichen Ideen von Riemann in keiner Weise in Widerspruch zu meinen Entwicklungen der einfachen Planimetrie ständen, und habe die Niederschrift wieder aufgenommen, um sie an Herrn Battaglini zu senden. Als ich gerade im Begriff war, die Abschrift zu beenden, die ich vornahm, um alles, was sich auf meine Zweifel bezüglich der Stereometrie bezog, zu streichen, fand ich die

---

[37] Auch Schlepp- oder Hundekurve genannt. Ihre charakteristische Eigenschaft ist, dass der Abschnitt der Tangente, begrenzt von Berührpunkt und von Schnittpunkt der Tangenten mit der x-Achse, für alle Kurvenpunkte gleichlang ist.

[38] Diese wurden 1998 von L. Boi, L. Giacardi und R. Tazzioli veröffentlicht, vgl. Boi et al. (1998).

[39] Wer zu viel beweist, beweist nichts.

[40] Das wirklich Substantielle.

[41] Allgemeine Flächentheorie (1828), Gaußens Hauptwerk zur Differentialgeometrie.

vollständige analytische Erklärung der nichteuklidischen Geometrie für beliebige Dimensionen. Diese Erklärung wird im nächsten Heft der *Annali* der Herren Brioschi und Cremona erscheinen. Sie ist nichts als eine Bestätigung der Resultate Riemanns, oder, wenn man so will, deren analytischer Beweis. Ich hoffe, dass, wer auch immer die Mühe auf sich nimmt, sie zu lesen (und sie wird nicht sehr lang werden), nicht anders kann, als von der Wahrheit der neuen Ideen überzeugt zu sein und ihren Sinn klar zu sehen. Vielleicht hätte ich die Abhandlung, die ich Ihnen zu schicken mir die Freiheit nehme, zurückziehen sollen, um sie mit derjenigen, von der ich Ihnen berichtet habe, zu vereinen. Da aber die ersten Blätter schon abgeschickt waren, beschloss ich, die letzten Seiten zu ändern und so eine Art Vorbereitung für die zweite Abhandlung daraus zu machen. Das hat, wie ich sehr wohl sehe, zu einer gewissen Verunsicherung bezüglich meiner Haltung geführt. Einige Leute könnten meinen, dass meine Überzeugung nicht so sicher sei, wie sie in Wirklichkeit ist. Das hat mich dazu veranlasst, Ihnen diesen langen Brief zu schreiben, den ich mit der Bitte beende, dass Sie Ihr definitives Urteil bis zur Publikation meiner letzten Arbeit zurückstellen. Meine „Interpretation etc." sollten Sie bis dahin als Darlegung eines Spezialfalls betrachten, die in die Elementargeometrie führt und mir aus diesem Grunde Wert schien, behandelt zu werden.

Ich muss Ihnen mitteilen, dass die Methode, die ich in der allgemeinen Theorie anwende, einfacher und direkter ist in dem Sinne, dass sie bezüglich der Form des Linienelements nichts als bekannt voraussetzt, denn diese Form ergibt sich von selbst. (Ich nehme allerdings wie Riemann an, dass die fragliche Form quadratisch ist.) Dennoch ist das Prinzip immer das gleiche, nämlich „um die Sätze der abstrakten Geometrie abzusichern, muss man solche Räume finden, in denen sich die Linien kürzesten Abstands durch lineare Gleichungen darstellen lassen". Diese einfach in die Analysis zu übersetzende Eigenschaft führt genau zu denjenigen Räumen deren *Maßverhältnisse* (nach Riemann) in allen Punkten in allen Hinsichten dieselben sind. Ich denke, dass dieser Gesichtspunkt vollständig mein Eigentum ist wie auch die Bemerkung, die sich noch nicht einmal bei Riemann selbst findet, dass das *Krümmungsmaß* immer *negativ* sein muss, wie das schon der zweidimensionale Fall zeigt.

Mir scheint, es wäre außerordentlich wünschenswert, wenn Sie Ihre profunde Kenntnis dieser Materie einer kommentierten Übersetzung der posthumen Arbeit Riemanns widmen würden. Ich selbst habe eine derartige Übersetzung angefertigt, fürchte aber allzu sehr die Kritik derjenigen, die die Terminologie der Philosophen besser kennen als ich; zudem gibt es noch Passagen, die ich noch nicht verstehe.

Eugène Beltrami

(Boi et al. 1998, 65–68)

In einem zweiten Brief vom 4. Dezember 1868 äußerte sich Beltrami u. a. zu Riemanns Habilitationsvortrag und zu den Widerständen gegen die nichteuklidische Geometrie in Italien:[42]

Was die Übersetzung der posthumen Abhandlung von Riemann betrifft,[43] so bedaure ich, dass die französischen Zeitschriften so unwillig sind; ich kann mich mit dieser feindlichen Haltung nicht als endgültig abfinden. Wenn ich mich nicht irre, finden sich in dieser Arbeit, inmitten von zahlreichen dunklen Stellen, wirkliche Lichtblicke. Ich weiß nicht, ob einige der wichtigsten Konzepte, die man in ihr findet, jemals in einer solchen Klarheit präsentiert worden sind. Was mich erstaunt, ist folgendes: Obwohl ich eine recht große Anzahl von Unterhaltungen mit Riemann führte (in den beiden Jahren, die er vor seinem beklagenswerten Ende in Pisa verbrachte [Herbst 1863 – Sommer 1865]), hat er mir niemals von diesen seinen Ideen gesprochen, die ihn aber dennoch lange Zeit beschäftigt haben müssen, denn eine schöne Skizze kann nicht das Werk eines einzigen Tages sein, selbst nicht für ein derartiges Genie.[44]

---

[42] Bezüglich des deutschen Sprachraums vgl. hierzu Kap. 9 und 10.

[43] Houël hatte offensichtlich eine solche geplant und Beltrami darüber informiert. Sie erschien aber erst 1870, was mit den Schwierigkeiten zusammenhängen mag, die Beltrami andeutet. Die Briefe Houëls an Beltrami sind nicht erhalten, weshalb man über ihren Inhalt nur mutmaßen kann.

[44] Ein anderer italienischer Mathematiker, mit dem sich Riemann während seines Aufenthalts in Italien öfter unterhielt, war E. Betti. Dieser erhielt nach eigenem Zeugnis wichtige Anregungen von Riemann zu

Ich möchte mich deutlich darüber ausdrücken, wie es Herrn Bellavitis gelang, gestützt auf meine Forschungen, sich seine Abneigung gegen die Theorien von Lobatschewskij zu bestätigen. Ich habe mit ihm über dieses Thema bei drei Gelegenheiten gesprochen: das erste Mal, als ich noch nicht von der vollständigen Wahrheit dieser Theorie überzeugt gewesen bin, und die beiden anderen Male, als ich vollkommen davon überzeugt war. Da ich nicht die Zeit hatte, mich lange genug mit ihm zu unterhalten, musste ich mich bei diesen beiden letzten Malen darauf beschränken, ihm zu erklären, dass ich die vollständige Erklärung *durch die Analysis* gefunden hatte. Da Herr Bellavitis den imaginären Zahlen nur insoweit irgendeinen Wert zubilligt, als sie einer geometrischen Konstruktion fähig sind, ist es nur natürlich, dass meine Erklärung keineswegs nach seinem Geschmack war und er deshalb von ihr keine Notiz nahm. Im Übrigen wissen Sie ja, man ist allzu sehr geneigt, das, was sich vom geliebten Mittel entfernt, abzulehnen. Ich hoffe übrigens nicht darauf, dass Herr Bellavitis bereit sein wird, sich überzeugen zu lassen. Vielleicht aufgrund der Art, wie er studiert hat (nämlich ganz aus eigener Kraft, ohne jemals mit der Schwelle einer Universität in Berührung gekommen zu sein), sieht er sich gerne im Kampf gegen seine Zeitgenossen. Mit der Zeit hat ihm Herr Brioschi einen sehr treffenden Beinamen verliehen: Er nennt ihn den „Wilden". Mit der gleichen Geisteshaltung geht er ohne zu zögern Themen an, die seinen eigentlichen Forschungen völlig fremd sind. Er wendet viel Talent und guten Willen auf, um zu Resultaten zu gelangen, die der Wissenschaft bereits bekannt sind oder aber von ihr bereits verworfen wurden. So hat er beispielsweise vor ein paar Jahren eine Abhandlung über die Konstruktion einer Universalsprache veröffentlicht, die bei keinem einzigen Philologen Zustimmung finden konnte. Ich bin nicht auf seinen bewundernswerten Scharfsinn erpicht, der aus ihm ohne diesen Hang zur exzessiven Originalität vielleicht einen Geometer ersten Ranges gemacht hätte.

Ich habe mit viel Freude Ihren „Essai critique"[45] gelesen, über den ich Ihnen in einem anderen Brief schreiben sollte wegen einiger Ungenauigkeiten, die ich darin bemerkt habe. Ich wäre Ihnen auch sehr verbunden für die Zusendung des kleinen Werks von Bolyai[46], das ich hauptsächlich wegen der wenig angenehmen Typographie ungern in der Übersetzung von Herr Battaglini[47] lesen möchte. Ich würde auch gerne wissen, wie ich meine Sonderdrucke Herrn Schmidt[48] zukommen lassen könnte.

Ich schließe mit einem herzlichen Dank für die freundliche Aufnahme, die Sie meinem Brief angedeihen ließen, und indem ich Ihnen versichere, dass Ihre Antwort für mich der Anfang eines lehrreichen Briefwechsels bedeutet.

Mit vorzüglicher Hochachtung
Ihr ergebener Kollege
E. Beltrami

(Boi et al. 1998, 68–71)

Beltrami versuchte auch, sich lokal ein Bild von seiner bislang rein abstrakten Fläche negativer konstanter Krümmung, von der Pseudosphäre in seiner Ausdrucksweise zu verschaffen. Auch hier ging er wieder analytisch vor. Sein Ausgangspunkt ist ein Büschel von geodätischen Linien durch einen festen Punkt (u, v) sowie die orthogonalen Trajektorien hierzu in einem festen Abstand. Das liefert Kurven, deren Natur von der Lage des Punktes (u, v) abhängen.

Ist (u, v) ein Punkt der Fläche, so dass der zugehörige Punkt (u', v') der Ebene im Innern des Grenzkreises liegt, so sind die fraglichen geodätische Linien Kreise. Liegt (u', v') außerhalb des Grenzkreises – Beltrami spricht dann von einem „idealen" oder „imagi-

---

seiner Verallgemeinerung der – modern gesprochen – Homologietheorie auf höhere Dimensionen. Vgl. Betti (1871).

[45] Houël (1867).

[46] Bolyai (1867).

[47] Bolyai (1868).

[48] Verfasser von Schmidt (1868), Architekt in Budapest (1827–1901).

nären" Punkt – dann sind die fraglichen Kurven Abstandslinien.[49] Befindet sich (u', v') auf dem Grenzkreis, so werden die Linien zu Horozykeln[50].

Versucht man nun, sich lokal – das heißt für das geodätische Netz (wie eben beschreiben) um den Punkt (u, v) herum – von der Fläche ein Bild zu machen, so ist ein erster Schritt, sich klarzumachen, dass es sich dabei um eine Rotationsfläche handeln muss[51]. Im dritten Fall – (u', v') auf dem Grenzkreis – findet Beltrami folgendes Ergebnis:

> Im vorliegenden Fall ist also der Teil[52] der Tangenten konstant, folglich ist für diese Rotationsfläche die Meridiankurve diejenige Kurve, die als *Linie mit konstanten Tangenten*[53] geläufig ist. Die solcherart erzeugte Fläche ist diejenige, die man üblicherweise als den Typus der Flächen negativer konstanter Krümmung betrachtet.
>
> (Beltrami 1869a, 278)[54]

Die Meridiane dieser Fläche sind Schleppkurven, die Breitenkreise sind gewöhnliche Kreise. Der dem Punkt (u',v') entsprechende Punkt der Fläche ist eine Singularität.[iii]

In den beiden anderen Fällen findet Beltrami den Kehltyp (auch ringförmiger Typ genannt) im „idealen" Fall und den Kegeltyp (auch konischer Typ genannt) im reellen Fall. Zu beachten ist allerdings im letzten Fall, dass man nicht eine komplette kreisförmige Umgebung von (u,v) nehmen darf, sondern dass man aus dieser einen Sektor herausnehmen muss. Die Spitze des Kegels entspricht dem Punkt (u',v'), Breitenkreise sind gewöhnliche Kreise, die Meridiane sind Hyperbelbögen, die in der Spitze enden.

---

[49] Das heißt, es gibt eine geodätische Linie derart, dass alle Punkte der Kurve den gleichen Abstand zu dieser geodätischen Linie haben. In der Euklidischen Geometrie sind die Abstandlinien Geraden, in der sphärischen Geometrie Kleinkreise.

[50] Horozykeln berühren den Grenzkreis in Beltramischer Terminologie, weshalb ihr Durchmesser (Radius) unendlich ist. Man kann sie sich als Kreise mit unendlichem Radius/Durchmesser vorstellen. Horozykel selbst werden in der Literatur häufig als Grenzkreise bezeichnet, was angesichts der Beltramischen Bezeichnungsweise zu Verwirrung führen kann.

[51] Das folgt aus der Gestalt, die man im vorliegenden Fall dem Linienelement geben kann; vgl. Beltrami (1869a), 271. Beltramis Klassifikation, die sich im Übrigen schon bei Minding (1839) findet (siehe Nachtrag unten), der Rotationsflächen konstanter negativer Krümmung ist vollständig; das allgemeine Problem der Klassifikation aller Flächen konstanter negativer Krümmung ist dagegen – meines Wissens nach – noch ungelöst.

[52] Zwischen einem Punkt auf einer Kurve und der Koordinatenachse. Beide liegen in einer Ebene, die Kurve ist ein Meridian der Rotationsfläche.

[53] Heute spricht man meist von „Traktrix" (= Schleppkurve).

[54] Beltrami gibt hier einen Literaturhinweis auf die Note IV von Liouville zur „Analyse appliquée, etc." von Monge. Wir bezeichnen diesen Fall im Folgenden als Pseudosphäre im engeren Sinne, während alle Rotationsflächen konstanter negativer Krümmung nach Beltrami Pseudosphären genannt werden. Eine ausführliche Darstellung der Pseudosphäre im engeren Sinne und ihrer Beziehungen zur nichteuklidischen Geometrie gibt Schilling (1931).

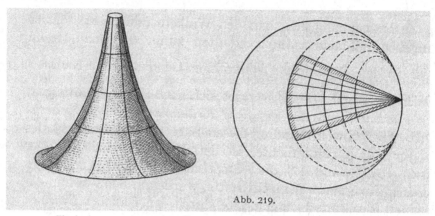

Abb. 219.

Fläche konstanter negativer Krümmung: Pseudosphäre im engeren Sinne
(Fall eines Punkts auf dem Grenzkreis)[55]

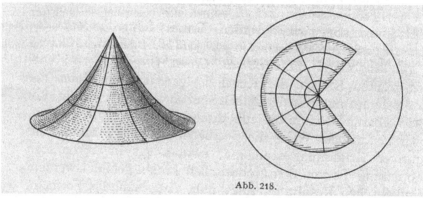

Abb. 218.

Fläche konstanter Krümmung: Kegeltyp
(Fall eines „reellen" Punktes, nur ein Blatt ist abgebildet)

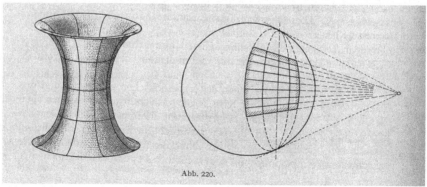

Abb. 220.

Fläche konstanter negativer Krümmung: Kehltyp
(Fall eines „imaginären" Punktes; nur ein Blatt ist abgebildet)

---

[55] Abbildungen aus Klein (1928), 286. Die vertikalen Geodätischen im oberen Bild sind Schleppkurven. Abgebildet ist nur ein Blatt der Pseudosphäre. Will man die komplette Umgebung des betrachteten Punktes darstellen, so braucht man unendlich viele Blätter.

Will man nicht nur lokale Modelle haben sondern globale, so kann man die oben angegebenen Typ entsprechend periodisch aneinanderfügen. Dabei werden Singularitäten („Rückkehrschnitte") deutlich, die – wie Hilbert (1901) zeigte – sich nicht vermeiden lassen.

In seinem Trachten nach einer anschaulich-konkreten Interpretation der Pseudosphäre ging Beltrami noch einen Schritt weiter: Er verwandte viel Mühe darauf, materiale Modelle (aus Karton) der verschiedenen Typen von Flächen konstanter negativer Krümmung zu konstruieren.[56] Dies war übrigens in der zweiten Hälfte des 19. Jhs. keineswegs ungewöhnlich.[iv]

Wie wir bereits aus Beltramis Briefen an Houël wissen, erkannte Beltrami – nachdem er Riemanns Habilitationsvortrag[57] kennengelernt hatte – dass er seinen Ansatz direkt auf drei und mehr Dimensionen übertragen konnte. Der Schlüssel hierzu war Riemanns Verallgemeinerung der Gaußschen Krümmungstheorie auf Mannigfaltigkeiten von n Dimensionen. Beltrami stellte die Erweiterung seiner Theorie in einem Artikel „Teoria fondamentale degli spazii di curvatura constante", das heißt „Fundamentale Theorie der Räume konstanter Krümmung" vor, der ebenfalls 1868 erschien und dessen Übersetzung ins Französische zusammen mit der Übersetzung des „Versuchs" 1869 publiziert wurde.

> In einer Abhandlung, welche im 7. Band der ersten Serie der Annali di Matematica (Rom, 1866)[58] erschien, habe ich die Flächen untersucht, welche die Eigenschaft haben, dass ihre geodätischen Linien durch lineare Gleichungen dargestellt werden; ich habe gefunden, dass diese Eigenschaft nur für Flächen konstanter Krümmung gegeben ist [...]
>
> In der vorliegenden Abhandlung lege ich wesentlich allgemeinere Resultate dar, zu denen mich frühere Entwicklungen dieser Konzeption zusammen mit einigen Prinzipien, welche Riemann in seiner bemerkenswerten posthumen Arbeit „Über die Hypothesen, welche der Geometrie zu Grunde liegen", die Herr Dedekind kürzlich im 13. Band der Göttinger Abhandlungen veröffentlicht hat, geführt haben. Ich hoffe, dass meine Forschungen das Verständnis einiger Teile dieser tiefen Untersuchung [von Riemann] erleichtern können.
>
> Einige Redewendungen, deren ich mich der Kürze halber häufig bedienen werde, werden, so denke ich, demjenigen, der sich mehr an den Inhalt als an die Form hält, weder gezwungen noch obskur erscheinen. Der aufmerksame Leser wird keinerlei Anstrengung bedürfen, um sie ohne Erklärung zu verstehen. Im Übrigen steht es ihm frei, ihnen lediglich eine rein analytische Bedeutung zuzuschreiben.[v]
>
> Der Differentialausdruck
>
> $$(1) \quad ds = \frac{\sqrt{dx^2 + dx_1^2 + \ldots + dx_n^2}}{x},$$
>
> wobei $x, x_1, \ldots, x_n$ $n + 1$ reelle Variablen sind, die der Gleichung
>
> $$(2) \quad x^2 + x_1^2 + x_2^2 + \ldots + x_n^2 = a^2$$
>
> genügen sollen und R sowie a Konstanten sind, kann als Repräsentant des *Linienelements* oder des Abstands zweier unendlich naher Punkte eines n-dimensionalen Raums betrachtet werden. In diesem wird jeder *Punkt* definiert durch ein System von Werten der n *Koordinaten* $x, x_1, \ldots, x_n$. Die Form dieses Ausdrucks bestimmt die *Natur* des fraglichen Raumes.
>
> (Beltrami 1869b, 347-348)

---

[56] Vgl. hierzu Boi et al. (1998), 31–41.

[57] Riemann (1867).

[58] Das sollte 1865 heißen.

Im Anschluss hieran leitet Beltrami analytisch die Grundlagen der n-dimensionalen nichteuklidischen Geometrie, die er auch im allgemeinen Fall „pseudosphärische Geometrie" nennt, sowie deren völlige Übereinstimmung mit der Geometrie von Lobatschewskij[59] her. Bemerkenswert ist sein Resümee:

> So finden alle Begriffe der nichteuklidischen Geometrie ihre vollkommene Entsprechung in der Geometrie des Raumes konstanter negativer Krümmung. Man muss lediglich bemerken, dass diese dreidimensionalen Begriffe im Unterschied zu denjenigen der Planimetrie, die eine wahre und eigentliche Interpretation erfahren, da sie auf einer *reellen* Fläche *konstruierbar* sind, nur einer analytischen Darstellung fähig sind, weil der Raum, in dem eine derartige Darstellung realisiert werden könnte, von dem verschieden ist, den man im Allgemeinen *Raum* nennt. Zumindest scheint es so, dass die Erfahrung nur dann mit den Resultaten dieser allgemeineren Geometrie in Einklang gebracht werden kann, wenn man die Konstante R unendlich groß, die Krümmung des Raums also gleich Null annimmt. Das könnte aber gleichwohl nur der Kleinheit der Dreiecke geschuldet sein, die wir vermessen können, beziehungsweise der Kleinheit desjenigen Teils des Raums, den wir beobachten können – ähnlich, wie es für Messungen gilt, die in kleinen Teilen der Erdoberfläche vorgenommen werden und deren Genauigkeit nicht ausreicht, um die Kugelgestalt des Globus deutlich zu machen.

> (Beltrami 1869b, 372)

Im Anschluss hieran entwickelt Beltrami noch die Grundlagen der Geometrie n-dimensionaler Räume konstant positiver Krümmung; diese unterscheidet sich von der euklidischen und der nichteuklidischen dadurch, dass in ihr nicht mehr das Axiom der Geraden[60] („zwei Punkte legen genau eine Gerade fest") gilt. Der konstant positive Raum erstreckt sich auch nicht ins Unendliche wie seine beiden Analoga,[61] weshalb seine Geometrie mit der sphärischen gleichgesetzt werden kann.[62]

Hermann Helmholtz[63] verschaffte der Pseudosphäre große Popularität dank seines Geschicks als populärwissenschaftlicher Autor einerseits und dank seiner (wachsenden) wissenschaftlichen Autorität andererseits. Helmholtz hatte 1868 – u. a. angeregt durch seine Untersuchungen zur Physiologie des Sehvorgangs – eine Arbeit[64] veröffentlicht, in der nachzuweisen meinte, dass bestimmte Axiome – im Wesentlichen geht es um die freie Beweglichkeit – notwendig die Euklidizität des zugrunde liegenden Raumes (insbesondere der Ebene) zur Folge hätten. Dies widersprach den Erkenntnissen, die Beltrami mit seiner Pseudosphäre gewonnen hatte, die offenkundig allen von Helmholtz gestellten Anforderungen genügte. Beltrami schrieb in diesem Sinne an Helmholtz[65], der sehr schnell seinen Fehler einsah und fortan ein einflussreicher Anhänger der nichteuklidischen Geometrie und die Galionsfigur des Empirismus in der Geometrie im deutschsprachigen Raum und darüber hinaus wurde.

Hermann („von" seit 1883) **Helmholtz** (* Potsdam 31.8.1821, † Berlin – Charlottenburg 8.9.1894), 1838–42 Studium der Medizin in Berlin, danach Militärarzt, Professor für Physiologie bzw. Anatomie in Königsberg (1849), Bonn (1855), Heidelberg (1858); 1871

---

[59] Bolyai wird von Beltrami nur kurz erwähnt, cf. Beltrami (1869b), 370 n*.

[60] Vgl. Beltrami (1869b), 369.

[61] Modern gesprochen ist die entsprechende Mannigfaltigkeit kompakt und randlos.

[62] Die elliptische Geometrie wird auch hier von Beltrami nicht berücksichtigt.

[63] Das „von" kam erst später.

[64] Helmholtz (1865), vgl. hierzu Kap. 2. Mehr zu Helmholtz' Arbeiten zur Geometrie findet man in Volkert (1996).

[65] Vgl. Boi et al. (1998), 204–207.

Professor für Physik in Berlin, 1888 Direktor der Physikalisch-Technischen Reichsanstalt. Sehr vielseitiger Forscher (v. a. Physiologie und Physik, auch mathematische Physik), der zu einer beherrschenden Figur in der wissenschaftlichen Welt des Kaiserreichs wurde, daher die Bezeichnung „Bismarck der Wissenschaft".

In einem Vortrag „Über den Ursprung und die Bedeutung der geometrischen Axiome", den Helmholtz 1870 im Heidelberger Dozentenverein hielt[66], findet sich folgende Schilderung der Pseudosphäre:

> Diese Bemerkungen sind nöthig, um Ihnen eine Vorstellung von einer Art von Fläche geben zu können, deren Geometrie der der Ebene im Ganzen ähnlich ist, für welche aber das Axiom von den Parallellinien nicht gilt. Es ist dies eine Art gekrümmter Fläche, welche sich in geometrischer Beziehung wie das Gegentheil einer Kugel verhält, und die deshalb von dem ausgezeichneten italienischen Mathematiker E. Beltrami[1]), der ihre Eigenschaften untersucht hat, die pseudosphärische Fläche genannt worden ist. Es ist eine sattelförmige Fläche, von der in unserem Raume nur begrenzte Stücke oder Streifen zusammenhängend dargestellt werden können, die man aber doch sich nach allen Richtungen in das Unendliche fortgesetzt denken kann, da man jedes an der Grenze des construirten Flächentheiles liegende Stück nach der
>
> ---
>
> [1]) Saggio di Interpretazione della Geometria Non - Euclidea. Napoli 1848. — Teoria fondamentale degli Spazij di Curvatura costante. Annali di Matematica. Ser. II, Tomo II, p. 232 — 255.

---

[66] Gedruckt wurde der Vortrag anscheinend erstmals 1876, eine englische Übersetzung erschien im selben Jahr, eine französische 1877. Helmholtz verstand es sehr geschickt, wissenschaftliche Themen für Nicht-spezialisten verständlich darzustellen – wohl allerdings hauptsächlich in geschriebener Form, der Redner Helmholtz war anscheinend weniger überzeugend (vgl. Daum 2002, 443). Allerdings darf man Helmholtz nicht zu den Volksbildnern zählen, sein Publikum blieb letztlich doch eher elitär.

— 12 —

Mitte desselben zurückgeschøben und dann fortgesetzt denken
kann. Das verschobene Flächenstück muss dabei seine Biegung,
aber nicht seine Dimensionen ändern, gerade so wie man auf einem
durch dütenförmiges Zusammenrollen einer Ebene entstandenen
Kegel ein Papierblatt hin- und herschieben kann. Ein solches
passt sich der Kegelfläche überall an, aber es muss, näher der

Fig. 1.

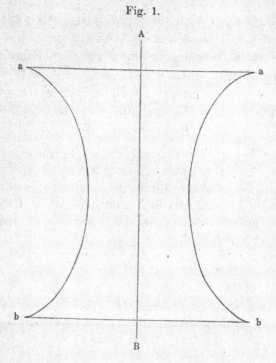

Spitze des Kegels, stärker gebogen werden und kann über die
Spitze hinaus nicht so verschoben werden, dass es dem existiren-
den Kegel und seiner idealen Fortsetzung jenseits der Spitze angepasst bliebe.

Wie die Ebene und die Kugel sind die pseudosphärischen
Flächen von constanter Krümmung, so dass sich jedes Stück derselben an jede andere Stelle der Fläche vollkommen anschliessend
anlegen kann, und also alle an einem Orte in der Fläche construirten Figuren an jeden anderen Ort in vollkommen congruenter
Form und mit vollkommener Gleichheit aller in der Fläche selbst
liegenden Dimensionen übertragen werden können. Das von
Gauss aufgestellte Maass der Krümmung, das für die Kugel
positiv und für die Ebene gleich Null ist, würde für die pseudo-

— 13 —

sphärischen Flächen einen constanten, negativen Werth haben, weil die beiden Hauptkrümmungen einer sattelförmigen Fläche ihre Concavität nach entgegengesetzten Seiten kehren.

Ein Streifen einer pseudosphärischen Fläche kann zum Beispiel aufgewickelt als Oberfläche eines Ringes dargestellt werden.

Fig. 2.

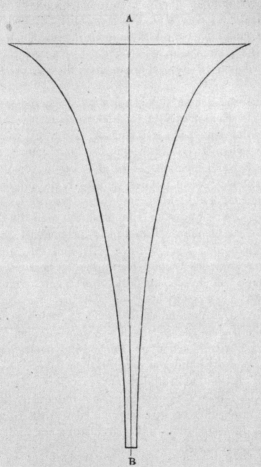

Denken Sie sich eine Fläche wie *aabb*, Fig. 1, um ihre Symmetrieaxe *AB* gedreht, so würden die beiden Bogen *ab* eine solche pseudosphärische Ringfläche beschreiben. Die beiden Ränder der Fläche oben bei *aa* und unten bei *bb* würden sich mit immer schärfer werdender Biegung nach aussen wenden, bis die Fläche senkrecht zur Axe steht, und dort würde sie mit einer unendlich

— 14 —

starken Krümmung an der Kante enden. Auch zu einem kelch-
förmigen Champagnerglase mit unendlich verlängertem, immer
dünner werdendem Stiele wie Fig. 2 (a. v. S.) könnte eine Hälfte
einer pseudosphärischen Fläche aufgewickelt werden. Aber an
einer Seite ist sie nothwendig immer durch einen scharf ab-
brechenden Rand begrenzt, über den hinaus eine continuirliche
Fortsetzung der Fläche nicht unmittelbar ausgeführt werden
kann. Nur dadurch, dass man jedes einzelne Stück des Randes
losgeschnitten und längs der Fläche des Ringes oder Kelchglases
verschoben denkt, kann man es zu Stellen von anderer Biegung
bringen, an denen weitere Fortsetzung dieses Flächenstücks
möglich ist.

In dieser Weise lassen sich denn auch die geradesten Linien
der pseudosphärischen Fläche unendlich verlängern. Sie laufen
nicht wie die der Kugel in sich zurück, sondern, wie auf der
Ebene, ist zwischen zwei gegebenen Punkten immer nur eine
einzige kürzeste Linie möglich. Aber das Axiom von den Parallelen trifft nicht zu. Wenn eine geradeste Linie auf der Fläche
gegeben ist und ein Punkt ausserhalb derselben, so lässt sich ein
ganzes Bündel von geradesten Linien durch den Punkt legen,
welche alle die erstgenannte Linie nicht schneiden, auch wenn
sie ins Unendliche verlängert werden. Es sind dies alle Linien,
welche zwischen zwei das Bündel begrenzenden geradesten Linien
liegen. Die eine von diesen, unendlich verlängert, trifft die erstgenannte Linie im Unendlichen bei Verlängerung nach einer
Seite, die andere bei Verlängerung nach der anderen Seite.

Eine solche Geometrie, welche das Axiom von den Parallelen
fallen lässt, ist übrigens schon im Jahre 1829 nach der synthetischen Methode des Euklid von dem Mathematiker N. J. Lobatschewsky zu Kasan vollständig ausgearbeitet worden[1]). Es
zeigte sich, dass deren System ebenso consequent und ohne
Widerspruch durchzuführen sei, wie das des Euklides. Diese
Geometrie ist in vollständiger Uebereinstimmung mit der der
pseudosphärischen Flächen, wie sie Beltrami neuerdings ausgebildet hat.

Wir sehen daraus, dass in der Geometrie zweier Dimensionen
die Voraussetzung, jede Figur könne, ohne irgend welche Aenderung ihrer in der Fläche liegenden Dimensionen, nach allen
Richtungen hin fortbewegt werden, die betreffende Fläche

---

[1]) Principien der Geometrie. Kasan, 1829 bis 1830.

— 15 —

charakterisirt als Ebene oder Kugel oder pseudosphärische Fläche. Das Axiom, dass zwischen je zwei Punkten immer nur eine kürzeste Linie bestehe, trennt die Ebene und pseudosphärische Fläche von der Kugel, und das Axiom von den Parallelen scheidet die Ebene von der Pseudosphäre. Diese drei Axiome sind also nothwendig und hinreichend, um die Fläche, auf welche sich die Euklidische Planimetrie bezieht, als Ebene zu charakterisiren, im Gegensatz zu allen anderen Raumgebilden zweier Dimensionen.

Der Unterschied zwischen der Geometrie in der Ebene und derjenigen auf der Kugelfläche ist längst klar und anschaulich gewesen, aber der Sinn des Axioms von den Parallelen konnte erst verstanden werden, nachdem Gauss den Begriff der ohne Dehnung biegsamen Flächen und damit der möglichen unendlichen Fortsetzung der pseudosphärischen Flächen entwickelt hatte. Wir als Bewohner eines Raumes von drei Dimensionen und begabt mit Sinneswerkzeugen, um alle diese Dimensionen wahrzunehmen, können uns die verschiedenen Fälle, in denen flächenhafte Wesen ihre Raumanschauung auszubilden hätten, allerdings anschaulich vorstellen, weil wir zu diesem Ende nur unsere eigenen Anschauungen auf ein engeres Gebiet zu beschränken haben. Anschauungen, die man hat, sich wegdenken ist leicht; aber Anschauungen, für die man nie ein Analogon gehabt hat, sich sinnlich vorstellen ist sehr schwer. Wenn wir deshalb zum Raume von drei Dimensionen übergehen, so sind wir in unserem Vorstellungsvermögen gehemmt durch den Bau unserer Organe und die damit gewonnenen Erfahrungen, welche nur zu dem Raume passen, in dem wir leben.

Nun haben wir aber noch einen anderen Weg zur wissenschaftlichen Behandlung der Geometrie. Es sind nämlich alle uns bekannten Raumverhältnisse messbar, das heisst, sie können auf Bestimmung von Grössen (von Linienlängen, Winkeln, Flächen, Volumina) zurückgeführt werden. Eben deshalb können die Aufgaben der Geometrie auch dadurch gelöst werden, dass man die Rechnungsmethoden aufsucht, mittelst deren man die unbekannten Raumgrössen aus den bekannten herzuleiten hat. Dies geschieht in der analytischen Geometrie, in welcher die sämmtlichen Gebilde des Raumes nur als Grössen behandelt und durch andere Grössen bestimmt werden. Auch sprechen schon unsere Axiome von Raumgrössen. Die gerade Linie wird als die kürzeste zwischen zwei Punkten definirt, was eine Grössenbestimmung ist.

(Helmholtz 1883b, 11–15)

Große Popularität erlangten die „Flächenwesen", die hier bei Helmholtz auftreten. Bei ihm dienen sie dazu, die Grundthese des Empirismus zu untermauern, „andere Erfahrungen, andere Geometrie". Sie wurden aber auch vielfach verwendet – und das war auch historisch ihr Ursprung bei G. T. Fechner (1821) – um mit Hilfe von Analogien die Plausibilität des vierdimensionalen Raumes zu verdeutlichen:

> Man denke sich ein kleines buntes Männchen, das in der Camera obscura auf dem Papiere herumläuft; da hat man ein Wesen, was in zwei Dimensionen existiert. Was hindert, ein solches Wesen lebendig zu denken. Haben wir doch früher gesehen, dass sich selbst ein Schattenmann lebendig denken lässt. Dass er es ist, wollen wir hier nicht noch einmal behaupten: es ist genug, es einmal getan zu haben; aber denken kann man sich's doch. Nun, insofern alles Sehen, Hören, Dichten und Trachten eines bloß in zwei Dimensionen existierenden Wesens auch bloß in diesen zwei Dimensionen beschlossen wäre, so würde es natürlich eben so wenig etwas von einer dritten Dimension wissen können, als wir, die wir nur in drei Dimensionen leben, von einer vierten. Das experimentierende Schatten- oder Farbenmännchen würde ebenso auf seiner Fläche herumlaufen und vergebens nach der dritten Dimension suchen, ebenso vergebens Mikroskope und Fernröhre danach aufspannen, als unser Naturforscher nach der vierten; es kann doch mit dem Blicke sich nicht über die Fläche erheben, sondern nur in der Richtung der Fläche fortblicken. Und das philosophierende Schattenmännchen würde, da seine Begriffe sich unstreitig im Zusammenhange mit seinen Anschauungen bilden würden, eben so wenig über die Zwei als unser Philosoph über die Drei hinauskommen können. Beide würden es also unmöglich halten, dass eine dritte Dimension existiert, dass sich durch einen Punkt mehr als zwei auf einander rechtwinklige Gerade ziehen lassen. Sie wüssten absolut nicht, wo sie die dritte anbringen sollten. Und doch existiert diese dritte Dimension. Sie existiert für uns, die selbst eben in drei Dimensionen leben.
>
> Wir sind nur Farben- und Schattenmännchen in drei Dimensionen statt in zweien. Da wir sehen, dass bei der Zwei kein Aufhören ist, außer für Wesen, die selbst in der Zwei aufhören, ist nicht abzusehen, warum in der Drei ein Aufhören sein sollte, außer für Wesen, die eben auch selbst in der Drei aufhören. Soll etwa die Welt nicht über Drei zählen können? Es ist auch nicht der allergeringste Grund da, warum sie bei Drei aufhören sollte; und so schließe ich nach dem Gesetze des zureichenden Grundes, dass sie wirklich nicht dabei aufhört.

(Fechner 1846, 24–25)

Die Flächenwesen dienen schon bei Fechner dazu, die Verhältnisse in einer vierdimensionalen Welt par Analogie zu erschließen:

> Jedoch, um mein Möglichstes zu tun, sehe ich wieder bei den Farbenmännchen in zwei Dimensionen nach; weiß ich erst in zwei Dimensionen die dritte zu packen, so muss es ja dann um so leichter sein, in dreien die vierte zu packen. Auch ist dies nur eine besondere Anwendung der von jeher mit Frucht angewandten Methode, das, was man in drei Dimensionen nicht realiter finden kann, in zwei Dimensionen, d. h. auf dem Papier zu suchen und zu finden. Und siehe da, es gelingt.

(Fechner 1846, 27–28)

Wie Helmholtz mit den Flächenwesen argumentierte, wird im Kap. 9 genauer geschildert. Schließlich fanden die Flächenwesen mit Abbotts „Flatland. A Romance in Many Dimensions. By A Square" (1884) Eingang in die Weltliteratur.[67]

Beltramis Pseudosphäre war geradezu eine notwendige Bedingung dafür, dass Helmholtz mit Hilfe der fiktiven Flächenwesen für die Anschaulichkeit der nichteuklidischen Geometrie argumentieren konnte. Dabei stützte er sich auf eine eigene Definition von Anschauung, die in die Philosophiegeschichte eingehen sollte:

> Unter dem viel gemissbrauchten Ausdrucke „sich vorstellen" oder „sich denken können, wie etwas geschieht" verstehe ich – und ich sehe nicht, wie man etwas anderes darunter verstehen kann,

---

[67] Vgl. Volkert (2013b); zu Abbott vgl. man auch die Erläuterungen von Lindgren/Banchoff in Abbott (2009).

ohne allen Sinn des Ausdrucks aufzugeben –, dass man sich die Reihe der sinnlichen Eindrücke ausmalen könne, die man haben würde, wenn so etwas in einem einzelnen Falle vor sich ginge. Ist nun gar kein sinnlicher Eindruck bekannt, der sich auf einen solchen nie beobachteten Vorgang bezöge, wie es für uns eine Bewegung nach einer vierten, für jene Flächenwesen eine Bewegung nach der uns bekannten dritten Dimension des Raumes wäre, so ist ein solches „Vorstellen" nicht möglich, ebenso wenig als ein von Jugend auf absolut Blinder sich wird die Farben „vorstellen" können, auch wenn man ihm eine begriffliche Beschreibung derselben geben könnte

(Helmholtz 1883b, 8)

Zum Abschluss dieses Kapitels noch einige Anmerkungen zum Modellbegriff[68] und zur Interpretation der Beltramischen Arbeit in der mathematikhistorischen Literatur. Der Begriff „Modell" bezeichnet im modernen mathematischen Sprachgebrauch grob gesagt einen konkreten Bereich, in dem die Axiome eines Systems realisiert sind – so liefern etwa die Permutationen einer n-elementigen Menge ein Modell des Begriffs „Gruppe". Beltramis Geometrie der Pseudosphäre wäre somit ein Modell der nichteuklidischen Geometrie. In diesem Sinne tritt der Begriff „Modell" erst spät in der Mathematikgeschichte auf. Selbst Hilbert, der in seinen „Grundlagen der Geometrie" (1899/1900) systematisch Modelle konstruiert (im Wesentlichem um die Unabhängigkeit von Axiomen zu zeigen), verwendet den Begriff noch nicht. Begriffsgeschichtlich ist bemerkenswert, dass der Begriff „Modell" im 19. Jh einen tiefgreifenden Wandel durchgemacht hat. Ursprünglich bezeichnete er nämlich ein einzelnes Objekt, das etwas Abstraktes in vorbildlicher Weise verkörperte, etwa die Venus von Milo bezogen auf die Schönheit – wir würden heute vielleicht von einem Paradigma sprechen.[69] Dieser Sinn schwingt noch mit in den materialen mathematischen Modellen aus Gips, Fäden etc., die in der zweiten Hälfte des 19. Jhs so große Verbreitung fanden. Allerdings ist hier schon die Einzigkeit verloren gegangen.

Im traditionellen Verständnis von Axiomen waren diese Beschreibungen eines Sachverhalts, dessen ontologischer Status zu klären natürlich eine große Herausforderung bedeutete. So gesehen hatten die Axiome ein kanonisches Modell,[70] dessen Existenz die Axiome zu wahren Aussagen (im klassischen korrespondenztheoretischen Sinne) machte, weshalb es wenig attraktiv war, das ausdrücklich terminologisch zu fassen. Diese Sicht wurde mit dem Aufkommen der nichteuklidischen Geometrie problematisch, denn nun schien es so, als gäbe es zwei konkurrierende Axiomensysteme für die Geometrie, die sich nur an einer einzigen Stelle unterscheiden. Wie wir gesehen haben, war es das zentrale Anliegen von Beltrami, die neue Geometrie zu veranschaulichen, womit das ontologische Problem ihrer Existenz nach den damaligen Standards geklärt war. Von ihrer Widerspruchsfreiheit war er wie Lobatschewskij und Bolyai überzeugt; diese zu beweisen kam ihm folglich gar nicht erst in den Sinn. Hinzu trat ein weiteres Problem: Man war ja weit davon entfernt, ein komplettes Axiomensystem für die Euklidische und damit auch für die nichteuklidische Geometrie zu kennen.[71] Im Wesentlichen bewegte man sich im Rahmen von Euklid – mit der Vereinfachung, dass man nicht mehr zwischen Axiomen und Postulaten unterschied.

---

[68] Vgl. hierzu auch das Buch Chadarevian et al. (2004).

[69] So schreibt das „Meyersche Konversationslexikon" im 14. Band der sechsten Auflage von 1908 „Modell, Vorbild, Musterbild, in der Baukunst ein in verjüngtem Maßstab [...] angefertigtes Abbild [...]; in der Malerei und ebenso in der Plastik ein männliches oder weibliches Individuum, das nackt oder begleitet dem Künstler zum Gegenstand seines Studiums dient."

[70] Beispielsweise in einer idealen Welt von Ideen, wenn man eine platonistische Position vertritt.

[71] Vgl. Kap. 8.

Hinzu kam ein gewisses Wissen darum, dass die Unendlichkeit der Geraden (das „Axiom der Gerade" [nicht im Sinne von Beltrami]) eine wichtige Rolle spielte, insofern es die gewöhnliche Geometrie von der sphärischen (und elliptischen) unterschied. Wie aber hätte man ein Modell – im modernen Sinn – konstruieren können, für ein System, das man nur andeutungsweise kannte? Wohl aber konnte man ein Modell (im damals üblichen Sinn) der Pseudosphäre bauen, wie es ja Beltrami anscheinend mit einiger Mühe schaffte.

In der mathematikhistorischen Literatur findet man häufig Äußerungen wie die nachfolgende:

> [...] aber sein [Beltramis] Modell lieferte den ersten Beweis der Widerspruchsfreiheit der ebenen Geometrie von Lobatschewskij, denn es stellte die Lobatschewskij-Ebene in ihrer ganzen Ausdehnung in der euklidischen Ebene dar.
>
> (Rosenfeld 1988, 233)

Die Leserin bzw. der Leser dieses Buchs wird jetzt verstehen, wie missverständlich diese Äußerung ist, und in welchem Maße hier die Gefahr besteht, dass moderne Sichtweisen auf historische Situationen zurückprojiziert werden.[72]

Endnoten

[i]Modern gesehen kann man Beltramis Vorgehen interpretieren als die Zentralprojektion einer Sphäre mit rein imaginärem Radius von ihrem Mittelpunkt aus auf die Ebene $z = a$. Dabei legt man die Interpretation der Pseudosphäre als zweischaliges Hyperboloid in einem pseudo-euklidischen Raum zugrunde, die natürlich Beltrami noch nicht zur Verfügung stand. Vgl. Rosenfeld (1988), 232.

[ii]Man bemerkt hier deutlich, dass Beltrami in der Hilfsebene die euklidische Streckenlänge und das euklidische Winkelmaß verwendet. Im Unterschied zu Klein (1871) (vgl. Kap. 4) kommt Beltrami noch nicht auf die Idee, diese Bestimmungen abzuändern. Sein ebenes „Modell" bezieht sich hauptsächlich auf die Inzidenzbeziehungen; es ist ein Hilfsmittel, um die Verhältnisse im „wirklichen" Modell – nämlich der Pseudosphäre – zu verstehen.

[iii]Die Pseudosphäre im engeren Sinne lässt sich als Drehfläche im gewöhnlichen Raum darstellen. Hierzu dreht man beispielsweise eine Schleppkurve (Traktrix) mit dem Parameter r (er gibt die Länge des konstanten Tangentenabschnitts an) um die z-Achse. Verwendet man die üblichen Variablen φ, ρ so ergibt sich:

$$x = r \cos \varphi, y = r \sin \varphi \quad \text{und} \quad z = r \cdot \log \frac{r + \sqrt{r^2 - \rho^2}}{\rho} - \sqrt{r^2 - \rho^2}$$

(vgl. Schilling 1931, 8–11). Der Schnitt der Fläche mit der x-y-Ebene ist somit ein Kreis mit Radius r; die z-Komponente beschreibt eine Schleppkurve, wobei die unabhängige Variable ρ ist. Sie lässt sich als vertikaler Abstand des Flächen- bzw. Kurvenpunkts von der z-Achse interpretieren.
Der Schnittkreis mit der x-y-Ebene besteht aus singulären Punkten der Fläche.

[iv]Materielle Modelle der Pseudosphäre (im engeren Sinne) wurden später von der Firma Martin Schilling in Leipzig produziert (Serie I, No. 1). Es handelte sich dabei um eine in Gips gegossene Fläche, die man auch heute noch in vielen Modellsammlungen vorfindet. Schilling produzierte noch ein zweites Modell aus gestanztem Blech, das mit schwarzer Tafelfarbe bestrichen war. Darauf konnte man mit Kreide die Geodätischen einzeichnen; vgl. Schilling (1931), 5 n 2.

---

[72] Um Missverständnisse zu vermeiden, möchte ich darauf hinweisen, dass Rosenfelds Buch sehr reich an wichtigen Informationen – insbesondere mathematischer Art – ist.

[v]Auch hier sieht man wieder eine bemerkenswerte Parallele zur Geschichte der vier- und mehrdimensionalen Geometrie. In den Anfängen dieser neuen unanschaulichen Theorie war es auch üblich, geometrische Termini zu verwenden (wie Punkt, Gerade, Ebene, Hyperebene), aber zu betonen, dass man diese bei Bedarf nur rein analytisch betrachten könne (als n-tupel, ...). Vgl. Volkert (2013b). Eine andere Beschreibungsmöglichkeit ließe sich auf die Kurzform „Formalismus als Ausweg" bringen, vgl. Volkert (1986), 44–46.

Kapitel 4
Projektive Richtung, Modelle von Klein und Cayley

Die Richtung, von der im Nachfolgenden die Rede sein wird, greift auf die projektive Geometrie zurück, die im 19. Jh. eine stürmische Entwicklung durchlief. Für unser Thema hier ist vor allem die Einführung homogener Koordinaten wichtig, von denen ausführlich Gebrauch gemacht werden wird, und die es erlauben, die Techniken der analytischen Geometrie auch für projektive Betrachtungen nutzbar zu machen. Daneben ist ein zweiter Entwicklungsstrang von Bedeutung, nämlich die Einführung von komplexen Zahlen in geometrische Betrachtungen. Der zweite Strang hatte einen wichtigen Vertreter in J. V. Poncelet[i], der erste in J. Plücker und A. F. Möbius; im Prinzip sind beide unabhängig voneinander.

Für den modernen Leser wird die Lektüre von Schriften aus dem 19. Jh. unter anderem deshalb oft schwierig, weil die Autoren jener Zeit keinen großen Wert darauf legten, dem Leser zu erklären, ob sie nun z. B. die Euklidische oder die projektive Ebene betrachten und ob sie nun komplexe Zahlen zulassen oder nicht.[1]

Eine zentrale Rolle in der Geschichte der projektiven Modelle kommt der Abhandlung „A sixth memoir upon quantics" (Sechste Abhandlung über Quantiken[2]) zu, die A. Cayley 1859 veröffentlichte. Ersichtlich gingen dieser Abhandlung fünf andere voran, die sämtlich sehr algebraisch sind. Erschwert wird die Lektüre für den modernen Leser durch Cayleys ungewohnte Terminologie, vor allem aber durch seine symbolischen Schreibweisen, die völlig verschwunden sind[3]. Wir beschränken uns im Folgenden auf die wesentlichen Stellen des Textes und geben die formalen Resultate dann in moderner Schreib- und Ausdrucksweise wieder.

147.[4] In der vorliegenden Abhandlung werden wir die Geometrie einer Dimension als eine Geometrie von Punkten in einer Geraden betrachten, und die Geometrie von zwei Dimensionen wird

---

[1] Eine knappe moderne Darstellung der Theorie, die in diesem Kapitel zur Sprache kommt, findet der Leser in Efimov (1970), 409–424.

[2] Der Begriff „Quantik" existiert eigentlich nicht im Deutschen, korrekt wäre „homogene Polynome" oder „algebraische Formen" zu sagen. Cayley definiert diesen von ihm erfundenen Begriff am Anfang seiner Artikelserie; vgl. Cayley (1854), 245. Allerdings gibt es verwandte Begriffe wie Quartik, Kubik usw.

[3] So schreibt Cayley beispielsweise lineare Gleichungen in der Form $(*)(x, y)^l = 0$.

[4] Die Abschnitte der sechs Abhandlungen sind durchnummeriert.

K. Volkert, *Das Undenkbare denken*, Mathematik im Kontext, DOI 10.1007/978-3-642-37722-8_4,   77
© Springer-Verlag Berlin Heidelberg 2013

von uns als eine von Punkten und Geraden in einer Ebene aufgefasst.[5] Dennoch sollte man sich immer bewusst sein, dass in Übereinstimmung mit No. 4 der einführenden Abhandlung[6], diese Begriffe nicht – es sei denn, es wird ausdrücklich gesagt oder es ergibt sich aus dem Kontext – auf ihre gewöhnlichen Bedeutungen beschränkt werden. Verwendet man die Geometrie einer Dimension unter Bezugnahme auf die Geometrie von zwei Dimensionen – welche als eine Geometrie der Punkte und Geraden in einer Ebene aufgefasst wird – so ist zu beachten: 1. Dass das Wort „Punkt" *Punkt* und das Wort „Gerade" *Gerade* bedeuten kann; oder 2. Dass das Wort „Punkt" *Gerade* und das Wort „Gerade" *Punkt* meinen kann.[7] Dies ist nach meiner Ansicht nötig, da wir in einer derartigen Geometrie von zwei Dimensionen Systeme von Punkten in einer Geraden haben und Systeme von Geraden durch einen Punkt.[8] Jedes dieser Systeme ist in der Tat ein System, das zur eindimensionalen Geometrie gerechnet werden kann, zu der sie vermöge der oben erwähnten erweiterten Bedeutung der Begriffe gehören. Weil wir genau wegen dieser erweiterten Bedeutung korrelierte[9] Sätze in einer einheitlichen Formulierung fassen können, ist es nicht nötig, diese in der eindimensionalen Geometrie eigens auszusprechen, in der zweidimensionalen Geometrie hingegen, wo wir es mit Systemen von beiderlei Art zu tun haben, kann es nötig sein – und ist es oftmals – derartige korrelierte Aussagen getrennt zu formulieren. [...][10] Zu beachten ist, dass wir, indem wir vermöge der Erweiterung der Bedeutungen die eindimensionale Geometrie als eine Geometrie der Punkte in einer Geraden und die zweidimensionale Geometrie als eine Geometrie von Punkten und Geraden einer Ebene behandeln, wir in Wirklichkeit diese Geometrien in voller Allgemeinheit behandeln. Insbesondere – ich betone dies, weil ich Gelegenheit haben werde, darauf zurückzukommen – schließen wir in die zweidimensionale Geometrie die sphärische Geometrie ein; die Worte Ebene, Gerade, Punkt bedeuten zu diesem Zwecke sphärische Kugeloberfläche, Bogen (eines Großkreises) und Punkt (das ist, ein Paar von Diametralpunkten).[11] Analog umfasst die Geometrie einer Dimension die Fälle von Punkten in einem Bogen und von Bögen durch einen Punkt.

148. Ich wiederhole hier eine Bemerkung, welche schon in der bereits zitierten No. 4 gemacht wurde. Die Koordinaten x, y der eindimensionalen Geometrie und die Koordinaten x, y, z und ξ, η, ζ der zweidimensionalen Geometrie[12] sind bis auf einen gemeinsamen Faktor bestimmt (das heißt, es geht nur um die Verhältnisse der Koordinaten und nicht um ihre absolute Größen). Sagen wir also, die Koordinaten x, y seien gleich a, b, wofür wir $x, y = a, b$ schreiben, so meinen

---

[5] Cayley bezieht sich hier vielleicht auf Plückers Liniengeometrie, in der man nicht mehr Punkte als Grundelemente der (räumlichen) Geometrie betrachtet sondern Geraden oder Ebenen, wodurch sich die Dimension ändern kann (nimmt man Geraden als Grundelemente, so wird der Raum vierdimensional; Ebenen sind in dieser Hinsicht wie Punkte als Grundelemente, der Raum bleibt dreidimensional). Modern gesprochen arbeitet Cayley, wie wir weiter unten sehen werden, in der reellen projektiven Ebene, die er bei Bedarf zur komplexen projektiven Ebene erweitert. Dargestellt wird diese durch homogene Koordinaten, die aber typographisch nicht von gewöhnlichen Koordinaten unterschieden werden. Cayley verwendet verschiedene Begriffe aus der projektiven Geometrie (wie Involution, harmonisches Punktequadrupel, ...) kommentarlos.

[6] Cayley (1854), 246.

[7] Das kann man als Ausdruck des Dualitätsprinzips lesen, welches in der projektiven Ebene gilt. Vertauscht man in einer Aussage, welche sich nur auf Inzidenzen in der projektiven Ebene bezieht, Punkt mit Gerade und Gerade mit Punkt, so erhält man wieder eine wahre Aussage. Klassisches Beispiel: „Durch zwei Punkte gibt es genau eine Gerade" und „Zwei Geraden gehen durch genau einen Punkt". Anspruchsvolleres Beispiel: Satz von Pascal und Satz von Brianchon.

[8] Geraden- oder Strahlenbüschel ist hierfür die Bezeichnung, die von Staudt populär gemacht hat.

[9] Modern gesprochen: duale Sätze.

[10] Cayley behandelt dann auch den dreidimensionalen Fall, weist aber darauf hin, dass dieser in seiner Abhandlung keine Rolle spielen wird.

[11] Cayleys „sphärische" Geometrie ist also modern gesehen eine „elliptische" Geometrie. Vgl. hierzu Kap. 5.

[12] Die letzteren sind Linienkoordinaten im Sinne Plückers, siehe unten.

wir damit nur, dass $x : y = a : b$ gilt; als Ergebnis erhalten wir niemals $x, y = a, b$ sondern immer nur $x : y = a : b$. Analoges gilt für die Koordinaten x, y, z und ξ, η, ζ. (In der zweidimensionalen Geometrie wird aus diesem Grund $x, y = a, b$ als eine einzige Gleichung betrachtet und gesprochen.)[13] Ist dies aber erst einmal verstanden, so gibt es keinen Vorbehalt dagegen, die Koordinaten so zu behandeln, als seien sie vollständig bestimmt.

(Cayley 1859, 561–562)

Im Folgenden behandelt Cayley ausführlich den eindimensionalen Fall, auf den er dann im Wesentlichen den zweidimensionalen zurückführt (siehe unten). Zu letzterem heißt es dann:

169. In der zweidimensionalen Geometrie dient die Ebene als Raum oder als *locus in quo*; diese wird unter zwei verschiedenen Gesichtspunkten betrachtet, nämlich einmal als aufgebaut aus Punkten und einmal als aufgebaut aus Geraden. Die unterschiedlichen Punkte der Ebene werden mit Hilfe der Punktkoordinaten (x, y, z) bestimmt. Indem man diesen irgendwelche speziellen Werte zuschreibt, was man als $x, y, z = a, b, c$ notiert, erhält man einen bestimmten Punkt der Ebene; analog werden alle Geraden der Ebene beschrieben durch die Linienkoordinaten (ξ, η, ζ); gibt man diesen spezielle Werte, wofür man $\xi, \eta, \zeta = \alpha, \beta, \gamma$ schreibt, so erhält man eine bestimmte Gerade der Ebene. Wir können sagen, dass die Ebene der *locus in quo* der Punktkoordinaten (x, y, z) und der Geradenkoordinaten (ξ, η, ζ) ist.[14] Es ist nicht erforderlich, die analytische Theorie der Punktkoordinaten und diejenige der Geradenkoordinaten getrennt zu betrachten, denn die Theorie der ersteren ist, bezogen auf Punkte und Geraden, identisch mit der Theorie der letzteren, bezogen auf Geraden und Punkte respektive. Allerdings ist es notwendig anzugeben, wie jedes System von Koordinaten, beispielsweise das System der Punktkoordinaten, sich sowohl auf Punkte als auch auf Geraden anwenden lässt – oder auch auf beliebige geometrische Örter – und die Beziehung zwischen den beiden Koordinatensystemen zu erklären.

170. Betrachten wir also Punktkoordinaten. Die Gleichungen

$$x, y, z = a, b, c$$

legen, wie bereits erwähnt, einen Punkt fest.
     Eine lineare Gleichung

$$(*)(x, y, z)^1 = 0^{15}$$

bestimmt eine Gerade bzw. die Gerade, welche der Ort aller derjenigen Punkte ist, deren Koordinaten diese Gleichung erfüllen. Analog bestimmt eine Gleichung

$$(*)(x, y, z)^m = 0$$

eine Kurve m-ter Ordnung bzw. diejenige Kurve, welche der Ort aller derjenigen Punkte ist, deren Koordinaten diese Gleichung erfüllen.
     Insbesondere legt eine Gleichung zweiten Grades

$$(*)(x, y, z)^2 = 0$$

einen Kegelschnitt fest.

(Cayley 1859, 569–570)

---

[13] Cayley erklärt hier homogene Koordinaten.
[14] Entspricht der Geradengleichung $\xi x + \eta y + \zeta z = 0$.

Im letzten größeren Abschnitt „über die Theorie des Abstands" seiner Abhandlung kommt
dann Cayley auf das zu sprechen, was im Zusammenhang mit der nichteuklidischen Geometrie wichtig werden sollte, die Frage nämlich, wie man zwei Punkten in der projektiven
Ebene einen Abstand zuordnen kann. Hierzu löst er zuerst das Problem für Geraden, woraus sich dann die Lösung für die Ebene ergibt.

> 209. Ich kehre zur zweidimensionalen Geometrie zurück. Wir stellen uns in der Geraden oder
> im *locus in quo* der Punktreihe ein Punktepaar vor, welches ich das Absolute nenne. Ein belie-
> biges Punktepaar [auf der Geraden] lässt sich folgendermaßen dem Absoluten einbeschreiben:[16]
> Das Zentrum und die Achse des Einbeschreibens sind die selbstkonjugierten Punkte[17] derjenigen
> Involution, die durch die gegebenen Punkte des Punktepaares und die Punkte des Absoluten gebil-
> det wird. Das beim Einbeschreiben verwendete Zentrum und die beim Einbeschreiben verwendete
> Achse[18] sind als selbstkonjugierte Punkte harmonisch bzgl. des Absoluten. Ein Punktepaar, das
> solcherart als dem Absoluten einbeschrieben angesehen werden kann[19], heißt ein *Punktepaarkreis*
> oder einfach ein *Kreis*. [...]ⁱⁱ
>
> 210. Als Definition können wir festhalten, dass zwei Punkte eines Kreises den gleichen Ab-
> stand zum Mittelpunkt haben. Nun denken wir uns zwei Punkte P, P'; wir wählen den Punkt
> P'' so, dass P, P'' einen Kreis bilden, dessen Mittelpunkt P' ist. Analog nehme man den Punkt
> P''', so dass P', P''' einen Kreis mit Mittelpunkt P'' bilden; entsprechend verfahre man in der
> entgegengesetzten Richtung. So erhalten wir eine Reihe von Punkten [...], die alle gleichen Ab-
> stand voneinander haben: Nehmen wir die Punkte P, P' so, dass sie unendlich nahe[20] bei einander
> liegen, so wird die gesamte Gerade zerlegt in eine Folge von gleichlangen unendlich kleinen Ele-
> menten. Die Anzahl dieser Elemente, die zwischen zwei Punkten liegen, misst den Abstand der
> beiden Punkte. Aufgrund dieser Definition ist klar, dass für drei Punkte P, P', P'' in dieser ange-
> gebenen Reihenfolge gilt[21]:
>
> $$Dist.(P, P'') = Dist.(P, P') + Dist.(P', P'')$$
>
> was mit dem gewöhnlichen Abstandsbegriff übereinstimmt.
>
> (Cayley 1859, 583–584)

Im Weiteren leitet Cayley einen analytischen Ausdruck für den von ihm gefundenen Abstand her. Dabei geht er von einem Kegelschnitt als Absolutem aus, dessen Gleichung er
so schreibt:

$$(a, b, c)(x, y)^2 = 0$$

Letztlich geht es im eindimensionalen Fall nur um die beiden Schnittpunkte dieses Kegelschnitts mit der Geraden, auf der die beiden betrachteten Punkte liegen.

---

[16] Das soll andeuten, dass die beiden gewählten Punkte die Punkte des Absoluten nicht trennen. Die weiter
unten definierte Involution ist dann nämlich hyperbolisch, was gebraucht wird, um die Existenz zweier
Doppelpunkte zu garantieren. Ich danke S. Kitz (Wuppertal) für seine sehr hilfreichen Hinweise zu den
Ausführungen von Cayley.
[17] Heute meist Doppelpunkte genannt; es handelt sich modern gesprochen um Fixpunkte. Hyperbolische
Involutionen besitzen zwei Fixpunkte.
[18] Anscheinend eine Kreation von Cayley. Vgl. Endnote ii) für eine Erklärung, was gemeint ist.
[19] Gemeint ist ein Paar von Punkten, die zusammen mit den Doppelpunkten ein harmonisches Punktequadrupel bilden.
[20] Da wir uns im Projektiven befinden, macht die Ausdrucksweise „unendlich nahe" eigentlich keinen
Sinn. Man kann allerdings die konstruierte Skala mit projektiven Mitteln verfeinern.
[21] Da Cayleys Abstand auf dem Doppelverhältnis beruht, ist dieser zuerst einmal nur multiplikativ. Um
ihn additiv zu machen, nimmt man – wie Klein das tut (siehe unten) – üblicherweise den Logarithmus.
Cayley wählt eine andere Variante; siehe unten.

Der Abstand zweier Punkte (x, y) und (x', y') ergibt sich dann nach einer geeigneten Wahl für eine Konstante zu[22]

$$\cos^{-1} \frac{(a,b,c)(x,y)(x',y')}{\sqrt{(a,b,c)(x,y)^2}\,\sqrt{(a,b,c)(x',y')^2}}$$

bzw.

$$\sin^{-1} \frac{(ac-b^2)(xy'-x'y)}{\sqrt{(a,b,c)(x,y)^2}\,\sqrt{(a,b,c)(x',y')^2}}.\text{[23]}$$

Eine besondere Rolle spielen zwei Punkte, welche harmonisch zum Absoluten liegen, das heißt, dass das Punktequadrupel, bestehend aus den beiden Punkten und den Schnittpunkten ihrer Verbindungsgeraden mit dem Absoluten, ein harmonisches Quadrupel von Punkten bilden.[24] Deren Abstand ist immer gleich, der Wert dieses ausgezeichneten Abstands wird von Cayley als „Quadrant"[25] bezeichnet, der Quadrant ist die (absolute) Längeneinheit. Cayley fasst zusammen:

> 214. Gehen wir nun zur zweidimensionalen Geometrie über, so haben wir hier einen bestimmten Kegelschnitt zu betrachten, den ich das Absolute nenne. Eine beliebige Gerade bestimmt zusammen mit dem Absoluten zwei Punkte (schneidet diese in zwei Punkten)[26], welche das Absolute bezüglich dieser Geraden sind, wenn man diese als eindimensionalen Raum oder *locus in quo* einer Punktereihe auffasst. In gleicher Weise bestimmt jeder beliebige Punkt zusammen mit dem Absoluten zwei Geraden (Tangenten an das Absolute durch diesen Punkt)[27], welche das Absolute sind bezüglich eines derartigen Punktes, wenn dieser als ein eindimensionaler Raum oder als *locus in quo* eines Geradenbüschels betrachtet wird. Die vorangehende Theorie für die eindimensionale Geometrie liefert den Begriff des Abstands für derartige Punktreihen und Geradenbüschel[28], wenn

---

[22] Dabei ist mit $\cos^{-1}$ der Arcuscosinus gemeint. Analog bedeutet $\sin^{-1}$ Arcussinus. Eine für uns vertrautere Form dieser Abstandsformel werden wir bei Klein kennenlernen (siehe unten). In Kommentaren, die Cayley zum zweiten Band seiner „Collected Papers" im Jahre 1889 verfasste (in dem das „Sixth memoir" wieder abgedruckt wurde), lobt er Kleins Form als eine „große Verbesserung", weil man mit ihr sofort die Dreiecksgleichung nachweisen kann. Vgl. Cayley (1889), 694.

[23] Vgl. Cayley (1859), 584.

[24] Modern formuliert: Ihr Doppelverhältnis ist gleich -1. Betrachtet man diejenige hyperbolische Involution der projektiven Geraden, die die beiden Punkte des Absoluten zu Fixpunkten hat, so tauscht diese die harmonischen Punkte gegeneinander aus. Das ist in etwa Cayleys Zugangsweise.

[25] Dieser Name wird wohl gewählt, um die Analogie zur sphärischen Geometrie zu betonen, vgl. Cayley (1859), 585. Der Wert der Konstanten wird von Cayley als $i/2$ angenommen. Genaueres zu dieser Konstanten findet man weiter unten im Text von F. Klein.

[26] Wir bewegen uns jetzt in der komplexen projektiven Ebene.

[27] Das war ein weiteres Beispiel von Poncelet für sein Kontinuitätsprinzip: Nimmt man einen Punkt außerhalb eines Kreises, so gibt es zwei Tangenten an den Kreis durch den Punkt; liegt der Punkt auf dem Kreis, so gibt es eine Doppeltangente, [...], liegt der Punkt im Kreis, so gibt es zwei (ideale, imaginäre) Tangenten. Hony soit qui mal y pense! Diese beiden Tangenten verbinden den fraglichen Punkt mit den imaginären Kreispunkten (siehe unten) und spielen eine wichtige Rolle bei der Einführung des Winkelmaßes.

[28] Bei den Geradenbüscheln geht es bei Cayley letztlich um die Winkelmessung. Hat man einen Winkel und die beiden dazugehörigen absoluten Geraden (d. s. die Geraden durch die imaginären Kreispunkte; heute werden sie meist isotrop genannt), wobei der Scheitel des Winkels natürlich zusammenfällt mit dem Zentrum des Geradenbüschels, so lege man eine Gerade hindurch, die alle vier Geraden in einem Punkt trifft. Auf diese vier Punkte kann man die Theorie für die Punkte anwenden. Dass man für alle derartigen

man diese jeweils getrennt für sich betrachtet. Um die verschiedenen Punktreihen und Geradenbüschel in Beziehung zueinander zu bringen, ist es erforderlich anzunehmen, dass der Quadrant,
der jeweils die Einheit des Abstands in diesen verschiedenen Systemen darstellt, ein und derselbe
für alle diese Systeme ist ([...]). Macht man diese Voraussetzung, so erlaubt die vorangehende
Theorie des Abstands in der Geometrie einer Dimension nicht nur den Vergleich der Abstände
von Punkten, welche auf unterschiedlichen Geraden liegen, oder Geraden durch unterschiedliche
Punkte sondern auch den Vergleich zwischen den Abständen von Punkten auf einer Geraden mit
denen von Geraden durch einen Punkt.

(Cayley 1859, 586)

Da wir uns in der projektiven Ebene bewegen, gibt es Pole und Polaren. Auf diesen Fall
lässt sich die Abstandsdefinition erweitern. Es ergibt sich, dass deren Abstand immer ein
Quadrant ist.

Im Weiteren diskutiert Cayley den Sonderfall, dass das Absolute ein in ein Punktepaar
entarteter Kegelschnitt ist, insbesondere das Paar der sogenannten imaginären Kreispunkte
$(1, i, 0)$ und $(1, -i, 0)$. Das führt zu einer überraschenden Entdeckung:

226. Angenommen (x, y, z) sind gewöhnliche rechtwinklige Koordinaten im Raum, die die Bedingung

$$x^2 + y^2 + z^2 = 1$$

erfüllen. Der Punkt mit den Koordinaten (x, y, z) ist dann ein Punkt auf der Oberfläche der Kugel.
Die Gleichung $\xi x + \eta y + \zeta z = 0$ ist ein Großkreis der Sphäre (immer unter der genannten Bedingung). Da wir uns nur für das Verhältnis von ξ, η, ζ interessieren, dürfen wir annehmen, dass
$\xi^2 + \eta^2 + \zeta^2 = 1$ gilt. [...] So erhalten wir ein System der sphärischen Geometrie[29]. Es stellt
sich heraus, dass das Absolute in einem derartigen System der (sphärische) Kegelschnitt ist, der
sich als Durchschnitt der Sphäre mit dem konzentrischen Kegel (auch nullteilige Kugel genannt)
$x^2 + y^2 + z^2 = 0$ ergibt.[30] Der Umstand, dass das Absolute ein nicht-entarteter Kegelschnitt ist
und kein Punktepaar, ist der wahre Grund für den Unterschied zwischen sphärischer und gewöhn-
licher ebener Geometrie sowie der vollkommenen Dualität der Sätze der sphärischen Geometrie.
227. Ich habe im Vorangehenden die analytische Theorie des Abstands parallel zur geometrischen
entwickelt. Das geschah sowohl zum Zwecke der Illustration als auch deshalb, weil es wichtig ist,
den analytischen Ausdruck des Abstands in den Koordinaten zu haben. Dennoch betrachte ich die
geometrische Theorie als vollkommen in sich selbst geschlossen. Das allgemeine Ergebnis lautet
wie folgt: Nimmt man in der Ebene (oder im Raum der zweidimensionalen Geometrie) einen Kegelschnitt, den man als Absolutes bezeichnet, so können wir mit Hilfe dieses Kegelschnitts durch
deskriptive[31] Konstruktionen eine beliebige Gerade (oder Punktreihe) und jeden Punkt[32] (oder Geradenbüschel) in einen unendliche Serie von infinitesimalen Elementen unterteilen, die (gemäß der
Abstandsdefinition) als gleich anzunehmen sind. Die Anzahl der Elemente zwischen zwei Punkten
der Punktreihe oder zwischen zwei Geraden des Büschels misst den Abstand zwischen den beiden
Punkten oder Geraden. Verwendet man den Quadranten, der sowohl bezüglich der Geraden als

---

Geraden denselben Wert erhält, liegt letztlich an einem Satz von Desargues (um das einzusehen, muss man
wieder das Doppelverhältnis ins Spiel bringen). Die geschilderte Idee taucht erstmals bei Laguerre-Verly
(1852) und Laguerre-Verly (1853) auf, dem es allerdings nicht um ein Winkelmaß ging.
[29] Man beachte, dass dies bei Cayley die elliptische Geometrie meint.
[30] Dieser Schnitt wird auch imaginärer Kugelkreis genannt; vgl. Klein (1928), 133. Auch hier ist wieder
wichtig, dass man im Komplexen arbeitet, reell ist der fragliche Durchschnitt leer.
[31] „Descriptive geometry" ist Cayleys Name für die projektive Geometrie. Gemeint sind also projektive
Konstruktionen, d. h. Schneiden (von Geraden) und Verbinden (von Punkten). Eine andere Bezeichnung
für solche Konstruktionen war „graphisch", was der ursprünglichen Terminologie bei Poncelet entspricht;
vgl. Bonola und Liebmann (1908), passim. Modern gesprochen geht es um Inzidenzbeziehungen.
[32] Lies: Winkel.

auch der Punkte existiert, als Abstand, so wird es möglich, den Abstand zweier Geraden mit dem zweier Punkte zu vergleichen, der Abstand zwischen einem Punkt und einer Geraden kann sowohl als Abstand zweier Punkte als auch als Abstand zweier Geraden dargestellt werden.

228. In der gewöhnlichen sphärischen Geometrie erleidet die allgemeine Theorie keine Abänderungen; das Absolute ist ein wirklicher Kegelschnitt, nämlich der Durchschnitt der Sphäre mit der konzentrischen nullteiligen Kugel.

229. In der gewöhnlichen ebenen Geometrie entartet das Absolute in ein Punktepaar, bzw. in den Durchschnitt der Ferngeraden mit einem beliebigen nullteiligen Kreis – oder, was dasselbe ist, das Absolute besteht aus den beiden imaginären Kreispunkten im Unendlichen. Folglich wird die allgemeine Theorie abgeändert, das heißt, bezüglich der Punkte gibt es keinen Abstand wie den Quadranten und der Abstand zweier Geraden lässt sich in keiner Weise mit demjenigen zweier Punkte vergleichen; der Abstand eines Punktes von einer Geraden kann nur als Abstand zweier Punkte dargestellt werden.

230. Abschließend bemerke ich, dass es *aus meiner Sicht* systematischer gewesen wäre, in der vorliegenden Einführung in die geometrische Seite der Quantics den Begriff des Abstands und die metrische Geometrie ganz außer Betracht zu lassen. Denn tatsächlich besagt die Theorie, dass die metrischen Eigenschaften einer Figur nicht die Eigenschaften dieser *für sich* betrachteten Figur sind, sondern dass dies ihre Eigenschaften bezüglich einer anderen Figur sind, nämlich des Kegelschnitts, der Absolutes genannt wurde. [...] Die metrische Geometrie ist somit ein Teil der deskriptiven Geometrie, die deskriptive Geometrie ist die *gesamte* Geometrie, und umgekehrt. Dies zugestanden gibt es keine Basis für die Einführung des speziellen Themas metrische Geometrie. Da aber die Begriffe Abstand und metrische Geometrie nicht ohne Rechtfertigung in der angedeuteten Weise ignoriert werden konnten, war es notwendig, sich auf sie zu beziehen, um deutlich zu machen, dass sie auf die angegebene Weise in die deskriptive Geometrie eingebettet werden können.

(Cayley 1859, 591–592)

Cayleys Slogan „Metrical geometry is thus a part of descriptive geometry, and descriptive geometry is *all* geometry" wurde sehr populär, wenn es darum ging, ein Primat der projektiven Geometrie zu reklamieren. Bei Cayley heißt es aber weiter: „and reciprocally", was meist stillschweigend übergangen wurde und wird.

Felix Klein (* Düsseldorf 1849, † Göttingen 1925), Studium der Mathematik und Physik bei Plücker in Bonn, 1870 Studienaufenthalt in Paris, Habilitation in Göttingen, 1872 Professor in Erlangen, 1875 in München (TU), 1880 in Leipzig, 1886 in Göttingen. Klein erlangte vor allem in seiner Göttinger Zeit eine außerordentlich einflussreiche Stellung in der deutschen mathematischen Gemeinschaft, was nicht zuletzt an seinen wissenschaftsorganisatorischen Aktivitäten lag. Sein bekanntes „Erlanger Programm" legte er bei seinem Eintritt als neuberufener Professor in die Philosophische Fakultät der Universität Erlangen 1872 vor.

Cayley hat seinen Ansatz nicht weiter verfolgt, dessen systematische Ausarbeitung blieb F. Klein vorbehalten. Klein selbst berichtet an mehreren Stellen seines Werkes von der Entstehungsgeschichte seiner Ideen, wir zitieren hier aus der Einleitung zu den liniengeometrischen Arbeiten im ersten Band seiner gesammelten Werke:

2. Von Ende August 1869 bis Mitte März 1870 bin ich in Berlin gewesen.
[...]
..., von O. Stolz aber erfuhr ich zum ersten Male von nichteuklidischer Geometrie und erfasste damals gleich den Gedanken, dass diese mit Cayleys allgemeiner projektiver Maßbestimmung auf das Engste zusammenhängen müsse. Vorlesungen habe ich in Berlin kaum gehört. Umso eifriger beteiligte ich mich an dem von Kummer und Weierstrass geleiteten mathematischen Seminar, wo ich in der Kummerschen Abteilung zahlreiche Vorträge über Liniengeometrie hielt. Es ist mir heu-

te noch unverständlich, warum sich zu den nahe verwandten Kummerschen Untersuchungen über algebraische Strahlensysteme, so genau ich die Kummerschen Veröffentlichungen studierte, keine lebendige Beziehung entwickelt hat. Bei Weierstrass habe ich in dem Schlussseminar, Mitte März 1870, über Cayleysche Maßbestimmung vorgetragen und geradezu mit der Frage geschlossen, ob hier nicht eine Beziehung zur nichteuklidischen Geometrie vorliege. Weierstrass lehnte dies ab, indem er die Entfernung zweier Punkte als notwendigen Ausgangspunkt für die Grundlegung der Geometrie erklärte und dem entsprechend die Gerade als kürzeste Verbindungslinie definiert wissen wollte.

(Klein 1921, 50f)

Verglichen mit Cayley gibt es bei Klein zwei wesentliche neue Elemente: Zum einen die Berücksichtigung der nichteuklidischen – in Kleinscher Terminologie: hyperbolischen – Geometrie und damit verbunden die Frage nach der Stellung der drei Geometrien zueinander. Zum andern der Einbezug von Transformationen. Anders gesagt sieht Klein den Abstand zweier Punkte nicht isoliert sondern immer auch in Hinblick auf eine Gruppe von Transformationen, den Bewegungen, das sind die Transformationen, die den Abstand festlassen. Systematisch ausarbeiten sollte Klein diesen Aspekt in seinem bekannten „Erlanger Programm", das im Dezember 1872 erschien, also ein Jahr nach den ersten Arbeiten zur nichteuklidischen Geometrie.

Ueber die sogenannte Nicht-Euklidische Geometrie.[*]

Von Felix Klein in Göttingen.

Die nachstehenden Erörterungen beziehen sich auf die sogenannte Nicht-Euklidische Geometrie von Gauss, Lobatschefsky, Bolyai und die verwandten Betrachtungen, welche Riemann und Helmholtz über die Grundlagen unserer geometrischen Vorstellungen angestellt haben. Sie sollen indess nicht etwa die philosophischen Speculationen weiter verfolgen, welche zu den genannten Arbeiten hingeleitet haben, vielmehr ist ihr Zweck, *die mathematischen Resultate dieser Arbeiten, soweit sie sich auf Parallelentheorie beziehen, in einer neuen anschaulichen Weise darzulegen und einem allgemeinen deutlichen Verständnisse zugänglich zu machen.*

Der Weg hierzu führt durch die projectivische Geometrie. Man kann nämlich, nach dem Vorgange von Cayley [**]), eine projectivische Massbestimmung im Raume construiren, welche eine beliebig anzunehmende Fläche 2ten Grades als sogenannte fundamentale Fläche benutzt. Je nach der Art der von ihr benutzten Fläche 2ten Grades ist nun diese Massbestimmung ein Bild für die verschiedenen in den vorgenannten Arbeiten aufgestellten Parallelentheorieen. Aber sie ist nicht nur ein Bild für dieselben, sie deckt geradezu, wie sich zeigen wird, deren inneres Wesen auf.

Ich beginne damit, die in Rede stehenden Parallelentheorieen kurz auseinander zu setzen (§ 1.). Sodann wende ich mich der Cayley'schen Massbestimmung zu, die ich im Zusammenhange entwickele, so zwar, dass fortwährend auf die verschiedenartigen Parallelentheorieen Bezug genommen wird. Ich bin dabei um so lieber in ausführlichere Erörterungen eingegangen, als die bez. Cayley'schen Untersuchungen nicht hinlänglich bekannt geworden zu sein scheinen, dann aber auch

---

[*]) Vergl. eine unter demselben Titel mitgetheilte Note in den Gött. Nachrichten. 1871. Nr. 17.

[**]) Im Sixth Memoir upon Quantics. Phil. Transactions. t. 149. 1859. Vergl. die Fiedler'sche Uebersetzung von Salmon's Kegelschnitten. 2. Aufl. (Leipzig 1866), oder auch Fiedler: Die Elemente der neueren Geometrie und der Algebra der binären Formen (Leipzig 1862).

574 FELIX KLEIN.

bei ihnen der leitende Gesichtspunkt ein anderer ist, als der hier vorliegende. Bei Cayley handelt es sich darum, nachzuweisen, dass die
gewöhnliche (Euklidische) Massgeometrie als ein besonderer Theil der
projectivischen Geometrie aufgefasst werden kann. Zu diesem Zwecke
stellt er die allgemeine projectivische Massbestimmung auf und zeigt
sodann, dass aus ihren Formeln die Formeln der gewöhnlichen Massgeometrie hervorgehen, wenn die fundamentale Fläche in einen bestimmten Kegelschnitt, den unendlich fernen imaginären Kreis, dege-
nerirt. Hier dagegen handelt es sich darum, den *geometrischen Inhalt*
der allgemeinen Cayley'schen Massbestimmung möglichst deutlich
darzulegen und zu erkennen, nicht nur, wie sie durch eine geeignete
Particularisation die Euklidische Massgeometrie ergiebt, sondern wesentlich, dass sie in ganz derselben Beziehung zu den verschiedenen Mass-
geometrieen steht, die sich den genannten Parallelentheorieen an-
schliessen.

Bei diesen Auseinandersetzungen ergeben sich einige neue Betrachtungen. Ich rechne dahin, abgesehen von den Detailausführungen,
namentlich die Art und Weise, wie die Cayley'sche Massbestimmung
durch Betrachtung wiederholter räumlicher Transformationen begründet
wird. Sodann hebe ich noch die Form hervor, unter welcher in § 7.
und § 14. der Begriff des Krümmungsmasses auftritt.

Es ist übrigens die Definition, welche ich für die projectivische
Massbestimmung aufstelle, etwas allgemeiner, als die von Cayley
selbst gegebene. Um die Entfernung zweier Punkte zu bestimmen,
denke ich mir dieselben durch eine gerade Linie verbunden. Dieselbe
schneidet die Fundamentalfläche in 2 weiteren Punkten, welche mit
den beiden gegebenen ein gewisses Doppelverhältniss besitzen. *Den
mit einer willkürlichen, aber fest gewählten Constante c multiplicirten
Logarithmus dieses Doppelverhältnisses bezeichne ich als die Entfernung
der beiden Punkte.* Um den Winkel zweier Ebenen zu bestimmen,
lege ich durch deren Durchschnittslinie die beiden Tangentialebenen
an die Fundamentalfläche. Dieselben bilden mit den beiden gegebenen
Ebenen ein gewisses Doppelverhältniss. *Als Winkel der beiden gegebenen Ebenen bezeichne ich sodann den mit einer anderen willkürlichen, aber fest gewählten Constanten c′ multiplicirten Logarithmus dieses
Doppelverhältnisses.* Die hiermit aufgestellten geometrischen Definitionen stimmen mit den analytischen, von Cayley gegebenen überein,
sobald man noch c und c′ particuläre Werthe ertheilt, nämlich beide
gleich $\frac{\sqrt{-1}}{2}$ setzt.*) Es ist aber für das Folgende wesentlich, die

---

*) Gelegentlich bezeichnet Cayley auch den „Quadranten" als Einheit. Dies
kommt darauf hinaus, c und c′ gleich $\frac{\sqrt{-1}}{\pi}$ zu nehmen.

Constanten c und c' beizubehalten, da z. B. c gerade der in der Nicht-Euklidischen Geometrie vorkommenden charakteristischen Constanten entspricht (vergl. auch § 4.).

(Klein 1871, 573–575)

Nach dieser Einleitung – man beachte die Formulierung „sogenannte" im Titel – mit Überblick zum Inhalt der doch recht langen Arbeit führt Klein die Terminologie ein, die bis heute viel gebraucht wird:

Eine auf diese Vorstellungen gegründete Geometrie würde sich in ganz gleicher Weise neben die gewöhnliche Euklidische Geometrie stellen, wie die soeben erwähnten Geometrien von Gauß, Lobatschewskij,

Bolyai. Während letztere der Geraden 2 unendlich ferne Punkte ertheilt, giebt diese der Geraden überhaupt keine (d. h. 2 imaginäre) unendlich ferne Punkte. Zwischen beiden steht die Euklidische Geometrie als Uebergangsfall; sie legt der Geraden 2 zusammenfallende unendlich ferne Punkte bei.

Einem in der neueren Geometrie gewöhnlichen Sprachgebrauche*) folgend, sollen diese 3 Geometrieen bezüglich als *hyperbolische*, als *elliptische* und als *parabolische* Geometrie im Nachstehenden bezeichnet werden, je nachdem die beiden unendlich fernen Punkte der Geraden reell oder imaginär sind oder zusammenfallen.

Diese dreierlei Geometrieen werden sich nun im Folgenden als besondere Fälle der allgemeinen Cayley'schen Massbestimmung erweisen. Zu der parabolischen (der gewöhnlichen) Geometrie wird man geführt, wenn man die Fundamentalfläche der Cayley'schen Massbestimmung in einen imaginären Kegelschnitt degeneriren lässt. Nimmt man für die Fundamentalfläche eine eigentliche Fläche 2ten Grades, die aber imaginär ist, so erhält man die elliptische Geometrie. Die hyperbolische Geometrie endlich erhält man, wenn man für die Fundamentalfläche eine reelle, aber nicht geradlinige Fläche 2ten Grades nimmt und auf die Punkte in deren Innerem achtet.

*) Man bezeichnet z. B. die Punkte einer Fläche als hyperbolische oder elliptische oder parabolische, je nachdem die Haupttangenten reell oder imaginär sind oder zusammenfallen. Steiner nennt die Involutionen hyperbolisch oder elliptisch oder parabolisch, je nachdem die Doppelelemente reell oder imaginär sind oder zusammenfallen u. s. f.

(Klein 1871, 576f)[33]

---

[33] Ein Punktepaar A, B trennt ein Punktepaar U, V, wenn man von A nach B nur kommt, indem man U oder V passiert. Da in der elliptischen Geometrie die Geraden geschlossen sind, versagt die gewöhnliche Anordnung vermöge der Zwischenrelation.

Interessant ist, wie Klein hier die verschiedenen ebenen Geometrien charakterisiert – nämlich über das Verhalten von parallelen Geraden bezüglich ihres Zusammentreffens: Zwei
Parallelen in der euklidischen Ebene haben projektiv betrachtet genau einen unendlich
fernen Punkt gemeinsam (Fernpunkt), in der hyperbolischen aber zwei. In der elliptischen Geometrie gibt es keine Parallelen, was Klein so ausdrückt: Hier haben die Geraden
projektiv betrachtet überhaupt keine (reellen) Fernpunkte. Das ist die typisch projektive
Sichtweise, die Klein sicherlich in seinem Studium bei Plücker bestens kennengelernt hat.

Das Ergebnis seiner weiteren Untersuchungen fasst Klein im nachfolgenden Abschnitt
zusammen:

§ 5.

Besondere Betrachtung der reellen Elemente des Grundgebildes.

Wir wollen nunmehr betrachten, wie sich die in den vorigen beiden Paragraphen entwickelte Massbestimmung auf den Grundgebilden erster Stufe des Näheren für die reellen Elemente des Gebildes gestaltet. Dabei werden die beiden Fälle zu unterscheiden sein, dass die Fundamentalelemente reell oder dass sie imaginär sind. Der bestimmteren Vorstellung wegen wollen wir dabei insbesondere die Massbestimmung auf der geraden Punktreihe ins Auge fassen; für das Strahlbüschel gelten selbstverständlich die nämlichen Dinge.

Es mögen *erstens* auf der Geraden zwei reelle Fundamentalpunkte o, o' gegeben sein.

Sind dann x und y reelle Punkte der Geraden, so haben x, y zu o, o' ein negatives oder positives Doppelverhältniss, je nachdem die Strecke xy von der Strecke oo' getrennt wird oder nicht. Im ersten Falle ist also der Logarithmus des Doppelverhältnisses rein imaginär, im zweiten (bis auf imaginäre Perioden) reell. Stellen wir also die Forderung, dass die Entfernung zweier aufeinander folgender Punkte der Geraden reell sei, so müssen wir die den Logarithmus multiplicirende Constante c ebenfalls reell nehmen. Dann gilt der Satz:

Die Entfernung zweier Punkte x, y *ist eine imaginäre oder eine reelle Grösse, je nachdem die Strecke* xy *von der Strecke* oo' *getrennt wird oder nicht.*

Man könnte natürlich c (wie dies bei Cayley geschieht) einen rein imaginären Werth beilegen; dann würden sich in dem vorstehenden Satze die Worte reell und imaginär vertauschen. Von vornherein ist dies gerade so zulässig, wie die andere Annahme. Nur würde dadurch die Massbestimmung einen ganz anderen Charakter für reelle Punkte bekommen, als die von uns gewöhnlich angewandte ist. Wollten wir z. B. eine Scala solcher Punkte construiren, 1, 2, 3 ..., die jedesmal um die Einheit der Entfernung von einander abstehen, so würde 2 von 1 und 3 durch oo' getrennt sein und die Entfernung $\overline{13}$ nur insofern gleich zwei Einheiten sein, als man von 1 zuerst zu 2, von 2 sodann zu 3 geht, während $\overline{13}$ unmittelbar gemessen einen imaginären Werth ergiebt u. s. f. Desshalb soll die Annahme eines imaginären c hier ausgeschlossen sein.

Bei reellem c haben wir zunächst den eben angegebenen Satz. Wir werden uns dementsprechend auf die Betrachtung der einen der beiden Strecken beschränken, in welche die Gerade durch die beiden Fundamentalpunkte zerlegt wird. Jede dieser beiden Strecken ist unendlich-lang, insofern ihre beiden Gränzpunkte, die Fundamentalpunkte, von allen anderen Punkten unendlich fern sind.

Man stelle sich nun vor, dass man in einen Punkt der Strecke $o\,o'$, die wir gerade betrachten, gesetzt wäre und dass man sich nicht anders auf der Geraden fortbewegen könne, als vermöge solcher linearer Transformationen, welche die Punkte o, o' und also die Massbestimmung ungeändert lassen. Wir wollen dann auch von einer Geschwindigkeit der Bewegung sprechen, indem wir darunter das Verhältniss des durchlaufenen Raumes (gemessen in unserer Massbestimmung) zu der gebrauchten Zeit verstehen. Wenn man sich dann mit constanter Geschwindigkeit in dem einen oder dem anderen Sinne auf der Geraden bewegt, so wird man sich dem Punkte o oder o' beständig nähern, man wird ihn aber, da er unendlich fern ist, nie erreichen. *In die zweite Strecke $o'o$ aber, auf der man sich gerade nicht befindet, wird man nie gelangen, sodass man sich von ihrem Vorhandensein nicht wird überzeugen können.*

Dies ist nun gerade diejenige Vorstellung, welche man sich in der *hyperbolischen* Geometrie von dem Messen auf der geraden Linie bildet. Die hyperbolische Geometrie ertheilt der Geraden zwei unendlich ferne Punkte. Ob jenseits der beiden unendlich fernen Punkte noch ein Stück der Geraden existirt, welches das im Endlichen gelegene Stück zu einer geschlossenen Curve ergänzt, ist nicht zu sagen, da uns unsere Bewegungen nie an die unendlich fernen Punkte hinan, geschweige denn über dieselben hinausführen. Jedenfalls wird man aber ein solches Stück als ein gedachtes, ideales der geraden Linie hinzufügen können.

Wir wollen nun *zweitens* annehmen, die beiden der Massbestimmung auf der Geraden zu Grunde zu legenden Fundamentalpunkte seien (conjugirt) imaginär. Dann ist das Doppelverhältniss der beiden Fundamentalpunkte zu zwei beliebigen reellen Punkten x, y negativ, der Logarithmus also rein imaginär. Wir müssen also c einen rein imaginären Werth $c_1 i$ ertheilen, damit die Entfernung reeller Punkte reell sein kann. Dann aber ist zugleich die gegenseitige Entfernung aller reeller Punkte reell. Unendlich ferne reelle Punkte giebt es nicht. Die Linie kehrt wie eine geschlossene Curve in sich zurück. Die reelle Entfernung zweier Punkte ist nicht vollständig bestimmt, sondern nur bis auf Multipla einer reellen Periode, welche die Gesammtlänge der Geraden vorstellt. Dieselbe beträgt $2\,i\pi c = -\,2\,\pi c_1$. Die Massbestimmung auf der Geraden ist dann ganz so, wie die gewöhnliche Massbestimmung auf einem Kreise mit dem Radius c_1.

(Klein 1871, 588f)

Die detaillierte Verbindung zu Cayley stellen die nachfolgenden Zeilen her:

§ 4.

Uebergang zu complexen Elementen.   Verallgemeinerung der Coordinatenbestimmung.

Wir haben bei der Construction der Scala und also bei der Definition des Massunterschiedes zweier Elemente seither nur reelle Elemente des Grundgebildes betrachtet.   Nun wir aber den analytischen Ausdruck für den Massunterschied zweier Elemente gewonnen haben:

$$c \log \frac{z}{z'},$$

so können wir auch unmittelbar von einem Massunterschiede zweier complexen Elemente des Grundgebildes sprechen.   Dabei tritt dann in Allgemeinheit eine Erscheinung auf, die wir beim Winkel kennen und die, wie im nächsten Paragraphen weiter erörtert werden soll, bei reellen Elementen immer dann in Evidenz tritt, wenn die Fundamentalelemente imaginär sind.   Es ist dies, *dass der Massunterschied zweier Elemente keine eindeutig bestimmte, vielmehr eine unendlich vielwerthige Function mit einem Periodicitätsmodul ist.*

Dieser Periodicitätsmodul beträgt, da die Function des Logarithmus die Periode $2\pi i$ hat, $2 c\pi i$.

Da ferner der Logarithmus unendlich gross wird, wenn sein Argument 0 oder ∞ beträgt, so sind offenbar solche Elemente unendlich weit von einander entfernt, für welche $\frac{z}{z'} = 0$ oder $= \infty$ wird.   Dies tritt dann und nur dann ein, wenn eines der beiden Elemente mit einem der beiden Fundamentalelemente ($z = 0$, $z = \infty$) zusammenfällt.   Also:

Bei unserer Massbestimmung erhält das Grundgebilde zwei (reelle oder imaginäre) unendlich ferne Elemente: die beiden Fundamentalelemente.

Die Entfernung dieser Elemente von einem beliebigen anderen ist in derselben Weise unendlich gross, wie log 0 oder log ∞.

Die beiden Fundamentalelemente sind logarithmisch unendlich weit.

Wir mögen nun auch die beschränkende Annahme fallen lassen, welche wir seither hinsichtlich der Coordinatenbestimmung gemacht hatten. Die beiden Fundamentalelemente mögen nicht mehr mit den Grundelementen der Coordinatenbestimmung zusammenfallen, sondern sollen durch eine allgemeine Gleichung 2ten Grades gegeben sein:

$$\Omega = a z^2 + 2 b z + c = 0,$$

oder, homogen geschrieben:

$$a x_1{}^2 + 2 b x_1 x_2 + c x_2{}^2 = 0.$$

Um den Massunterschied zweier Elemente mit den homogenen Coordinaten x_1, x_2 und y_1, y_2 anzugeben, hat man nur das Doppelverhältniss derselben zu den beiden Elementen $\Omega = 0$ zu bilden. Dieses letztere wird aber nach bekannten Regeln:

$$= \frac{\Omega_{xy} + \sqrt{\Omega_{xy}^2 - \Omega_{xx}\,\Omega_{yy}}}{\Omega_{xy} - \sqrt{\Omega_{xy}^2 - \Omega_{xx}\,\Omega_{yy}}},$$

wo Ω_{xx}, Ω_{yy}, Ω_{xy} die folgenden Ausdrücke bedeuten. Es ist Ω_{xx}, Ω_{yy} dasjenige, was aus Ω entsteht, wenn man statt der Variabeln bez. x_1, x_2 und y_1, y_2 einsetzt, also:

$$\Omega_{xx} = a x_1{}^2 + 2 b x_1 x_2 + c x_2{}^2, \qquad \Omega_{yy} = a y_1{}^2 + 2 b y_1 y_2 + c y_2{}^2.$$

Sodann Ω_{xy} bedeutet den Ausdruck:

$$\Omega_{xy} = a x_1 y_1 + b (x_1 y_2 + x_2 y_1) + c x_2 y_2.$$

Bei Anwendung dieser Bezeichnung wird jetzt der Massunterschied zweier Elemente gleich:

$$c \cdot \log \frac{\Omega_{xy} + \sqrt{\Omega_{xy}^2 - \Omega_{xx}\,\Omega_{yy}}}{\Omega_{xy} - \sqrt{\Omega_{xy}^2 - \Omega_{xx}\,\Omega_{yy}}}$$

und dies ist der allgemeine analytische Ausdruck für den Massunterschied.

Gelegentlich werden wir statt des Logarithmus einen Arcus Cosinus einführen. Es ist bekanntlich:

$$c \log a = 2 i c \cdot \operatorname{arc\,cos} \frac{a+1}{2\sqrt{a}}.$$

Also auch unser Massunterschied:

$$= 2 i c \cdot \operatorname{arc\,cos} \frac{\Omega_{xy}}{\sqrt{\Omega_{xx} \cdot \Omega_{yy}}}.$$

Dies ist diejenige Form des analytischen Ausdrucks, welche bei Cayley vorkommt; Cayley hat nur, wie bereits erwähnt, der Constanten c den particulären Werth $-\frac{i}{2}$ beigelegt, sodass bei ihm der Massunterschied geradezu gleich wird dem betreffenden Arcus Cosinus.

(Klein 1871, 586f)[34]

---

[34] Ω ist somit eine Quadrik in der zweidimensionalen komplexen Ebene.

In einer Art Fazit bringt Klein am Ende seiner Arbeit die unterschiedlichen Geometrien in einen Zusammenhang:

§ 18.

Ableitung der dreierlei Geometrieen: der elliptischen, hyperbolischen und parabolischen aus der projectivischen.

Hat man, wie vorstehend auseinandergesetzt, die projectivische Geometrie begründet, so wird man die allgemeine Cayley'sche Massbestimmung aufstellen können. Dieselbe bleibt durch sechsfach unendlich viele lineare Transformationen, die wir als Bewegungen des Raumes bezeichneten, ungeändert, und kann sie als geradezu durch den Cyclus dieser linearen Transformationen erzeugt angesehen werden (§§ 2., 3.).

Nunmehr wende man sich der Betrachtung der thatsächlichen Bewegungen im Raume und der durch sie begründeten Massbestimmung zu. Man übersieht, dass die sechsfach unendlich vielen Bewegungen ebenso viele lineare Transformationen sind. Dieselben lassen überdies eine Fläche, die Fläche der unendlich fernen Punkte, ungeändert Es giebt aber, wie sich leicht beweisen lässt, keine anderen Flächen, welche durch sechsfach unendlich viele lineare Transformationen in sich übergehen, als die Flächen zweiten Grades und ihre Ausartungen. Die unendlich fernen Punkte bilden also eine Fläche zweiten Grades, und die Bewegungen des Raumes subsumiren sich unter die vorgenannten sechsfach unendlichen Cyclen linearer Transformationen, welche eine Fläche zweiten Grades ungeändert lassen. Desshalb subsumirt sich auch die durch die Bewegungen gegebene (thatsächliche) Massbestimmung unter die allgemeine projectivische. Während letztere sich auf eine beliebig anzunehmende Fläche zweiten Grades bezieht, ist diese Fläche bei ersterer ein für allemal gegeben.

Die Art dieser der thatsächlichen Massbestimmung zu Grunde liegenden Fläche zweiten Grades kann nun noch näher bestimmt werden. Man beachte, dass eine Ebene durch fortgesetzte Drehung um eine beliebig in ihr im Endlichen gelegene Axe in die Anfangslage zurückkommt. Es sagt dies aus, dass die beiden Tangentialebenen, welche man durch eine im Endlichen gelegene Gerade an die Fundamentalfläche legen kann, imaginär sind. Denn wären sie reell, so fänden sich in dem betreffenden Ebenenbüschel zwei reelle unendlich ferne Ebenen (d. h. Ebenen, welche mit allen anderen einen unendlich grossen Winkel bilden) und dann könnte keine in einem Sinne fortgesetzte Rotation eine Ebene des Büschels in die Anfangslage zurückführen.

Damit nun diese beiden Ebenen imaginär sind, oder, was dasselbe ist, damit der Tangentenkegel der Fundamentalfläche, der von einem beliebigen Punkte des (uns durch die Bewegungen zugänglichen) Raumes ausgeht, imaginär sei, sind drei und nur drei Fälle denkbar:

1. *Die Fundamentalfläche ist imaginär.* Dies ergiebt die elliptische Geometrie.

2. *Die Fundamentalfläche ist reell, nicht geradlinig und umschliesst uns.* Die Annahme der hyperbolischen Geometrie.

3. (Uebergangsfall.) *Die Fundamentalfläche ist in eine imaginäre ebene Curve ausgeartet.* Die Voraussetzung der gewöhnlichen parabolischen Geometrie.

So sind wir denn gerade zu den dreierlei Geometrieen hingeleitet, welche man, wie in § 1. berichtet, von ganz anderen Betrachtungen ausgehend, aufgestellt hat.

Düsseldorf, 19. August 1871.

(Klein 1871, 624f)

Klein sah sich veranlasst, die Ausführungen seines ersten großen Aufsatzes in einem zweiten Teil[35] zu ergänzen, wohl nicht zuletzt wegen des Unverständnisses, auf die diese gestoßen waren. Ein Punkt, der dabei eine Rolle spielte, war der Vorwurf der Zirkularität: Wenn die projektive Geometrie ihrerseits die Euklidische voraussetzt, dann macht es keinen Sinn, die Euklidische und andere Geometrien in der projektiven Geometrie zu begründen. Dagegen macht Klein das Programm von von Staudt geltend, der eine autonome Begründung der projektiven Geometrie vorgelegt habe.[36] In der Einleitung zu diesem zweiten Teil schreibt Klein:

---

[35] Dieser erschien erst 1873, wurde aber schon im Juni 1872 fertiggestellt, wie man der Datierung am Ende des Aufsatzes entnehmen kann. Der Aufsatz wurde also insbesondere noch vor dem Erlanger Programm (Klein 1872) geschrieben, da das Erlangen Programm auf Oktober 1872 datiert ist. Allerdings hat Klein einen Hinweis auf sein Programm in der Druckfassung des Aufsatzes eingefügt, vgl. Klein (1873), 121 n. **.

[36] Bei von Staudt noch mit kleinen Unvollkommenheiten behaftet.

Ueber die sogenannte Nicht-Euklidische Geometrie.

(Zweiter Aufsatz.)

Von Felix Klein in Erlangen.

Die nachstehenden Auseinandersetzungen schliessen sich an einen früheren Aufsatz über denselben Gegenstand (diese Annalen IV, 4) an und sind bestimmt, einige dort nur angedeutete Punkte weiter auszuführen. Es galt mir damals hauptsächlich, in möglichst anschaulicher Weise darzulegen, wie Cayley's projectivische Massbestimmung in Ebene und Raum ein äquivalentes Bild für die Lehren der Nicht-Euklidischen Geometrie ergiebt. Ich durfte hoffen, letztere dadurch einem allgemeinen Verständnisse zugänglicher gemacht, gleichzeitig aber auch Ausgangspunkte für weitere Untersuchungen gewonnen zu haben. In letzterem Betracht hatte ich nur angedeutet, wie die vorgetragenen geometrischen Ueberlegungen für Mannigfaltigkeiten von beliebig vielen Dimensionen zu verwerthen seien. Ich hatte ferner die Ansicht entwickelt, dass man in ähnlicher Weise, wie v. Staudt, die projectivische Geometrie aufbauen könne, auch ohne über das Parallelenaxiom etwas festzusetzen. Es sind hauptsächlich diese beiden Punkte, welche im Folgenden im Sinne des damaligen Aufsatzes, aber in der fortentwickelten Form, die sie inzwischen bei mir gewonnen haben, dargelegt werden sollen. Wenn ich dabei oft weiter aushole und gelegentlich vielleicht etwas weitläufig wäre, so trieb mich dazu der Wunsch, möglichst verständlich zu schreiben und dadurch von vornherein Zweifel an der Richtigkeit der Betrachtung zu beseitigen, welche sich bei so abstracten Gegenständen nur zu leicht aufdrängen. Zugleich mögen denn dadurch die Bedenken entfernt werden, welche mir von verschiedenen Seiten her hinsichtlich meiner früheren Arbeit geäussert worden sind.

Die nachstehenden Untersuchungen sind wie die damaligen rein mathematischen Inhaltes. Es bleiben ihnen also durchaus die Fragen fern, welche Vortheile aus den bezüglichen mathematischen Resultaten für die Raumanschauung oder überhaupt die Naturerkenntniss gewonnen werden können. Aber es ist vielleicht nicht überflüssig, nach dieser Seite hin den Gegenstand hier zu präcisiren, da nur zu vielfach diese mathematischen Betrachtungen mit eventuellen Anwendungen derselben untermischt und verwechselt werden.

Die Untersuchungen der Nicht-Euklidischen Geometrie haben durchaus nicht den Zweck, über die Gültigkeit des Parallelenaxioms zu entscheiden, sondern es handelt sich in denselben nur um die Frage: *ob das Parallelenaxiom eine mathematische Folge der übrigen bei Euklid aufgeführten Axiome ist;* eine Frage, die durch die fraglichen Untersuchungen definitiv mit *Nein* beantwortet wird. Denn sie haben ergeben, dass man ein in sich consequentes Lehrgebäude auf Grund allein der übrigen Axiome aufbauen kann, welches das Lehrgebäude der Euklidischen Geometrie nur als einen speciellen Fall umfasst.

(Klein 1873, 112f)

Ähnlich wie bei Beltrami steht auch bei Klein der Wunsch im Vordergrund, die nichteuklidische Geometrie in einer „anschaulichen Weise dazulegen" und sie so einem „allgemeinen deutlichen Verständnis zugänglicher" zu machen; der logische Gesichtspunkt spielt keine Rolle – die nichteuklidische Geometrie wird von vorne herein als widerspruchsfrei anerkannt. Darüber hinaus distanziert sich Klein deutlich von den philosophischen Spekulationen um die neue Geometrie – bei Beltrami fehlt eine derartige Distanzierung fast völlig.[37]

In systematischer Hinsicht geht Klein deutlich über Cayley hinaus, indem er erstens die nichteuklidische (gleich hyperbolische) Geometrie im engeren Sinne mit einbezieht und sie zweitens in einen Zusammenhang mit den anderen Geometrien bringt (was, wie oben nachzulesen, bei Cayley nur für den euklidischen und den elliptischen Fall gewissermaßen nebenbei geschah). Diese systematische Tendenz drückt sich schon in der von Klein eingeführten Terminologie aus: elliptisch – parabolisch – hyperbolisch ist eine klassische Triade, die schon in der antiken Mathematik zu finden ist.[38] Mehr noch: Der parabolische Fall wird so als Übergang zwischen den beiden anderen Fällen in natürlicher Weise vorgestellt. Diese systematische Sicht wird möglich, weil Klein den Kegelschnitt als Absolutes genauer untersucht. Anders als Cayley unterscheidet er den nicht-entarteten Kegelschnitt[39], der keine reellen Punkte[40] enthält, von demjenigen, der nur reelle Punkte[41] enthält. Der Fall der Entartung in ein konjugiert-komplexes Punktepaar – paradigmatisch

---

[37] Er klingt ein wenig an in Beltramis Bemerkung, er möchte seine Übersetzung von Riemann nicht veröffentlichen, weil er die Kritik „derjenigen, die die Terminologie der Philosophen besser kennen" fürchte (Brief an Houël vom 18.11.1868); vgl. Kap. 3 oben.

[38] Z. B. im Kontext der Flächenanlegung.

[39] Projektiv gesehen gibt es nur eine Art von reellen nicht-entarteten Kegelschnitten, komplex gesehen zwei.

[40] Klein spricht auch von „imaginärem" Kegelschnitt, (später) auch nullteilige Fläche oder Nullkurve genannt. Gemeint ist, dass mindestens eine Koordinate der Punkte, die die Gleichung des Kegelschnitts erfüllen, nicht reell ist. Zu beachten ist dabei, dass $(0, 0, 0)$ nicht zugelassen ist, da wir es mit homogenen Koordinaten zu tun haben. Typisches Beispiel: $x_1^2 + x_2^2 + x_3^2 = 0$.

[41] Klein spricht von „reellem" Kegelschnitt, (später) auch Oval oder Eikurve genannt.

hierfür sind die imaginären Kreispunkte – kommt bei ihm auch vor; andere Entartungsfälle werden angedeutet.[42]

Schließlich ist die Einführung des Doppelverhältnisses durch Klein ein Fortschritt, insofern damit eine „typisch" projektive Begriffsbildung ins Spiel gebracht wird, die die etwas mysteriösen Arcussinus- und Arcuscosinusfunktionen bei Cayley ersetzt. Da bekannt war, dass das Doppelverhältnis eine Invariante unter Projektivitäten (Kollineationen) ist, ergab sich sofort ein Zugang zur Sichtweise der Invariantentheorie und zur Gruppentheorie, also der Sichtweise, die Klein im „Erlanger Programm" darlegen sollte. Um diese Abbildungen an das Modell anzupassen, darf man natürlich nur solche Projektivitäten betrachten, die das Absolute auf sich abbilden. Die stets vorhandene Konstante, mit der das Doppelverhältnis zu multiplizieren ist, wird so festgelegt, dass der Abstand zweier reeller Punkte stets reell wird – ist das Doppelverhältnis selbst rein imaginär, wie das bei der elliptischen Geometrie der Fall ist, so wird die Konstante auch als rein imaginäre Zahl genommen, so dass das Produkt beider reell wird.

A. Cayley griff die Ideen Kleins in einer Arbeit auf, die nur ein Jahr später in den „Mathematischen Annalen" erschien, was ihr den Charakter einer Ergänzung zu Kleins Abhandlung verleiht.

Über die nichteuklidische Geometrie
Von A. Cayley, Cambridge

Man kann die Theorie der nichteuklidischen Geometrie, wie sie in der Abhandlung von Dr. Klein „Über die Nicht-Euclidische Geometrie" formuliert wurde, näher erläutern, indem man zeigt, wie wir in einem derartigen System tatsächlich Strecken und Winkel messen und indem wir die Trigonometrie eines derartigen Systems entwickeln. Ich beschränke mich auf den „hyperbolischen" Fall der ebenen Geometrie; das bedeutet, dass das Absolute im vorliegenden Fall ein reeller Kegelschnitt ist, den ich der Einfachheit halber als Kreis[43] voraussetze und dass ich nur die Punkte *in seinem Innern* betrachte.

---

[42] Insgesamt gibt es – nach moderner Auffassung – neun Cayley-Klein Geometrien; vgl. Struve und Struve (2004).
[43] Im Folgenden wird der Einheitskreis verwendet.

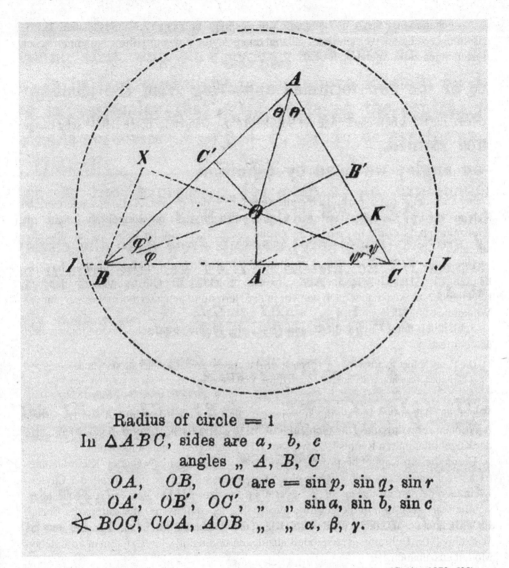

(Cayley 1872, 630)

Da wir uns im Einheitskreis befinden, lässt sich der Abstand eines beliebigen Punktes im Kreisinnern – z. B. B – zum Kreismittelpunkt O stets durch den Sinus eines spitzen Winkels ausdrücken. Im Beispiel errichte man in B die Senkrechte auf OB und nenne einen der entstehenden Schnittpunkte mit dem Kreis S. Bezeichnet man mit Cayley den Winkel OSB mit q, so ergibt sich aus dem rechtwinkligen Dreieck OSB die Beziehung $OB = \sin q$, weil die Länge von dessen Hypotenuse gleich 1 ist. Analoge Ausdrücke findet man für OA', OB' und OC'. Dabei ist zu beachten, dass hier nicht a, b und c als Argumente der Sinusfunktion auftreten, wie das im Original (siehe oben) zu sein scheint. Wir bezeichnen die fraglichen Winkel mit a', b' und c'.

Ausgehend von der Kleinschen Definition des hyperbolischen Abstands als halben Logarithmus des Doppelverhältnisses gelangt dann Cayley i. w. mit Hilfe trigonometrischer Beziehungen zu Formeln wie:

$$\sinh \overline{a} = \frac{a \cos a'}{\cos q \cdot \cos r'}$$

wobei $\overline{a}$ die hyperbolische Länge der Strecke BC ist, während a deren Euklidische Länge ist.

$$\sin \overline{A} = \frac{\cos p \cdot \sin A}{\cos b' \cdot \cos c'}.$$

Dabei bedeutet $\overline{A}$ die hyperbolisch gemessene Größe des Winkels A. Insbesondere ergibt sich aus Cayleys Formeln, dass $\overline{O} = O$ gilt, das heißt, dass für Winkel mit Scheitel im Kreismittelpunkt O die hyperbolische Größe des Winkels mit der Euklidischen übereinstimmt.[44]

Der große Vorteil von Cayleys Formeln liegt darin, dass in sie nur Euklidische Größen eingehen. Der Umweg über die komplexe projektive Ebene ist gewissermaßen verschwunden – er steckt aber nach wie vor in der Herleitung gewisser Formeln (z. B. für die Winkelmessung) drin.

Schließlich leitet Cayley die Grundformeln für die hyperbolische Trigonometrie her; er stellt fest:

> Die Formeln [der hyperbolischen Trigonometrie] erweisen sich tatsächlich als ähnlich denen der sphärischen Trigonometrie, nur dass man $\cosh \overline{a}$, $\sinh \overline{b}$ etc. anstatt von $\cos a$, $\sin a$ etc. hat.
>
> (Cayley 1872, 634)

Wegen der bekannten Beziehungen zwischen den trigonometrischen und den Hyperbelfunktionen zeigt dies, dass die nichteuklidische (hyperbolische) Geometrie die Geometrie der Kugel imaginären Radius ist – wie von J. H. Lambert erstmals angedeutet.[45]

Die in diesem Kapitel besprochenen Modelle werden heute als Cayley-Klein-Geometrien bezeichnet; da es mehr als nur einen Entartungsfall gibt, ist die Anzahl der Cayley-Klein-Geometrien größer als drei.[46] Vorteilhaft an diesen Modellen war, dass sie übersichtlich sind: Sie liefern die gesamte hyperbolische, euklidische oder elliptische Ebene. Im Übrigen ist es möglich, aus den von Klein angegebenen Formeln das Längen- und das Winkelmaß für Beltramis Kreismodell abzuleiten und damit dieses zu einem kompletten Modell auszubauen.[47]

Historisch wichtig war, dass W. K. Clifford sehr schnell – nämlich schon 1873 – die Ideen von Klein und Cayley aufgriff und mit diesen interessante Resultate zur elliptischen Geometrie erzielte.[48]

---

[44] Analog sieht man, dass aus Cayleys Formel für die Streckenlänge folgt, dass hyperbolische Streckenlängen in der Nähe des Kreismittelpunktes O mit guter Näherung mit den Euklidischen übereinstimmen. Das sagt Cayley allerdings nicht. Wie man sich diese Beobachtung systematisch zu Nutzen machen kann, möge man bei Baldus und Löbell (1964) nachlesen.

[45] Vgl. Stäckel und Engel (1895), 137–208 insbesondere 203 sowie Peters (1961/62).

[46] Eine Geschichte derselben bietet Struve und Struve (2004).

[47] Wie man bei Rosenfeld (1988), 237 nachlesen kann.

[48] Hier sind vor allem die Cliffordschen Parallelen und die Cliffordschen Schiebungen zu nennen; vgl. Kap. 5. Vgl. Volkert (2013b).

Endnoten

[i]Bei Poncelet hing die Einführung komplexer Zahlen u. a. mit seinem berühmten aber heftig umstrittenen „Kontinuitätsprinzip" zusammen. Ein ganz einfaches Beispiel möge dies erläutern: Haben zwei Kreise in der Ebene zwei Schnittpunkte, so heißt dies analytisch ausgedrückt, dass das Gleichungssystem, welches aus den beiden Kreisgleichungen besteht, zwei reelle Lösungen besitzt. Berühren sich die beiden Kreise, so ergibt sich eine reelle Doppellösung. Liegen die Kreise disjunkt, so sollten sie gemäß dem Ponceletschen Prinzip immer noch zwei Punkte gemeinsam haben (die offenkundig nicht mehr reell sind). Algebraisch gesehen ist des Rätsels Lösung einfach: Man nimmt komplexe Lösungen der fraglichen Gleichungen hinzu. Da Poncelet aber analytische Betrachtungen in der Regel ablehnte, heißen die fraglichen Schnittpunkte bei ihm „ideal" oder auch „imaginär" – eine direkte Erklärung mit Hilfe komplexer Zahlen findet bei ihm nicht statt.

[ii]In etwas modernisierte Sprache lässt sich Cayleys Vorgehen folgendermaßen beschreiben: Auf einer projektiven Geraden nehme man zwei Punkte A' und A''; diese werden das Absolute genannt. (Im weiteren Verlauf werden die Punkte des Absoluten gerade die Schnittpunkte eines Kegelschnitts mit einer Geraden werden.) Nimmt man nun zwei weitere Punkte B und B' hinzu, so legen diese vier Punkte genau eine hyperbolische Involution – eine selbstinverse Projektivität – der Geraden fest. Eine derartige Involution besitzt zwei Fixpunkte – Doppelpunkte – F und F'. Dann bilden die Punkte B, B', F, F' ein harmonisches Punktequadrupel, ihr Doppelverhältnis ist also -1. Nennt man nun F (willkürlich) Mittelpunkt, so kann man aufgrund des Doppelverhältnisses sagen, dass B und B' von F den gleichen Abstand haben, also einen (eindimensionalen) Kreis um F bilden. Diese Konstruktion wird anschließend fortgeführt, indem man einen der Punkte auf dem Kreis als neuen Mittelpunkt wählt. Vgl. hierzu Blaschke (1954), 78–84.

Kapitel 5
Sphärische und elliptische Geometrie

Die Geschichte der sphärischen Geometrie reicht bis in die Antike zurück. Diese Geometrie, die „Sphärik", wurde aber bezeichnender Weise lange Zeit nicht als eine Alternative zur euklidischen Geometrie gesehen, sondern als eine Teildisziplin der gewöhnlichen räumlichen Geometrie.

Der Übergang von der zweidimensionalen sphärischen Geometrie zur dreidimensionalen geschah erst im 19. Jh. Ein zentraler Text hierfür war Riemanns Habilitationsvortrag von 1854.[1] Dort führte Riemann aus, dass man zwischen unendlichen und unbegrenzten Räumen unterscheiden müsse und kam auf einen unbegrenzten aber nicht unendlichen Raum zu sprechen:

---

[1] Vgl. Kap. 2 für weitere Informationen zu diesem.

K. Volkert, *Das Undenkbare denken*, Mathematik im Kontext, DOI 10.1007/978-3-642-37722-8_5,

Im Laufe der bisherigen Betrachtungen wurden zunächst die Ausdehnungs- oder Gebietsverhältnisse von den Massverhältnissen gesondert, und gefunden, dass bei denselben Ausdehnungsverhältnissen verschiedene Massverhältnisse denkbar sind; es wurden dann die Systeme einfacher Massbestimmungen aufgesucht, durch welche die Massverhältnisse des Raumes völlig bestimmt sind und von welchen alle Sätze über dieselben eine nothwendige Folge sind; es bleibt nun die Frage zu erörtern, wie, in welchem Grade und in welchem Umfange diese Voraussetzungen durch die Erfahrung verbürgt werden. In dieser Beziehung findet zwischen den blossen Ausdehnungsverhältnissen und den Massverhältnissen eine wesentliche Verschiedenheit statt, insofern bei erstern, wo die möglichen Fälle eine discrete Mannigfaltigkeit bilden, die Aussagen der Erfahrung zwar nie völlig gewiss, aber nicht ungenau sind, während bei letztern, wo die möglichen Fälle eine stetige Mannigfaltigkeit bilden, jede Bestimmung aus der Erfahrung immer ungenau bleibt — es mag die Wahrscheinlichkeit, dass sie nahe richtig ist, noch so gross sein. Dieser Umstand wird wichtig bei der Ausdehnung dieser empirischen Bestimmungen über die Grenzen der Beobachtung in's Unmessbargrosse und Unmessbarkleine; denn die letztern können offenbar jenseits der Grenzen der Beobachtung immer ungenauer werden, die ersteren aber nicht.

Bei der Ausdehnung der Raumconstructionen in's Unmessbargrosse ist Unbegrenztheit und Unendlichkeit zu scheiden; jene gehört zu den Ausdehnungsverhältnissen, diese zu den Massverhältnissen. Dass der Raum eine unbegrenzte dreifach ausgedehnte Mannigfaltigkeit sei, ist eine Voraussetzung, welche bei jeder Auffassung der Aussenwelt angewandt wird, nach welcher in jedem Augenblicke das Gebiet der wirklichen Wahrnehmungen ergänzt und die möglichen Orte eines gesuchten Gegenstandes construirt werden und welche sich bei diesen Anwendungen fortwährend bestätigt. Die Unbegrenztheit des Raumes besitzt daher eine grössere empirische Gewissheit, als irgend eine äussere Erfahrung. Hieraus folgt aber die Unendlichkeit keineswegs; vielmehr würde der Raum, wenn man Unabhängigkeit der Körper vom Ort voraussetzt, ihm also ein constantes Krümmungsmass zuschreibt, nothwendig endlich sein, so bald dieses Krümmungsmass einen noch so kleinen positiven Werth hätte. Man würde, wenn man die in einem Flächenelement liegenden Anfangsrichtungen zu kürzesten Linien verlängert, eine unbegrenzte Fläche mit constantem positiven Krümmungsmass, also eine Fläche erhalten, welche in einer ebenen dreifach ausgedehnten Mannigfaltigkeit die Gestalt einer Kugelfläche annehmen würde und welche folglich endlich ist.

(Riemann 1867, 147–148)

Vermutlich aufgrund dieser Passage wurde die dreidimensionale Sphäre[2] oft die Riemannsche Raumform (auch Riemannscher Raum oder dergleichen) genannt. Eine erhebliche
Schwierigkeit und Ursache vieler Verwechselungen war deren Abgrenzung zum elliptischen Raum, der – modern formuliert – aus der dreidimensionalen Sphäre entsteht,
indem man Diametralpunkte identifiziert. Analog erhält man die elliptische Ebene aus
der gewöhnlichen (zweidimensionalen) Sphäre durch Diametralpunktidentifikation. Einen
frühen Hinweis auf diese Idee, wenn auch anders formuliert, trafen wir bei Cayley in
seinem „Sixth memoir on quantics" (1859) an, wo er davon spricht, die Punkte der sphärischen[3] Geometrie seien Paare von Diametralpunkten. Von Anfang an war klar, dass sich
die elliptische Geometrie von der euklidischen Geometrie nicht nur in der Parallelenfrage
unterscheidet – es gibt hier gar keine nichtschneidenden koplanare Geraden[4] – sondern
auch hinsichtlich der Tatsache, dass ihre Geraden nur eine endliche (feste) Länge besitzen
und geschlossen sind. Das wiederum kannte man aus der sphärischen Geometrie. Physikalisch gedacht würde das heißen, dass man seinen eigenen Hinterkopf sehen könnte,
was reichlich absurd erscheint. Allerdings tritt das Phänomen sicher nicht ein, wenn die
Länge der Geraden so groß ist, dass beispielsweise noch kein Lichtstrahl es geschafft hat,
während der Zeit, die das Universum schon existiert, wieder zu seinem Anfang zurückzukehren. Solche Fragen spielten von Anfang an eine gewisse Rolle bei der Diskussion
um die elliptische Geometrie. Man beachte, dass es bei Riemann darum ging, heraus zu
finden, welche „Voraussetzungen durch die Erfahrung verbürgt werden" – dass also auch
bei ihm die Geometrie in engen Zusammenhang mit der Empirie gesehen wird[5].

Anders als bei der hyperbolischen Geometrie, die gewissermaßen immer allein da-
stand, war bei der elliptischen Geometrie eine wichtige Frage die nach der Abgrenzung
gegenüber der sphärischen und der projektiven Geometrie. Allerdings unterscheidet sich
die sphärische Geometrie in mehreren wesentlichen Punkten von der Euklidischen, denn
in ihr schneiden sich zwei Großkreise (die ja die Rolle von Geraden übernehmen) stets
in zwei Punkten, weshalb die Forderung, zwei Punkte legen genau eine Gerade fest,[6] in
ihr nicht gilt: Durch ein Paar von Diametralpunkten gibt es unendlich viele Großkreise.
Zudem schließen zwei Großkreise immer zwei Paare kongruenter Zweiecke[i] ein, ein Widerspruch zum bekannten Axiom bei Euklid, welches besagt, dass zwei Geraden keinen
Flächenraum einschließen.[ii] Helmholtz hatte sich in seinem Vortrag von 1870[7] Flächenwesen ausgedacht, die auf einer Sphäre leben und deshalb – so Helmholtz' These – eine
andere Geometrie, nämlich die sphärische, entwickeln.

---

[2] Diese ist die Teilmenge aller Punkte des vierdimensionalen Raumes, die von einem festen Punkt – etwa
dem Ursprung im Falle, dass man ein Koordinatensystem eingeführt hat – einen festen Abstand, z. B. 1,
haben. Insofern man Schwierigkeiten hatte, den vierdimensionalen Raum zu akzeptieren, hatte man auch
Probleme mit der dreidimensionalen Sphäre. Alternativ kann sich man diese auch als gewöhnlichen Raum
mit einem zusätzlichen Punkt vorstellen – modern: als Einpunktkompaktifizierung – analog zur zweidimensionalen Sphäre, welche aus der Ebene durch Hinzunahme eines Punktes entsteht. Diese Sichtweise
hatte Riemann für die Funktionentheorie fruchtbar gemacht.
[3] Cayley nennt die fragliche Geometrie in für uns irreführender Weise so; es geht um die elliptische Geometrie – ein Begriff, den aber erst Klein (1871) einführte. Zu Cayleys Abhandlung vergleiche Kap. 4.
[4] Diese Eigenschaft lässt natürlich sofort an die projektive Geometrie denken.
[5] Vgl. Kap. 2
[6] Beltrami nannte diese Aussage das Axiom der Geraden, vgl. Kap. 3.
[7] Vgl. Kap. 3

In seiner Abhandlung von 1871 besprach F. Klein auch den Fall der elliptischen Geometrie.

> In Riemann's Schrift ist darauf hingewiesen, wie die Unbegränztheit des Raumes nicht auch nothwendig dessen Unendlichkeit mit sich führt. Es wäre vielmehr denkbar und würde unserer Anschauung, die sich immer nur auf einen endlichen Theil des Raumes bezieht, nicht widersprechen, dass der Raum endlich wäre und in sich zurückkehrte: die Geometrie unseres Raumes würde sich dann gestalten, wie die Geometrie auf einer in einer Mannigfaltigkeit von 4 Dimensionen gelegenen Kugel von 3 Dimensionen. — Diese Vorstellung, die sich auch bei Helmholtz findet, würde mit sich bringen, dass die Winkelsumme im Dreiecke (wie beim gewöhnlichen sphärischen Dreiecke) grösser ***) ist, als 2 Rechte, und zwar in dem Masse grösser, als das Dreieck einen grösseren Inhalt hat. Die gerade Linie würde alsdann keine unendlich fernen Punkte haben, und man könnte durch einen gegebenen Punkt zu einer gegebenen Geraden überhaupt keine Parallele ziehen.
>
> Eine auf diese Vorstellungen gegründete Geometrie würde sich in ganz gleicher Weise neben die gewöhnliche Euklidische Geometrie stellen, wie die soeben erwähnte Geometrie von Gauss, Lobatchefsky, Bolyai. Während letztere der Geraden 2 unendlich ferne Punkte ertheilt, giebt diese der Geraden überhaupt keine (d. h. 2 imaginäre) unendlich ferne Punkte. Zwischen beiden steht die Euklidische Geometrie als Uebergangsfall; sie legt der Geraden 2 zusammenfallende unendlich ferne Punkte bei.

(Klein 1871, 576–577)[8]

Genauer kommt Klein erstmals auf die elliptische Geometrie zu sprechen im Zusammenhang mit der Einführung der Längenmaße auf der Geraden[9]. Wie allgemein entspricht auch hier der elliptische Fall demjenigen, dass das Absolute rein imaginär ist:

---

[8] Die Note ***) lautet: „Die entgegenstehenden Beweise von Legendre und Lobatschewskij setzen, wie bereits bemerkt, die Unendlichkeit der Geraden voraus."
[9] Vgl. hierzu Kap. 4, wo auch auf die hyperbolische und die Euklidische Geometrie eingegangen wird.

> Wir wollen nun *zweitens* annehmen, die beiden der Massbestimmung auf der Geraden zu Grunde zu legenden Fundamentalpunkte seien (conjugirt) imaginär. Dann ist das Doppelverhältniss der beiden Fundamentalpunkte zu zwei beliebigen reellen Punkten x, y negativ, der Logarithmus also rein imaginär. Wir müssen also c einen rein imaginären Werth $c_1 i$ ertheilen, damit die Entfernung reeller Punkte reell sein kann. Dann aber ist zugleich die gegenseitige Entfernung aller reellen Punkte reell. Unendlich ferne reelle Punkte giebt es nicht. Die Linie kehrt wie eine geschlossene Curve in sich zurück. Die reelle Entfernung zweier Punkte ist nicht vollständig bestimmt, sondern nur bis auf Multipla einer reellen Periode, welche die Gesammtlänge der Geraden vorstellt. Dieselbe beträgt $2\,i\pi c = -2\pi c_1$. Die Massbestimmung auf der Geraden ist dann ganz so, wie die gewöhnliche Massbestimmung auf einem Kreise mit dem Radius c_1.
>
> Die hiermit geschilderte Massbestimmung auf der Geraden ist gerade diejenige, welche die *elliptische* Geometrie anzunehmen hat. —

(Klein 1871, 589)

Gehaltvoller als der eindimensionale ist der ebene (zweidimensionale) Fall, da hier ja auch die Winkelmessung zu definieren ist[10]:

---

[10] Die Bedeutung der Formeln wird in Kap. 4 erklärt.

Die Massbestimmung in der Ebene bei imaginärem Fundamental-
kegelschnitte. Die elliptische Geometrie.

Die gewöhnliche Massbestimmung im Punkte ist ein Bild dafür, wie sich überhaupt die projectivische Massbestimmung in Punkt und Ebene stellt, wenn der fundamentale Kegel, resp. der fundamentale Kegelschnitt imaginär ist. Die einzige bei der gewöhnlichen Massbestimmung im Punkte hinzutretende Particularisation ist, dass die beiden Constanten c und c' gleich $\frac{\sqrt{-1}}{2}$ gesetzt werden. Hätten wir sie allgemeiner gleich $c_1 \sqrt{-1}$ und $c_1' \sqrt{-1}$ gesetzt, so würden die Massunterschiede nur um Factoren $2c_1$, $2c_1'$ gewachsen sein:

$$2c_1 \cdot \text{arc cos} \frac{xx' + yy' + zz'}{\sqrt{x^2 + y^2 + z^2} \cdot \sqrt{x'^2 + y'^2 + z'^2}}$$

und

$$2c_1' \cdot \text{arc cos} \frac{uu' + vv' + ww'}{\sqrt{u^2 + v^2 + w^2} \cdot \sqrt{u'^2 + v'^2 + w'^2}},$$

Ausdrücke, an welche man ohne Weiteres dieselben Entwickelungen anknüpfen kann, wie an die ursprünglichen.

Ist also in der Ebene ein imaginärer Fundamentalkegelschnitt gegeben, so ist die Länge jeder reellen Linie endlich, ebenso die Summe der Winkel im Strahlbüschel. Behalten wir die Bezeichnung c_1 und c_1' für die durch i dividirten Constanten c und c' bei*), so ist die Länge der geraden Linie gleich $2c_1\pi$, die Summe der Winkel im Büschel gleich $2c_1'\pi$.

Es giebt weder reelle unendlich ferne Punkte, noch reelle Linien, welche mit anderen unendlich grosse Winkel bilden. Sodann werden sich auch alle Relationen zwischen den Winkeln von Linien und von Ebenen, die durch einen Punkt gehen, auf die Abstände von Punkten und die Winkel von Geraden in der Ebene übertragen, wenn man nur vorher die Abstände durch $2c_1$, die Winkel durch $2c_1'$ dividirt. *Die ebene Trigonometrie unter Zugrundelegung dieser Massbestimmung wird also sein wie die sphärische Trigonometrie*, nur mit dem Unterschiede, dass man statt der Seiten der Dreiecke und ihrer Winkel die durch $2c_1$ dividirten Seiten und die durch $2c_1'$ dividirten Winkel in die Formeln einzuführen hat.

---

*) c und c' sind in der That rein imaginär zu nehmen, aus demselben Grunde, aus dem in § 5. die Constante c bei imaginären Fundamentalelementen imaginär gesetzt wurde.

Die hiermit geschilderte Massbestimmung in der Ebene ist nun gerade diejenige, welche die *elliptische* Geometrie anzunehmen hat. Man wird bei ihr noch insbesondere, damit die Winkelsumme im Büschel gleich π sind, die Constante c_1', wie bei der 'gewöhnlichen Massbestimmung im Punkte, gleich $\frac{1}{2}$ setzen. Die Winkelsumme im ebenen Dreiecke ist dann, wie beim sphärischen Dreiecke, grösser als 2π, und wird nur gleich 2π beim unendlich kleinen Dreiecke u. s. f.

Man hat hiernach ein Bild für den planimetrischen Theil der elliptischen Geometrie, wenn man sich in der Ebene einen imaginären Kegelschnitt willkürlich gegeben denkt und auf ihn eine projectivische Massbestimmung gründet. Beispielsweise wähle man für den Kegelschnitt denjenigen, in welchem die Ebene von dem Kegel geschnitten wird, der von einem bestimmten Punkte des Raumes nach dem unendlich fernen imaginären Kreise hingeht. Sodann setze man c und c' gleich $\frac{\sqrt{-1}}{2}$. So ist die Entfernung zweier Punkte oder der Winkel zweier Geraden der Ebene gleich dem Winkel, unter welchem die beiden Punkte, bez. die beiden Geraden von dem gewählten Punkte aus erscheinen. — Andererseits: ist die uns thatsächlich gegebene Massgeometrie die elliptische, so bilden die unendlich fernen Punkte der Ebene einen imaginären Kegelschnitt, und die elliptische Geometrie fällt mit der auf diesen Kegelschnitt gegründeten projectivischen Massbestimmung zusammen.

(Klein 1871, 606–607)

Schließlich geht Klein auch – kurz – auf den räumlichen (dreidimensionalen) Fall ein:

Achtet man insbesondere auf die reellen Elemente des Raumes, so wird man unterscheiden, ob die Fundamentalfläche imaginär oder reell ist, und im letzteren Falle, ob sie geradlinig ist oder nicht.

Ist die Fundamentalfläche *imaginär*, so haben alle gerade Linien eine endliche Länge, alle Ebenenbüschel eine endliche Winkelsumme. Unter diesen Fall subsumirt sich die Massbestimmung der *elliptischen* Geometrie, wenn noch die Constante c' der Winkelbestimmung gleich $\frac{\sqrt{-1}}{2}$ gesetzt wird, damit die Winkelsumme im Ebenenbüschel gleich π ist.

Den Fall, dass die Fundamentalfläche *reell* und *geradlinig* ist, dass sie also ein einschaliges Hyperboloid ist, wollen wir hier nicht weiter betrachten, weil er zu den dreierlei Geometrieen, die wir hier betrachten, der elliptischen, hyperbolischen, parabolischen, in keiner Beziehung steht.

Ist endlich die Fundamentalfläche *reell* und *nicht geradlinig*, so werden wir für Punkte im Inneren eine Massbestimmung erhalten, die unter sich die Massbestimmung der *hyperbolischen* Geometrie begreift, wenn man die Constante c' wieder gleich $\frac{\sqrt{-1}}{2}$ setzt.

(Klein 1871, 622)

Die Frage, wie sich der Unterschied zwischen der projektiven (elliptischen) Ebene und der gewöhnlichen zweidimensionalen Sphäre denn ausdrücken lasse, führte Klein in die modern gesprochen Topologie. Während die gewöhnliche Sphäre einfach zusammenhängend[11] ist, sich auf ihr also jede geschlossene Schleife stetig auf einen Punkt zusammenziehen lässt, ist das bei der projektiven Ebene nicht der Fall.[iii] Ein weiterer Unterschied liegt darin, dass die Sphäre orientierbar ist, die projektive Ebene aber nicht.[12]

William Kingdon Clifford (* Exeter 1845, † Madeira 1879), Studium der Mathematik in Cambridge, 1871 Professor am University College London, 1871 Fellow der Royal Society, beschäftigte sich auch mit (natur-) philosophischen und physikalischen Frage, führte mit seiner Frau zusammen einen bekannten literarischen Salon in London. Clifford veröffentlichte 1873 die Übersetzung des Riemannschen Habilitationsvortrages ins Englische.

Eine genauere Darstellung der Verhältnisse im elliptischen Raum, die auf Kleins Zugang aufbaute, gab 1873 W. K. Clifford in seiner Arbeit „Preliminary sketch of biquaternions" (Vorläufige Skizze über Biquaternionen). Clifford war Schüler von Cayley, bei dem er in Cambridge studiert hatte, und kannte die weiterführende Arbeit von Klein offensichtlich genau. Clifford hat seine Ideen bei der Jahresversammlung der britischen Vereinigung für die Förderung der Wissenschaften (British Association for the Advancement of Sciences) im Sommer 1873 vorgestellt. Klein, der zu diesem Zeitpunkt England

---

[11] In moderner Ausdrucksweise.
[12] Zu der recht komplizierten Geschichte dieser Einsicht vergleiche man Volkert (2010b).

bereiste, wohnte dieser Versammlung bei und es kam zu einem persönlichen Austausch zwischen den beiden jungen Mathematikern. Fortan sollte sich Klein als eine Art Anwalt (oder Testamentsvollstrecker) des jung verstorbenen Clifford fühlen; bei mehreren Gelegenheiten betonte er ihre Geistesverwandtschaft. Dies führte u. a. zu den so genannten Clifford-Kleinschen Raumformen.[13]

Der Aufsatz von Clifford umfasst drei Teile; wir gehen hier nur auf den dritten Teil ein, in dem er die Geometrie des elliptischen Raums studiert und die heute nach ihm benannten „Parallelen" entdeckt.

Diejenige Geometrie des dreidimensionalen Raums, die die Euklidischen Postulate voraussetzt, wurde von Dr. Klein als die *parabolische* Geometrie bezeichnet, um diese von zwei anderen Arten zu unterscheiden, die konstante positive beziehungsweise konstante negative Krümmung annehmen und die er die *elliptische* und die *hyperbolische* Geometrie des Raumes nennt. Da jedoch die Voraussetzung konstanter positiver Krümmung nicht zureicht, um diese Geometrie festzulegen[14], mag es der Mühe wert sein, einer Erläuterung dieser Geometrie etwas Raum zu widmen.

Der dreidimensionale Raum ist so geartet, dass sich seine Punkte mit Wertesystemen von drei Variablen x, y, z in Verbindung bringen lassen. Jedoch ist es im Allgemeinen nicht möglich, diese Zuordnung so vorzunehmen, dass jedem Wertesystem stets genau ein Punkt entspricht und umgekehrt jedem Punkt genau ein Wertesystem. Ist dies der Fall, so heiße der Raum *unikursal*.[15] Ein *algebraischer* Raum ist ein Raum, in dem sich die Position eines Punktes eindeutig festlegen lässt durch eine Menge von Werten periodischer algebraischer Integrale, ohne dass es hiervon Ausnahmen gäbe, die Teile des Raumes bilden. Somit sind unikursale Räume spezielle Fälle von algebraischen. Wir beschränken uns nun auf unikursale Räume und müssen feststellen, dass die eineindeutige Zuordnung von Punkten und Wertesystemen im Allgemeinen Ausnahmen erleidet – dann nämlich, wenn es gewisse Punkte gibt, denen unendlich viele Werte für die Koordinaten entsprechen, welche eine bestimmte Gleichung oder Gleichungen erfüllen.[16] Weiterhin gibt es gewisse Wertesysteme, denen nicht Punkte sondern Örter (*loci*) im Raum entsprechen. Die Zuweisung dieser Punkt-Gleichungen zu den Örter-Werten und ihre Relationen untereinander dienen dazu, den projektiven Zusammenhang[17] des Raumes festzulegen; sind diese bekannt, so lässt sich die gesamte projektive Geometrie des Raumes ausarbeiten. Die Punkt-Gleichungen und die Örter-Werte können imaginäre Werte für die Variablen oder für deren Koeffizienten beinhalten; diese müssen immer in Betracht gezogen werden. Die Punkte, die reellen Wertesystemen entsprechen, heißen reelle Punkte; diejenigen, welche imaginären[18] Systemen entsprechen, heißen imaginäre Punkte. Das Studium der Letzteren, das im strengen Sinne nicht zum Studium des dreidimensionalen Raumes gehört, wird nur unternommen zum Zwecke des Studiums der ersteren.

Örter, die linearen Gleichungen zwischen den Koordinaten entsprechen, können vorerst *Ebenen* genannt werden und ihre Schnittgebilde *Geraden*. Das ist eine rein projektive Definition und diese Örter sind nicht notwendig *ebene* Ebenen und *gerade* Geraden im metrischen Sinne.[19] Punkte, Geraden und Ebenen werden als *Elemente* bezeichnet.

---

[13] Klein widersetzte sich allerdings dieser Namensgebung durch W. Killing. Vgl. hierzu Volkert (2013b).

[14] Denn die sphärische Geometrie ist ja auch eine von konstanter positiver Krümmung aber dennoch verschieden von der elliptischen.

[15] Dieser Begriff scheint eine Erfindung von Clifford zu sein; soweit ich sehe, gibt es kein deutsches Pendant. Am ehesten käme wohl „einblättrig" in Frage als Übersetzung.

[16] Clifford scheint hier an Singularitäten zu denken – vielleicht in der Art von Verzweigungspunkten oder -linien.

[17] Im Original: projective-connection.

[18] Lies: komplexe Wertsysteme.

[19] Clifford drückt hiermit aus, dass Geraden und Ebenen in seinem Sinne auch (zum Beispiel) projektive Geraden und Ebenen oder Großkreise und Großkugeln oder auch etwas ganz anderes sein können.

Die *metrische* Geometrie des Raumes[20] ist die Theorie der projektiven Relationen gewisser festgelegter geometrischer Formen mit allen anderen geometrischen Formen, das heißt, sie ist die Theorie der invarianten Relationen bestimmter festgelegter algebraischer Formen mit allen anderen algebraischen Formen. Der Begriff *Potenz* wird soweit erforderlich im Nachfolgenden definiert; vorläufig kann gesagt werden, dass diese fixierten Formen (in ihrer Gesamtheit *das Absolute* genannt) gegeben sind, wenn wir die Punkte, die Geraden und die Ebenen, also die Elemente des Absoluten kennen, und dass die Potenz eines Elementes des Absoluten bezüglich eines beliebigen anderen Elements unendlich ist. Anders gesagt *fordern* wir im Allgemeinen Gleichungen für das Absolute in Punkt-, Linien- oder Ebenenkoordinaten.[21]

Ein unikursaler Raum, dessen Punkte ausschließlich durch Wertesysteme der Koordinaten x, y, z ohne Ausnahme von irgendwelchen Punkt-Gleichungen oder Örter-Werten festgelegt werden, heißt *linearer* Raum. Dies ist eine rein projektive Definition, welche das Absolute und damit die gesamte metrische Geometrie unbestimmt lässt.

In einem linearen Raum gibt es eine besondere Bestimmungsweise für das Absolute, welche von größter Wichtigkeit ist. Diese besteht darin, dass die Punkte des Absoluten die Punkte einer gewissen quadratischen Fläche[22] sind, während die Geraden und Ebenen des Absoluten solche Geraden und Ebenen sind, die diese Fläche schneiden – oder anders gesagt, dass die Gleichungen des Absoluten zweiten Grades sind. Es gibt drei Fälle[23], die zu betrachten sind, insofern sie die einzigen sind, von denen der Raum der Erfahrung ein Teil sein kann:

(1) *Elliptische* Geometrie: Alle Elemente des Absoluten sind imaginär.
(2) *Hyperbolische* Geometrie: Das Absolute enthält keine reelle Geraden und umgibt uns. In diesem Fall werden die reellen Punkte, welche jenseits der Fläche liegen, *ideale* Punkte genannt.
(3) *Parabolische* Geometrie: Die Fläche entartet in einen imaginären Kegelschnitt einer reellen Fläche. Die Punkte des Absoluten sind Punkte in der (reellen) Ebene des Kegelschnitts; die Geraden und Ebenen sind die imaginären Geraden und Ebenen, welche den Kegelschnitt schneiden bzw. berühren.

Im Folgenden wird die *erste* dieser Annahmen zu Grunde gelegt. Es ist vielleicht hier angebracht, genauer zu erklären, worin diese besteht:

(1) Der hier zu betrachtende Raum ist so geartet, dass jeder Menge von Werten für die Koordinaten x, y, z ein Punkt entspricht und umgekehrt, wobei es keinerlei Ausnahmen gibt.
(2) Es gibt eine bestimmte quadratische Fläche, das Absolute genannt, deren Punkte und Tangentialebenen sämtlich imaginär sind. Trifft die Gerade, welche zwei Punkte a, b verbindet, das Absolute in den Punkten i, j, so heißt die Größe

$$\frac{ab.ij}{\sqrt{(ai.aj.bi.bj)}} \equiv \overline{ab}$$

(welche eine Funktion des Doppelverhältnisses ist und daher invariant), die *Potenz* der Punkte a, b zueinander oder bezüglich eines Punktes zum andern. Der *Abstand* dieser beiden Punkte ist ein Winkel θ mit

$$\sin \theta = \overline{ab}.$$

---

[20] Anmerkung im Original: „Die Theorie der metrischen Geometrie verdankt man Prof. Cayley: ‚Sixth memoir on quantics', *Phil. Trans.*, 1859."

Die Unterscheidung von metrischen und projektiven (oder deskriptiven) Eigenschaften geht auf Poncelet zurück. Letztere meinen so viel wie Inzidenzeigenschaften; für Poncelet war die projektive Geometrie in der Hauptsache durch solche Eigenschaften charakterisiert.

[21] Das Absolute soll also durch Gleichungen gegeben sein, welche sich auf Punkt-, Linien- oder Ebenenkoordinaten (im Plückerschen Sinne) beziehen.

[22] Modern: Punkte einer Quadrik.

[23] Anmerkung im Original: „Zu dieser Einteilung vgl. man Dr. Klein ‚Über die so-genannte Nicht-Euklidische Geometrie', *Math. Annalen*, Bd. 4. Der zweite Fall ist die Geometrie von Lobatschewskij und Bolyai."

Werden analog durch die Schnittgerade der Ebenen A, B die Tangentialebenen I, J an das Absolute gelegt, so ist die Potenz der aufeinander bezogenen Ebenen A, B

$$\frac{AB.IJ}{\sqrt{(AI.AJ.BI.BJ)}} = \overline{AB}$$

Der Winkel zwischen diesen Ebenen ist ein Winkel Φ, so dass gilt

$$\sin \Phi = \overline{AB}.$$

Der Abstand zweier Punkte, die konjugiert sind bezüglich des Absoluten[24], voneinander beträgt einen *Quadranten*; liegen zwei Geraden oder zwei Ebenen konjugiert zum Absoluten, so schließen sie einen rechten Winkel ein. Somit liegen alle Punkte, die einen Quadrant weit von einem gegebenen Punkt weg liegen, auf dessen Polarebene bezüglich des Absoluten. Jede Ebene durch den Punkt schneidet die Polarebene rechtwinklig. Jede Gerade besitzt bezüglich des Absoluten eine polare Gerade und es gilt: Jeder Punkt auf der Polaren hat zu jedem Punkt der Geraden den Abstand eines Quadranten; jede Gerade, die senkrecht auf der Geraden oder der Polaren steht, trifft auch die andere Gerade. Im Allgemeinen kann man durch einen Punkt *eine* Gerade ziehen, welche senkrecht auf einer gegebenen Ebene steht. *Ist* jedoch der Punkt der Pol der Ebene, so steht jede Gerade durch ihn senkrecht auf der Ebene. Analog kann man von einem Punkt, der nicht der Pol einer gegebenen Geraden ist, eine und nur eine Senkrechte zu der Geraden ziehen – nämlich diejenige Gerade, die die gegebene Gerade und ihre Polare trifft.

Im Allgemeinen ist es möglich, zwei Geraden zu ziehen, welche zwei gegebene Geraden im rechten Winkel treffen; diese beiden Geraden sind polar zueinander. Folglich kann man die eine Gerade in die andere überführen durch eine Drehung um zwei polare Achsen. Diese Achsen sind als diejenigen festgelegt, welche die beiden gegebenen Geraden und deren Polaren schneiden. Bewegen wir uns stetig entlang einer dieser Geraden fort und fällen dabei Lote auf die andere, so wird eine der Achsen den kleinsten Abstand zwischen den beiden Geraden festlegen, die andere den größten. Sind diese beiden Abstände gleich, so sind die Geraden äquidistant in ihrem ganzen Verlauf. Also *gibt es einen Ausnahmefall, bei dem zwei Geraden und ihre Polaren zur selben Menge von Erzeugenden eines Hyperboloids gehören; die Geraden sind in diesem Falle äquidistant in ihrem gesamten Verlauf und schneiden beide dieselben zwei Erzeugende aus einem System für das Hyperboloid*[25]. Ich werde zwei derartig gelegene Geraden *parallel* nennen[26]; sie werden *rechte* oder *linke* Parallelen genannt, je nachdem, ob die eine in die andere durch eine Rechts- oder eine Linksdrehung überführt wird.[27] Durch einen beliebigen Punkt kann zu einer gegebenen Geraden eine rechte Parallele und eine linke Parallele gezogen werden; der Winkel zwischen diesen beiden ist das Doppelte des Abstands des Punktes von der Geraden. Zwischen den *Parallelen*, wie sie hier definiert wurden, und denjenigen der parabolischen Geometrie gibt es viele Analogien. So bildet etwa eine Gerade, die zwei parallele Geraden schneidet, gleiche Winkel mit diesen, und eine Serie von

---

[24] Das heißt, dass der eine Punkt Bild des anderen ist bei derjenigen Involution der projektiven Geraden, die die beiden Punkte der Geraden, die zum Absoluten gehören, fest lässt. Die vier Punkte bilden dann ein harmonisches Punktequadrupel.

[25] Auf einem einschaligen Hyperboloid gibt es zwei Scharen von Geraden. Ein derartiges Hyperboloid kann man erzeugen, wenn man eine Gerade um eine zu ihr windschiefe Gerade als Achse dreht. Die „Taille" des Hyperboloids ergibt sich an der Stelle kürzesten Abstands, also dort, wo die beiden windschiefen Geraden ein gemeinsames Lot haben. Die zweite Erzeugendenschar erhält man, indem man die sich drehende Gerade in die symmetrische Position bringt. Im Bild des Hyperboloids entsprechen den Polaren die Geraden, die den Ausgangsgeraden diametral gegenüber liegen, also maximalen Abstand haben.

[26] Man beachte, dass diese Parallelen windschief sind – ein wesentlicher Unterschied zu gewöhnlichen Geraden. Lägen die Parallelen in einer Ebene, würden sie sich ja schneiden.

[27] Diese „Drehungen" werden heute als Cliffordsche Schiebungen bezeichnet.

parallelen Geraden, die eine feste Geraden treffen, bilden eine Regelfläche von verschwindender Krümmung.[28] Die Geometrie dieser Fläche ist dieselbe wie diejenige eines endlichen
Parallelogramms, dessen gegenüberliegenden Kanten als identisch betrachtet werden.[29]

(Clifford 1873, 387–390)

Die weiteren Ausführungen Cliffords untersuchen einige Aspekte der Kinematik in einem
elliptischen Raum. Hierbei spielen die Biquaternionen eine wichtige Rolle – analog zu
den Quaternionen für den gewöhnlichen Euklidischen Raum.

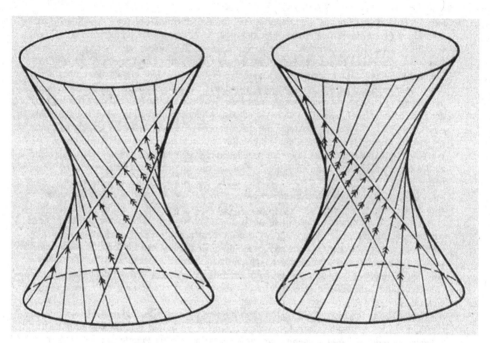

Die beiden Erzeugendenscharen eines Hyperboloids mit Schiebungen

(Klein 1928, 113)

Im elliptischen Raum sind alle Geraden geschlossen, weshalb man sich hier den oberen
Rand des Hyperboloids mit seinem unteren verbunden denken muss. So entsteht dann ein
Bild, das einem Torus (einer Ringfläche) ähnelt.

Clifford ist nur noch einmal sehr knapp auf die elliptische Geometrie zu sprechen gekommen; mit seiner Fläche hat er aber ein hochinteressantes Rätsel gestellt, denn deren

---

[28] Diese Fläche wird heute als Cliffordsche Fläche oder auch als flacher Torus bezeichnet.
[29] Wörtlich genommen ist dies nicht richtig, denn der gewöhnliche eingebettete Torus – der entsteht,
wenn man die Ränder des Parallelogramms paarweise identifiziert – ist nicht flach (seine Krümmung ist
auch nicht konstant). Vielleicht wollte Clifford nur zum Ausdruck bringen, dass seine Fläche analog zum
Torus zu sehen ist. Die Gemeinsamkeiten (z. B. die Zusammenhangsverhältnisse) kann man mit Hilfe der
Topologie formulieren. Oder aber Clifford hat wirklich an den nicht-eingebetteten sogenannten flachen
Torus gedacht, wie er dann von Killing genauer beschrieben wurde. Vgl. Volkert (2013b).

Geometrie ist eine Euklidische, wobei aber ihre Gestalt erheblich von der der Euklidischen Ebene abweicht.[30]

Einige Jahre nach Clifford wandte sich der US-amerikanische Astronom S. Newcomb der Frage der elliptischen Geometrie in seinem Aufsatz „Elementare Sätze der Geometrie eines Raumes von drei Dimensionen und positiver Krümmung in der vierten Dimension" zu.[31] Der Text dieser Arbeit zeigt sehr deutlich, mit welchen Schwierigkeiten die Mathematiker damals zu kämpfen hatten bei dem Versuch, die neue Geometrie begrifflich zu fassen.

Simon Newcomb (* Wallace [Kanada] 1835, † Washington D. C. 1909), nach Studium in Harvard ab 1861 am Observatorium der U. S. Marine in Washington D. C., 1884 Professor für Mathematik und Astronomie an der John Hopkins Universität in Baltimore.

Sein Anliegen formuliert Newcomb folgendermaßen:

Die nachfolgenden Sätze bauen auf den Ideen Riemanns auf, die dieser in seiner berühmten Abhandlung „Über die Hypothesen, welche der Geometrie zu Grunde liegen" dargelegt hat, obwohl sie vielleicht nicht vollständig übereinstimmen mit seinen Bemerkungen hinsichtlich des Ergebnis' seiner Theorie. Es scheint nicht uninteressant zu sein, das Thema vom Standpunkt der Elementargeometrie[32] aus zu betrachten anstatt der analytischen Methode zu folgen, welche üblicherweise von den Autoren verwendet wird, die über die nichteuklidische Geometrie[33] schreiben. Das hier vorgestellte System beruht auf drei Grundsätzen:

- Ich setze voraus, dass der Raum dreifach ausgedehnt ist, unbegrenzt und ohne Eigenschaften, welche entweder von der Lage oder der Richtung abhängen. Er soll eine so geartete Ebenheit in den kleinsten Teilen besitzen, dass sowohl die Postulate der Euklidischen Geometrie als auch unsere gewöhnlichen Vorstellungen über die Beziehungen zwischen den Teilen des Raums für jedes unbegrenzt kleine Gebiet desselben wahr sind.
- Ich nehme an, dass dieser Raum eine so geartete Krümmung besitzt, dass eine gerade Linie stets nach einer endlichen und reellen Distanz $2D$ in sich selbst zurückkehrt. Dabei soll an keiner Stelle ihres Gesamtverlaufs die Symmetrie zum Raum in allen Hinsichten, die gemäß unserer Auffassung von ihr ihre grundlegende Eigenschaft bildet, verloren gehen.
- Ich setze Folgendes voraus: Gehen zwei gerade Linien von einem Punkt aus und bilden sie in diesem untereinander den unendlich kleinen Winkel α, so wird ihr Abstand zueinander in der Entfernung r vom Schnittpunkt gegeben durch die Gleichung

$$s = \frac{2\alpha D}{\pi} \sin \frac{r\pi}{2D}.$$

Die gerade Linie hat damit die Eigenschaft mit der Euklidischen geraden Linie gemein, dass zwei derartige Linien sich nur in einem Punkt schneiden. Denkbar wäre, dass die Anzahl der Punkte, in welchen sich zwei derartige Linien schneiden können, durch das Gesetz der Krümmung[34] bestimmt sein könnte. Da ich aber nicht in der Lage war, diese Anzahl zu bestimmen, nehme ich diese fundamentale Eigenschaft der Euklidischen geraden Linie als Postulat. Es

---

[30] Ein ähnliches aber viel einfacher zu verstehendes Beispiel liefern die in die Ebene abwickelbaren Flächen wie der Zylinder.

[31] Newcomb (1877). Der sperrige Originaltitel lautet: „Elementary theorems relating to the geometry of a space of three dimensions and of uniform positive curvature in the fourth dimension".

[32] Gemeint ist „vom synthetischen Standpunkt aus".

[33] Hier ist „nichteuklidische Geometrie" allgemein gemeint, also im Sinne von System, das von dem Euklids abweicht.

[34] Gemeint ist wohl, dass die Antwort auf diese Frage von der Krümmung allein abhängen könnte – was falsch ist, denn zu jeder positiven Krümmung gibt es einen sphärischen und einen elliptischen Raum.

bleibt zu sehen, ob diese Annahme zu irgendwelchen Folgerungen führt, die entweder mit sich selbst inkohärent sind oder mit der Euklidischen Geometrie in irgendeinem kleinen Teil des Raums.

(Newcomb 1877, 293–294)

Im weiteren Verlauf seiner Arbeit gibt Newcomb eine Liste von Sätzen, die sich aus seinen Axiomen beweisen lassen. Allerdings liefert er nur selten wirkliche Beweise für seine Behauptung:

I. Alle geraden Linien haben die gleiche Länge $2D$.

II. Die vollständige Ebene[35] ist in jedem Gebiet ihres Gesamtverlaufs eine Euklidische Ebene.

III. Jedes System von geraden Linien durch einen gemeinsamen Punkt A, die untereinander einen unendlich kleinen Winkel einschließen, sind parallel zu einander im Gebiet A' im Abstand D. [...] Es folgt, dass alle Linien, welche im gleichen Gebiet parallel sind, einen gemeinsamen Punkt im Abstand D von diesem Gebiet haben.

IV. Geht ein System gerader, in einer Ebene liegender Linien durch A, so ist der Ort ihrer am weitesten entfernten Punkte eine vollständige gerade Linie.

V. Der Ort aller Punkte einer vollständigen Ebene, die von einem festen Punkt A den Abstand D haben, ist eine vollständige Ebene, in der Tat sogar eine Doppelebene,[36] wenn wir die zusammenfallenden Ebenen, in denen sich die beiden gegenüber liegenden Linien treffen, als verschieden betrachten.

VI. Umgekehrt treffen sich alle geraden Linien, die senkrecht zu ein und derselben vollständigen Ebene sind, auf jeder Seite derselben in einem Punkt im Abstand D.

VII. Zu jeder vollständigen geraden Linie gibt es eine konjugierte gerade Linie, so dass jeder Punkt der einen Linie zu jedem Punkt der anderen den Abstand D besitzt.[37]

VIII. Je zwei Ebenen des Raumes besitzen als gemeinsames Lot diejenige gerade Linie, welche ihre Pole verbindet; sie [die Ebenen] schneiden sich in der zu dieser geraden Linie konjugierten geraden Linie.

IX. Geht ein System gerader Linien durch einen Punkt, so liegen ihre Konjugierten in der polaren Ebene dieses Punktes. Liegen die geraden Linien alle in einer Ebene, so gehen die Konjugierten alle durch den Pol dieser Ebene.

X. [...]

XI. Der Raum ist endlich, sein Gesamtvolumen lässt sich genau angeben durch eine Anzahl von euklidischen Einheitskörpern; diese ist eine Funktion von D.

XII. Die beiden Seiten einer vollständigen Ebene sind nicht verschieden, wie das bei einer Fläche der Fall ist.

XIII. Die folgende Aussage hängt aufs Engste mit der vorangehenden zusammen. Bewegt man sich entlang einer geraden Linie und errichtet man eine unendliche Folge von Senkrechten, wobei diese jeweils paarweise in derselben euklidischen Ebene liegen, und durchläuft man so eine vollständige gerade Linie, so zeigt die Senkrechte im Endpunkt in die entgegen gesetzte Richtung wie die Senkrechte zu Beginn.

Es sei angemerkt, dass das hier vorausgesetzte Krümmungsgesetz nicht dasjenige Riemanns zu sein scheint. Letzterer sagt: „Man würde, wenn man die in einem Flächenelement liegenden Anfangsrichtungen zu kürzesten Linien verlängert, eine unbegrenzte Fläche mit konstantem positiven

---

[35] Die vollständige Ebene bezeichnet den Ort aller vollständigen Geraden, die durch einen Punkt gehen – also ein Geradenbüschel – und die in einer Euklidischen Ebene liegen, die diesen Punkt enthält. „Vollständig" drückt im Weiteren aus, dass es sich um elliptische Objekte (Geraden, Ebenen, Raum) handelt und nicht um Euklidische. Hinter dem Begriff steckt vielleicht die Vorstellung, dass die elliptische Ebene aus der Euklidischen durch Hinzunahme von Punkten entsteht. Gesagt werden soll vermutlich modern gesprochen, dass die elliptische Ebene lokal Euklidisch ist.

[36] Dieser Begriff wurde von Klein eingeführt, um die topologischen Eigenschaften der projektiven Ebene auszudrücken.

[37] D ist also der Quadrant in Cliffords Ausdrucksweise.

Krümmungsmaß, also eine Fläche erhalten, welche in einer ebenen dreifach ausgedehnten Mannigfaltigkeit die Gestalt einer Kugelfläche annehmen würde und welche folglich endlich ist." Wenn damit gemeint ist, dass der gekrümmte dreifach ausgedehnte Raum ein ebener Raum wird, so würde die gesamte Ebene eine Sphäre; diesen Vorschlag zu diskutieren würde hier zu weit führen. Ich erwähne ihn nur, um zu bemerken, dass die vollständige Ebene, die in dieser Abhandlung beschrieben wird, in keiner Weise mit der Sphäre verwechselt werden darf, von der sie sich in mehreren sehr wesentlichen Hinsichten unterscheidet:

α. Sie besitzt keinen Durchmesser; jede gerade Linie – senkrecht zu ihr oder auch nicht – schneidet sie nur in einem Punkt.

β. Die kürzeste Linie zwischen zwei beliebigen Punkten liegt auf ihr.

γ. Der Ort der am weitesten entfernten Punkte auf ihr ist kein Punkt sondern eine gerade Linie.

Weiterhin besitzt die vollständige gerade Linie nicht die Eigenschaften eines Kreises. Sie schneidet ihre Normalebene nicht in mehr als einem Punkt; im Gegenteil, der am weitesten entfernte Punkt befindet sich in der größtmöglichen Entfernung von der Normalebene.

Es sei schließlich angemerkt, dass es nichts in unserer Erfahrung gibt, was es erlauben würde, die Möglichkeit abzulehnen, dass der Raum, in welchem wir uns befinden, in der hier beschriebenen Weise gekrümmt sei. Es könnte gefordert werden, dass der Abstand des entferntesten sichtbaren Sternes nur ein kleiner Bruchteil der größten Distanz D sei, mehr aber auch nicht. Die subjektive Unmöglichkeit, die Beziehung zu den am weitesten entfernten Punkten in einem derartigen Raum sich vorzustellen, macht deren Existenz nicht unglaubwürdig. In der Tat ist unsere Schwierigkeit nicht unähnlich jener, die der erste Mensch empfunden haben muss, dem sich die Idee der Kugelgestalt der Erde aufdrängte, als er sich vorstellte, dass er immer in dieselbe Richtung reisend, zu seinem Anfangspunkt zurückkehren könnte, ohne dass er während dieser Reise irgendeine Veränderung in der Richtung der Schwerkraft feststellen würde.

(Newcomb 1877, 294–299)

Die Ausführungen von Newcomb sind in vielen Punkten unklar – was er ja auch teilweise selbst deutlich macht. Wie genau das Verhältnis von sphärischer Geometrie und elliptischer zu denken sei, bleibt weitgehend im Dunkeln (vgl. Punkt V oben). Bemerkenswert ist auch, dass Newcomb an keiner Stelle die projektive Geometrie ins Spiel bringt; so sind zum Beispiel die Eigenschaften XII und XIII bekannte Eigenschaften der projektiven Ebene (als Teil des projektiven Raums) und der projektiven Geraden, die man im Rahmen topologischer Überlegungen (hauptsächlich bei F. Klein)[38] seit Beginn der 1870er Jahre kannte.

Die Arbeit Newcombs wurde umgehend von W. Killing kritisiert.

Wilhelm Killing (* Burbach bei Siegen 1847, † Münster i. W. 1923), Studium der Mathematik in Münster und Berlin, danach Lehrer in Berlin und Brilon, 1882 Prof. in Braunsberg, 1892 in Münster. Beeinflusst von Weierstrass arbeitete Killing zu Grundfragen der Geometrie (insbesondere Raumformen) und zur Theorie der Lie-Algebren. Verfasser mehrere Programmschriften, zweier Lehrbücher der Geometrie und eines „Handbuchs für den Mathematikunterricht" (mit Hovestadt).

---

[38] Vgl. hierzu Volkert (2013b).

Ueber zwei Raumformen mit constanter positiver Krümmung.

Mit Rücksicht auf die Abhandlung des Herrn Newcomb im 83. Bande dieses Journals.

(Von Herrn *W. Killing*.)

———

Herr *Newcomb* legt der von ihm untersuchten Raumform alle von *Euklid* theils ausdrücklich theils implicite vorausgesetzten Eigenschaften bei mit zwei Ausnahmen: er lässt die Gerade sich schliessen und fügt die Annahme hinzu, dass der Abstand *s* zweier Punkte, die auf den Schenkeln eines unendlich kleinen Winkels *α* in der Entfernung *r* vom Scheitel liegen, durch die Gleichung gegeben werde:

$$ s = \frac{2\,\alpha D}{\pi}\,\sin\frac{r\pi}{2D}, $$

wo 2*D* die Länge der geraden Linie bezeichnet. Auf diesen Voraussetzungen, so zeigt er, lässt sich eine Raumform aufbauen, und diese stimmt für unendlich kleine Theile mit der *Euklid*ischen überein. Auch hat die gewonnene Raumform grosse Aehnlichkeit mit der von *Riemann* gefundenen und nach ihm benannten Raumform constanter positiver Krümmung. Dennoch stehen mehrere der von Herrn *Newcomb* hergeleiteten Eigenschaften in directem Widerspruch mit Folgerungen, welche *Riemann* für seine Raumform dargelegt hatte, und die bereits in viele Abhandlungen und in die „Elemente der absoluten Geometrie" des Herrn *Frischauf* übergegangen sind. Herr *Newcomb* hält beide Raumformen für identisch und bezeichnet demnach diese Angaben *Riemann*s als unrichtig. Dementgegen bezweckt die vorliegende Mittheilung, zunächst darauf aufmerksam zu machen, dass sich die fraglichen Sätze aus den Voraussetzungen *Riemann*s in voller Strenge ergeben; an zweiter Stelle wollen wir zeigen, in welcher Weise die Gleichungen der *Riemann*schen Geometrie auch auf eine andere

Raumform angewandt werden können, welche identisch ist mit der von Herrn *Newcomb* untersuchten; zum Schlusse wollen wir eine Betrachtung angeben, welche gestattet, die zweite Raumform rein geometrisch aus der ersten herzuleiten.

1. Zunächst stelle ich die Formeln zusammen, welche bereits früher, namentlich von Herrn *Beltrami**), für Räume constanter positiver Krümmung entwickelt sind. Dabei glaube ich, mich auf drei Dimensionen beschränken zu dürfen, da die Uebertragung auf eine höhere Zahl von Dimensionen keine Schwierigkeit macht.

(Killing 1878, 72–73)[39]

———

[39] In Anbetracht der Ausführungen von Newcomb – siehe oben – scheint Killings Behauptung, dieser habe den elliptischen und den sphärischen Fall nicht unterschieden, doch reichlich überzogen.

Der Begriff „Raumform", den Killing hier vermutlich im Anschluss an Frischauf[40] verwendet, meint so viel wie „Raum konstanter Krümmung" in moderner Ausdrucksweise.
Das Ergebnis der Killingschen Arbeit lautet dann, dass es deren vier gibt: die euklidische (Krümmung konstant Null), die nichteuklidische (er nennt sie Lobatschewskijsche,
Krümmung konstant kleiner Null), die sphärische (Killing nennt sie die Riemannsche,
Krümmung konstant größer Null) und die elliptische Raumform (Killing hat keinen eigenen Namen für diese, er bezeichnet sie als diejenige von Newcomb; ebenfalls mit
konstanter positiver Krümmung). Killing gelangt zu diesen Ergebnissen auf analytischem
Wege; sein Ausgangspunkt sind die Gleichungen Beltramis für die geodätischen Linien in
Räumen konstanter Krümmung. Mit Hilfe von Beltrami-Weierstrass-Koordinaten gelangt
er zu der zentralen Gleichung (2)[41]:

$$k^2 t^2 + u^2 + v^2 + w^2 = k^2$$

bzw. (5):

$$k^2 \cos \frac{r}{k} = k^2 t t' + u u' + v v' + w w'$$

Dabei kann k^2 positiv, Null oder negativ sein; der Kehrwert von k^2 gibt die Krümmung
an.

Weiter heißt es:

Wir gehen zur Interpretation der aufgestellten Gleichungen über und nehmen dabei an, dass jedem
Wertepaar nur ein einziger Punkt entspricht.

Durch die Aufstellung der obigen Gleichungen haben wir die Möglichkeit der Messung postuliert; diese kann aber geometrisch nur durch starre Bewegungen ausgeführt werden; wir müssen
daher auch diese voraussetzen und annehmen, dass Punktepaare mit gleichem Abstande, und nur
solche, zur Deckung gebracht werden können. Dann lehren unsere Gleichungen, dass jede kürzeste
Linie (wenigstens im Allgemeinen) alle Eigenschaften besitzt, die *Euklid* der Geraden beilegt; sie
soll daher als solche bezeichnet werden. Ebenso zeigt jede durch eine homogene lineare Gleichung
zwischen den Koordinaten dargestellte Fläche die Grundeigenschaften der Ebene. Die Gleichung
(5.) ist die Gleichung der Kugel; für $r = 0$, $k\pi$, genügt derselben je nur ein einziger Punkt; für
$r = \frac{1}{2} k\pi, \frac{3}{2} k\pi, \dots$ geht die Kugel in die Ebene über. Da sich für alle ungeraden Vielfachen von
$r = \frac{1}{2} k\pi$ dieselbe Gleichung ergibt, so existiert zu jedem Punkte eine einzige Ebene, welche alle
Punkte mit den bezeichneten Abständen enthält; sie möge als Polarebene des Punktes bezeichnet
werden, [...] namentlich zeigt sich, dass die Polarebene zu den Punkten einer Geraden dieselbe
zweite Gerade gemeinschaftlich haben.

(Killing 1878, 75–76)

Bemerkenswert ist, dass Killing die geodätischen Linien schlicht als Geraden bezeichnet.[42] Das ist neu und deutet auf ein abstraktes Verständnis der Geraden hin – sie entsprechen nicht mehr einer anschaulichen Vorstellung sondern werden über Eigenschaften
charakterisiert.

---

[40] Vgl. z. B. Frischauf (1876), 129. Bei Frischauf hat dieser Terminus aber im Unterschied zu Killing keine
ausgezeichnete Bedeutung.
[41] (t, u, v, w) sind homogene Koordinaten eines Punktes im Raum.
[42] Bei Beltrami war das noch anders, vgl. Kap. 3.

Die Gleichungen (2.), (5.) — (11.) bilden somit die Grundlage für eine vollständige „analytische Geometrie". Die projectivische Geometrie, welche daraus hergeleitet wird, zeigt keinen wesentlichen Unterschied von der *Euklid*ischen; wenn man z. B. eine rationale Function zwischen t, u, v, w durch (2.) homogen macht, so darf man den Grad der Function als die Ordnung der entsprechenden Fläche definiren. Für $k = \infty$ wird $t = 1$, und u, v, w gehen in die rechtwinkligen Cartesischen Coordinaten der *Euklid*ischen Geometrie über, und unsere Formeln werden mit denen der letzteren identisch. Umgekehrt kann man bei einem endlichen Werthe von k das betrachtete Gebiet so klein wählen, dass der Unterschied von den Eigenschaften der *Euklid*ischen Geometrie beliebig klein wird.

3. Die bisherigen Entwickelungen genügen aber nicht, um eine Raumform vollständig aufzubauen, da wir das Zusammenfallen von Punkten ganz ausser Acht gelassen haben. Hierfür gestatten unsere Gleichungen einen zweifachen analytischen Ausdruck und führen somit zu zwei Raumformen.

Wenn wir zunächst *Riemann* folgen und seine Raumform erhalten wollen, so dürfen wir jedem Punkte nur ein einziges Werthsystem der ξ, η, ζ und wegen der durch (3.) und (4.) gegebenen eindeutigen Beziehung der ξ, η, ζ und t, u, v, w, auch nur ein einziges Werthsystem der t, u, v, w beilegen; denn *Riemann* hat weder bei seinen allgemeinen Betrachtungen noch bei der Darlegung seiner speciellen Raumform auf die Möglichkeit hingewiesen, dass demselben Punkte verschiedene Coordinatenwerthe zukommen. Unter dieser Voraussetzung gehen alle geraden Linien, welche

einen Punkt (t, u, v, w) enthalten, noch durch einen zweiten Punkt
$(-t, -u, -v, -w)$, welcher der Gegenpunkt des ersten heissen möge.
Die Länge der Geraden beträgt $2k\pi$, die grösste absolute Entfernung
zweier Punkte ist gleich $k\pi$; nur der Gegenpunkt besitzt diesen Abstand.
Nicht nur jede Kugelfläche, sondern auch die Ebene hat, für sich betrachtet,
alle Eigenschaften, welche der Kugelfläche im *Euklid*ischen Raume zukommen. Die Ebene, sowie jede einfach geschlossene Fläche ohne Doppellinien, trennt zwei Theile des Raumes gegen einander ab. Die Ebene hat
zwei Pole, welche Gegenpunkte zu einander sind. Alle Punkte, welche
von zwei Punkten gleichen Abstand haben, liegen auf einer einzigen
Ebene (6.) Drei Ebenen haben entweder eine Gerade oder ein Paar von
Gegenpunkten gemeinschaftlich. In der Ebene trennt jede Gerade zwei
congruente Flächentheile gegen einander ab; jeder geschlossene Zweig
einer ebenen Curve ohne Doppelpunkte zerlegt die Ebene.

Unter diesen Eigenschaften, die sich direct aus den obigen Gleichungen ablesen lassen, finden sich alle jene, welche *Riemann* seiner
Raumform beilegt; dieselben sind also strenge Folgerungen aus den ge-
machten Annahmen.

4. Gleichwie in der *Riemann*schen Raumform je zwei Punkte mit
der Entfernung $= 2k\pi$ zusammenfallen, so können wir versuchen, unsere
Gleichungen unter der Annahme zu deuten, dass je zwei Punkte mit dem
Abstande $= k\pi$ zusammenfallen. Dann stellen die beiden Werthsysteme
t, u, v, w und $-t, -u, -v, -w$ denselben Punkt dar. Zwei verschiedene gerade Linien haben somit höchstens einen einzigen Punkt gemeinschaftlich. Die Länge der Geraden beträgt $k\pi$, die grösste absolute
Entfernung zweier Punkte ist $= \frac{1}{2}k\pi$; alle Punkte, welche von einem
Punkte diesen Abstand haben, liegen auf der Polarebene desselben. Die
Ebene zerlegt den Raum nicht; zwischen zwei beliebigen Punkten, die ihr
nicht angehören, lässt sich immer eine Linie ziehen, die keinen Punkt
mit der Ebene gemeinschaftlich hat. Dasselbe gilt für jede Fläche von
ungerader Ordnung, welche keine Doppellinien besitzt und aus einem einzigen Zweige besteht; hat nämlich für zwei Punkte die Function, welche
für die Punkte der Fläche verschwindet, entgegengesetztes Zeichen, so

kann man ihrem Werthe für den einen Punkt dadurch das entgegengesetzte Zeichen geben, dass man die Coordinaten durch die entgegengesetzten ersetzt; zwischen den Punkten ist daher immer ein Uebergang
möglich, der nicht durch Null hindurchgeht.

Die Punkte, welche von zwei Punkten gleichen Abstand haben,
liegen auf zwei Ebenen (6.), und diese stehen auf einander senkrecht.

Während die eigentliche Kugelfläche wieder dieselben Eigenschaften
hat, wie in der *Euklid*ischen Raumform, zeigt die Ebene vor allem den
Unterschied, dass sich geschlossene Linien in ihr ziehen lassen, welche
eine Zerlegung nicht herbeiführen; eine solche ist die Gerade.

Wir sehen, diese Raumform ist vollständig identisch mit der von
Herrn *Newcomb* untersuchten; um auch in der Form volle Uebereinstimmung zu erhalten, haben wir nur $k\pi$ durch $2D$ zu ersetzen; auch das
unter 3. jener Abhandlung aufgestellte und oben von uns citirte Postulat
ergiebt sich sehr leicht aus unsern Gleichungen.

5. Der Umstand, dass die zweite Voraussetzung über die Coincidenz
von Punkten uns zu keinem Widerspruch geführt hat, darf uns nicht hin-
dern, die principielle Berechtigung derselben zu untersuchen. Wir denken
uns zu dem Ende ein endliches Stück irgend einer Raumform gegeben;
alle Eigenschaften desselben seien entwickelt und durch Gleichungen dargestellt. Indem wir uns den Raum unbegrenzt fortgesetzt denken, werden
wir auch den Coordinaten neue Werthe beilegen müssen. Wir dürfen
aber nicht annehmen, dass die erstgenannte Fortsetzung analytisch darauf
hinauskomme, den Coordinaten alle reellen Werthe beizulegen; vielmehr
kann die analytische Fortsetzung in einzelnen Fällen weiter oder enger
sein, als die, etwa durch starre Bewegung vermittelte, geometrische.
Daraus ergeben sich drei Annahmen:

a) beide Gebiete fallen zusammen;

b) das geometrisch erreichbare Gebiet wird schon dargestellt durch
einen Theil der sämmtlichen Coordinatenwerthe;

c) wenn man den Coordinaten alle reellen Werthe beilegt, so hat
man das Gebiet der Punkte noch nicht erreicht.

Für eine Raumform von drei Dimensionen sagen diese drei Annahmen aus: Entweder lässt sich vermittelst der angewandten Coordinaten

der ganze Raum auf den ganzen *Euklid*ischen abbilden, oder zu seiner Abbildung genügt ein Theil des *Euklid*ischen, oder die Abbildung auf den *Euklid*ischen liefert nur einen Theil des betrachteten Raumes. Die zweite Annahme zerlegt sich aber in zwei: entweder führt die Fortsetzung der Coordinaten zu einem idealen Gebiet, welches durch Bewegung aus dem ursprünglich gegebenen Raumtheil nicht erhalten werden kann, oder die Fortsetzung der Coordinate führt zu früheren Punkten zurück. Ein Beispiel der ersten Annahme bildet die *Lobatschewsky*sche Raumform, welche aus den obigen Gleichungen für einen negativen Werth von k^2 erhalten wird; wenn wir hier von einem positiven Werthe von t ausgehen, können wir durch Bewegung nicht zu einem negativen Werthe gelangen, oder unter Benutzung der x, y, z muss immer sein: $x^2 + y^2 + z^2 < k^2$, wenn dies für das ursprünglich betrachtete Gebiet der Fall war. Die zweite Annahme stellt sich bei der Vergleichung der Geraden und des Kreises in der *Euklid*ischen Raumform dar; betrachten wir beide Gebilde als Raumformen, d. h. ohne Rücksicht auf ihre Lage zu andern Gebilden, so erhalten wir für Theile von ihnen dieselben Eigenschaften und können somit für diese Theile dieselben Gleichungen aufstellen; während aber die unbeschränkte Fortsetzung der Coordinatenwerthe für die Gerade zu immer neuen Theilen führt, lässt sie uns auf dem Kreise zum Ausgangspunkte zurückkehren: im letzteren Falle entsprechen jedem Punkte verschiedene Coordinatenwerthe.

(Killing 1878, 77–80)

Killing formuliert also deutlich die Tatsache, dass die elliptische Ebene (der elliptische Raum) aus der Sphäre (von Dimension zwei bzw. drei) durch Diametralpunkt-Identifikation hervorgeht, und dass man den sphärischen und den elliptischen Fall unterscheiden muss. Er war im Übrigen immer der Ansicht, dass er es gewesen sei, der diese Unterscheidung erstmals deutlich herausgearbeitet habe.[43]

Um ein anschauliches Verständnis der elliptischen Ebene zu gewinnen, musste man eigentlich nur noch Killings analytische Ansicht in ein Bild umsetzen. Das hat dann F. Klein getan in seinen Vorlesungen über nichteuklidische Geometrie (Göttingen 1889/1890) getan:

---

[43] Und ärgerte sich sehr, wenn andere das anders sahen, vgl. Volkert (2013b).

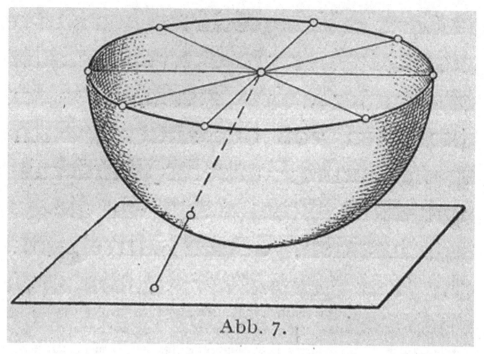

Abb. 7.

Identifikationsschema für die projektive Ebene

(Klein 1928, 14)[44]

Damit war eine brauchbare Grundlage geschaffen für das anschauliche Verständnis der elliptischen Ebene[45] – wenn auch das Problem blieb, dass eine Einbettung in den gewöhnlichen Raum nicht möglich ist, ohne Singularitäten zu erzeugen.

Eine andere Frage schließlich ist die der axiomatischen Charakterisierung der elliptischen Geometrie. Da klar war, dass in ihrem Falle der Unterschied zur Euklidischen Geometrie nicht nur im Parallelenaxiom liegt, war dies eine schwierigere Frage als im Falle der nichteuklidischen (hyperbolischen) Geometrie im engeren Sinne. Auch der Hinweis auf das Axiom der Geraden, dem wir schon mehrfach begegnet sind, ist nicht ausreichend: Da die Geraden geschlossen sind, ergibt sich auf ihnen ja eine neuartige Ordnungsstruktur, die einfache Zwischenrelation genügt nicht mehr. Insofern ist verständlich, dass das Problem der axiomatischen Charakterisierung erst im Rahmen der allgemeinen Axiomatik der Geometrie gelöst werden konnte.[46]

Recht früh schon trat die Idee auf, das Universum könne ein geschlossener Raum positiver Krümmung sein. Dies wurde von Friedrich Karl Zöllner in seiner Schrift „Über

---

[44] Die Vorlesungen wurden zuerst in autographierter Form (eine Art Fotokopie) in der Bearbeitung von Fr. Schilling 1892 (zweite Auflage 1893) (Klein 1893a,b) veröffentlicht, als gedrucktes Buch erschienen sie erst 1928 nach Kleins Tod in der Bearbeitung von W. Rosemann.

[45] Natürlich auch der projektiven. Es ist erstaunlich, wie schwierig es war, die Identität dieser beiden Ebenen zu erkennen. Das mag daran gelegen haben, dass man im Laufe des 19. Jhs. begann, die projektive Geometrie sehr stark als eine nicht-metrische Geometrie aufzufassen.

[46] Vgl. hierzu Kap. 8.

die Natur der Kometen" (1872) vertreten mit dem Argument, hierdurch sei einerseits die Endlichkeit der Materie und andererseits das Olberssche Paradoxon erklärbar:

> Man sieht also, dass auch die von Olbers angeregten Betrachtungen zur Annahme einer endlichen Quantität Materie in der Welt führen, eine Annahme, welche, wie oben gezeigt, ohne willkürliche Begrenzung der Kausalreihe und unter Annahme der bis jetzt bekannten allgemeinen Eigenschaften der Materie nur unter Voraussetzung eines nichteuklidischen Raumes aufrecht erhalten werden kann.
>
> (Zöllner 1872, 311)

Friedrich Karl Zöllner (* Berlin 1834, † Leipzig 1882), Studium der Naturwissenschaften in Berlin und Basel, ab 1862 in Leipzig, dort 1865 Habilitation, 1866 außerordentlicher und 1872 ordentlicher Professor für Astrophysik. Bekannt durch die von ihm entdeckte optische Täuschung (1860), leistete wichtige Beiträge zur Fotometrie. Erbitterter Gegner des Berliner Establishment (du Bois-Reymond, Helmholtz, ...), sorgte 1880 für einen großen Skandal, als er spiritistische Phänomene, die das Medium Slade angeblich erzeugt hatte, mit Hilfe der vierten Dimension erklären wollte.[47]

Diese Idee von Zöllner wurde 1883 in einem Schulprogramm von Most mit viel Pathos wieder aufgegriffen:

> Es handelt sich darum, den Weltenraum als unbegrenzt und doch endlich nach Art der Kreislinie und der Kugelfläche zu erkennen und damit die drohende Sphinx, welche dem armen Erdenwanderer unablässig das verwirrende Rätsel von dem unendlichen Raume vorhält, zu stürzen; es handelt sich darum, die grausige Konsequenz von der Zerstreuung der Energie des Weltalls zu brechen und damit eine Vorstellung zu bannen, welche wie ein Alpdruck ebenso stark auf der dualistischen wie auf der monistischen Weltanschauung lastet; wird doch als Ziel der Welt eine Verkümmerung in Erstarrung und Monotonie gesetzt. – Und sollte es auch nicht gelingen darzulegen, dass man für das Weltall die endliche, sphärische Raumform denken muss, so wird es jenen bedrückenden Fragen gegenüber schon als Wohltat empfunden werden, dass man sich diese endliche Form mit demselben Rechte wie die übliche nach freier Wahl denken darf.
>
> (Most 1883, 1)

Interessanterweise verwirft aber Most Zöllners Idee, der geschlossene dreidimensionale Raum müsse in einem vierdimensionalen eingebettet sein:

> Steht es nun frei, zwischen der sphärischen und ebenen Raumform zu wählen, so ist die endliche Form, welche zugleich die Erhaltung der Energie des Weltalls sichert, vorzuziehen. Nichts aber zwingt uns, dabei nach Zöllners Vorschlag eine 4. Dimension anzunehmen und den Weltenraum als ein Körpergebilde mit konstant-positivem Krümmungsmaß in einem vierdimensionalen Raum zu denken. Der logische Vorteil, der durch Annahmen des sphärischen Raumes gewonnen werden sollte, wäre verloren, denn bei der Forderung, sich die 4. Dimension wirklich existierend vorzustellen, fühlen wir uns mindestens ebenso schwach wie dem Unendlichen des ebenen Raumes gegenüber; und außerdem entsteht bekanntlich die große Schwierigkeit, Kräfte auszuweisen, welche die dreidimensionalen Körper verhindern, nach der 4. Dimension zu entwichen.
>
> (Most 1883, 44)

Offensichtlich war es 1883 nach dem Zöllner-Skandal nicht unverfänglich, von der vierten Dimension, insbesondere von deren realen Existenz, zu sprechen. Am Ende seines Artikels setzte sich Most noch mit der Frage auseinander, ob es denn sein könne, dass ein Lichtstrahl zu seinem Ausgangspunkt zurückkommen könne, und dass sich sich schneidende Lichtstrahlen in einer sphärischen Raumform stets auch noch in einem Gegenpunkt

---

[47] Vgl. hierzu Volkert (2013a)

treffen müssten. Beide Konsequenzen schrecken den Autor nicht, er verweist darauf, dass hier die Erfahrung Klärung bringen müsse.

Endnoten

[i]Man verwendet solche manchmal bei Weltkarten, indem man die Erdoberfläche in eine gewisse Anzahl von Zweiecken zerlegt, die man ihrerseits in die Ebene abbildet und aneinander legt.

[ii]Dieses Axiom, in der Thaerschen Ausgabe das neunte, stellt sicher, dass die Verbindungsgerade zweier Punkte eindeutig ist. Seine Authentizität wird allerdings bestritten.

[iii]Im Anschluss an Riemann arbeiteten Klein und seine Zeitgenossen mit der Berandungsrelation, also modern gesprochen in der Homologie nicht in der Homotopie. Ein Beispiel für eine nicht auf einen Punkt zusammenziehbare Kurve – in der Ausdrucksweise der damaligen Zeit: eine Kurve, die kein Flächenstück berandet – liefert jede projektive Gerade in der projektiven Ebene.

Kapitel 6
Verbindungen zur Funktionentheorie, die Poincaréschen Modelle

Im Jahre 1878 schrieb die Pariser Akademie der Wissenschaften einen Wettbewerb aus zur Aufgabe „In einigen wesentlichen Punkten die Theorie der linearen Differentialgleichungen einer unabhängigen Variablen zu verbessern"; die Einreichungen sollten bis 1880 vorliegen. Am 22. März dieses Jahres reichte H. Poincaré seinen Beitrag anonym – wie das die Vorschriften verlangten[1] – ein. Dieser Beitrag beschäftigte sich mit Ideen, die auf L. Fuchs zurückgingen. So weit, so gut. Ungewöhnlich war jedoch, dass Poincaré seinem Beitrag ein Supplement von 80 Seiten folgen ließ, das er am 28. Juni der Akademie übergab. Darin findet sich erstmals das Modell der nichteuklidischen Geometrie, das heute Poincaré-Modell[2] genannt wird. Poincaré selbst hat im Jahre 1908 vor der Französischen Psychologischen Gesellschaft beschrieben, wie er sein Modell entdeckte. Dabei betonte er die Wichtigkeit von unbewussten Assoziationen, er hob hervor, dass für seine Einsicht die Transformationen (Abbildungen) zentral waren.

> In diesem Moment[3] verließ ich Caen, wo ich damals wohnte, um an einer geologischen, von der „Ecole des mines"[4] veranstalteten Exkursion teilzunehmen. Die Umstände der Reise ließen mich meine mathematischen Arbeiten vergessen. In Coutances angekommen, bestiegen wir einen Omnibus[5], um einen Ausflug zu unternehmen, an den ich mich nicht mehr erinnere. In dem Augenblick, in dem ich meinen Fuß auf das Trittbrett setzte, kam mir, ohne dass meine vorangegangen Gedanken mich in irgendeiner Weise hierauf vorbereitet hätten, die Einsicht, dass die Transformationen, die ich zur Definition der Fuchsschen Funktionen verwendet hatte, identisch seien mit denen der nichteuklidischen Geometrie. Ich habe dies nicht verifiziert, ich hatte dazu keine Gelegenheit, denn

---

[1] Allerdings waren die Beiträge handgeschrieben, so dass in gewissen Fällen ein Erkennen des Autors sehr einfach war. Zudem hatte Poincaré als Codewort das Motto seiner Heimatstadt Nancy gewählt („non inultus premor" [Niemand berührt mich ungestraft]), was Rückschlüsse auf den Autor leicht machte.

[2] Genau genommen gibt es zwei Modelle: Im ebenen Fall das Halbebenenmodell (die nichteuklidische Ebene wird durch die Halbebene repräsentiert, welche oberhalb einer Grenzgeraden liegt) und das Kreismodell (die nichteuklidische Ebene wird durch das Innere eines Kreises dargestellt); analog hat man es im Raum mit Halbraum- und Kugelmodellen zu tun. Da es einfach ist, die obere Halbebene konform in das Innere eines Kreises abzubilden, ist der Unterschied zwischen den beiden Modellen eher marginal.

[3] Es geht um den Juni 1880.

[4] Eine an die „Ecole polytechnique" anschließende Elitehochschule, die Bergbauingenieure ausbildete (und immer noch ausbildet), die Poincaré absolviert hatte. In den 1870er Jahren war die „Ecole des mines" die angesehenste unter den weiterführenden Elitehochschulen („Ecoles d'application").

[5] Dabei dürfte es sich um ein von Pferden gezogenen Gefährt gehandelt haben, das Passagiere transportierte.

K. Volkert, *Das Undenkbare denken*, Mathematik im Kontext, DOI 10.1007/978-3-642-37722-8_6,   127

ich nahm die begonnene Unterhaltung mit meinem Nebenmann sofort wieder auf, kaum dass ich mich gesetzt hatte. Aber ich war mir plötzlich vollkommen sicher. Nach meiner Rückkehr nach Caen verifizierte ich mit ausgeruhtem Kopf das Resultat, um meine Gedanken zu beruhigen.

(Poincaré 1908, 28)

Henri Jules Poincaré (* Nancy 1854, † Paris 1912), nach Studium an der „Ecole polytechnique" und der „Ecole des mines" in Paris kurze Zeit Bergbauingenieur in Vésoul. Danach Dozent in Caen und Paris, 1883 Professor in Paris. Poincaré war sehr vielseitig, neben zahlreichen Beiträgen zur reinen Mathematik forschte er auch in der Himmelsmechanik und in der theoretischen Physik sowie in der Wissenschaftstheorie. Neben D. Hilbert galt er als der führende Mathematiker seiner Zeit.

Kommen wir nun zu Poincaré's erstem Supplement. Dort heißt es:

Es gibt enge Verbindungen zwischen den obigen Betrachtungen und der nichteuklidischen Geometrie von Lobatschewskij[6]. In der Tat, was ist eine Geometrie? Sie ist das Studium derjenigen Gruppe von Operationen, die gebildet wird von den Bewegungen, welchen eine Figur unterworfen werden kann, ohne deformiert zu werden. In der euklidischen Geometrie reduziert sich diese Gruppe auf Rotationen und Translationen.[7] In der Pseudogeometrie von Lobatschewskij ist sie komplizierter.[8]

Die Gruppe der Operationen, die aus M und N kombiniert werden können, ist *isomorph* zu einer Gruppe, welche in der pseudogeometrischen Gruppe *enthalten* ist.[9] Die Gruppe der Operationen, welche aus M und N gebildet werden, zu studieren bedeutet deshalb, die Geometrie Lobatschewskijs zu betreiben. Die Pseudogeometrie liefert uns folglich eine Sprache, welche geeignet ist, das auszudrücken, was wir über diese Gruppe zu sagen haben.

Sei h der Radius des Kreises HH' [siehe Abbildung]. Dem Punkt in der z-Ebene mit den Polarkoordinaten ρ und ω ordne ich in der *pseudogeometrischen Ebene* den Punkt mit den Polarkoordinaten

$$\omega \quad \text{und} \quad L\frac{h+\rho}{h-\rho} = R$$

zu.[10]

Den Punkten im Innern des Kreises HH' werden Punkte, die die ganze pseudogeometrische Ebene ausfüllen, entsprechen; den Kreisen, die den Kreis HH' orthogonal schneiden, Geraden; den Kreisen, welche alle Kreise, die durch einen Punkt λ der z-Ebene gehen, orthogonal schneiden und die ihrerseits den Kreis HH' senkrecht treffen, werden Kreise zugeordnet, deren Mittelpunkt der Punkt ist, der λ entspricht. Schließlich wird der Winkel zwischen zwei Kurven in der z-Ebene gleich sein dem Winkel zwischen den beiden entsprechenden Kurven in der pseudogeometrischen Ebene.

Zu was werden die Operationen M und N? Nennen wir weiterhin M die Operation, die es erlaubt, vom Punkt, der λ entspricht, zum Punkt überzugehen, der $M\lambda$ entspricht, so ist M nichts anderes als eine Drehung um den Winkel $2\pi\rho_1$ um den Ursprung. N ist analog nichts anderes als eine Drehung um den Winkel $2\pi r$ um den α entsprechenden Punkt.

---

[6] Bolyai wird von Poincaré niemals erwähnt.

[7] Es werden also nur orientierungserhaltende Bewegungen betrachtet, eine Einschränkung, die im 19. Jh. üblich war.

[8] Dieses Argument wird für Poincarés Konventionalismus eine wichtige Rolle spielen; vgl. unten sowie Kap. 9.

[9] M und N werden weiter unten erklärt. Es geht also darum, dass M und N eine Gruppe erzeugen, die isomorph zu einer Untergruppe der orientierungserhaltenden Bewegungen der hyperbolischen Ebene ist.

[10] L ist der Logarithmus.

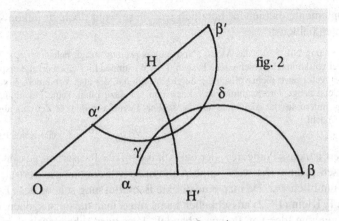

Q ist das Viereck Oαγα'

(Gray und Walter 1997, 31)

Fahren wir fort, das geradlinige Viereck, das in der pseudogeometrischen Ebene dem krumm-linigen Viereck Q in der z-Ebene entspricht, Q zu nennen.[11] *In der pseudogeometrischen Ebene sind das Viereck Q und alle seine Transformierten untereinander gleich.*[12]

Fragen wir uns, ob in der z-Ebene das aus dem Viereck Q und seinen sukzessiven Trans-formierten gebildete Schachbrett die Fläche von HH' überdeckt und zwar genau einmal[13], so bedeutet dies, zu fragen, ob das in der pseudogeometrischen Ebene vom Viereck Q und seinen sukzessiven Transformierten gebildete Schachbrett diese Ebene komplett überdeckt und ob diese Überdeckung genau einmal erfolgt. Das wiederum bedeutet, sich zu fragen, ob diese Ebene zerlegt werden kann in eine unendliche Anzahl von Vierecken, welche alle Q gleich sind, was wiederum dasselbe ist wie eine unendliche Zahl von Dreiecken mit den Winkeln $\pi\rho_1$, $\pi\rho_2$ und πr.

(Gray und Walter 1997, 35–36)

Der Anfang des zweiten Supplements, das Poincaré Ende August/Anfang September 1880 der Akademie übergab, besteht aus einer Zusammenfassung seiner Resultate bezüglich des Modells. Er schreibt:

Ich fürchte, dass es meinem ersten Supplement an Klarheit fehlte, und ich nehme deshalb an, dass ich, bevor ich die erhaltenen Resultate verallgemeinere, auf die Ergebnisse selbst zurückkommen sollte, um einige zusätzliche Erklärungen zu liefern.

(Gray und Walter 1997, 95)

In Poincaré's Überlegungen sind es nicht allein die Transformationen, die wichtig sind, sondern auch eine Invariante, die man geometrisch als Streckenlänge interpretieren kann und physikalisch die Idee des starren Körpers liefert. Das Zusammenspiel der beiden macht gerade die Geometrie aus.

Die drei Supplemente, die Poincaré seiner Abhandlung folgen ließ, blieben bis 1979 unbeachtet in den Archiven der Pariser Akademie. Die Akademie verlieh übrigens Poin-caré nur den zweiten Preis trotz der beachtlichen Erkenntnisse, die dessen Abhandlung

---

[11] Der gleiche Buchstabe wird also für das Viereck in der z-Ebene und in der hyperbolischen Ebene verwendet. Die Kanten des ersteren sind Kreisbögen, also gekrümmt, die Kanten des letzteren sind hyper-bolische Strecken, also gerade in der Ausdrucksweise von Poincaré.

[12] Lies: kongruent.

[13] Es geht also um eine Parkettierung im weiteren Sinne (d. h. die Bausteine der Parkettierung müssen nicht regelmäßig sein).

und ihre Supplemente enthielten. Letztlich war diese wohl doch zu unkonventionell. In ihrem Gutachten heißt es:

> In der Abhandlung No. 5, die das Motto „Non inultus premor" trägt, behandelt der Autor nach einander zwei vollkommen verschiedene Fragen. [...] Wir finden hier einen erfolgversprechenden Weg, den der Autor noch nicht vollständig durchschritten hat, der aber von einem einfallsreichen und tiefen Geist zeugt. Die Kommission[14] kann ihm nur dazu raten, seine Forschungen weiter zu verfolgen, indem sie die Akademie auf das schöne Talent, von dem er Zeugnis abgelegt hat, aufmerksam macht.
>
> (Poincaré 1952a, 73)[15]

Bemerkenswert ist, dass Poincaré – der bei Abfassung der Preisarbeit gerade mal 26 Jahre alt und frisch promoviert war – eine Auffassung von Geometrie vertrat, die damals neu und eher unüblich war. Da man eine direkte Beeinflussung seitens des „Erlanger Programms" von F. Klein (1872) ausschließen kann, muss man davon ausgehen, dass es sich hier um eine genuine Idee von Poincaré handelt. Dies wird sehr plausibel auch dadurch, dass der Ansatz, eine Gruppe, die auf etwas operiert, und die Invarianten dieser Operation zu studieren, geradezu ein Grundthema des mathematischen Schaffens Poincaré's und seiner philosophischen Aufarbeitung durch ihn wurde.[16]

Poincaré hat seine Entdeckung später an mehreren Stellen in Aufsätzen vorgestellt. Sein Interesse in diesen frühen Jahren war allerdings rein mathematisch, die Modelle waren hauptsächlich Hilfsmittel, um bestimmte Probleme – zum Beispiel das Auffinden von Untergruppen via Parkettierungen – zu lösen. Eine wichtige Rolle dabei spielte die Tatsache, dass sie eine Art Brücke zwischen analytischen und geometrischen Betrachtungen schlugen; sie lieferten eine „geeignete" oder „bequeme" Sprache, wie Poincaré gerne formulierte. Der Begriff „Modell" fällt bei Poincaré nicht. Gegen Ende der 1880er Jahre begann Poincaré allerdings, auch zu philosophischen Aspekten der Mathematik zu publizieren, insbesondere seinen Konventionalismus zu entwickeln. Dabei spielten die Modelle eine ganz wesentliche Rolle, wie wir weiter unten und in Kap. 9 sehen werden.

Die erste Veröffentlichung, in der Poincaré auf eines seiner Modelle eingeht, ist datiert auf den 14.2.1881. Es handelt sich um eine Mitteilung für die Pariser Akademie[17] mit dem Titel „Über die Fuchsschen Funktionen". Darin heißt es kurz und knapp: „Zuerst mussten die Fuchsschen Funktionen gebildet werden; dies gelang mir mit Hilfe der nichteuklidischen Geometrie, wovon ich hier aber nicht spreche." (Poincaré 1952b, 2)[18]

---

[14] Die Akademie hatte eine Kommission gebildet, die die Beiträge zum Wettbewerb beurteilen sollte. Diese bestand aus Bertrand, Bonnet, Puiseux, Bouquet und dem Berichterstatter Hermite. Hermite stammte ebenso wie Poincaré aus Lothringen, nämlich aus dem Städtchen Dieuze unweit von Nancy. Es wäre mehr als erstaunlich, wenn er das Motto der Stadt Nancy nicht erkannt hätte. Zudem war Poincaré sein Student gewesen; er könnte also durchaus mit dessen Handschrift vertraut gewesen sein.

[15] Die nichteuklidische Geometrie wird im Gutachten der Kommission bemerkenswerter Weise nicht erwähnt.

[16] Ähnlich zentral waren die quadratischen Formen für Gaußens Denken.

[17] Die Akademie veröffentlichte in ihren „Compte rendu" (Sitzungsberichten) diese Noten, die hauptsächlich die Funktion hatten, größere Veröffentlichungen anzukündigen und deren Inhalt kurz vorzustellen. Damit konnte die Priorität gesichert werden, was in Anbetracht oft sehr langer Zeiträume zwischen Einreichung und Druck eines Manuskripts sehr nützlich sein konnte.

[18] Fuchssche und Kleinsche Funktionen sind Klassen von modern gesprochen automorphen Funktionen, also komplexen Funktionen, deren Werte sich nicht ändern, wenn man auf die (komplexe) Variable bestimmte (Möbius-)Transformationen ausübt: Es gilt also $f(u(z)) = f(z)$ für geeignetes u. Die

Am 11.7. reichte Poincaré eine weitere Note „Über die Kleinschen Gruppen" ein, in der er deutlicher wurde:

> In meinen vorangehenden Noten habe ich gezeigt, wie man alle Fuchsschen Gruppen bilden kann, das heißt alle diskontinuierlichen[19] Gruppen, die aus Substitutionen[20] der Form (1)
>
> $$\left(t, \frac{\alpha t + \beta}{\gamma t + \delta} \right)$$
>
> bestehen (diese Substitutionen waren der Bedingung unterworfen, einen festen Kreis, den so genannten Grenzkreis, nicht zu verändern). Eine Bemerkung von Herr Klein, die ich in meiner letzten Note zitiert habe, hat mich dazu veranlasst, alle diskontinuierlichen Gruppen der Form (1) zu suchen (ohne die Bedingung bezüglich des Grenzkreises) und ich habe vorgeschlagen, diese *Kleinsche* Gruppe zu nennen. Ich werde zeigen, wie mir die Pseudogeometrie von Lobatschewskij, die mir dazu gedient hat, die Fuchsschen Gruppen zu finden, zur Lösung des allgemeineren Problems verhelfen kann, das ich heute in Angriff nehme.
>
> 1. Der Kürze wegen schreibe ich *ps* oder *pst* für ‚pseudogeometrisch'[21]. Eine Sphäre, deren Mittelpunkt in der xy-Ebene liegt, heiße *ps-Ebene*, der Schnitt zweier ps-Ebenen ist eine *ps-Gerade*. Der *ps*-Winkel zwischen zwei Kurven ist gleich ihrem geometrischen Winkel.[22] Betrachtet man zwei beliebige Punkte a und b, so kann man durch diese eine *ps*-Gerade legen, die die xy-Ebene in zwei Punkten c und d schneidet; der mit 1/2 multiplizierte Logarithmus des Doppelverhältnisses von a und b bezüglich c und d sei deren *ps*-Abstand.[23] Ich bezeichne einen Teil der *ps*-Ebene, der von *ps*-Geraden begrenzt wird, als *ps-Polygon*; analog ist ein *ps-Polyeder* ein Teil des Raumes, der vollständig oberhalb der xy-Ebene liegt und der von *ps*-Ebenen sowie der xy-Ebene begrenzt wird. Zwei Figuren heißen *pst-gleich*[24], wenn man zwischen ihnen eine punktweise Korrespondenz herstellen, so dass die *ps*-Abstände dabei erhalten bleiben. Dank dieser Definitionen finden die Sätze von Lobatschewskij ihre konkrete Anwendung (vergleiche die Arbeiten von Herrn Klein zu diesem Thema in den *Mathematischen Annalen*).
> 2. Wir betrachten eine Substitution der Form (1). Sei
>
> $$t = x + y\sqrt{-1}$$

---

autormorphen Funktionen sind somit eine Verallgemeinerung der elliptischen Funktionen, sie besitzen gewissermaßen eine verallgemeinerte Periodizität. Die Transformationen, unter denen die Funktionen invariant sind, bilden eine Gruppe, die Poincaré Fuchssche bzw. Kleinsche Gruppe nennt. Fuchssche Gruppen sind – wie Poincaré erkannte – immer isomorph zu Untergruppen der Bewegungsgruppe der nichteuklidischen Ebene, Kleinsche derjenigen des nichteuklidischen Raums. Die Koeffizienten der Fuchsschen Transformationen sind reelle Zahlen, die der Kleinschen komplexe. Die aus den Koeffizienten gebildete Determinante muss ungleich Null sein. Modern gesprochen geht es um eigentlich diskontinuierlich und fixpunktfrei operierende Untergruppen von $PSL(2, \mathbf{R})$ bzw. $PSL(2, \mathbf{C})$.

[19] D.h. es gibt keine Häufungspunkte bei der Operation der Gruppe auf dem fraglichen Raum.

[20] Der Begriff „Substitution" wurde eine Zeit lang anstelle von „Element einer Gruppe" verwendet, vgl. den Titel ‚Theorie der Substitutionen'(1870) von C. Jordans einflussreichem Buch über diesen Gegenstand. Hintergrund hierfür war wohl die Herkunft des Gruppenbegriffs aus der Gleichungslehre (symmetrische Funktionen).

[21] Je nachdem, ob es sich um das Adjektiv oder das Adverb handelt; im Französischen „pseudogéométrique" und „pseudogéométriquement".

[22] Das heißt, das Modell ist konform (die Winkelmessung bleibt unverändert), einer seiner großen Vorteile.

[23] Poincaré stellt sich die Punkte, die in das Doppelverhältnis eingehen, als komplexe Zahlen vor. Deshalb kann er problemlos das Doppelverhältnis bilden.

[24] Seit Legendres Lehrbuch „Eléments de géométrie" (1794) werden im französischen Sprachraum kongruente Figuren als „gleich" (égal) bezeichnet, im Unterschied zu flächengleichen Figuren, die „äquivalent" (équivalent) heißen. Auch im Deutschen wurde die Bezeichnung „kongruent" erst recht spät üblich; vgl. Tropfke (1940), 94–96.

Ferner betrachten wir x und y als die Koordinaten eines Punktes einer Ebene. Die Transformation (1) bildet alle Kreise auf Kreise ab.[25] Nehmen wir nun im Raum einen Punkt A; durch diesen Punkt kann ich unendlich viele ps-Ebenen legen, die die xy-Ebene in unterschiedlichen Kreisen C schneiden werden. Durch die Substitution (1) werden diese Kreise in andere Kreise C' überführt. Alle Sphären, die denselben Mittelpunkt und denselben Radius wie diese Kreise C' besitzen, werden sich in ein und demselben Punkt B schneiden. Der Substitution (1) entspricht im Raum eine Transformation (A, B), die jede Figur im Raum in eine ihr *pst-gleiche* Figur überführt. Einer Gruppe von diskontinuierlichen Substitutionen (1) wird folglich eine diskontinuierliche Gruppe von Transformationen (A, B) entsprechen.

3. Um alle diskontinuierlichen Gruppen von Transformationen (A, B) zu konstruieren, muss man den Raum in ps-Polyeder unterteilen, die unter einander *pst*-gleich sind. Betrachten wir eines dieser *ps*-Polyeder. Ich unterscheide bei einem derartigen Polyeder Flächen erster Art, das sind solche, die von *ps*-Ebenen gebildet werden, und solche zweiter Art, das sind solche, die aus Teilen der xy-Ebene bestehen. Die Flächen erster Art können zu Paaren geordnet werden, wie das bei den gekrümmten Polygonen der Fall gewesen ist, die in der Theorie der Fuchsschen Gruppen betrachtet wurden. Zwei Flächen, die einem Paar angehören, werden *konjugiert* genannt und müssen zueinander *pst*-gleich sein. Die Kanten lassen sich folgendermaßen in Zyklen ordnen: Wir gehen von einer beliebigen Kante aus und betrachten eine der Flächen, welche durch diese Kante gehen. Dann betrachten wir die hierzu konjugierte Fläche und in dieser die der ausgewählten Kante homologe Kante. Nun nehmen wir eine weitere Fläche, die durch diese Kante verläuft, dann die dazu konjugierte Fläche, und so weiter, bis man wieder auf die Ausgangskante stößt.[26] Dies vorausgesetzt, findet man eine notwendige und hinreichende Bedingung dafür, dass das betrachtete *ps*-Polyeder Anlass zu einer diskontinuierlichen Gruppe gibt: Es muss gelten, dass sich die an den Kanten eines Zyklus anliegenden Flächenwinkel zu einem aliquoten Teil von 2π aufsummieren.

4. Die vorangehenden Betrachtungen erlauben es, alle diskontinuierlichen Transformationsgruppen (A, B) zu erhalten. Damit das von uns betrachtete Polyeder zu einer Gruppe von Substitutionen (1) führt, muss unter anderem gelten, dass mindestens eine der Flächen dieses Polyeders ein Teil der xy-Ebene ist.

5. Wenden wir diese Prinzipien auf ein einfaches Beispiel an. Ich setze ein krummliniges Polygon voraus, dessen Kanten Kreisbögen sind, und ich frage mich, unter welchen Bedingungen dieses Polygon eine diskontinuierliche Gruppe durch jene Operation erzeugt, die Herr Klein *Vervielfältigung durch Symmetrie* nennt. Ich verlängere die Kreisbögen zu ganzen Kreisen und betrachte dann die Sphären, die denselben Mittelpunkt und denselben Radius wie diese Kreise besitzen. Diese Sphären begrenzen ein bestimmtes ps-Polyeder, dessen Flächenwinkel sämtlich aliquote Teile von π sein müssen. [...]

(Poincaré 1952c, II, 23–25)

Die zweidimensionale Situation, das heißt das Poincaré-Halbebenenmodell[27] für die hyperbolische Ebene, veranschaulichen folgende Abbildungen:

---

[25] Denn es handelt sich ja um Möbius-Transformationen.

[26] Die hier angedeutete Technik, durch Identifikation von Flächen neue Objekte zu erhalten, wurde später (ab 1892) von Poincaré benutzt, um 3-Mannigfaltigkeiten zu konstruieren. Sie bildete gewissermaßen den Ausgangspunkt für seine Untersuchungen zur geometrischen Topologie, indem sie ihm wichtiges Beispielmaterial lieferte. Nimmt man Polygone, so erhält man Flächen; vgl. Volkert (2002).

[27] Üblicherweise unterscheidet man (im ebenen Fall) das Halbebenen- und das Kreismodell von Poincaré. Im Supplement wird ersteres beschrieben, im hier betrachteten Artikel letzteres.

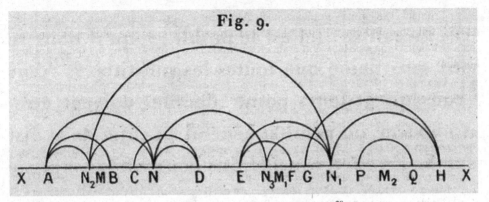

Geraden im Halbenenmodell von Poincaré[28]

(Poincaré 1952d, 158)

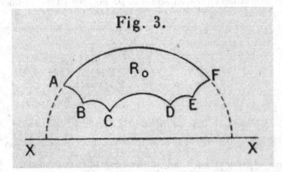

Sechseck im Halbebenenmodell von Poincaré

(Poincaré 1952d, 128)

und das zugehörige Identifikationsschema[29] für die Kanten:

$$AB \quad et \quad AF$$
$$BC \quad et \quad FE$$
$$CD \quad et \quad ED$$

Sehr wichtig für Poincaré's Untersuchungen war, dass diese zu einer Untergruppe gehörigen Vielecke – man nennt sie heute Fundamentalbereiche – eine Parkettierung der hyperbolischen Ebene (im Modell also der Kreisscheibe oder der Halbebene) liefern, wenn bestimmte Bedingungen an ihre Winkel erfüllt sind. Dadurch wird das sehr unübersichtliche Problem, Fuchssche Gruppen zu finden, recht übersichtlich.

---

[28] In gängiger Terminologie sind zwei ps-Geraden, die einen Punkt auf der Grenzgeraden gemeinsam haben, parallel; alle anderen nicht-schneidenden Geraden sind überparallel. Man erkennt sofort, dass durch einen Punkt außerhalb einer ps-Geraden zwei Parallelen zu derselben existieren – jede davon trifft die fragliche Gerade in einem Punkt der Grenzgeraden; daneben existieren unendlich viele Überparallelen.
[29] Lies: die Kante AB ist mit der Kante AF zu identifizieren, etc. Es entsteht eine Brezelfläche.

Im Frühjahr 1881 reiste Poincaré nach Algerien, wo er am jährlichen Kongress der AFAS[30] teilnahm und einen Beitrag lieferte. Darin schilderte er eine andere Anwendung seines Modells – dieses Mal wählt er das Kreismodell – auf die Theorie der quadratischen Formen:

> Vor längerem hat Herr Hermite bewiesen, dass eine ternäre indefinite quadratische Form mit ganzzahligen Koeffizienten von unendlich vielen linearen Substitutionen ungeändert gelassen wird, deren Koeffizienten ebenfalls ganze Zahlen sind.[31] Dennoch sind die Eigenschaften dieser Substitutionen noch nicht bekannt; ich denke deshalb, dass es nicht unnütz sein wird, einige davon, die mir bemerkenswert scheinen, hier aufzuführen.
> [...]
> An dieser Stelle werde ich mich auf die nichteuklidische oder Pseudogeometrie beziehen. Ich werde „pseudosphärisch" abkürzen zu ps oder pst.
> Ich werde der Kürze halber jeden Kreisbogen, der den [gegebenen] Kreis C senkrecht schneidet, ps-Gerade nennen; der ps-Abstand zweier Punkte sei der mit ein Halb multiplizierte Logarithmus des Doppelverhältnisses dieser beiden Punkte und der beiden Punkte, in der die ps-Gerade, die die beiden Punkte verbindet, den Kreis C schneidet [...]. Der ps-Winkel zweier Kurven, die sich schneiden, wird ihr geometrischer Winkel sein. Ein ps-Polygon ist ein Teil der Ebene, der von ps-Geraden begrenzt wird.
> Zwei Figuren heißen pst-gleich, wenn es ein System von neun Konstanten gibt
>
> $$\begin{array}{ccc} \alpha & \beta & \gamma \\ \alpha' & \beta' & \gamma' \\ \alpha'' & \beta'' & \gamma'' \end{array}$$
>
> mit
>
> $$\alpha^2 + \alpha'^2 - \alpha''^2 = 1, \qquad \beta^2 + \beta'^2 - \beta''^2 = 1, \qquad \gamma^2 + \gamma'^2 - \gamma''^2 = -1;$$
> $$\beta\gamma + \beta'\gamma' - \beta''\gamma'' = 0, \qquad \alpha\gamma + \alpha'\gamma' - \alpha''\gamma'' = 0, \qquad \alpha\beta + \alpha'\beta' - \alpha''\beta'' = 0.$$
>
> Durchläuft der Punkt (ξ_1, η_1, ζ_1) den Umfang der ersten Figur, so durchläuft $(\alpha\xi_1 + \beta\eta_1 + \gamma\zeta_1, \alpha'\xi_1 + \beta'\eta_1 + \gamma'\zeta_1, \alpha''\xi_1 + \beta''\eta_1 + \gamma''\zeta_1)$ den Umfang der zweiten Figur.[32]
> All dies vorausgesetzt, erkennt man, dass die ps-Abstände, die ps-Winkel, die ps-Geraden etc. den Sätzen der nichteuklidischen Geometrie genügen, das heißt allen Sätzen der gewöhnlichen Geometrie mit Ausnahme jener, die eine Folgerung aus Euklids *Postulat*[33] sind.
> Es folgt hieraus, dass die Gebiete[34] P, P', P'', ... untereinander ps-gleich sind. Jede Operation, die den Punkt mit den hyperbolischen Koordinaten ξ, η, ζ in einen Punkt mit den Koordinaten ξ_1, η_1, ζ_1 überführt, so dass diese lineare Funktionen von ξ, η, ζ sind, heiße ps-Bewegung. Diese ps-Bewegung ist eine Drehung, falls sie einen Fixpunkt besitzt; eine Verschiebung[35] andernfalls.

---

[30] Association française pour l'avancement des sciences, entspricht in etwa der Gesellschaft deutscher Naturforscher und Ärzte und der British Association for the Advancement of Sciences (vgl. Kap. 5). Die genannten Organisationen stellten vor allem in der zweiten Hälfte des 19. Jhs. wichtige Foren zur Verfügung, die erst durch das Aufkommen von Fachverbänden (wie die Deutsche oder die Französische Mathematikervereinigung [DMV bzw. SMF]) an Bedeutung verloren.

[31] Es geht um die Arbeit Hermite (1854). Dort behandelt Hermite Formen vom Typ $ax^2 + a'y^2 + a''z^2 + 2byz + 2b'xz + 2b''yz$ mit ganzzahligen Koeffizienten, die sich auf die Form $x^2 + y^2 - z^2$ bringen lassen.

[32] Es geht hier um die (dreidimensionale) Lorentz-Gruppe, deren Elemente als 3×3-Matrizen dargestellt werden (mit nicht-verschwindender Determinante, was Poincaré nicht sagt); die Norm, die erhalten bleibt, ist $\|\vec{v}\| = x^2 + y^2 - z^2$, wenn $\vec{v} = (x, y, z)$ Diese ist aber nicht positiv definit.

[33] Gemeint ist das Parallelenpostulat.

[34] Es handelt sich dabei um einen zuvor eingeführten Fundamentalbereich und gewisse seiner Bilder.

[35] Diese Bezeichnung ist irreführend, da es in der nichteuklidischen Geometrie keine den Verschiebungen der Euklidischen Geometrie analoge Bewegung gibt.

Eine ps-Bewegung ist vollständig bestimmt, wenn man weiß, dass sie den Punkt a in a_1 und den Punkt b in b_1 abbildet; wir sprechen dann von der Bewegung (aa_1, bb_1). Dabei muss selbstverständlich gelten, dass der ps-Abstand von a_1, b_1 gleich dem ps-Abstand von a, b ist. Zwei Figuren heißen pst-gleich, wenn man von der einen zur anderen durch eine ps-Bewegung übergehen kann.

(Poincaré 1950, 267 und 270–72)

Es gibt noch einige andere Stellen in den Arbeiten Poincaré's zu den Fuchsschen und Kleinschen Funktionen, an denen er auf das Thema nichteuklidische Geometrie zu sprechen kommt.[36] Diese bieten allerdings nichts Neues.

Wenig bekannt ist, dass Poincaré noch ein drittes Modell entwickelt hat. Haben die beiden bislang betrachteten Modelle den Vorteil großer Einfachheit – hauptsächlich weil sie konform sind –, so haben sie doch den Nachteil, gewissermaßen allein zu stehen: ein Bezug zur elliptischen und zur euklidischen Geometrie ist nicht zu sehen. Dies ist bei Poincaré's drittem Modell anders. Zudem ist der fragliche Aufsatz, in dem er dieses entwirft, eine interessante Etappe in der Entwicklung der philosophischen Ideen von Poincarè, die wir in Kap. 9 kennenlernen werden. Der im Folgenden in Auszügen zitierte Aufsatz „Über die fundamentalen Hypothesen der Geometrie" erschien in einer mathematischen Fachzeitschrift, nämlich im Bulletin der französischen Mathematikervereinigung im Jahre 1887 – im Unterschied zu den mehr philosophischen Arbeiten, die Poincaré später verfasste und die er in philosophischen Fachzeitschriften oder populärwissenschaftlichen Zeitschriften publizierte. [37]

Vor allem in der Logik gilt, dass Nichts aus Nichts folgt; in jedem Beweis setzt die Folgerung die Prämissen voraus. Die Mathematik muss folglich auf einigen unbeweisbaren Voraussetzungen beruhen.[38] Man kann darüber streiten, ob man diese *Axiome, Hypothesen oder Postulate* nennen sollte; je nachdem man diese Voraussetzungen als experimentelle Tatsachen ansehen möchte oder als analytische Urteile oder aber als synthetische Urteile *apriori*, wird die Bezeichnung eine andere sein. Die Existenz aber dieser Voraussetzungen ist unzweifelhaft.

Es stellt sich also das folgende, aus der Sicht der Logik interessante Problem: Welches sind die Prämissen der Geometrie, die unbeweisbaren Sätze, auf denen diese Wissenschaft beruht? Dabei schließen wir wohlverstanden diejenigen Sätze aus, die schon erforderlich sind, um die Analysis zu begründen, denn wir gehen davon aus, dass die Resultate der Algebra und der reinen Analysis bereits bekannt sind in dem Augenblick, in dem wir das Studium der Geometrie in Angriff nehmen. Obwohl dieses Problem seit langem die Geometer beschäftigt, kann die Frage dennoch nicht als erledigt gelten.

Man hat bewiesen, dass das Postulat von Euklid nicht beweisbar ist. Da es viele Resultate gibt, die man ohne dieses Postulat beweisen kann, kann dieses jedoch nicht die einzige Aussage sein, auf der die gesamte Geometrie beruht.

Man kann sich auch nicht mit den Aussagen zufrieden geben, die unter der Bezeichnung *Axiome* zu Beginn der Lehrbücher der Geometrie formuliert werden. Untersucht man diese ernsthaft, so stellt man fest, dass kein einziges dieser Axiome zu den Prämissen der Geometrie gezählt werden kann. Die einen sind Aussagen, die bereits für die Grundlegung der Analysis notwendig sind; handelt es sich dabei um Hypothesen (was man bestreiten kann), so sind es sicherlich keine, die der Geometrie angehören. Ein Beispiel hierfür ist das folgende Axiom: *Zwei Größen, die einer dritten gleich sind, sind untereinander gleich.* Andere Axiome sind nichts anderes als Definitionen.

---

[36] Z. B. Poincaré (1952d), 114 und 264f. An der letzten Stelle bemerkt Poincaré, dass man durch die Interpretation im Modell sehe, dass die Sätze der nichteuklidischen Geometrie „vollkommen exakt" seien.

[37] Der bislang wenig beachtete Artikel von Poincaré aus dem Jahr 1887 wird ausführlicher analysiert in Nabonnand (2012).

[38] Diese Einsicht wird manchmal Pascalsches Prinzip genannt.

Schließlich können andere wiederum nicht als unbeweisbar gelten, so zum Beispiel das folgende: *Die gerade Linie ist der kürzeste Weg von einem Punkt zu einem anderen.*[i]

Neben den explizit formulierten Axiomen gibt es jedoch noch eine große Zahl von Hypothesen, die man zu Beginn der Beweise verschiedener Sätze implizit voraussetzt.

Allerdings entgehen diese Hypothesen im allgemeinen dem Leser, zumindest dann, wenn er nicht außergewöhnlich aufmerksam ist; obwohl diese logisch gesehen nicht evident sind, erwecken sie in uns den Anschein, als seien sie es, weil sie in Folge der Gewöhnung in unseren Sinnen und in unserem Denken verwurzelt sind.

Im Übrigen sind diese expliziten und impliziten Hypothesen nicht alle unabhängig voneinander; man könnte sich damit begnügen, eine geringere Anzahl solcher Hypothesen einzuführen, und die anderen hieraus als Folgerungen ableiten.

Wir werden folglich dazu geführt, das Problem folgendermaßen zu formulieren: Es sollen alle notwendigen Hypothesen ausgesprochen werden und nur diese. Ich denke, dass dieses Problem noch nicht gelöst ist, und werde versuchen, einen Beitrag zu seiner Lösung zu leisten.

Wir betrachten zuerst die zweidimensionale oder ebene Geometrie.

Quadratische Geometrien

Wir kennen bereits drei zweidimensionale Geometrien:

1. Die euklidische Geometrie, in der die Winkelsumme im Dreieck gleich zwei Rechten ist;
2. die Geometrie Riemanns, in der diese Summe größer als zwei Rechte ist;
3. die Geometrie von Lobatschewskij, in der sie kleiner als zwei Rechte ist.

Diese drei Geometrien beruhen auf denselben grundlegenden Hypothesen, wenn man vom *Postulat* des Euklid absieht, welches die erste Geometrie zulässt, während es die beiden anderen zurückweisen. Außerdem weist die Geometrie Riemanns Ausnahmen auf bezüglich des Prinzips, dass zwei Punkte eine Gerade eindeutig bestimmen, während dies in den beiden anderen ausnahmslos erfüllt ist.

Beschränkt man sich auf zwei Dimensionen, so lässt die Geometrie Riemanns eine sehr einfache Interpretation zu: Sie unterscheidet sich bekanntlich nicht von der sphärischen Geometrie, vorausgesetzt man kommt überein, den Großkreisen der Sphäre den Name *Geraden* zu geben.

Ich beginne damit, diese Interpretation so zu verallgemeinern, dass sie auch auf die Geometrie von Lobatschewskij angewendet werden kann.

Wir betrachten eine beliebige Fläche zweiter Ordnung.[39] Wir kommen überein, die ebenen Diametralschnitte dieser Fläche *Geraden* zu nennen und die nicht-diametralen ebenen Schnitte *Kreise.*

Zu definieren ist noch, was unter dem Winkel zwischen zwei Geraden, die sich schneiden, und unter der Länge einer Strecke zu verstehen ist.

Wir legen durch einen gegebenen Punkt der Fläche zwei diametrale ebene Schnitte (wir sind übereingekommen, diese *Geraden* zu nennen). Nun betrachten wir die Tangenten an diese beiden ebenen Schnitte sowie die beiden geradlinigen Erzeugenden der Fläche, die durch den fraglichen Punkt gehen. Diese vier Geraden (im gewöhnlichen Sinn des Wortes) haben ein bestimmtes Doppelverhältnis. Der zu definierende Winkel ist dann gleich dem Logarithmus dieses Doppelverhältnis, falls die beiden Erzeugenden reell sind, das heißt, wenn die Fläche ein einschaliges Hyperboloid ist; andernfalls ist unser Winkel gleich dem durch $\sqrt{-1}$ dividierten Doppelverhältnis.

Betrachten wir nun einen Bogen eines Kegelschnitts, der in einem ebenen Diametralschnitt liegt (wir sind übereingekommen, dies eine Strecke zu nennen).[40] Die beiden Endpunkte des Bogens sowie die beiden unendlich fernen Punkte des Kegelschnitts besitzen wie jedes System von vier auf einem Kegelschnitt liegenden Punkten ein bestimmtes Doppelverhältnis. Wir legen fest, dass

---

[39] Sie sollte einen Mittelpunkt haben, weil sonst die Rede von Diametralschnitten keinen Sinn macht. Bei Paraboloiden (siehe unten) ist der Mittelpunkt per definitionem der Fernpunkt ihrer Achse.

[40] Eine derartige Definition gibt es allerdings nicht im vorangehenden Text. Poincaré war nicht gerade der sorgfältigste Autor, was ihm manche Klagen von Herausgebern – z. B. von G. Mittag-Leffler – einbrachte.

die *Länge der Strecke* der Logarithmus dieses Doppelverhältnis sein soll, falls der Kegelschnitt eine Hyperbel ist, und gleich dem durch $\sqrt{-1}$ dividierten Logarithmus des Doppelverhältnis, falls der Kegelschnitt eine Ellipse ist.

Zwischen den solcherart definierten Winkeln und Streckenlängen gibt es einige Beziehungen, welche eine Menge von Sätzen liefern, die analog zu denjenigen der ebenen Geometrie sind.

Die Menge dieser Sätze kann man *quadratische Geometrie* nennen, da unser Ausgangspunkt die Betrachtung einer Quadrik oder einer Fundamentalfläche zweiter Ordnung gewesen ist.

Es gibt mehrere quadratische Geometrien, weil es mehrere Arten von Flächen zweiter Ordnung gibt.

Ist die Fundamentalfläche ein Ellipsoid, so unterscheidet sich deren quadratische Geometrie nicht von der Geometrie Riemanns.

Ist die Fundamentalfläche ein zweischaliges Hyperboloid, so ist deren quadratische Geometrie mit derjenigen Lobatschewskijs identisch.[41]

Ist diese Fläche ein elliptisches Paraboloid, so reduziert sich die quadratische Geometrie auf diejenige Euklids; das ist der Grenzfall der beiden obigen Geometrien.

Wie kommt es nun, dass die Geometrie des einschaligen Hyperboloids bislang den Theoretikern entgangen ist? Das liegt daran, dass in ihr folgende Sätze gelten:

1. Der Abstand zweier Punkte, die auf ein und derselben geradlinigen Erzeugenden der Fundamentalfläche liegen, ist Null.
2. Es gibt zwei Arten von Geraden: Die ersteren gehören zu elliptischen Diametralschnitten, die letzteren zu hyperbolischen. Es ist nicht möglich, vermöge einer reellen Bewegung eine Gerade der ersten Art mit einer Geraden der zweiten Art zur Deckung zu bringen.
3. Es ist nicht möglich, eine Gerade durch eine reelle Drehung um 180° um einen ihrer Punkte mit sich zur Deckung zu bringen, wie das in der [gewöhnlichen] Geometrie der Fall ist, wenn man eine Gerade um einen ihrer Punkte um 180° dreht.

Alle Geometer haben stillschweigend vorausgesetzt, dass diese drei Aussagen falsch sind. In der Tat widersprechen diese drei Sätze zu sehr den Gewohnheiten unseres Denkens, als dass die Begründer der Geometrie hätten glauben können, eine derartige Hypothese unter Leugnung dieser Gewohnheiten aufstellen und aussprechen zu können.

(Poincaré 1953, 79–82)

Im zweiten Teil folgt eine genauere Untersuchung der Voraussetzungen, welche die verschiedenen Geometrien machen (müssen) mit Hilfe der Theorie der Transformationsgruppen, die von S. Lie entwickelt worden war. Die Tatsache, dass diese Theorie recht voraussetzungsreich ist (z. B. muss man ja die Methoden der Differentialrechnung anwenden können), ist für Poincaré kein Problem, da er ja von vorne herein klar gemacht hat, dass er die Analysis voraussetzt. Das unterscheidet ihn von anderen Axiomatikern (wie M. Pasch und D. Hilbert), die einen autonomen Aufbau der Geometrie anstrebten.[42]

Schließlich gelangt Poincaré zu folgender Schlußfolgerung:

Wir können jetzt die Hypothesen aussprechen, die notwendig und hinreichend sind, um die Voraussetzungen für die ebene Geometrie zu liefern.

A. Die Ebene besitzt zwei Dimensionen.
B. Die Lage einer Figur in ihrer Ebene wird durch sechs Bedingungen festgelegt.
[…]

---

[41] Das zweischalige Hyperboloid liefert eine Darstellung der Beltramischen Pseudosphäre (vgl. Kap. 3) im pseudo-Euklidischen Raum. Da es eigentlich fünf nicht-entartete Quadriken gibt, liegt natürlich die Frage nahe, warum Poincaré nur auf vier Geometrien kommt (nicht betrachtet wird von ihm das hyperbolische Paraboloid, welches zur Geometrie der Minkowski-Ebene führt). Diese wird in Nabonnand (2012) diskutiert.

[42] Vgl. hierzu Kap. 8 unten. Die „Autonomen" folgen dem Vorbild Euklids.

C. Verlässt eine ebenen Figur nicht ihre Ebene und bleiben zwei ihrer Punkte unverändert, so bleibt die Figur als Ganzes unverändert.[43]

Jetzt haben wir nur noch die Wahl zwischen den verschiedenen quadratischen Geometrie. Wir führen zwei weitere Hypothesen ein:

D. Der Abstand zweier Punkte kann nur dann Null sein, wenn die beiden Punkte identisch sind.
E. Schneiden sich zwei Geraden, so kann man eine von ihnen um den Schnittpunkt so drehen, dass sie mit der anderen zusammenfällt. Diese beiden Hypothesen hängen notwendig miteinander zusammen; es genügt, eine von beiden zu akzeptieren, um verpflichtet zu sein, auch die andere anzunehmen und die Geometrie des einschaligen Hyperboloids auszuschließen.

Führen wir noch die folgende Hypothese ein:

F. Zwei Geraden können sich nur in einem Punkt schneiden, so wird ihrerseits die sphärische Geometrie ausgeschlossen.

Schließlich bleibt uns nur noch, das Postulat von Euklid einzuführen:

G. Die Winkelsumme im Dreieck ist konstant.[44]

Wir können anmerken, dass dieses *Postulat* die Hypothesen D, E und F überflüssig macht, da sie hiervon notwendige Folgerungen bilden.

Verschiedene Bemerkungen

Der Leser, der uns freundlicher Weise bis hierher gefolgt ist, wird nicht verfehlt haben, sich die berühmte Abhandlung *Über die Hypothesen, welche der Geometrie zu Grunde liegen* von Riemann anzusehen und gewisse Unterschiede in den Methoden und Resultaten festzustellen. Riemann charakterisiert eine Geometrie durch den Ausdruck des Linienelements als Funktion der Koordinaten. So gelangt er zu einer sehr großen Anzahl von logisch möglichen Geometrien, von denen ich noch nicht einmal gesprochen habe. Das liegt daran, dass ich als Ausgangspunkt die Möglichkeit der Bewegung oder vielmehr die Existenz einer Gruppe von Bewegungen, die die Abstände unverändert lassen, gewählt habe.[45]

Man kann sich nun fragen, welcher Natur diese Hypothesen sind. Sind sie experimentelle Tatsachen, analytische Urteile oder synthetische Urteile apriori? Wir müssen diese drei Fragen negativ beantworten. Wären diese Hypothesen experimentelle Tatsachen, so wäre die Geometrie einer immerwährenden Revision unterworfen und sie wäre keine exakte Wissenschaft mehr. Wären sie synthetische Urteile apriori oder stärker noch analytische, so wäre es unmöglich, sich ihnen zu entziehen und man könnte nichts auf ihre Negation begründen.

Man kann zeigen, dass die Analysis auf gewissen synthetischen Urteilen *apriori*[46] beruht; dem ist aber in der Geometrie nicht so.

Was also sollen wir über die Prämissen der Geometrie denken? In welchem Sinne kann man beispielsweise sagen, das *Postulat* von Euklid sei wahr?

Gemäß dem, was wir oben ausgeführt haben, ist die Geometrie nichts anderes als das Studium einer Gruppe. So gesehen kann man sagen, dass die Wahrheit der Geometrie von Euklid nicht unvereinbar ist mit der Wahrheit der Geometrie von Lobatschewskij, denn die Existenz einer Gruppe ist nicht inkompatibel mit der Existenz einer anderen Gruppe.

---

[43] Folglich sind nur orientierungserhaltende Bewegungen zugelassen.

[44] Dies ist äquivalent – unter Voraussetzung der absoluten Geometrie – zur Aussage, dass die Winkelsumme im Dreieck 180° beträgt, die Geometrie also Euklidisch ist.

[45] Deshalb kann man Poincarés Beitrag in die Geschichte des Riemann-Helmholtzschen Raumproblems einordnen, bei dem es grob gesprochen darum geht, die Euklidische Geometrie durch Bedingungen an die operierende Transformationsgruppe zu charakterisieren.

[46] Das ist Poincarés Position, die vor allem in der vollständigen Induktion ein derartiges synthetisches Element apriori sah. Dadurch ergibt sich auch bei ihm eine tiefgreifende Differenz zwischen Geometrie und Analysis.

Unter allen möglichen Gruppen haben wir eine spezielle Gruppe ausgewählt, um auf diese die physikalischen Phänomene zu beziehen, ebenso wie wir drei Koordinatenachsen wählen, um auf diese eine geometrische Figur zu beziehen.

Nun stellt sich die Frage, was diese Wahl bestimmt habe: Da ist zuerst einmal die Einfachheit der gewählten Gruppe. Aber es gibt noch einen anderen Grund: Es gibt in der Natur bemerkenswerte Körper, die man *Festkörper* nennt, und die Erfahrung lehrt uns, dass die verschiedenen möglichen Bewegungen dieser Körper in guter Näherung untereinander durch dieselben Relationen wie die Elemente der ausgewählten Gruppe verbunden sind.

Somit sind die grundlegenden Hypothesen der Geometrie keine experimentellen Tatsachen; dennoch veranlasst uns die Beobachtung gewisser physikalischer Phänomene diese unter allen möglichen Hypothesen auszuwählen.

Andererseits ist die ausgewählte Gruppe nur bequemer als die anderen; deshalb kann man nicht mehr sagen, die Euklidische Geometrie sei wahr und die von Lobatschewskij falsch, ebenso wenig wie man sagen kann, dass die kartesischen Koordinaten wahr und die Polarkoordinaten falsch seien.

Ich bestehe hierauf nicht weiter, denn das Ziel dieser Arbeit war es nicht, diese Wahrheiten zu entwickeln, die langsam Allgemeingut werden.

(Poincaré 1953, 89–91)

Man erkennt hier unschwer Poincarés Konventionalismus in nuce; diese in der späteren Wissenschaftstheorie recht einflussreiche Position werden wir in Kap. 9 genauer betrachten.

Endnoten

[i]Vermutlich bezieht sich Poincaré hier auf die Liste der Axiome, die A. M. Legendre seinem maßgeblichen Geometrielehrbuch „Eléments de géométrie" (1794) voranstellte und die sich – eventuell mit leichten Modifikationen – in vielen Geometrielehrbüchern wiederfindet. Diese Axiome lauten:

1. Zwei Größen, die einer dritten gleich sind, sind untereinander gleich.
2. Das Ganze ist größer als sein Teil.
3. Das Ganze ist gleich der Summe der Teile, in die es geteilt wurde.
4. Von einem Punkt kann man nur eine gerade Linie zu einem andern Punkt ziehen.
5. Zwei lineare, flächen- oder volumenartige Größen sind gleich, wenn sie sich, nachdem man sie aufeinander gelegt hat, in ihrer gesamten Ausdehnung decken.

(Legendre 1817, 6)

Ein entsprechendes Axiom wird heute nach der maßgeblichen Euklid-Ausgabe (1883–1888) von J. L. Heiberg als 1. Axiom formuliert: „1. Was demselben gleich ist, ist auch einander gleich." (Euklid 1980, 3) Interessanterweise behandelte auch die erste Abhandlung Hilberts zur Geometrie das Thema „Über die gerade Linie als kürzeste Verbindung zweier Punkte" (Hilbert 1895). Hierbei handelt es sich um erste Gedanken Hilberts zu seiner Axiomatik von 1899 – vgl. Kap. 8.

Kapitel 7
Scheinbeweise, Widerlegungen und ein großer Skandal

> *Es ist leicht, eine Reihe von „in sich widerspruchsfreien" Sätzen auch aus sich widersprechenden Voraussetzungen abzuleiten, wenn man nur solche Konsequenzen vermeidet, in denen der Widerspruch zu Tage tritt. Die bloße Existenz der sogenannten absoluten Geometrie erscheint uns darum als ein sehr schwacher Beweisgrund für die Unbeweisbarkeit des Parallelenaxioms.*
>
> (Becker 1873, 71)

Die Mathematikgeschichte kennt eine große Zahl von Beweisversuchen für das Euklidische Parallelenpostulat – wie man z. B. der Bibliographie von D. M. Y. Sommerville entnehmen kann. Einige davon haben wir im ersten Kapitel kennengelernt und wir haben gesehen, dass diese Beweisversuche nicht selten (z. B. im Falle von G. Saccheri und A. M. Legendre) beachtliche Fortschritte mit sich brachten – wenn auch nicht den gewünschten. Die Situation war schwierig: Weil kein komplettes System von Axiomen zur Verfügung stand, wusste man nie genau, was vorausgesetzt werden durfte und was nicht (vgl. Kap. 8). Klar war, dass man alle Sätze, die man ohne direkte oder indirekte Verwendung des Parallelenpostulats beweisen konnte, für einen Beweis dieses Postulats verwenden durfte. Umgekehrt aber war die Situation unübersichtlich, denn man konnte ja nicht ausschließen, dass man einen Satz, den man bislang nur mit Hilfe des Parallelenpostulats beweisen konnte, nicht vielleicht doch ohne dieses beweisen könnte. Auch die Frage, wie die Grundbegriffe der Geometrie (z. B. „Gerade") zu definieren seien, sorgte für viel Aufsehen. Die Hoffnung war, durch geeignete Definitionen die Schwierigkeiten der Parallelenlehre zum Verschwinden zu bringen. Aus heutiger Sicht ist es sehr schwierig, sich in die Lage der Mathematiker früherer Zeiten gerade bezüglich dieser Problematik zu versetzen.[i] Georg Simon Klügel hatte auf Anregung seines Doktorvaters August Abraham Gotthelf Kästner 1763 in seiner Göttinger Dissertation[1] rund 35 der bis dato bekannten Beweise detailliert kritisiert und ihre Unzulänglichkeit nachgewiesen: Meistens bestand der Fehler darin, dass eine Annahme stillschweigend oder auch explizit eingeführt wurde, die dem Parallelenaxiom – legt man die absolute Geometrie zu Grunde (modern formuliert) – äquivalent ist.

---

[1] Ihr Text findet sich in deutscher Übersetzung in Anhang I.

K. Volkert, *Das Undenkbare denken*, Mathematik im Kontext, DOI 10.1007/978-3-642-37722-8_7, 141
© Springer-Verlag Berlin Heidelberg 2013

Abraham Gotthelf Kästner (* Leipzig 1719, † Göttingen 1800) studierte in Leipzig Jura, wo er als Notar und später als außerordentlicher Professor wirkte, 1756 Professor für Geometrie und Naturlehre in Göttingen. Kästner verfasste weitverbreitete „Anfangsgründe der mathematischen Wissenschaften" sowie zahlreiche andere Aufsätze zur Mathematik und ihrer Geschichte. Er schrieb auch Aphorismen („Sinngedichte", 1781), die ihn bis heute in der Germanistik bekannt gemacht haben. Kästner setzte sich für die Verwendung der deutschen Sprache in der Mathematik und in ihrem Unterricht ein und vertrat auch ansonsten Ideen der Aufklärung.

Georg Simon Klügel (* Hamburg 1739, † Halle 1812) studierte u. a. Mathematik in Göttingen (bei A. G. Kästner), wo er auch promovierte (1763), 1766 Professor in Helmstedt, 1788 in Halle. Klügel verfasste Anfangsgründe der mathematischen Wissenschaften und begann das ehrgeizige Projekt eines „Mathematischen Wörterbuchs" (1803), das nach seinem Tode von K. B. Mollweide und J. A. Grunert fortgeführt wurde.

Gauß selbst hat sich im Druck mehrfach kritisch mit Beweisversuchen für das Parallelenpostulat auseinandergesetzt; diese Besprechungen[2] enthalten sehr vorsichtige Andeutungen zu seiner eigenen Position – zumindest wenn man Kenntnis der späteren Entwicklung hat.

Die Flut der Beweise ebbte auch nach Bekanntwerden der nichteuklidischen Geometrie nicht wesentlich ab; das drastischste Beispiel hierfür war wohl die Affäre Carton (1869/70), auf die wir weiter unten eingehen. Nachdem wir ein Beispiel aus dem Jahre 1840 von Anton Bischoff[3] gesehen haben, das nochmals die Fragestellung und den ungebrochenen Optimismus, mit dem am Parallelenproblem gearbeitet wurde, sowie dessen didaktische Wichtigkeit illustrieren mag, wenden wir uns der kritischen Arbeit zu, welche in den 1870er Jahren hauptsächlich geleistet wurde und die es sich zur Aufgabe gemacht hatte, die Unzulänglichkeit bekannter Beweisversuche nachzuweisen – also das Klügelsche Werk zu aktualisieren.

---

[2] Zu finden im vierten und im achten Band seiner Werke; vgl. Kap. 2.
[3] Die Promotion fand am 20.7.1839 statt, vgl. Toepell (1996), 442; Referent war vermutlich Johann L. Späth. Wie zu jener Zeit sehr üblich wurde nur die Einleitung zu der Dissertation gedruckt; diese ist im Folgenden reproduziert.

Ueber die

Theorie der Parallelen.

Inaugural-Dissertation

von

Dr. Anton Bischof.

München, 1840.

Einleitung.

Vielfach schon ist über die Theorie der Parallelen geschrieben worden, und wenn man sieht, von welchen Männern, so möchte man wenig versucht seyn, hierüber noch etwas liefern zu wollen. Untersucht man nun das Vorhandene, so findet man gar verschiedene Bearbeitungen des einen Gegenstandes, die doch alle auf dasselbe Resultat, nemlich auf die geometrische Wahrheit hinauslaufen, und man sieht ein, daß es nur die Verschiedenheiten der Methode sind, die jene andern Verschiedenheiten in den Bearbeitungen zur Folge haben. Ueberhaupt aber wird derjenige, der Geometrie studirt, bald merken, daß Stetigkeit der Methode, logische Einheit der Darstellung in der Elementar-Geometrie wenigstens noch nicht gesucht werden dürfe; so lose ist der Zusammenhang der einzelnen Theile, so willführlich die Stellung der einzelnen Sätze selbst in den sie enthaltenden Abtheilungen. An Methode also fehlt es noch sehr in der Geometrie; aber es wird das nicht gesagt, den frühern Mathematikern einen Vorwurf zu machen, sondern nur gefolgert wird daraus, daß es ihnen nicht so sehr um die Methode als um die Resultate zu thun war, daß mithin in Bezug auf erstere noch jeder Weg offen stehe, während die letztern uns vielleicht schon in ihrer ganzen Ausdehnung überliefert sind.

Wenn daher in Folgendem eine kritische Darstellung der bisherigen Theorien über Parallelismus und eine neue solche versucht wird, so ist es keineswegs um die Erlangung neuer Resultate, sondern blos um die Auffindung des Weges zu thun, der zu jenen alten Resultaten führen muß.

1*

4

Ueberflüßig zwar mag diese Arbeit Vielen scheinen, sowohl denen, welche auf die Elementar=Geometrie, aus der sich doch nichts weiter machen lasse, genug schon Zeit, Mühe und Papier verwendet glauben, als auch denen, die blos nach den praktischen Ergebnissen fragen, aber — nicht habe ich diese weitwendige Einleitung gemacht ohne die Absicht, als Schulmann ein kurzes Wort über die Art zu sprechen, wie die mathematischen Studien an den Schulen wenigstens getrieben werden sollen, wo man sie nicht um ihrer bald vergessenen Resultate willen, sondern als Denk=Uebung behandelt, und hieher soll jeder mathematische Unterricht gerechnet werden, welcher nicht speziell technische, sondern allgemein geistige Ausbildung zum Zwecke hat.

Bei einem solchen Unterrichte ist die Methode die Hauptsache: da ist es aber nicht genug, daß der Schüler, obgleich das schon eine vortreffliche Denkübung ist, die Richtigkeit eines jeden ausgesprochenen Satzes aus den vorausgegangenen Sätzen mit Einsicht zu erschließen weiß, er muß auch erkennen, warum der Satz ausgesprochen wird, d. h. der Lehrer muß nicht blos von dem Satze, sondern auch von dem Daseyn des Satzes Rechenschaft geben. So lange man nicht den mathematischen Unterricht nach diesen Grundzügen einrichtet, so lange wird man zwar einige, aber nicht so große Früchte davon haben, als man sich deren verspricht, und als man mit einer richtigen Methode auch wirklich erreichen könnte.

Aber, wird man schon lange einwenden wollen, da wird immer um Methode geklagt, und wir haben doch von jeher Euklid als ein Muster von Methode rühmen hören? ja, von äußerer Methode mit Recht, d. h. von solcher, die mit den Dingen selbst schon verbunden ist, aber nicht von innerer, welche die einzelnen Dinge erst aus einem höhern Grunde zu einem Ganzen verbindet. Es war überhaupt nicht die Sache der Alten, irgend eine Summe von Erkenntnissen aus einem Grunde abzuleiten, den ganzen Bau von unten auf erst herzustellen, sondern sie stellten das bereits vor ihren Augen herrlich dastehende Gebäude blos schildernd dar: das war ihre Kunst, und nun legt man es ihnen als Methode aus, wenn sie das gethan, indem sie um dasselbe herumgingen, wenn sie nicht in fortwährenden Sprüngen über den Giebel hin und her einen ganz verwirrten, zerrissenen Abriß davon gegeben haben. Diese Ordnung ist noch nicht Methode, wenigstens nicht

5

wissenschaftliche Methode, die ja den Alten (und das war ihre Kunst, die wir nicht mehr besitzen) in jedem Theile des Wissens fremd war.

Warum aber auch später eine wissenschaftliche Methode in der Mathematik nicht erstrebt worden sey, besonders in neuerer Zeit, die Alles aus dem ersten Grunde begreifen will, in der Mathematik, dem eigensten Erzeugnisse des Geistes, das ließe sich nicht erklären, wenn man nicht bedächte, daß gerade um die Zeit der unbestrittensten Herrschaft selber Geistesrichtung die Meister in dieser Wissenschaft mit dem Weiterbau derselben zu sehr beschäftigt waren, als daß sie um den hinreichend bewährten Grundbau sich hätten kümmern mögen.

So wurden in den höhern Theilen der Mathematik ungeheure Fortschritte gemacht, und die niedern blieben unverhältnißmäßig zurück. Jetzt aber, da man über die gegenwärtigen Gränzen die Wissenschaft kaum mehr ausdehnen kann, möchte es Zeit seyn, den erworbenen Schatz durch feste Begränzung zu sichern.

In diesem Sinne ist als ein partieller Versuch das Folgende geschrieben, so möge es auch aufgenommen werden.

Der erste kritische Beitrag, den wir hier betrachten wollen, stammt von Richard Baltzer (1870) und wurde bereits oben (Kap. 2) erwähnt. In ihm setzt sich Baltzer mit einem der Versuche Legendres auseinander, das Parallelenpostulat zu beweisen.[4] Auf dem Hintergrund der beiden Legendreschen Sätze war es naheliegend, diese durch einen dritten Satz zu ergänzen, der da lautete: Die Winkelsumme im Dreieck kann nicht kleiner als 180° sein. Der Kern des Beweises, den Legendre für seinen dritten Satz gab, beruht in folgender Annahme: Gegeben sei ein (o. B. d. A. spitzer) Winkel BAC sowie ein Punkt D im Winkelfeld. Dann gibt es stets eine Gerade, die durch D geht und beide Schenkel des Winkels schneidet. Diese Annahme ist aber äquivalent zum Parallelenpostulat; ist man mit der nicht euklidischen Geometrie vertraut, so ist es nicht schwierig einzusehen, dass die von Legendre unterstellte Eigenschaft hier nicht mehr zutrifft.[5]

---

[4] Eine recht ausführliche Analyse der Legendresche Beweise findet sich auch schon im Enzyklopädieartikel von L. A. Sohncke; vgl. Anhang 2 § 9 (S. 374–376). Insbesondere geht Sohncke auf verschiedene Ansätze von Legendre zurück, während Baltzer nur einen diskutiert.

[5] Vgl. hierzu in Kap. 10 die Programmschrift von Schmitz, wo diese Frage ausführlich erläutert wird.

372

Ueber die Hypothese der Parallelentheorie.

(Von Herrn *R. Baltzer* in Giessen.)

(Abdruck aus den Berichten der mathem.-phys. Classe der Sächs. Gesellschaft der Wissenschaften vom 4. Mai 1870.)

„Selten vergeht ein Jahr, wo nicht irgend ein neuer Versuch käme, die Lücke im Anfang der Geometrie auszufüllen, ohne dass wir doch sagen könnten, dass wir im Wesentlichen irgend weiter gekommen wären als *Euclides* vor 2000 Jahren war." So schrieb *Gauss* 1816 im Eingang einer Bücheranzeige. Der Schluss des vorigen Jahres hat einen Versuch der angegebenen Art gebracht, welcher der Pariser Academie von Herrn *Bertrand* (*Compte rendu* 1869 Dec. 20) unter der Versicherung mitgetheilt worden ist, dass das 11. Axiom des *Euclides* nun bewiesen und eine von diesem Axiom unabhängige Geometrie ad absurdum geführt sei.

Um diese Versicherung zu würdigen, erinnere man sich, dass seit *Legendres* Bemühungen als der eigentliche Sitz der Schwierigkeit die Summe der Winkel eines geradlinigen Dreiecks zu betrachten ist. Nachdem man den Fehler, unendliche Grössen wie vollendete zu behandeln, vermeiden gelernt hatte, nachdem *Legendre* bewiesen hatte, dass die ebengenannte Summe mehr als 180⁰ nicht betragen kann, hatte man noch zu beweisen, dass dieselbe Summe nicht weniger als 180⁰ betragen könne. Zu diesem Beweise führt kurzen Wegs die *Euclid*sche Hypothese, nach welcher die Schenkel AB und CD sich schneiden, wenn die Summe der Winkel BAC und ACD weniger als 180⁰ beträgt.

Dazu führt zweitens die *Legendre*sche Hypothese, dass durch einen innerhalb eines Winkels gegebenen Punkt eine Gerade gezogen werden kann, von der *beide* Schenkel des Winkels geschnitten werden. Man mache $CBD \cong ABC$ und ziehe durch D eine Gerade, welche die Fortsetzungen von AB und AC in E und F schneidet. Gesetzt, die Winkelsummen in ABC, BED und CDF betragen 180^0-w, $180^0-w'$, $180^0-w''$, so beträgt die Winkelsumme in AEF $180^0-w+180^0-w+180^0-w'+180^0-w''-3.180^0$, d. i. weniger als 180^0-2w, in einem andern Dreieck weniger als 180^0-4w, endlich

Baltzer, über die Hypothese der Parallelentheorie.　　**373**

in einem Dreieck weniger als eine gegebene Grösse, während doch das Dreieck den gegebenen Winkel A enthält.

Eben dahin führt folgende Hypothese über die Linie, deren Punkte von einer gegebenen Geraden gleiche Normalabstände haben. Wenn der Winkel BAC ein Theil des Winkels BAD, und der Punkt D weiter als die Spitze C von der Basis AB des Dreiecks ABC entfernt ist: so wird angenommen, dass der Winkel ADC im Wachsen bleibt, während die Basis AB des unveränderten Dreiecks ABC auf der Geraden AB in der Richtung von A nach B fortschreitet. Man mache $BB_1C_1 \cong ABC$. Gesetzt, die Winkelsummen in ABC, ACD, CBC_1, CC_1D betragen $180^0 - w$, $180^0 - w'$, $180^0 - w''$, $180^0 - w'''$, so beträgt die Winkelsumme in $ABCD$ nicht mehr als $2.180^0 - w$, in AB_1C_1D $5.180^0 - 2w - w' - w'' - w''' - 3.180^0$, d. i. nicht mehr als $2.180^0 - 2w$, in einem andern Viereck nicht mehr als $2.180^0 - 3w$, u. s. w.

Die zuletzt ausgesprochene Hypothese, vermöge deren von dem folgenden Viereck das vorhergehende eingeschlossen wird, liegt dem ähnlichen, nur etwas complicirteren Beweis *Minarellis* zu Grunde, welchen Herr *Genocchi* 1849 den *Nouv. Ann. de Math. t.* 8 *p.* 312 mitgetheilt hat, sowie dem auf denselben Principien ruhenden noch mehr complicirten Beweis *Cartons*, welchen Herr *Bertrand* neulich in dem *Compte rendu* vertreten hat. Man hatte nur den Fehler begangen, die erforderliche Hypothese *stillschweigend* zuzulassen. Dass keine Aussicht vorhanden ist, die Geometrie ohne eine dem 11. Axiom von *Euclides* äquivalente Hypothese zu begründen, diese von *Gauss* gehegte Ueberzeugung findet ihre Bestätigung durch die Existenz einer widerspruchsfreien abstracten Geometrie, welche *Gauss, Bolyai, Lobatschewsky* unter Zulassung einer Minderzahl von Hypothesen erbaut haben.

(Baltzer 1870, 372f)

Bemerkenswert ist hier die Formulierung „widerspruchsfreie abstrakte Geometrie", eine Sichtweise auf Geometrie, die zu dieser Zeit noch ziemlich selten war. Allerdings fällt auf, dass Baltzer kein Gegenbeispiel gibt, das deutlich zeigen würde, warum Legendres Argument nicht greift.

Auf die Spitze gegen J. Bertrand, die Baltzer in seinen Text eingebaut hat, gehen wir jetzt ein.

Joseph Bertrand hatte 1869 der Pariser Akademie der Wissenschaft eine Mitteilung vorgelegt, in der er sich für einen „Beweis" stark machte, den ein französischer Mathematiklehrer namens Jules Carton – er war in der nordfranzösischen Stadt Saint Omer tätig – in einer Broschüre veröffentlicht hatte. Zu diesem Zeitpunkt war Bertrand schon „Secrétraire perpetuel" der Akademie (also eine Art Direktor auf Lebenszeit) und damit offiziell gesehen der wichtigste Vertreter der französischen Naturwissenschaft (Mathematik eingeschlossen). Natürlich hatten 1869 schon einige Mathematiker in Frankreich die nichteuklidische Geometrie zur Kenntnis genommen, allen voran der unerschrockene J. Houël. So nahm denn das Verhängnis seinen Lauf.

Joseph Bertrand (* Paris 1822, † Paris 1900) war nach der Promotion an der „Ecole polytechnique" Mathematiklehrer an Pariser Gymnasien, 1844 wurde er an der „Ecole polytechnique" Repititor, 1856 Professor daselbst. Seit 1859 war er auch Professor am Collège de France. 1856 Akademiemitglied, seit 1874 deren „Secrétaire perpétuel". 1884 wurde Bertrand auch noch Mitglied der „Académie française", erlangte damit eine ungeheuer einflussreiche Stellung im französischen Wissenschaftssystem. Bertrand war ein wichtiger Vertreter der Ideen der Dritten Republik.

In den Berichten der Akademiesitzung vom 20. Dezember 1869 ist in der Rubrik „Abhandlungen und Mitteilungen" zu lesen:

Geometrie. – Über die Winkelsumme im Dreieck
Note von M. Bertrand

Kein Geometer hat nach Euklid ernsthafte Zweifel am Wert der Winkelsumme im Dreieck gehegt: ein *Postulat* ist erforderlich, um zu beweisen, dass sie gleich zwei Rechten ist; die Evidenz aber, die dieses *Postulat* besitzt, erlaubt es gut meinenden Geistern, dieses als Axiom zu akzeptieren, und nur Dialektiker, die auf Diskussionen begierig sind, nicht aber darauf, sich selbst zu belehren, können an dieser Evidenz zweifeln. Niemals, so müssen wir gestehen, erschien es uns erforderlich, sie zur Ruhe zu bringen; selbst nach diesem Erfolg bewahrte die Geometrie tatsächlich andere Schwierigkeiten, welche unlösbar blieben, [...]

Der Beweis des *Postulats* von Euklid würde also nicht hinreichen, um den logischen Charakter und den Grad an Gewissheit zu verändern, der dem Studium der Geometrie zukommt. Muss man daraus schließen, dass dieser Beweis uninteressant wäre und man deshalb jede Anstrengung, die in diese Richtung geht, zurückweisen müsste? Das können wir uns nicht vorstellen; diesem vielfach angegangenen Problem kommt in Anbetracht der zahlreichen unfruchtbaren Bemühungen das Interesse einer unbestreitbaren Schwierigkeit zu. Ganz eigenwillige und sehr spezialisierte Untersuchungen, welche die Geschichte der Mathematik gesehen hat, haben in den letzten 50 Jahren dieses Interesse noch gesteigert.

Lobatschewskij, ein einfallsreicher Geometer aus Kasan, wagte, sich folgende Frage zu stellen: Wie gestaltet sich die Geometrie, wenn das Euklidische *Postulat* nicht zutrifft, wenn also die Winkelsumme in einem Dreieck von 180° abweicht? Lobatschewskij, ein mächtiger und scharfsinniger Denker, der sich an höchsten wissenschaftlichen Fragen geschult hatte, hat mit Hilfe von durch Prämissen wohlbegründeten Überlegungen befremdliche Ergebnisse erhalten, welche eine neue Geometrie bilden. Trotz seiner Kühnheit wagte er es nicht, dieser eine andere Bezeichnung als *imaginäre Geometrie* zu geben. Der berühmte Gauß hat die Wichtigkeit dieser Untersuchungen erheblich vergrößert, indem er schrieb, sie seien von *Meisterhand durchgeführt*[6] und versicherte, dass diese in großen Zügen mit Resultaten übereinstimmten, welche er schon seit langer Zeit besäße.

Gestützt durch ein derartiges Zeugnis wurden die Behauptungen von Lobatschewskij oft reproduziert; man hat die vorsichtige Bezeichnung *imaginäre Geometrie* durch den gewagteren Begriff *nichteuklidische Geometrie* ersetzt. Obwohl er zweifellos keinen wirklich überzeugten Anhänger hatte, hat Lobatschewskij doch mehr als einen Bewunderer dazu veranlasst, in seinem Gefolge die Kapriolen dieser Ausschweifungen der Logik weiter zu verfolgen.

In einer Abhandlung, die Herr Carton neulich der Akademie vorgelegt hat, hat dieser, wie alle Geometer vor ihm, die diese Frage behandelt haben, und wie auch Lobatschewskij selbst, bestimmte Eigenschaften der Geraden und der Ebene vorausgesetzt.

---

[6] Vgl. den Brief von Gauß an Schumacher vom 28.11.1846, der im zweiten Kapitel zitiert wird.

[...]

...wir betrachten ein Dreieck ABC; dieses besitzt mindestens zwei spitze Winkel[7]. Wir nehmen an, diese lägen an der Grundseite AB. Dann verlängern wir diese Grundseite und tragen auf dieser Verlängerung n-1 Strecken BB_1, B_1B_2, ..., $B_{n-2}B_{n-1}$ ab, die alle gleichlang zu AB sind. Dabei ist n beliebig. Über diesen Strecken errichten wir Dreiecke B_1C_1B, $B_2C_2B_1$, ..., $B_{n-1}C_{n-1}B_{n-2}$, welche sämtlich kongruent dem Dreieck ABC sind. Dann verbinden wir deren Spitzen CC_1, C_1C_2, ..., $C_{n-2}C_{n-1}$; aus den vorangehenden Sätzen folgt, dass es auf dem Streckenzug CC_1, C_1C_2, ..., $C_{n-2}C_{n-1}$ – der geradlinig oder gezackt verlaufen kann – keinen Punkt gibt, dessen Abstand zur Geraden AB größer ist als die Höhe CP des Dreiecks ABC.[8] Auf [der Verlängerung] dieser Höhe tragen wir deshalb eine Strecke PK ab, so dass PK größer ist als PC. Im Punkt K errichten wir die Senkrechte KX zu PK. Alle Spitzen C, C_1, C_2, ..., C_{n-2}, C_{n-1} liegen dann unterhalb von KX. Nun konstruieren wir n Dreiecke – n ist die Anzahl der Dreiecke ABC, B_1C_1B, $B_2C_2B_1$, ..., $B_{n-1}C_{n-1}Bn-2$ – zu den Grundseiten CC_1, C_1C_2, ..., $C_{n-2}C_{n-1}$, deren Spitzen beliebig gewählte Punkte auf KX sind und die sich immer mehr vom Punkt K entfernen.

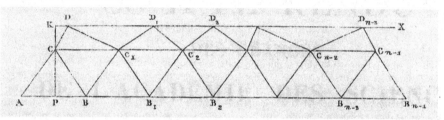

Diese Dreiecke CDC_1, $C_1D_1C_2$, $C_2D_2C_3$, ..., $C_{n-2}D_{n-2}C_{n-1}$ bilden zusammen mit den Dreiecken C_1DD_1, $C_2D_1D_2$, ..., $C_{n-2}D_{n-2}D_{n-1}$ und den bereits gezeichneten Dreiecken das Sechseck $CDD_{n-2}C_{n-1}B_{n-1}A$. Unter den insgesamt $4n-4$ Dreiecken gibt es n Stück, welche kongruent dem Dreieck ABC sind. Nimmt man an, die Winkelsumme betrage in diesem Dreieck $2^d-\alpha$, so ergibt sich für die Summe der $4n-4$ Dreiecke

$$2n - n\alpha + 6n - 8 - x$$

Dabei bedeutet x die Summe über alle Überschüsse der Winkelsummen aller anderen Dreiecke in der Figur über 2 Rechte. Bezeichnet $\sum$ die Winkelsumme des Sechsecks, so ist die obige Winkelsumme offensichtlich gleich

$$\sum + 2(n-1) + 4(n-2) + 2(n-3).$$

Setzt man die beiden Ausdrücke gleich, so findet man

$$\sum = 8 - n\alpha - x$$

Folglich ist es möglich, n so groß zu nehmen, dass $\sum$ negativ wird, was unsinnig ist.

(Bertrand 1869, 1267–1269)

Bertrands wortreiche Darlegung des Cartonschen Beweises löste offensichtlich eine Welle von Protesten aus.[9] Im Jahr 1870 sah er sich dann gezwungen, eine wiederum sehr wortreiche Korrektur zu veröffentlichen mit dem Eingeständnis, dass Cartons Beweis nicht schlüssig ist. Das Kernargument der Gegner lautet in der Fassung von Bertrand:

---

[7] Das folgt aus dem ersten Legendreschen Satz.
[8] Diese Konstruktion ist aus dem Beweis des ersten Legendreschen Satzes wohlbekannt.
[9] Eine ausführliche Darstellung der Umstände gibt Pont (1986), 627–660.

... man sieht [in der obigen Figur] die Linie $C_1 C_2 \dots C_{n-1}$, welche sich oberhalb der Geraden $ABB_1 \dots B_n$ ins Unendliche erstreckt, ohne dass dabei der Abstand größer würde als die Höhe des Dreiecks ABC. Die Gerade $KDD_1 \dots D_n$, welche senkrecht auf der [Verlängerung der] Höhe dieses Dreiecks steht, liegt in ihrem gesamten Verlauf oberhalb der zuvor genannten Linie. Man bestreitet, dass es möglich sei, diese beiden Linien durch eine Gerade $C_{n-1} D_{n-1}$ zu verbinden, welche vom Punkt C_{n-1} ausgeht und *unter der Erstgenannten* verläuft. Wer weiß, so sagt man, ob man nicht, um diese ganz oberhalb von $CC_1 \dots C_{n-1}$ gelegene Linie zu finden, genötigt ist, sich zuerst oberhalb der Linie zu bewegen, um sich dann aber nach unten zu wenden, um schließlich wieder nach oben zu steigen, wobei man die gezackte Linie $CC_1 \dots C_{n-1}$ zweimal schneidet?[10]

Es ist zuzugeben, dass dieser Einwand durch die Regeln des Spiels, welches die Autoren der imaginären Geometrie betreiben, gerechtfertigt ist. Die Behauptung von Herrn Carton behält ihre komplette Evidenz; dennoch sind die Würfel gefallen und es wird von vornherein festgelegt, dass derartige Beweise nicht betrachtet werden.

[...]

Beharrt man aber dennoch darauf, die absurden Folgerungen zu untersuchen, welche sich aus dieser zu akzeptierenden Voraussetzung [Negation des Parallelenaxioms] ergeben, so geben sie sie ohne Zögern zu und sagen: *Die Dinge verhalten sich in der Tat so in der imaginären Geometrie.*

[...]

Derartige logische Übungen sind sehr interessant, sie beruhen auf brillanten intellektuellen Fähigkeiten. Muss sich die Wissenschaft der Ausdehnung[11] mit ihnen beschäftigen?

(Bertrand 1870, 19–20)

Das Beispiel Bertrands zeigt deutlich, wie tief verwurzelt Vorurteile waren, welche es erschwerten – oder gar unmöglich machten – die nichteuklidische Geometrie zu akzeptieren. Allen voran war es die vielbeschworene Evidenz, die scheinbar die neue Geometrie ausschloss. „Die Botschaft hör ich wohl, allein mir fehlt der Glaube" – so könnte man die Position von Bertrand charakterisieren.[ii]

Bernhard Friedrich Thibaut (* Harburg 22.12.1775, † Göttingen 4.11.1832), Studium der Mathematik und Physik in Göttingen (u. a. bei Lichtenberg und Kästner), 1797 Privatdozent daselbst, 1802 Extraordinarius, 1805 Ordinarius für Philosophie, ab 1828 für Mathematik (alles in Göttingen). Seine Vorlesungen waren sehr beliebt und fanden zahlreiche Zuhörer (im Unterschied zu denen seines berühmten Kollegen K. F. Gauß). Verfasser von erfolgreichen „Grundrissen" und Initiator einer öffentlichen Küche für Kranke und Studenten in Göttingen („Garküche").

Einer der überzeugendsten „Beweise" für das Parallelenpostulat – wieder in der Form des Winkelsummensatzes – geht auf B. Thibaut zurück. In seinem „Grundriss der reinen Mathematik" findet sich ab der dritten Auflage (1818) folgendes Argument[iii]: Angenommen, wir laufen die Kanten eines Dreiecks ABC ab: Wir gehen von A nach vorne in Richtung B, drehen uns dort um den Außenwinkel und laufen anschließend nach C. Auch dort drehen wir uns um den Außenwinkel, um schließlich nach A zurückzukehren. Drehen wir uns dort um den Außenwinkel, so gelangen wir in die Ausgangposition zurück. Drehen wir uns dort um den Außenwinkel, so gelangen wir in die Ausgangsposition zurück. Dabei haben wir eine volle Drehung vollführt. Die Summe der Außenwinkel beträgt somit 360°, woraus sich leicht errechnen lässt, dass die Winkelsumme selbst des Dreiecks

---

[10] Im Kern geht es bei Cartons Beweis darum, dass man beliebig große Sechsecke konstruieren kann, was in der nicht-euklidischen Geometrie nicht der Fall ist. Vgl. hierzu Houël (1870), 96 – dieser Aufsatz war übrigens eine Reaktion auf die Affäre Carton.

[11] Das ist Legendres Definition von Geometrie: ein dezenter Hinweis auf die große Tradition, die jetzt in Gefahr ist.

180° ist. Unterstellt wird hierbei, dass sich die drei Einzeldrehungen an den Punkten B, C und A zusammensetzen lassen zu einer Gesamtdrehung. Geometrisch gesprochen braucht man hierzu Verschiebungen (man verschiebe die Außenwinkel bei B und C nach A beispielsweise); in der nichteuklidischen Geometrie gibt es aber keine Bewegungen, welche Verschiebungen sind.

In Thibauts Worten lautet der Beweis folgendermaßen:

Man stelle sich in einen Winkelpunkt des Dreiecks (z. B. A ...). So lange man von da aus in der ersten Seite (AB) fortschreitet, behält man die anfangs genommen Richtung ungeändert bei. Angekommen in ihrem Endpunkt (B), ist man gezwungen, die bisherige Richtung zu verlassen, und die der zweiten Seite (BC) anzunehmen. Es wird also da zum ersten Mal ein Winkel (DBC) beschrieben, welcher der Nebenwinkel des an dieser Stelle in das Dreieck (ABC) gehörigen ist. Auf gleiche Weise ändert man, im Endpunkt der zweiten Strecke (BC) angelangt, an dieser Stelle, von der bisherigen Richtung (BCE) in die der folgenden Seite übergehend, diese letzte Richtung um einen Winkel (ECA), welcher der Nebenwinkel des an diesem Winkelpunkt im Dreieck selbst liegenden Winkels (BCA) ist. Die Konstruktion des Dreiecks wird vollendet, indem man in der zuletzt genommenen Richtung (CA), zu ihrem Endpunkt (A) fortgeht, und sich, wie vorhin, aus der bisherigen Richtung (CAF) in die folgende, (AB) versetzt, wobei ein Winkel beschrieben wird (FAB), der Nebenwinkel des im Dreieck an diesem Ecke liegenden (CAB) ist. Alsdann wird die Konstruktion des Dreiecks vollendet sein, [...]

Man hat also im Ganzen drei Drehungen oder Änderungen der Richtung; jede von ihnen hat weniger als eine halbe Umdrehung betragen; sie sind sämtlich nach derselben Seite hin gelegen. Wäre man, sie vollziehend, an demselben Punkt geblieben, so würde man, zurückgekommen in die anfängliche Richtung, von selbst berechtigt sein, zu behaupten, man habe eine ganze Umdrehung vollführt. Denn man ist zwar in jeder der genommenen Richtungen fortgeschritten, ehe man sie drehend verlassen hat, um in die folgende überzugehen. Da aber, den Prinzipien zufolge, progressive und drehende Bewegung vollkommen unabhängig voneinander sind, und das Fortschreiten in einer geraden Linie durchaus keine Änderung der Richtung nach sich zieht, so muss es in Absicht des Betrages der vorangegangenen Richtungsänderungen ganz einerlei sein, ob man in der vorhergehenden Richtung erst fortgeschritten ist, ehe man aus ihr drehend den Übergang in die folgende gemacht hat, oder nicht. Die drei Drehungen also, die bei vollständigem Durchlaufen des Umfangs von jedem Dreieck beschrieben werden, würden die nämliche Änderung der Richtung erzeugt haben, wenn sie an demselben Scheitelpunkte vorgegangen wären, das heißt, sie betragen in der Tat eine ganze Umdrehung. [...] Das heißt, die Summe der drei Winkel, welche im Dreieck selbst liegen, muss zwei rechte Winkel ausmachen.

(Thibaut 1822, 189–192)

Diesen Beweis zu analysieren hatte sich eine Programmschrift (1877) von Siegmund Günther zum Ziel gesetzt.[12] Dabei wird ein aktueller Anlass genannt (vgl. Anhang 2 unten), der belegt, dass auch nach Bekanntwerden der nichteuklidischen Geometrie (siehe Kap. 2) die Diskussionen um deren Berechtigung keineswegs zu Ende waren. Auf den hier erwähnten Rezensenten, Fr. Pietzker, werden wir in Kap. 10 eingehen.

Siegmund Günther (* Nürnberg 1848, † München 1923), Studium der Mathematik und Physik 1865–70 in Erlangen, Heidelberg, Leipzig, Berlin und Göttingen, 1870 Promotion und 1872 Habilitation in Erlangen, 1876 am Gymnasium in Ansbach, ab 1886 Prof. der Geographie an der TH München (Nachfolger von Fr. Ratzel), 1878–84 Mitglied des Reichstags (Freisinnige Partei), 1894–99 und 1907–1918 Mitglied des Bayerischen Landtags (Liberale Vereinigung); zahlreiche Arbeiten zur Mathematikgeschichte, spielte eine

---

[12] Schon früher hatte – wie bereits erwähnt – L. A. Sohncke in seinem Enzyklopädieartikel eine Analyse des Thibautschen Beweises gegeben. Vgl. Anhang 2, § 14.

wichtige Rolle als Popularisator der Wissenschaft.[13] Günther veröffentlichte u. a. in der dezidiert evolutionistisch eingestellten Zeitschrift „Kosmos", welche von E. Haeckel 1877 gegründet worden war.[14]

Der

Thibaut'sche Beweis für das elfte Axiom

historisch und kritisch erörtert.

PROGRAMM

zur

Schlussfeier des Jahres 1876/77

an der

Königlichen Studienanstalt zu Ansbach.

von

Dr. Siegmund Günther,

kgl. Professor der Mathematik und Physik.

Druck von C. Brügel und Sohn in Ansbach.

---

[13] Vgl. Daum (2002), 489.
[14] Vgl. Daum (2002), 361–364.

Der Thibaut'sche Beweis für das elfte Axiom.

Historisch und kritisch erörtert.

I. Legendre [1]) scheint der erste Mathematiker gewesen zu sein, der auf den Gedanken verfiel, die altgewohnte Beweismethode Euclid's umzukehren und die Parallelentheorie auf den Satz von der Winkelsumme des Dreiecks zu begründen. Wir wissen, dass ihm sein Versuch mancher werthvollen Errungenschaft im Einzelnen ungeachtet [*]) total misslang, und wir möchten glauben, dass dieser unleugbare Misserfolg auch seiner Grundidee Schaden brachte. Denn die weitaus überwiegende Mehrzahl der geometrischen Lehrbücher — darunter selbst solche, deren Verfasser im Uebrigen die didaktischen Principien des „modernen Euclides" billigten — begann wieder auf den alten Weg zurückzukehren und aus einem mehr oder minder plausiblen Fundamentalgrundsatz heraus die Parallelensätze zu entwickeln. Freilich darf bei dieser Umkehr, in welcher wir unter dem systematischen Gesichtspunkte kaum einen Fortschritt zu erkennen vermögen, nicht ausser Acht gelassen werden, dass ziemlich um die nämliche Zeit unter den Auspicien eines Gauss durch Bolyai und Lobatschewsky eine neue „in sich widerspruchsfreie" Geometrie entstand, zu deren Anhängern gerade die schärfsten mathematischen Köpfe sich zählten, zu deren Dogmen aber auch die absolute Aussichtslosigkeit aller für das elfte Axiom ausgesonnenen und noch auszusinnenden Beweisversuche gehörte. Erst in neuester Zeit drängte sich die von Legendre angeregte Frage wieder in den Vordergrund.

Für den Verfasser war ein an sich zufälliges Ereigniss Veranlassung, die diesen Punkt berührenden literarischen Erscheinungen näher in's Auge zu fassen und deren spezifische Eigenthümlichkeiten, Vorzüge wie Schwächen, einer vergleichenden Untersuchung zu unterziehen. Ein Recensent des bekannten Frischauf'schen Werkes „Elemente der absoluten Geometrie" hatte behauptet [3]), diese ganze Disciplin sei überflüssig und falsch, weil es ja ganz leicht sei, das bewusste Theorem vom Dreieck als „eine einfache Folgerung aus dem Fundamentalprincip unserer Raumanschauung" zu erweisen. Der, der dieses grosse Wort gelassen aussprach, scheint nicht gewusst zu haben, dass das freilich sehr nette und gefällige Verfahren, welches er im Auge hat, bereits sehr vielfach zu dem gleichen Zwecke empfohlen und von den verschiedensten Gelehrten zum Gegenstande eifrigster Diskussion gemacht worden ist und zwar nicht blos „in der Schulpraxis", sondern auch in der offenen

---

[*]) Wir meinen hiemit die schönen Beweise für die Sätze, dass die Winkelsumme 180° nicht übersteigen kann, sowie dass für alle ebenen Dreiecke jene Summe jedenfalls die gleiche ist. Diesen beiden Fakten scheint uns Mansion's sonst höchst schätzenswerthe Philippika gegen Legendre [*]) nicht genügend gerecht geworden zu sein. (Vgl. unseren Bericht im 13. Bande der „Blätter für das bayr. Gymn.- und Realschulwesen").

1*

4

literarischen Arena. Uns jedoch war diese geschichtliche Thatsache von längerer Hand bekannt *), und angesichts des Umstandes, dass auch Collegen, deren Urtheil wir hochhalten, von jener erwähnten Aeusserung überrascht waren, glauben wir nichts Ueberflüssiges zu thun, wenn wir jene Studien vor die Oeffentlichkeit bringen und auf sie gestützt die Streitfrage zu entscheiden suchen, ob in der That jene Durchführung der Legendre'schen Original-Idee einen Anspruch darauf erheben kann, den zweitausendjährigen Parallelenkampf zu günstigem Austrage gebracht zu haben — oder ob nicht doch vielleicht auch hier nur eine besser verhüllte logische Erschleichung vorliegt. Bei Beantwortung dieser Frage werden wir schärfer, als es sich vielleicht sonst rechtfertigen liesse, die paedagogische Seite des Gegenstandes und die rein wissenschaftliche auseinanderzuhalten haben.

(Günther 1877, 3–4)

Das Fazit von Günther lautet schließlich:

Wir hoffen, im Vorstehenden nun zwei Dinge klar gestellt zu haben, erstens nämlich die Wahrheit, dass jeder Versuch, das von Thibaut eingeschmuggelte kinematische Princip strenge beweisen zu wollen, auf die Parallelensätze zurückgehe und folglich einen circulus logicus involvire, zweitens aber den grossen Nutzen, welchen die Didaktik der Elementargeometrie aus einem jenem Principe aequivalenten Grundsatze ziehen müsste. Wäre nun der Sinn, welchen man mit dem Worte „Grundsatz" verbindet, ein an sich bestimmter und nicht der Gefahr ausgesetzt, Missverständnissen zu unterliegen, so wäre unsere obige Frage 3) vollständig überflüssig. Wer aber den neuesten frucht-reichen Untersuchungen auf dem Gebiete der geometrischen Principienlehre aufmerksam gefolgt ist, der wird wissen, dass dem keineswegs so ist, dass man vielmehr gelernt hat, die Gesammtzahl der früher kurzweg als „Axiome" bezeichneten Grundwahrheiten scharf in zwei gänzlich verschiedene Kategorien zu sondern. So wird denn also auch jetzt der Kern unserer Frage in der Entscheidung zu suchen sein, zu welcher von beiden Klassen die Aussage gehört, welche Pietzker „eine Folgerung aus dem Fundamentalprincip unserer Raumanschauung" nennt, welche wir selbst dagegen als neues Axiom zuzulassen proponiren möchten *).

*) Ob diesem letzteren nicht am Ende noch besser die kurze Form ertheilt würde: Für eine Drehung ist es, was deren Grösse anlangt, gleichgültig, ob sie auf einmal oder aus verschiedenen Drehpunkten successive sich vollzieht, darüber wollen wir uns kein abschliessendes Urtheil gestatten. An und für sich gefiele uns die oben erwähnte Ausdrucks-weise besser; hingegen würden solche Schulmänner, welche die Einführung der Grassmann'schen Principien in den Unterricht für möglich und wünschenswerth erachten, der zweiten Fassung als direkt der Ausdehnungslehre entnommen zustimmen müssen.

(Günther 1877, 12)

Man bemerkt hier auch die didaktische Dimension, die das Parallelenproblem hatte, bil-dete doch die Parallelenlehre ein zentrales Thema des Geometrieunterrichts. Nachdem die nichteuklidische Geometrie Eingang ins Bewusstsein der Mathematiklehrer gefun-den hatte, stellte sich natürlich die Frage, ob man die Parallelenlehre in ihrer bisherigen Form beibehalten könne. Unter den Mathematiklehrern hielt sich die Opposition gegen die nichteuklidische Geometrie recht lange und der von Günther angesprochene Pietzker war einer ihrer Wortführer.[15] Übrigens hatte Günther selbst durchaus Zweifel, ob man das Parallelenaxiom nicht doch durch räumliche Betrachtungen beweisen könne.[16] Nur ebene Beweise verwarf er kategorisch.

Endnoten

[i]Gerne zitiert man hier die Idee des hermeneutischen Zirkels: Wir können uns nicht vollständig freima-chen von unserem Vorwissen, was wiederum unser Verständnis und unsere Interpretation der Mathematik früherer Zeiten beeinflusst. Der wichtige Punkt ist, dass unsere Kenntnis eines vollständigen Axiomen-system so grundlegend ist, dass man sich ihr besonders schwer lösen kann.

[ii]Eine interessante Parallele in Sachen unzeitgemäße Auffassungen und ihr zähes Weiterleben ergibt sich hier zu den Versuchen um 1870 herum, zu beweisen, dass stetige reelle Funktionen im Allgemeinen auch differenzierbar sind. Vgl. Volkert (1987) und 1989.

[iii]Es ist auch heute noch in Schulbüchern durchaus populär.

---

[15] Siehe hierzu Kap. 10.
[16] Eine Parallele hierzu kann man im Beweis des Satzes von Desargues sehen, der – obwohl ein Satz der Planimetrie – lange Zeit nur mit Mitteln der räumlichen Geometrie bewiesen werden konnte.

Kapitel 8
Axiomatik

> *Bei den Parallelen habe ich zu erinnern, dass sich der Geometer*
> *nur mit Scheu an ihre Darstellung wagen darf. Denn wie viele*
> *Darstellungsarten der Parallelen gibt es nicht? Und hat wohl je eine die*
> *Geometer ganz befriedigt? Dieses ist für mich wenigstens ein Beweis,*
> *dass man hierbei mehr denken als operieren muss. Derjenige, welcher*
> *das letztere mehr als das erstere liebt, wird auch durch mich nicht*
> *befriedigt werden.*
>
> (Schweins 1805, XXI)

Das Parallelenproblem war von seinen Anfängen an eines der axiomatischen Grundlegung der Geometrie, denn die Fragestellung lautete ja: Ist das Parallelenpostulat ein beweisbarer Satz oder nicht? Da bei einem eventuellen Beweis des Parallelenpostulats natürlich auch andere Axiome und Postulate sowie Sätze verwendet werden mussten, war mit dem Parallelenproblem implizit die Frage mit gestellt: Wie soll die axiomatische Grundlegung der Geometrie überhaupt aussehen? Bemerkenswerter Weise waren die Fortschritte, die man hierzu bis weit ins 19. Jh. hinein erzielte, relativ gering, obwohl man durchaus sah, dass Euklids System seine Lücken und Schwierigkeiten hatte.

Die traditionelle Sicht der Leistung Euklids verdeutlicht der nachfolgende Auszug aus der Einleitung zur Ausgabe der „Elemente" in der Bearbeitung von J. F. Lorenz durch K. B. Mollweide (1818). Die 1773 erstmals erschienene Lorenzsche Übersetzung war Ende des 18. Jhs. und im 19. Jh. im deutschen Sprachraum sehr verbreitet.[1]

---

[1] Bis 1840 erschienen insgesamt acht Auflagen, Lorenz' Bearbeitung erlebte darüber hinaus aber noch Auflagen bis 1860, vgl. Steck (1981), 198. Nach Steck war sie „die verbreiteste deutsche Übersetzung" im 19. Jh. (Steck 1981, 124).

K. Volkert, *Das Undenkbare denken*, Mathematik im Kontext, DOI 10.1007/978-3-642-37722-8_8, 157
© Springer-Verlag Berlin Heidelberg 2013

Titelblatt der Lorenzschen Übersetzung in der Bearbeitung von C. B. Mollweide[2]

---

[2] Die Vignette stellt den auf Rhodos gestrandeten Aristippos von Kyrene dar, der auf geometrische Figuren im Sand verweist, welche er als Hinweis auf die Anwesenheit von Menschen interpretiert. Überliefert wurde diese Geschichte von Vitruv (De architectura, liber VI, praefatio).

Euklides, von dessen Vaterlande und übrigen Lebensumständen nichts Gewisses bekannt ist, er-
öffnete unter der Regierung des Königs Ptolemäus Soter, 300 Jahre vor dem Anfange der gewöhnlichen Zeitrechnung, zu Alexandrien eine Schule der Mathematik, welche ein Jahrtausend
hindurch eine Schule für die Welt gewesen ist, indem fast alle großen Mathematiker des Alter-
tums darin ihre Bildung erhalten haben. Unter den Schriften, welche er sowohl zur Ausbreitung
als zur Erweiterung seiner Wissenschaften verfasst hat, sind die Elemente wo nicht das vornehms-
te, doch das berühmteste Werk, welches dem Verfasser schon bei seinen Lebzeiten den Besitz der
Unsterblichkeit sicherte, und zugleich das einzige, welches ganz unverstümmelt auf die Nachwelt
gekommen ist. Sie enthalten die Grundlehren der gesamten Mathematik, d. i. diejenigen Sätze der
Geometrie und Arithmetik, welche nächst den eigentlichen Grundsätzen von der allgemeinsten
und häufigsten Anwendbarkeit sind, in einer solchen Vollkommenheit der Methode und Schärfe
der Demonstration, dass sie in dieser Rücksicht auch noch jetzt, bei dem durch Erweiterungen
und Vervollkommnungen aller Art so sehr veränderten Zustande der Wissenschaft, als das beste
Muster empfohlen werden können. Über diesen ihren Wert herrscht seit ihrer Abfassung und ersten Erscheinung nur Eine Stimme. Im Altertume waren sie ausschließlich, und in England sind
sie noch jetzt fast das einzige klassische Lehrbuch der Geometrie; sie sind beinahe in alle Sprachen der Welt übersetzt, und in unzähligen Ausgaben vervielfältigt worden; und in ihnen findet der
Meister wie der Lehrling gleiche Nahrung und Befriedigung: wenn jenen die geschickte Zusammenstellung und Verbindung der Sätze und die Verkettung und Aneinanderreihung der Schlüsse
in den Beweisen anspricht, so sagt diesem die große Deutlichkeit und in gewisser Rücksicht auch
Fasslichkeit zu, welche hier ihm sich darbietet. Indess ist diese Fasslichkeit nicht von der Art, dass
sie mehr überredend als überzeugend Nachdenken und Anstrengung erlässt: eine solche auf Kosten
der Gründlichkeit erkaufte Fasslichkeit ist unter der Würde einer Wissenschaft, wie der Geometrie.
Auch war Euklides von diesem der Geometrie durch ihren strengen Gang eigentümlichen Werte so
durchdrungen, dass er selbst seinem Könige zum Erlernen derselben keinen anderen Weg als den,
welcher er in seinen Elementen genommen hatte, vorzeichnen zu dürfen glaubte. In der Tat, der
streng wissenschaftliche Gang, welcher keine Lücke lässt, sondern alles auf wenige unbestreitba-
re Sätze durch eine zweckmäßige Verbindung und Stellung der Wahrheiten zurückführt, ist allein
derjenige, welcher den möglich größten Nutzen gewährt, und Schriftsteller oder Lehrer, welche
ihre Leser oder Lehrlinge auf einen andern Wege leiten, meinen es weder mit ihnen noch mit der
Wissenschaft aufrichtig und ernstlich genug. Auch haben die Versuche, welche verschiedentlich
gemacht worden sind, das Euklidische System abzuändern und den Sätzen teils eine andere Stellung und Folge teils andere Beweise zu geben, nie dauernden Beifall gehabt, sondern sind bald
wieder in Vergessenheit geraten. Die Geometrie fügt sich nun einmal nicht in die so genannte
Schulmethode, nach welcher alles, was von einem Gegenstande, z. B. von den Triangeln, zu sagen
ist, zusammengenommen wird: die einzige Regel der Ordnung in ihr ist, dasjenige voran zu stellen,
was zur richtigen Einsicht des Folgenden dient. Darum lässt sich auch der Inhalt der Elemente in
keiner förmlichen Tabelle darstellen, wiewohl in ihnen gewisse Abschnitte bemerkbar sind, wo zu
den bis dahin gebrauchten und verarbeiteten Begriffen ein neuer, ein neues Element, hinzukommt.
Hiernach hat man die folgende Inhaltsanzeige zu beurteilen, welche hier zur Erleichterung der
Übersicht des Ganzen und der Kenntnis seiner einzelnen Teile für diejenigen, welche die Elemente
des Euklides noch nicht kennen, mitgeteilt wird.

(Euklid 1818, III–VI)

Die Liste der Axiome und Postulate, die das erste Buch der „Elemente" nach den Definitionen einleitet, sieht bei Lorenz so aus:

Forderungen[3]

1. Es sei gefordert, von jedem Punkte nach jedem andern eine gerade Linie zu ziehen;
2. Desgleichen, eine begrenzte gerade Linie stetig gerade fort zu verlängern;
3. Desgleichen aus jedem Mittelpunkte und in jedem Abstande einen Kreis zu beschreiben.

---

[3] Bei Lorenz: Foderungen.

Grundsätze

1. Was Einem und demselben gleich ist, ist einander gleich.
2. Zu Gleichem Gleiches hinzugetan, bringt Gleiches.
3. Vom Gleichen Gleiches hinweggenommen, lässt Gleiches.
4. Zu Ungleichem Gleiches hinzugetan, bringt Ungleiches.
5. Von Ungleichem Gleiches hinweggenommen, bringt Ungleiches.
6. Gleiches verdoppelt, gibt Gleiches.
7. Gleiches halbiert, gibt Gleiches.
8. Was einander deckt, ist einander gleich.
9. Das Ganze ist größer als sein Teil.
10. Alle rechten Winkel sind einander gleich.
11. Zwei gerade Linien, die von einer dritten so geschnitten werden, dass die beiden innen an einerlei Seite liegenden Winkel zusammen kleiner als zwei rechte sind, treffen genugsam verlängert an eben der Seite zusammen.
12. Zwei gerade Linien schließen keinen Raum ein.

(Euklid 1818, 3–4)

Wie meist wird hier das Parallelenpostulat unter die Axiome („Grundsätze") eingereiht und zwar als elftes. Daher kommt der oft zu findende Verweis auf das „elfte Axiom". Die Liste der Postulate und Axiome unterscheidet sich von der heute gängigen nach J. L. Heiberg nur darin, dass die Postulate 4 und 5 zu Axiomen 11 und 10 geworden sind.

Es fehlte nicht an Versuchen, das Parallelenpostulat (oder: -axiom) durch ein anderes „plausibleres" zu ersetzen. Das war ein Aspekt der Arbeit an der Axiomatik der Geometrie; ein anderer war der Versuch, das Postulat 4, die Gleichheit aller rechten Winkel betreffend, als Satz nachzuweisen.[4] Schließlich gab es Ansätze, Lücken in Euklids Axiomatik zu füllen. Ein bemerkenswerter Vorschlag findet sich in J. H. van Swindens „Elemente der Geometrie", die von C. F. A. Jacobi ins Deutsche übersetzt und vermehrt wurden.

12. Forderungssatz. Man kann als etwas stets Ausführbares verlangen, von einem gegebenen Punkte als Mittelpunkt aus, mit einem bestimmten Halbmesser einen Kreis zu beschreiben.
     Eucl. I, F. S. 3

Anmerkung. So wie man zum Ziehen einer Geraden nichts weiter als Lineal und Ziehfeder gebraucht, ebenso bedarf es zum Beschreiben eines Kreises keines andern Werkzeuges als des Zirkels. Da man nun, wie schon bemerkt worden, in der Elementargeometrie nur gerade Linien, die aus ihnen gebildeten Figuren, und Kreise betrachtet, so kann man sagen, dass Niemand zur Ausführung aller in diesem Gebiet nur möglichen Konstruktionen an nötigen Werkzeugen mehr als Lineal, Zirkel und Ziehfeder gebraucht.

13. Grundsatz. Beschreibt man aus den Endpunkten (A und B, [...]) einer Geraden[5], als Mittelpunkten, mit demselben Halbmesser (AB, BA), welcher gleich ist dieser Geraden, oder auch größer als sie, zwei Kreise, so müssen dieselben sich stets (in C und G) schneiden.

Anmerkung 1. Die beiden ersten Aufgaben des ersten Buches werden durch Hilfe dieses unseres Satzes gelöst.

Anmerkung 2. Euklides hat zwar diesen nicht so ausdrücklich und in so vielen Worten angeführt, aber er bedarf seiner Hilfe offenbar in den ersten Sätzen seines ersten Buches.

Anmerkung 3. Wir stellen diesen Satz unter die Grundsätze, weil seine Richtigkeit von selbst einleuchtet.

---

[4] Z. B. ist das bei Legendre die Aussage des Satzes 1 (vgl. Legendre 1817, 3–4).
[5] Die heute im Deutschen übliche Unterscheidung zwischen Strecke, Strahl und Gerade bürgerte sich erst im Laufe des 19. Jhs. ein. Vgl. Tropfke (1940), 54.

Andere, wie Wolf, (Elementa Matheseos I, §. 197), haben einen Beweis des Satzes gegeben.

Anmerkung 4. Nimmt man zum Halbmesser unserer Kreise eine Linie, welche kürzer ist als AB, so werden sich dieselben zwar noch schneiden, aber nur so lange, als dieser Halbmesser größer als die Hälfte von AB ist; wenn er gerade halb so groß als AB, so werden sich beide Kreise auf AB berühren; und ist er endlich kleiner als die Hälfte von AB, so werden sie sich voneinander entfernen.

(Swinden 1834, 5)

Dieses Beispiel möge genügen, um zu illustrieren, wie die Arbeit an der Axiomatik vor 1880 aussah.[6] Hervorzuheben ist, dass die Axiomatik allgemein im letzten Drittel des 19. Jhs. einen großen Aufschwung erlebte – als Beleg möge hier R. Dedekinds Schrift „Was sind und was sollen die Zahlen" (1888) dienen, in der er eine Axiomatik für die natürlichen Zahlen vorlegte, die später von der von G. Peano (1889) verdrängt wurde. Viel Anstrengung verwandte man auch darauf, den Größenbegriff axiomatisch zu fassen, ein Begriff, der lange Zeit als Grundlage der Mathematik diente und erst durch den Mengenbegriff verdrängt werden sollte. Bekannt wurde in diesem Zusammenhang O. Stolz.[7]

Moritz Pasch (* Breslau 1843, † Bad Homburg 1930) Studium der Mathematik in Breslau (u. a. Freundschaft mit J. Rosanes), dort Promotion (1865), danach Studium in Berlin, 1870 Habilitation in Gießen, 1873 Extraordinarius in Gießen, 1875 Ordinarius daselbst.

Eine ganz neue Wendung bekam die Axiomatik in der Geometrie mit dem 1882 erschienen Buch „Vorlesungen über neuere Geometrie" von M. Pasch. Pasch war nachhaltig von K. Weierstrass beeinflusst, bei dem er nach seiner Promotion in Breslau in Berlin studiert hatte. Ähnlich wie W. Killing – dem anderen wichtigen Geometer aus der Weierstrass-Schule – vertrat Pasch einen dezidierten Empirismus. Anders aber als die meisten Empiristen wählte er nicht den Bewegungsbegriff – also die Idee des starren Körpers – als Ausgangspunkt für die Geometrie sondern ganz im Sinne Euklids Punkt, Gerade und Ebene. Dies veranlasste ihn dazu, sich mit den elementaren Eigenschaften der grundlegenden Beziehungen zwischen diesen Objekten auseinander zu setzen. So gelang Pasch es, das Euklidische System erstmals in diesen elementaren Bereichen wirklich weiter zu entwickeln.[8]

Nun sind aber weder Punkte noch Geraden oder Ebenen der Erfahrung direkt zugänglich, weshalb Pasch als Ausgangspunkt nur Gebilde endlicher Ausdehnung nehmen konnte; so spricht er von Stäben und Platten, aus denen er dann durch „Erweiterung" die mathematischen Begriffen gewinnt. Ist dieses Niveau erst einmal erreicht, wird Pasch zu einem konsequenten Deduktivisten, der jegliche Verwendung der Anschauung verwirft und nur noch die lückenlose Deduktion anerkennt. Wenn Pasch erklärt (siehe unten), die Geometrie sei eine Naturwissenschaft, so darf man dies nicht missverstehen: Die Methode der Geometrie hat nichts mit der der Naturwissenschaften gemein, insbesondere spielt

---

[6] Vgl. hierzu auch das in Kap. 2 zu J. Houël Gesagte. Das von van Swinden eingeführte Axiom wird heute Zirkel- oder Kreisschnittaxiom genannt.

[7] Er war es auch, der die Bedeutung des Archimedischen Axioms (auch Axiom von Archimedes-Eudoxos genannt; gilt $a < b$, so gibt es eine natürliche Zahl n mit $na > b$) hervorhob, das dann von Hilbert nach Vorarbeiten von Veronese und Pasch in die Axiomatik der Geometrie eingebaut wurde.

[8] Es ist verblüffend, aber Pasch scheint wirklich der erste Mathematiker gewesen zu sein, der auf diesem Niveau ansetzte. Eine umfangreiche Studie zur Axiomatik hatte vor Pasch Jules Houël 1867 vorgelegt, der allerdings zu anderen Ergebnissen gelangte.

Messen in ihr keine Rolle und Probleme der Ungenauigkeit sind ihr fremd. Der Paschsche
Empirismus bezieht sich einzig und allein darauf, dass die Erfahrung die Bildung der geo-
metrischen Grundbegriffe und die Formulierung ihrer Eigenschaften motiviert. Eine dritte
Besonderheit ist, dass Pasch die projektive Geometrie in den Vordergrund stellt: Für diese
möchte er eine Axiomatik entwickeln. Das bringt ihn allerdings mit seinem empiristischen
Standpunkt in Konflikt, der ihn nötigt, den Kongruenzbegriff – also einen der projektiven
Geometrie fremden Begriff – einzuführen.[i]

Vorwort.

Bei den bisherigen Bestrebungen, die grundlegenden Theile der Geometrie in eine Gestalt zu bringen, welche den mit der Zeit verschärften Anforderungen entspricht, ist der empirische Ursprung der Geometrie nicht mit voller Entschiedenheit zur Geltung gekommen. Wenn man die Geometrie als eine Wissenschaft auffasst, welche, durch gewisse Naturbeobachtungen hervorgerufen, aus den unmittelbar beobachteten Gesetzen einfacher Erscheinungen ohne jede Zuthat und auf rein deductivem Wege die Gesetze complicirterer Erscheinungen zu gewinnen sucht, so ist man freilich genöthigt, manche überlieferte Vorstellung auszuscheiden oder ihr eine andere als die übliche Bedeutung beizulegen; dadurch wird aber das von der Geometrie zu verarbeitende Material auf seinen wahren Umfang zurückgeführt und einer Reihe von Controversen der Boden genommen.

Diese Auffassung suchen die folgenden Blätter in aller Strenge durchzuführen. Mag man immerhin mit der Geometrie noch mancherlei Speculationen verbinden; die erfolgreiche Anwendung, welche die Geometrie fortwährend in den Naturwissenschaften und im praktischen Leben erfährt, beruht jedenfalls nur darauf, dass die geometrischen Begriffe ursprünglich genau den empirischen Objecten entsprachen, wenn sie auch allmählich mit einem Netze von künstlichen Begriffen übersponnen wurden, um die theoretische Entwickelung zu fördern; und indem man sich von vornherein auf den empirischen Kern beschränkt, bleibt der Geometrie der Charakter der Naturwissenschaft erhalten, vor deren anderen Theilen jene sich dadurch auszeichnet, dass sie nur eine sehr geringe Anzahl von Begriffen und Gesetzen unmittelbar aus der Erfahrung zu entnehmen braucht.

Die Arbeit befasst sich im Wesentlichen nur mit den projectiven Eigenschaften der Figuren und geht nicht weiter, als nöthig erschien, um etwas Abgerundetes zu geben. Sie beginnt mit der

a*

Aufzählung der erforderlichen Grundbegriffe und Grundsätze und schliesst mit der Einführung der Coordinaten und der Coordinatenrechnung für Punkte und Ebenen; eine wesentliche Folge der oben entwickelten Auffassung ist es, dass der Begriff des Punktes erst in seiner letzten Gestalt die Merkmale erhält, welche man sonst von vornherein mit dem sog. „mathematischen Punkte" zu verbinden pflegt. Perspectivität, Collineation und Reciprocität werden in Betracht gezogen, imaginäre Elemente und krumme Gebilde bleiben jedoch ausgeschlossen. Dass die projective Geometrie unabhängig von der Parallelentheorie besteht und sich ohne deren Zuziehung begründen lässt, hat zuerst Herr F. Klein bemerkt und mehrfach erörtert. Vollständig aber konnte ich die Massbegriffe nicht vermeiden, ohne den eingenommenen Standpunkt zu beeinträchtigen, und musste deshalb die Lehre von der Congruenz hineinziehen, welche bei dieser Gelegenheit bis zur Aufstellung des Polarsystemes, worin jeder Ebene der Durchschnittspunkt ihrer Senkrechten entspricht, fortgeführt wird.

Schliesslich sei bemerkt, dass die vorliegende Schrift aus akademischen Vorlesungen hervorgegangen ist, welche zuerst im Wintersemester 1873/74 gehalten wurden.

Giessen, im März 1882.

M. Pasch.

Einleitung.

Die neuere Geometrie bildet, ihrer Entstehung nach, einen Gegensatz nicht so sehr zur Geometrie der Alten, wie zur analytischen Geometrie. Von der Geometrie der Alten, wie sie von Euklid zusammengefasst, nachher stetig erweitert und vielfach umgestaltet, aber in ihrem Charakter nicht wesentlich verändert worden ist, giebt ein Theil die zum Studium der analytischen Geometrie erforderlichen Vorkenntnisse; man kann diesen Theil die Elemente nennen und jene Geometrie überhaupt die elementare wegen der gleichförmigen Einfachheit ihres Verfahrens. Die analytische Geometrie ist dem Stoffe nach eine Fortsetzung, der Methode nach ein Gegensatz zu den Elementen. In den letzteren tritt die Zahl nur auf, soweit die Natur des Problems sie bedingt, das Beweismittel ist sonst nur Construction. Die erstere dagegen nimmt die Zahlenlehre, die Analysis, überall zu Hülfe, indem sie gerade danach strebt, jede geometrische Aufgabe auf eine Rechnung zurückzuführen; die Construction wird dabei freilich nicht gänzlich ausgeschlossen.

Dass zur Lösung der höheren Probleme, soweit es sich nicht geradezu um die Auffindung von Zahlenwerthen handelt, die analytische Geometrie nicht die einzige fruchtbare Methode ist, ward bewiesen durch die Weiterentwickelung der reinen Geometrie. Vorbereitet zum Theil durch die reichlich fliessenden Resultate der Rechnung, wurden Gesichtspunkte entdeckt, welche möglichst ohne Rechnung gestatteten, verwickelte Beziehungen nicht minder leicht, als es auf dem andern Wege gelungen war oder gelingen konnte, zu beherrschen. Diese Schöpfung, welche ihre Hülfsmittel unmittelbar aus der Natur des Gegenstandes entnahm, wurde von der elementaren und von der analytischen Geometrie als reine, höhere, synthetische, auch neuere synthetische oder neuere unterschieden.

Auch die neuere Geometrie stützt sich auf die elementare. Aber obwohl man beide dem Verfahren nach als reine Geometrie bezeichnen kann, so wird man dennoch, wenn der Uebergang von den Elementen vermittelt ist, durch die Verschiedenheit des Gepräges überrascht. In der elementaren Geometrie sind die Begriffe möglichst eng begrenzt, in der neueren sind sie weit und umfassend. In jener erfordern die verschiedenen Fälle der auf einen Lehrsatz bezüglichen Figur in der Regel ebensoviele Unterscheidungen beim Beweis, in dieser werden alle Fälle durch einen einzigen Beweis umspannt. Die analytische Geometrie hat von der synthetischen gelernt. Sie hat die neuen Gesichtspunkte sich zu eigen gemacht und verarbeitet, und bei weiterer Verschmelzung wird vielleicht eine höhere Geometrie mit einheitlichem Charakter entstehen. Die niedere Geometrie dagegen, wie sie überliefert zu werden pflegt, ist von der modernen noch wenig beeinflusst. Sollte es nun in der Sache selbst begründet sein, dass die elementaren Fragen auf schwerfälligem Wege, die höheren in durchsichtiger und verhältnissmässig einfacher Weise behandelt werden? Der Versuch hat darüber Aufschluss gegeben und zu Gunsten der neueren Geometrie entschieden. Die erweiterten Begriffe sind auch in den Elementen verwendbar, und wenn man sie an der rechten Stelle einführt, nämlich überall da, wo zuerst ihr Verständniss möglich ist, dann tritt auch früher schon ihr Nutzen zu Tage.

Die hiermit vorgezeichnete Aufgabe ist nicht neu, aber ihre strenge Durchführung steht in engstem Zusammenhang mit einer andern Aufgabe, welche noch weit weniger neu ist. Nicht bloss Schwerfälligkeit wird der elementaren Geometrie zum Vorwurf gemacht, sondern auch die Unvollkommenheit oder Unklarheit, welche den Begriffen und Beweisen in ausgedehntem Maasse noch anhaften. Die Hebung der erkannten Mängel ist unablässig erstrebt worden, auf die mannigfachste Art, und wenn man die Ergebnisse prüft, so kann man sich wohl die Meinung bilden, dass das Streben an sich ein aussichtsloses sei. Thatsächlich trifft dies nicht zu; richtig und in vollem Umfange erfasst, erscheint die Aufgabe nicht unlösbar. Sie ist allerdings durch Umstände, welche später*) zur Sprache kommen sollen, erschwert. Aber gerade in dieser Hinsicht erweist der Gedanke einer rückwirkenden Verwerthung der modernen Anschauungen seine Tragweite. Das ernste Bemühen, nach scharf ausgeprägtem Muster eine Umgestaltung vorzunehmen und der Entwickelung einen durchaus reinen Charakter zu geben, macht den Blick gegen die störenden Bestandtheile empfindlich und ruft die zu ihrer Ausscheidung nothwendige Entschiedenheit hervor. Als ein solches Muster bewährt sich die moderne Geometrie. Sie ge-

---

*) In § 6 und § 12.

leitet uns bis an die ersten Anfänge der Geometrie zurück, sie schärft das Gefühl für Alles, was die Reinheit der Entwickelung unterbricht, und lehrt uns jene Beimischungen, die Quellen der beklagten Unklarheit, entfernen.

Eine Darstellung der Geometrie in diesem Sinne darf natürlich keinerlei Kenntnisse voraussetzen, welche erst in der Geometrie erworben zu werden pflegen, sondern nur diejenigen, welche Jedermann zu ihrem Studium mitbringen muss. Es erfordert einige Mühe und Wachsamkeit, sich beharrlich Dinge hinwegzudenken, mit denen man vertraut ist, und auf einen Standpunkt zurückzugehen, von dem man sich weit entfernt hat. Diese Mühe ist aber bei der Prüfung der folgenden Darstellung unerlässlich, wenn der Zweck derselben erreicht werden soll.

Die geometrischen Begriffe bilden eine besondere Gruppe innerhalb der Begriffe, welche überhaupt zur Beschreibung der Aussenwelt dienen. Wenn ich die Farbe eines Gegenstandes bezeichne, so spreche ich von einer physikalischen Eigenschaft; wenn ich ihn würfelförmig nenne, so bringe ich einen geometrischen Begriff in Anwendung. Man kann die geometrischen Begriffe unter Zuziehung von Zahlenbegriffen mit einander durch eine Reihe von Beziehungen verknüpfen, in welchen keine andern Begriffe vorkommen. Die Abgrenzung der geometrischen Begriffe gegen die übrigen soll aber hier nicht versucht, vielmehr nur der Standpunkt angegeben werden, den wir im Folgenden streng festzuhalten beabsichtigen, und wonach wir in der Geometrie nichts weiter erblicken als einen Theil der Naturwissenschaft.

An einem Körper, den man „würfelförmig" nennt, lassen sich Seitenflächen, Kanten, Ecken u. s. w. unterscheiden und in gegenseitige Beziehung setzen. Dagegen bleibt die „Entfernung" zweier Körper ungenügend bestimmt, so lange man an einem von ihnen Theile unterscheiden kann, ohne die Grenzen zu verlassen, welche durch die Mittel oder durch die Zwecke der Beobachtung gezogen werden. Diese Grenzen ändern sich von Fall zu Fall; derselbe Körper, der bei der einen Gelegenheit nur als Ganzes aufgefasst werden darf, erscheint bei einer andern hierzu ungeeignet; es treten dann seine Theile als Glieder eines Systems auf, welches in geometrischer Hinsicht untersucht wird. Allemal aber werden diejenigen Körper, deren Theilung sich mit den Beobachtungsgrenzen nicht verträgt, Punkte genannt; während das Wort „Körper" in der Geometrie zu einem andern Gebrauch vorbehalten bleibt.

1*

> Aehnlich verhält es sich mit der begrenzten (einfachen) Linie,
> auf der es unmöglich sein muss, unter Innehaltung der der Beob-
> achtung gesteckten Grenzen verschiedene Wege zwischen denselben
> Punkten zurückzulegen; je zwei Theile stossen höchstens in einem
> Punkte aneinander. Die geschlossene (einfache) Linie setzt sich
> aus zwei begrenzten Linien zusammen. Theile einer Fläche dürfen
> nur in Punkten oder Linien aneinanderstossen. Die Anwendung
> dieser Begriffe bleibt mit einer gewissen Unsicherheit verbunden,
> wie dies bei fast allen Begriffen, die wir zur Auffassung der Er-
> scheinungen geschaffen haben, der Fall ist.

(Pasch 1882, III–IV und 1–4)

Die ersten „Grundsätze", wie Pasch die Axiome 1882 noch nennt,[9] beziehen sich auf
Punkte und Geraden. Dabei ist zu beachten, dass diese Geraden noch keine unendlichen
Objekte sind – zu diesen werden sie erst später erweitert:

> Die folgende Betrachtung soll uns mit den Eigenschaften bekannt machen, welche an den geraden
> Strecken und ihren Punkten bemerkt werden. Wir sprechen dieselben in Form von einzelnen Sätzen
> aus. Die Sätze werden aber in verschiedener Weise eingeführt. Einige von ihnen werden bewiesen,
> d. h. es wird ge-

---

[9] In der Neuauflage seines Buches von 1926 spricht er dann von „Stammsätzen".

zeigt, wie ihr Inhalt bedingt ist durch andere Sätze; die beim Beweise benutzten Sätze müssen jedesmal vorangehen. Wir stellen nun die Sätze, welche bewiesen werden, als Lehrsätze (Theoreme) den andern gegenüber, die wir als Grundsätze bezeichnen. Die Lehrsätze werden aus den Grundsätzen deducirt, so dass Alles, was zur Begründung der Lehrsätze gehört, ohne Ausnahme sich in den Grundsätzen niedergelegt finden muss.

Die primitivsten Beobachtungen über die geraden Strecken und ihre Punkte liefern eine Reihe von Beziehungen; ein Theil der letzteren bildet den Inhalt der Grundsätze in diesem Paragraphen. Wie auch die Punkte A und B angenommen werden (in den am Ende dieses Paragraphen näher zu erörternden Grenzen), immer kann man A mit B durch eine gerade Strecke verbinden; aber man kann dies nicht auf mehrere Arten leisten. Innerhalb der Strecke kann ein Punkt C angenommen werden. Man kann von A nach C eine gerade Strecke ziehen; diese geht nicht durch B; aber mit allen ihren Punkten fällt sie in die vorige Strecke. Wenn man also A mit C und C mit B verbindet, so begegnet man keinem Punkte, der nicht schon in der ersten Strecke anzutreffen war; aber die Punkte der ersten Strecke werden auch ihrerseits durch jene beiden Strecken erschöpft. Die Grundsätze I.—V. geben diese Bemerkungen wieder.

I. Grundsatz. — Zwischen zwei Punkten kann man stets eine gerade Strecke ziehen, und zwar nur eine.

Demnach reicht die Angabe der Endpunkte zur Bezeichnung der Strecke hin. Die Strecke von A nach B wird mit AB oder BA bezeichnet.

II. Grundsatz. — Man kann stets einen Punkt angeben, der innerhalb einer gegebenen geraden Strecke liegt.

III. Grundsatz. — Liegt der Punkt C innerhalb der Strecke AB, so liegt der Punkt A ausserhalb der Strecke BC.

Ebenso liegt der Punkt B ausserhalb der Strecke AC.

IV. Grundsatz. — Liegt der Punkt C innerhalb der Strecke AB, so sind alle Punkte der Strecke AC zugleich Punkte der Strecke AB.

Oder: Liegt der Punkt C innerhalb der Strecke AB, der Punkt D innerhalb der Strecke AC oder BC, so liegt D auch innerhalb der Strecke AB.

V. Grundsatz. — Liegt der Punkt C innerhalb der Strecke AB, so kann ein Punkt, der keiner der Strecken AC und BC angehört, nicht zur Strecke AB gehören.

VI. Grundsatz. — Sind A und B beliebige Punkte, so kann man den Punkt C so wählen, dass B innerhalb der Strecke AC liegt.

VII. Grundsatz. — Liegt der Punkt B innerhalb der Strecken

•————————•——•————————• AC und AD, so liegt entweder der Punkt C
A B C D innerhalb der Strecke AD oder der Punkt D
innerhalb der Strecke AC.

VIII. Grundsatz. — Liegt der Punkt B innerhalb der Strecke

•——•————————•————————• AC und der Punkt A innerhalb der Strecke
D A B C BD, und sind CD durch eine gerade Strecke
verbunden, so liegt der Punkt A auch innerhalb der Strecke CD.

Ebenso liegt dann auch der Punkt B innerhalb der Strecke CD. —

Drei Punkte, von denen einer innerhalb der durch die beiden andern begrenzten geraden Strecke liegt, mögen eine **gerade Reihe** heissen (Definition 2).

3. Lehrsatz. — Bilden die Punkte ABC und ABD gerade Reihen, so gilt dies auch von den Punkten ACD und BCD.

Beweis. — Der Voraussetzung zufolge liegt (Def. 2) entweder A innerhalb der Strecke BC oder B innerhalb AC oder C innerhalb AB; zugleich liegt (Def. 2) entweder A innerhalb BD oder B innerhalb AD oder D innerhalb AB. Liegen C und D inner-

•————————•——•————————• halb AB, so liegt (V) entweder D inner-
A C D B halb BC und (1) C innerhalb AD, oder D
innerhalb AC und (1) C innerhalb BD. Liegt C innerhalb und D ausserhalb AB, so können wir für die Punkte A und B die Be-

zeichnung derart wählen, dass die Strecke AD durch B geht; es

•————————•——•————————• geht dann (IV) AD auch durch C und (1)
A C B D CD durch B. Liegt C ausserhalb AB, so
bezeichnen wir die Punkte A und B derart, dass die Strecke AC

•——•————————•————————• durch B geht. Entweder liegt jetzt A inner-
D A B C halb BD, mithin (VIII) A und B innerhalb

•————————•——•————————• CD; oder B innerhalb AD, mithin (VII)
A B C D entweder C innerhalb AD und (1) BD,
oder D innerhalb AC und (1) BC; oder D innerhalb AB, mit-

•————————•——•————————• hin (IV) D innerhalb AC und (1) B inner-
A D B C halb CD. Demnach bilden ACD und BCD
in allen Fällen gerade Reihen (Def. 2).

(Pasch 1882, 4–6)

In der zweiten Auflage seines Buchs hat Pasch noch einen weiteren Kernsatz, sein neuer Begriff für Grundsatz, im Kapitel „Von der geraden Linie" ergänzt:

IX. Kernsatz. – Sind zwei Punkte A, B beliebig angegeben, so kann man einen weiteren Punkt C so wählen, dass keiner der drei Punkte A, B, C innerhalb der Verbindungsstrecke der beiden anderen liegt.

(Pasch 1976, 7)

Da Pasch die Strecke als Grundbegriff gewählt hat, kann er die Zwischenrelation[ii] ganz einfach erhalten:

Wir ziehen zunächst nur eine einzige Gerade in Betracht. Sind A, B, C Punkte einer Geraden g, also C in der Geraden AB gelegen (5), so bilden (Def. 3) die drei Punkte eine gerade Reihe, d. h. (Def. 2) es liegt entweder A innerhalb der Strecke BC, oder B innerhalb der Strecke AC, oder C innerhalb der Strecke AB. Liegt etwa C innerhalb der Strecke AB, so sagt man: Der Punkt C liegt in der Geraden g zwischen A und B, A und C auf derselben Seite von B, B und C auf derselben Seite von A, A und B auf verschiedenen Seiten von C. Aber A liegt alsdann nicht zwischen B und C, ebenso B nicht zwischen A und C (II).

(Pasch 1882, 9)

In Hinblick auf die projektive Gerade muss Pasch aber auch die Anordnung auf geschlossenen Geraden diskutieren:

Wenn man dagegen drei Punkte A, B, C auf einer geschlossenen (sich selbst nirgends schneidenden oder berührenden) Linie wählt, so hat es keinen Sinn zu sagen, etwa dass C zwischen A und B liege, weil von A nach B auf jener Linie zwei Wege führen, von denen einer über C geht, der andere nicht. Indess lässt sich doch ein ähnlicher Begriff erzeugen. Ich nehme in der gegebenen Linie einen beliebigen Punkt E und bestimme, dass nur solche Wege zugelassen werden, welche den Punkt E ausschliessen. Dann giebt es von A nach B nur noch einen Weg; führt dieser über C, so liegt C zwischen A und B unter Beachtung der getroffenen Bestimmung, und ich sage: bei ausgeschlossenem E liegt C zwischen A und B (oder B

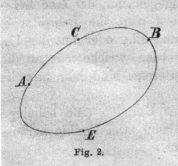

Fig. 2.

und A). Den Punkt E will ich dabei als „Grenzpunkt" bezeichnen.

Mit dem neuen Begriffe kann man operiren, wie mit dem auf
die begrenzte Linie bezüglichen, und es gelten wieder die Sätze
6.—11., wenn E eingeführt und der, Zusatz „bei ausgeschlossenem
E" oder „für den Grenzpunkt E" überall angebracht wird. Der
neue Begriff bezieht sich auf vier Punkte A, B, C, E in einer geschlossenen Linie. Er ist anzuwenden, wenn von den Wegen, welche
von A nach B gehen, der eine über C führt und nicht zugleich
über E; dann führt aber der andere Weg über E und nicht zugleich
über C, d. h. für den Grenzpunkt C liegt E zwischen A und B.
Die Punkte C und E können daher ihre Rollen vertauschen, und
da man von A nach B nicht gelangen kann, ohne einem von ihnen
zu begegnen, so sagt man: A und B werden durch C und E
(oder E und C) getrennt.

Indem wir jetzt die Sätze 6.—11. auf die geschlossene Linie
übertragen, entstehen die nachstehend unter b—f aufgeführten Sätze,
denen wir einen nur für die geschlossene Linie gültigen voraus-
schicken, nämlich

a) Liegt C zwischen A und B bei ausgeschlossenem E, so
liegt E zwischen A und B bei ausgeschlossenem C.

Hier, wie in den folgenden Sätzen, ist nur von Punkten einer
und derselben geschlossenen Linie und von ihrer Lage in dieser
Linie die Rede.

b) Bei ausgeschlossenem E liegt entweder A zwischen B und
C, oder B zwischen A und C, oder C zwischen A und B, und zwar
schliesst jede dieser Lagen die beiden andern aus.

c) Liegt für den Grenzpunkt E der Punkt C zwischen A und
B, der Punkt D zwischen A und C, so liegt D auch zwischen A
und B für den Grenzpunkt E.

d) Liegen für den Grenzpunkt E die Punkte C und D zwischen
A und B, so liegt für denselben Grenzpunkt der Punkt D entweder
zwischen A und C oder zwischen B und C.

e) Wenn drei Punkte A, B, E gegeben sind, so kann man C
so wählen, dass C zwischen A und B für den Grenzpunkt E.

(Pasch 1882, 12–13)

Er führt dann aus, dass man auch die Sätze a) bis e) als Grundsätze wählen könnte.

Die zweite Gruppe von Grundsätzen tritt im Kapitel über die Ebene auf. Insbesondere
finden wir hier das später so genannte „Pasch-Axiom" (Grundsatz IV):

§ 2. Von den Ebenen.

Wir ziehen jetzt einen weiteren geometrischen Begriff in die Betrachtung, die Ebene. Aehnlich wie bei der geraden Linie auseinandergesetzt wurde, wird von der Ebene gesagt, dass sie unbegrenzt sei; wenn wir uns aber an die unmittelbare Wahrnehmung halten, so lernen wir nur die wohlbegrenzte ebene Fläche kennen. Demgemäss wird zunächst nur von der ebenen Fläche und von Punkten einer ebenen Fläche die Rede sein, der Begriff „Ebene" aber erst nachher eingeführt werden.

Die folgenden Sätze sind wieder zum Theil Grundsätze, zum Theil Lehrsätze. Beim Beweise der letzteren dürfen wir von den in § 1 gegebenen Sätzen Gebrauch machen. Die ersteren sind der Ausdruck gewisser Beobachtungen, welche an ebenen Figuren leicht gemacht werden können.

Durch drei beliebige Punkte A, B, C kann man eine ebene Fläche legen, wenn auch nicht gerade eine einzige. Zieht man nun eine gerade Strecke durch A und B, so brauchen nicht alle Punkte der Strecke in jener Fläche zu liegen, aber man kann nöthigenfalls die letztere zu einer ebenen Fläche erweitern, welche die Strecke, d. h. alle ihre Punkte, enthält.

I. Grundsatz. — Durch drei beliebige Punkte kann man eine ebene Fläche legen.

II. Grundsatz. — Wird durch zwei Punkte einer ebenen Fläche eine gerade Strecke gezogen, so existirt eine ebene Fläche, welche alle Punkte der vorigen und auch die Strecke enthält.

Wenn *zwei* ebene Flächen gegeben sind, so kann ein Punkt A in beiden zugleich enthalten sein. Wir nehmen dann allemal wahr, dass der Punkt A nicht der einzige gemeinschaftliche Punkt ist, wenn wir nöthigenfalls die beiden Flächen oder eine von ihnen gehörig erweitert haben.

III. Grundsatz. — Wenn zwei ebene Flächen P, P' einen Punkt gemein haben, so kann man einen andern Punkt angeben, der sowohl mit allen Punkten von E, als auch mit allen Punkten von E' je in einer ebenen Fläche enthalten ist.

Es können zwei ebene Flächen auch *drei* Punkte zugleich enthalten. Bei der Untersuchung dieses Falles kann man eine Beobachtung benutzen, welche auch zur Beantwortung anderer, auf die Begegnung von Linien bezüglicher Fragen erforderlich ist. In einer ebenen Fläche seien drei Punkte A, B, C zu einem Dreieck zusammengefügt, d. h. durch die geraden Strecken AB, AC, BC paarweise verbunden. In derselben Fläche sei die gerade Strecke DE gelegen und zwar so, dass sie einen innerhalb der Strecke AB gelegenen Punkt F enthält. Die Strecke DE hat dann allemal entweder mit der Strecke AC oder mit der Strecke BC einen Punkt gemein, oder sie kann bis zu einem solchen Punkte verlängert werden.

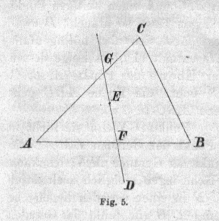

Fig. 5.

    IV. Grundsatz. — Sind in einer ebenen Fläche drei Punkte A, B, C durch die geraden Strecken AB, AC, BC paarweise verbunden, und ist in derselben ebenen Fläche die gerade Strecke DE durch einen innerhalb der Strecke AB gelegenen Punkt gezogen, so geht die Strecke DE oder eine Verlängerung derselben entweder durch einen Punkt der Strecke AC oder durch einen Punkt der Strecke BC.

    Oder: Liegen die Punkte A, B, C, D in einer ebenen Fläche, F in der Geraden AB zwischen A und B, so geht die Gerade DF entweder durch einen Punkt der Strecke AC oder durch einen Punkt der Strecke BC.

(Pasch 1882, 20–21)

Aus Grundsatz III folgt, dass zwei Ebenen, die einen Punkt gemeinsam haben, eine ganze Gerade gemeinsam haben. Das wiederum bedeutet, dass der der Geometrie zugrunde liegende Raum höchstens dreidimensional ist.[10]

    Der folgende Abschnitt macht deutlich, wie Pasch sich die Erweiterung vom endlichen, der Erfahrung zugänglichen Bereich, auf den unendlichen mathematischen vorstellte. Dabei wird eine Idee von Staudt verwendet. Diese besteht darin, Punkte durch Geradenbüschel (Pasch und Staudt sprechen von „Strahlenbüscheln") zu ersetzen.

---

[10] Die Grundsätze I bis III dieser Gruppe sind – modern gesprochen – Inzidenzaxiome, der Grundsatz IV dagegen ein Anordnungsaxiom.

§ 6. Ausgedehntere Anwendung des Wortes „Punkt".

Wir könnten auf dem Standpunkte, den wir jetzt einnehmen, das Wort „Punkt".gänzlich entbehren und statt dessen bloss von Strahlenbündeln (beliebigen und eigentlichen) sprechen. Wir könnten dann eine Reihe von Beziehungen, zu denen wir allmählich gelangt sind, in eine viel geringere Anzahl von Sätzen zusammenfassen. Aber wenn die Darstellung bei einer solchen Aenderung an Kürze gewinnt, so würde sie zugleich an Anschaulichkeit verlieren, da das Wort „Strahlenbündel" weit complicirtere Vorstellungen veranlasst, als zur Auffassung der geometrischen Entwickelungen nöthig und förderlich ist.

Dieser Nachtheil wird vermieden, wenn man, statt den Gebrauch des Wortes Punkt aufzugeben, ihn vielmehr in derselben Weise ausdehnt, wie es an dem Worte „Strahlenbündel" gezeigt worden ist. Wir treffen in der That die Bestimmung, dass das Wort „Punkt" nicht mehr in der bisherigen Bedeutung angewendet werden soll, dass vielmehr mit der Aussage „das Strahlenbündel S gehört zur Geraden g" fortan gleichbedeutend sein soll die Aussage „der Punkt S liegt in der Geraden g", und dass, wo das Strahlenbündel S als ein eigentliches bezeichnet wird, auch der Punkt S ein eigentlicher Punkt genannt werden soll*). Der Ausdruck „eigentlicher Punkt" wird also von nun an genau dasjenige bedeuten, was bisher unter Punkt schlechtweg verstanden wurde; dadurch eben wird das mit keiner näheren Bestimmung versehene Wort „Punkt" zu allgemeinerer Anwendung verfügbar.

Liegt der Punkt S in einer Geraden der Ebene P, so sagt man: der Punkt S liegt in der Ebene P. Dies ist demnach gleichbedeutend mit der Aussage: das Strahlenbündel S gehört zur Ebene P.

(Pasch 1882, 40)

Eine ähnliche Ausdehnung erfahren auch die Begriffe Gerade und Ebene (§7 bzw. §8).

Es folgt eine längere Erklärung der deduktivistischen Position Paschs. Diese ist unter anderem deshalb bemerkenswert, weil hier sehr klar sowohl die Übereinstimmungen als auch die Unterschiede zur Position Hilberts deutlich werden – zu jener Position also, die für die moderne Mathematik ausschlaggebend werden sollte.

Die Grundsätze kann man ohne entsprechende Figuren nicht einsehen; sie sagen aus, was an gewissen sehr einfachen Figuren beobachtet worden ist. Die Lehrsätze werden nicht durch Beobachtungen begründet, sondern bewiesen; jeder Schluss, der im Verlaufe des Beweises vorkommt, muss in der Figur seine Bestätigung finden, aber er wird nicht aus der Figur, sondern aus einem bestimmten vorhergegangenen Satze (oder aus einer Definition) gerechtfertigt. Ich habe die betreffenden Sätze Anfangs immer genau angegeben; aber auch da, wo die Angabe der Kürze wegen unterblieben ist, konnte ich mich allemal auf einen bestimmten Satz berufen. Wenn man von dieser Auffassung im Geringsten abweicht, so verliert der Sinn des Beweisverfahrens überhaupt jede Bestimmtheit.

Bei Euklid sehen wir zwischen den Grundsätzen und Lehrsätzen äusserlich eine deutliche Trennung vollzogen. Im ersten Buche der Elemente stehen 35 Definitionen an der Spitze; diese sollen für das erste Buch das vorstellen, was wir ein Verzeichniss der Grundbegriffe und abgeleiteten Begriffe nennen würden, jedoch ohne scharfe Unterscheidung. Sodann werden 3 Postulate und 12 Axiome angeführt; diese 15 Sätze sind als Grundsätze zu betrachten. Ihnen lässt Euklid die Theoreme folgen, in der Meinung — so darf man wohl annehmen —, bis dahin Alles in Bereitschaft gesetzt zu haben, womit die Sätze des ersten Buches bewiesen werden können. Aber schon der erste Beweis lässt die Unvollständigkeit der Sammlung erkennen. Es handelt sich darum, zu zeigen, dass (in einer Ebene) auf jeder geraden Strecke AB ein gleichseitiges Dreieck construirt werden kann. Zu dem Zweck wird (in jener Ebene) um den Punkt A mit dem Halbmesser AB ein Kreis beschrieben, ebenso um den Punkt B; vom Punkte C, in welchem die beiden Kreise sich schneiden, zieht man gerade Strecken nach A und B. Für jedes Glied des Beweises und jede in ihm gebrauchte Construction muss nun die Rechtfertigung erbracht werden, und zwar mittels eines vorher aufgestellten Satzes. Dass die beiden Kreise um A und B mit dem Halbmesser AB existiren, folgt in der That aus dem dritten Postulat, wonach gefordert werden darf, (in einer Ebene) um jeden Punkt in jedem Abstande einen Kreis zu beschreiben. Dass die geraden Strecken AC und BC existiren, folgt aus dem ersten Postulate, wonach gefordert werden darf, von jedem Punkte nach jedem andern eine gerade Strecke zu ziehen. Also bezüglich der beiden Kreise und der beiden Strecken ist Euklid im Stande, die erforderlichen Hinweise auf frühere Sätze zu geben. Es ist aber, unmittelbar nachdem die beiden Kreise eingeführt sind, vom Punkte C die Rede, in welchem sie sich schneiden. Nach welchem Satze existirt ein derartiger Punkt? Bei Euklid findet sich keine darauf bezügliche Angabe, und diese Lücke kann auch aus seinem Material nicht ergänzt werden, denn es geht dem ersten Lehrsatze keine Aussage voran, wonach jene Kreise sich schneiden müssen.

Wenn es also Euklid's Absicht war, den Lehrsätzen des ersten Buches alle Beweismittel voranzuschicken, um sich später bei jedem Schlusse und jeder Construction auf dieselben berufen zu können, so hat er seine Absicht nicht vollständig erreicht. Er hätte beispielsweise in Rücksicht auf das erste Theorem den Satz mit aufnehmen

müssen: „Zwei Kreise in einer Ebene, deren jeder durch den Mittelpunkt des andern hindurchgeht, schneiden sich"; dieser Satz musste
entweder ein Axiom abgeben oder als Theorem auf einen Beweis
gestützt werden. Dass hier die dem Satze vom gleichseitigen Dreieck
beigegebene Figur allein irregeführt hat, erkennt man sofort, wenn
man den Beweis ohne die Figur herzustellen versucht. Nach wie
vor kann man dann die beiden Kreise einführen, weil man über
das dritte Postulat verfügt; um jedoch von da weiterzukommen,
fehlt jede Handhabe, so lange man keine Figur vor Augen hat.
Die Figur freilich lässt nicht in Zweifel darüber, ob der Punkt C
existirt. Aber die Figur lässt auch die Existenz der Kreise um A
und B und der Strecken AC und BC nicht zweifelhaft, und doch
wird die Thatsache, dass solche Kreise und Strecken möglich sind,
besonders ausgesprochen und angeführt. Mit welchem Rechte werden nun von den Thatsachen, auf denen die Construction beruht,
und welche kaum in verschiedenem Grade einleuchtend und durch
einfache Beobachtungen verbürgt sind, die einen ausdrücklich for-
mulirt, die andern aber nicht?

Zwischen den Beweisgründen, welche in der Anwendung früherer
Sätze und Definitionen bestehen, und andern irgendwelcher Natur
werden wir nicht versuchen, eine Grenze zu ziehen — was schwerlich
gelingen dürfte —, sondern wir werden nur diejenigen Beweise
anerkennen, in denen man Schritt für Schritt sich auf vorhergehende
Sätze und Definitionen beruft oder berufen kann. Wenn zur Auffassung eines Beweises die entsprechende Figur unentbehrlich ist,
so genügt der Beweis nicht den Anforderungen, welche wir an ihn
stellen, — Anforderungen, welche erfüllbar sind; bei einem vollkommenen Beweise ist die Figur entbehrlich. Nicht bloss in der
von Euklid überlieferten Form tragen zahlreiche Beweise der Geometrie jene Unvollkommenheit an sich, sondern auch nach den
vielfachen Umgestaltungen, welche sie im Laufe der Zeit erfahren
haben; nur dass bei Euklid die Irrthümer rein zu Tage treten und
nirgends durch Worte verhüllt sind. — Man darf nicht einwenden,
dass häufig, ohne Anfertigung der Figur, durch ihre blosse Vorstellung der Zweck erreicht werden kann. Die vorgestellte Figur
ist nur zulässig, sofern sie mit einer wirklichen übereinstimmt.
Aber selbst wenn irgend eine der Einbildungskraft allein entstam-
mende Figur Berechtigung hätte, so wären wir nicht der Verpflich-
tung überhoben, von den aus ihr entnommenen Beweismitteln sorgfältig Rechenschaft zu geben*).

---

*) S. noch § 12 Schluss.

Sobald man der Figur keine andere, als die eben beschriebene Rolle zugesteht, genügt überall, wo in Lehrsätzen und Beweisen nicht mehrere Fälle unterschieden werden, eine einzige nach Belieben entworfene Figur. Demgemäss wird man unbedenklich, wo beliebige Punkte vorkommen, diese in den Figuren nach Möglichkeit durch 'eigentliche Punkte wiedergeben, selbst dann, wenn es sich gerade um den Fall der eigentlichen Punkte nicht handelt. Dass z. B. drei Geraden den beliebigen Punkt G gemein haben sollen, kann ich wirksam in der Figur nur anbringen, indem ich G als eigentlichen Punkt annehme, und es ist mir allemal nur darum zu thun, die wirksamste Figur zu benutzen. Freilich muss dann mit um so grösserer Vorsicht geprüft werden, ob die einzelnen Punkte sich durch Zufall oder mit Nothwendigkeit als eigentliche ergeben haben.

(Pasch 1882, 43–46)[11]

Der zweite Teil des Buches von Pasch beginnt mit allgemeinen Betrachtungen zur Kongruenz. Schließlich rekapituliert Pasch am Ende des §12 seine Position bezüglich des mathematischen Beweisverfahrens, der Rolle der Anschauung in diesem und den Versäumnissen der Mathematiker bislang:

---

[11] Paschs Kreisschnittaxiom ist uns schon oben bei van Swinden begegnet.

Die im ersten und sechsten Paragraphen gegebenen Bemerkungen über das Beweisverfahren werden hierdurch vervollständigt. Man wird diese Erörterung nicht für überflüssig erklären, wenn man darauf achtet, wie oft die besprochenen Anforderungen unerfüllt bleiben,* sogar in Schriften, welche sich die Begründung der Geometrie oder anderer mathematischer Disciplinen zur Aufgabe machen. Der allgemeinen Auffassung nach sollen die Lehrsätze logische Folgerungen aus den Grundsätzen sein. Aber nicht immer bringt man sich alle benutzten Beweismittel ausdrücklich zum Bewusstsein. Dass dies zum Theil von der Anwendung der Figuren herrührt, ist in § 6 besprochen worden; aber selbst wenn kein sinnliches Bild, nicht einmal die bewusste innerliche Vorstellung eines solchen, zugelassen wird, so übt der Gebrauch vieler Wörter, mit denen namentlich die einfacheren geometrischen Begriffe bezeichnet werden, an sich schon einen gewissen Einfluss aus. Einen Theil der Ausdrücke, mit deren Handhabung im täglichen Leben wir durch frühzeitige Gewöhnung vertraut geworden sind, treffen wir in der Wissenschaft wieder an; und wie im täglichen Leben beim Gebrauche jener Ausdrücke zugleich allerhand Beziehungen zwischen den entsprechenden Begriffen sich mit unseren Gedanken verflechten, ohne dass wir uns davon besondere Rechenschaft geben, so gelingt es selbst in der strengen Wissenschaft nicht leicht, die unbewussten Beimischungen ganz fernzuhalten. Eben diese Beimischungen müssen an das Licht gebracht werden, damit die Grundlage, auf welcher sich die Geometrie aufbaut, in ihrem wahren Umfange zu erkennen sei.

Bei der Aufsuchung neuer Wahrheiten wird man sich unbedenklich aller Mittel bedienen, welche zum Ziele führen können. Anders verhält es sich mit der Prüfung und Darstellung des Gefundenen, welche in der Mathematik nur dann befriedigt, wenn die neue Thatsache als eine Folge der bekannten Thatsachen erscheint. Diese Forderung ist wohl aus der Wahrnehmung entsprungen, wie man in der Mathematik reichlicher als auf irgend einem andern Gebiete die Möglichkeit antrifft, durch Schlussfolgerungen allein, ohne besonderes Experiment, Neues und Richtiges aus Bekanntem

zu finden; sie wird um so sicherer von selbst erfüllt, je weiter man
sich von den Grundbegriffen entfernt, je ausschliesslicher man also
mit zusammengesetzten Begriffen umgeht, die wegen ihrer nicht
gemeinfasslichen Bedeutung keine Relationen zulassen, welche sich
unbemerkt in eine Schlussfolgerung einschleichen könnten. Wenn
nun die Mathematik an die streng deductive Methode, der sie gerecht zu werden vermag, sich wirklich bindet, so darf man hierin
keinen überflüssigen Zwang erblicken. Der Werth jener Methode
besteht darin, dass die ihr entsprechende Auffassung des Beweisverfahrens alle Willkür ausschliesst, während bei jeder andern Auffassung die Unanfechtbarkeit der Beweise aufhört, weil der Beurtheilung keine scharfe Grenze gezogen werden kann. Die
Unanfechtbarkeit der Beweise, durch welche die Lehrsätze auf die
Grundsätze zurückgeführt werden, im Verein mit der Evidenz der
Grundsätze selbst, welche durch die einfachsten Erfahrungen verbürgt sein sollen, giebt der Mathematik den Charakter höchster
Zuverlässigkeit, den man ihr zuzuschreiben pflegt. Um diese Eigenschaften überall zu erzielen, wird man sich allerdings zu mancher
Weitläufigkeit genöthigt sehen; aber auf der andern Seite werden
gerade durch eine präcise Darstellung gewisse Vereinfachungen ermöglicht. Zunächst hat die erhöhte Verwendbarkeit der Beweise
sich schon wiederholt als nützlich erwiesen (vgl. S. 99). Sodann —
und darauf möchte ich hier das Hauptgewicht legen — erkennt
man bei solcher Darstellung die Entbehrlichkeit gewisser Bestandtheile, welche gewohnheitsmässig mit überliefert werden. Die Wissenschaft schöpft einen Theil ihres Stoffes unmittelbar aus der
Sprache des täglichen Lebens. Aus dieser Quelle sind Ausdrucks-
weisen und Anschauungen, mit denen man wissenschaftliche Sätze
nicht formuliren sollte, auch in die Mathematik hineingelangt und
dort die Veranlassung geworden, dass gewisse Partieen unklar erscheinen, und dass sich zahlreiche Discussionen, namentlich über
geometrische Dinge, erhoben haben. Welche Rolle die einzelnen
Begriffe und Relationen in dem Systeme spielen, wieweit sie für
das Ganze nothwendig oder entbehrlich sind, tritt nur bei absolut
strenger Darstellung an den Tag. Erst wenn auf solchem Wege
die wesentlichen Bestandtheile vollständig gesammelt, die überflüssigen aber ausgeschieden sind, wird man für jene Discussionen,
soweit sie nicht dadurch gegenstandslos werden, die richtige Grundlage besitzen.

(Pasch 1882, 99–100)

Es folgen dann im § 13 Kongruenzaxiome. Auch hier bleibt er seinem Empirismus treu:

§ 13. Von den kongruenten Figuren

Bei der geometrischen Betrachtung einer Figur wird immer vorausgesetzt, dass ihre Bestandteile einem festen Körper angehören oder doch mit einander in hinreichend fester Verbindung stehen. In den bisherigen Entwicklungen wurde sogar angenommen, dass alle in einer und derselben Betrachtung auftretenden Elemente eine Figur im obigen Sinne bilden, und wenn also zwei Figuren in Beziehung gebracht wurden, wie dies z. B. bei der Erklärung der Perspektivität geschah, so mussten jene Figuren mit einander fest verbunden sein.

Wir werden jetzt, um den Begriff der Kongruenz einzuführen, uns für einige Zeit auf Figuren beschränken, welche nur aus Punkten zusammengesetzt sind, und zwar aus eigentlichen Punkten. Wir halten daran fest, dass jede Figur auf einem festen Körper verzeichnet ist, aber wir verlangen nicht, dass alle gleichzeitig betrachteten Figuren sich auf einem und demselben festen Körper befinden.

Ist eine Figur $abcd$ gegeben, so darf man die Punktgruppen ab, ac, abc usw. ebenfalls Figuren nennen; aber wenn zwei Figuren ef und gh gegeben sind, so kommt der Punktgruppe $efgh$ der Name einer Figur nicht notwendig zu, weil die Figuren ef und gh möglicherweise gegeneinander beweglich sind.

Es seien, um mit dem einfachsten Fall zu beginnen, zwei starr verbundene Punkte ab gegeben und zwei ebenfalls starr verbundene Punkte $a'b'$. Die Figuren ab und $a'b'$ sind entweder gegeneinander beweglich oder nicht. Wir nehmen zuerst an, daß sie gegeneinander beweglich sind. Man kann dann (nachdem etwaige störende Bestandteile der starren Körper beseitigt sind) die Figuren bewegen, bis die Punkte a und a' aneinanderstoßen oder die Punkte b und b'. Wenn es gelingt, beides gleichzeitig zu bewirken, so sagt man, daß die Figuren ab und $a'b'$ zum Decken gebracht sind, und wenn die Figuren hierauf wieder beliebig bewegt werden, so wird von ihnen gesagt, daß sie einander zu decken vermögen.

Wie immer die Figur ab gegeben sein mag, so kann man Figuren herstellen, die imstande sind, ab zu decken. Man wird sich dazu eines starren Körpers bedienen, der die Punkte a und b gleichzeitig zu berühren vermag; auf einem solchen werden zwei Punkte α und β so gewählt, daß die Figuren ab und $\alpha\beta$ sich zum Decken bringen lassen. Man bewegt z. B. einen Stab (Maßstab, Lineal) an die Punkte a und b heran und vermerkt auf.

ihm die Stellen, welche an a und b stossen; oder man stellt die Spitzen eines Zirkels auf die Punkte a und b, so dass die Spitzen mit α und β bezeichnet werden können. Es ist gleichgültig, welche Spitze auf a, welche auf b gestellt war; überhaupt, wenn die Figur $\alpha\beta$ im Stande war ab zu decken, so kann sie auch mit ba zum Decken gebracht werden.

Ich kehre jetzt zu den Figuren ab und $a'b'$ zurück, von denen vorläufig angenommen wurde, dass sie gegen einander beweglich sind. Mit $\alpha\beta$ bezeichne ich eine gegen ab und $a'b'$ bewegliche Figur, welche mit ab zum Decken gebracht werden kann, und prüfe, ob auch $a'b'$ und $\alpha\beta$ zum Decken gebracht werden können. Es zeigt sich, dass diese Prüfung die vorige, bei welcher ab und $a'b'$ unmittelbar verglichen wurden, vollständig ersetzt, d. h. wenn (ausser ab und $\alpha\beta$ auch) $a'b'$ und $\alpha\beta$ sich decken können, so können ab und $a'b'$ sich decken, und umgekehrt. Wenn von den drei Figuren ab, $a'b'$, $\alpha\beta$ eine die beiden andern decken kann, so können diese beiden sich decken.

Sehen wir jetzt ganz davon ab, ob die Figuren ab und $a'b'$ gegen einander beweglich sind oder nicht. Ich kann jedenfalls eine Figur herstellen, welche gegen jene beiden Figuren beweglich ist und mit der einen zum Decken gebracht werden kann. Ist es möglich, eine und dieselbe Figur sowohl mit ab als auch mit $a'b'$ zum Decken zu bringen, so heissen die Figuren ab und $a'b'$ congruent.

Wenn die Figuren ab und $a'b'$ gegen einander beweglich sind, so erweisen sie sich als congruent, wenn sie sich zu decken vermögen, und es ist alsdann die Zuziehung einer dritten Figur nicht nöthig. Wenn die Figuren ab und $a'b'$ mit einander fest verbunden, z. B. auf einer und derselben Platte verzeichnet sind, so ist es zwar nicht unmöglich, die feste Verbindung zu lösen; aber es ist immer erwünscht, unter Umständen sogar nothwendig, ein anderes Mittel zur Vergleichung zu besitzen. In der That sind wir gewohnt, solche Figuren durch Vermittelung einer Hülfsfigur zu vergleichen, welche in der Regel durch zwei Punkte an einem Stabe oder durch die Spitzen eines Zirkels dargestellt wird. Und diese Vermittelung ist geradezu nothwendig, wenn die Figuren ab und $a'b'$ einen oder beide Punkte gemein haben. Es sollte nicht ausgeschlossen werden, dass a' mit a zusammenfällt oder mit b; es können innerhalb einer Figur abb' die Theile ab und ab' congruent sein. Auch ist schon oben die Figur ba neben der Figur ab aufgetreten, und wir haben bemerkt, dass eine und dieselbe Figur im Stande ist, jene beiden zu decken. Die Figuren ab und ba sind demnach con-

gruent zu nennen, ohne daß sie eine direkte Vergleichung gestatten.

Wir haben, wenn auch zunächst nur für den einfachsten Fall, einen neuen Grundbegriff eingeführt, nämlich den Begriff zweier Figuren, welche zum Decken gebracht werden können, und mit Hülfe desselben die Bedeutung des Wortes „congruent" erklärt. Wir haben zugleich mehrere sehr einfache, auf den neuen Begriff bezügliche Thatsachen erwähnt, welche unmittelbar aus der Erfahrung zu entnehmen sind. Diese Thatsachen und eine Reihe anderer von gleicher Beschaffenheit habe ich jetzt als Grundsätze zu formuliren, nach deren Herstellung wieder die deductive Entwickelung Platz greift. Ich spreche zuerst den folgenden Grundsatz aus:

I. Grundsatz. — Die Figuren ab und ba sind congruent.

Sind drei Figuren ab, $a'b'$, $a''b''$ gegen einander beweglich, so ist schon constatirt worden, dass $a'b'$ und $a''b''$ einander decken können, wenn ab beide zu decken vermag. Sehen wir aber wieder davon ab, ob die Figuren fest verbunden sind oder nicht, und setzen wir voraus, dass ab und $a'b'$ congruent sind, zugleich auch ab und $a''b''$. Es kann also eine Figur $\alpha\beta$ zum Decken gebracht werden mit ab und $a'b'$, ferner eine Figur $\alpha'\beta'$ mit ab und $a''b''$; $\alpha\beta$ ist gegen ab und $a'b'$, $\alpha'\beta'$ gegen ab und $a''b''$ beweglich. Die Figuren ab und $\alpha\beta$ sind congruent; da sie möglicherweise fest verbunden sind, so sei AB eine gegen die vorigen bewegliche Figur, welche ab decken kann. Es können sich alsdann decken AB und ab, $\alpha\beta$ und ab, $\alpha'\beta'$ und ab, folglich AB und $\alpha\beta$, AB und $\alpha'\beta'$; ferner $a'b'$ und $\alpha\beta$, $a''b''$ und $\alpha'\beta'$, folglich AB und $a'b'$, AB und $a''b''$, d. h. $a'b'$ und $a''b''$ sind congruent. Sind zwei Figuren $a'b'$ und $a''b''$ einer Figur ab congruent, so sind sie einander congruent. Diese Thatsache wird einen besonderen Fall des siebenten Grundsatzes bilden.

Ist eine Figur ab gegeben, so kann man eine congruente Figur $a'b'$ herstellen, von der man den. einen Punkt, etwa a', beliebig wählen darf. Man kann nämlich eine Figur $\alpha\beta$ herstellen, welche gegen die Figur ab und den Punkt a' beweglich und ab zu decken im Stande ist; mit Hülfe von $\alpha\beta$ (also z. B. des Zirkels) wird sodann b' aufgefunden und nöthigenfalls mit a' in feste Verbindung gebracht. Diese Thatsache ist als einfachster Fall im achten Grundsatze mit enthalten. Hier ist jedoch hinzuzufügen, dass in Betreff des Punktes b' noch eine bestimmte Forderung gestellt werden darf. Der Punkt a' konnte beliebig gewählt werden; lassen wir ihn mit a zusammenfallen und ziehen von a aus eine gerade Strecke nach irgend einem Punkte c, so dass die Figur abc entsteht. Man kann verlangen, dass b' in dieser Strecke oder in ihrer Verlängerung über c hinaus angegeben werde; ein solcher Punkt existirt allemal und zwar nur einer.

II. Grundsatz. — Zur Figur abc kann man einen und nur einen eigentlichen Punkt b' derart hinzufügen, dass ab und ab' congruente Figuren werden und b' in der geraden Strecke ac oder c in der geraden Strecke ab' liegt.

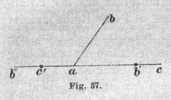

Fig. 37.

Wird also die gerade Linie ac mit g bezeichnet und in ihr der eigentliche Punkt c' ausserhalb des Schenkels ac angenommen, so giebt es in der Geraden g zwei (und nicht mehr) eigentliche Punkte, b' und b'', von denen der eine im Schenkel ac, der andere im Schenkel ac' liegt, so dass ab, ab', ab'' congruente Figuren sind. Man kann b' und b'' etwa mit Hülfe des Zirkels bestimmen.

Betrachten wir jetzt zwei Figuren abc und $a'b'c'$, welche aus je drei Punkten bestehen. Sie sind entweder fest mit einander verbunden oder nicht. Um beide Fälle zugleich zu berücksichtigen, gehe ich davon aus, dass stets eine Figur $\alpha\beta\gamma$ herstellbar ist, welche gegen jene beiden bewegt und mit der einen, etwa mit abc, zum Decken gebracht werden kann, wobei die Punkte a und α, b und β, c und γ aneinanderstossen. Eine solche Figur lässt sich auf jedem festen Körper verzeichnen, der die Punkte abc gleichzeitig zu berühren vermag. Ist es möglich, eine und dieselbe Figur $\alpha\beta\gamma$ sowohl mit abc als auch mit $a'b'c'$ zum Decken zu bringen, so heissen die Figuren abc und $a'b'c'$ congruent. Jetzt ist es aber nicht mehr gleichgültig, in welcher Reihenfolge die Punkte geschrieben werden. Wenn die Figur $\alpha\beta\gamma$ im Stande ist abc zu decken, so ist sie im Allgemeinen nicht im Stande bac zu decken. Wenn die Figuren abc und $a'b'c'$ congruent sind, so sind zwar auch bac und $b'a'c'$ congruent, aber im Allgemeinen nicht bac und $a'b'c'$. Die zusammengehörigen Punkte, a und a', b und b', c und c', werden homologe Punkte der congruenten Figuren genannt.

Mit der Figur abc ist die Figur ab als ein Theil gegeben, welcher mit der Figur $\alpha\beta$ zum Decken gebracht werden kann. Ist nun $\alpha\beta\gamma$ im Stande, abc und $a'b'c'$ zu decken, können also $\alpha\beta$ und $a'b'$ sich decken, so sind die Figuren ab und $a'b'$ congruent. Wir werden die Figuren ab und $a'b'$, ac und $a'c'$, bc und $b'c'$ homologe Theile der congruenten Figuren abc und $a'b'c'$ nennen. Dass solche homologe Theile congruent sind, bildet einen besonderen Fall des sechsten Grundsatzes.

Die Figur abc kann aus drei Punkten einer Geraden bestehen. Nehmen wir an, dass c in der Geraden ab zwischen a und b liegt, dass die Figuren ab und $a'b'$ mit $\alpha\beta$ zum Decken gebracht werden können, und dass a mit b, a' mit b', α mit β durch gerade Strecken verbunden sind. Bringe ich ab und $\alpha\beta$ zum Decken, so nehme ich wahr, dass die Punkte der Strecke ab an die Punkte der Strecke $\alpha\beta$ stossen und umgekehrt, und man sagt daher, dass die Strecken ab und $\alpha\beta$ zum Decken gebracht seien; zugleich ergiebt sich ein bestimmter Punkt γ der Strecke $\alpha\beta$, welcher an den Punkt c stösst. Auch die Strecken $\alpha\beta$ und $a'b'$ werden sich decken können, und man nennt deshalb die Strecken ab und $a'b'$ congruent. Bringt man nun die Strecken $\alpha\beta$ und $a'b'$ zum Decken, so ergiebt sich ein bestimmter Punkt c' der Strecke $a'b'$, welcher vom Punkte γ gedeckt wird, so dass abc und $a'b'c'$ congruente Figuren sind.

III. Grundsatz. — Liegt der Punkt c innerhalb der geraden Strecke ab und sind die Figuren abc und $a'b'c'$ congruent, so liegt der Punkt c' innerhalb der geraden Strecke $a'b'$.

Congruente Strecken kommen in Betracht, wenn eine Strecke ab mit einer anderen uv gemessen werden soll. Nach den Vorbemerkungen zum zweiten Grundsatze kann ich auf dem Schenkel ab den Punkt c_1 so angeben, dass ac_1 und uv congruente Figuren werden; es handelt sich hier nur um den Fall, wo c_1 zwischen a und b zu liegen kommt. Ich kann (II.) die Strecke ac_1 bis c_2 — und zwar nur auf eine Art — so verlängern, dass die Strecken c_1a und c_1c_2 congruent werden, folglich auch ac_1 und c_1c_2. Ebenso kann ich die Strecke c_1c_2 um die congruente Strecke c_2c_3 verlängern, diese um die congruente Strecke c_3c_4 u. s. f. Beim Messen

wird jedoch ein bestimmtes Ziel erstrebt und auch erreicht. Man verfolgt nämlich die Reihe der Punkte $c_1c_2c_3\ldots$ nur bis zum Punkte c_n, wenn b entweder mit c_n zusammenfällt oder von den Punkten c_n und c_{n+1} eingeschlossen werden würde, und zu einem solchen Punkte c_n kann man allemal durch eine endliche Anzahl von Constructionen gelangen.

IV. Grundsatz. — Liegt der Punkt c_1 innerhalb der geraden Strecke ab, und verlängert man die Strecke ac_1 um die congruente Strecke c_1c_2, diese um die congruente Strecke c_2c_3 u. s. f., so gelangt man stets zu einer Strecke c_nc_{n+1}, welche den Punkt b enthält.

Betrachten wir wieder die Figur abc, aus drei Punkten einer Geraden bestehend, und nehmen wir jetzt an, dass die Strecken ac und bc congruent, also c zwischen a und b gelegen ist. Eine Figur $\alpha\beta\gamma$ werde hergestellt, welche abc zu decken vermag. Werden die Strecken ba und $\alpha\beta$ zum Decken gebracht, so deckt γ einen bestimmten Punkt der Strecke ba, der von c nicht verschieden sein kann; die Figuren abc und bac sind demnach congruent. Aber auch wenn abc nicht in gerader Linie liegen, wird dieselbe Beobachtung gemacht.

    V. Grundsatz. — Wenn in der Figur abc die Strecken ac und bc congruent sind, so sind die Figuren abc und bac congruent.

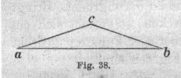

Fig. 38.

Diese Thatsache kann noch in anderer Form ausgesprochen werden. Wenn ca und $\gamma\alpha$ beliebige Strecken, aber nicht fest verbunden sind, so kann man sie gegen einander bewegen, bis die Punkte c und γ aneinanderstossen und zugleich entweder a an einen Punkt der Strecke $\gamma\alpha$ oder α an einen Punkt der Strecke ca. Es wird dann jeder Punkt des Schenkels ca von einem Punkte des Schenkels $\gamma\alpha$ gedeckt und umgekehrt, und man wird daher sagen, es seien die Schenkel ca und $\gamma\alpha$ zum Decken gebracht. Wenn in der Figur abc die Strecken ca und cb zu verschiedenen Geraden gehören, ebenso in der Figur $\alpha\beta\gamma$ die Strecken $\gamma\alpha$ und $\gamma\beta$, und die Figuren nicht fest verbunden sind, so kann man sie bewegen, bis die Schenkel ca und $\gamma\alpha$ sich decken oder die Schenkel cb und $\gamma\beta$.

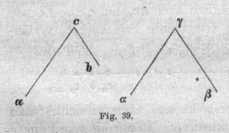

Fig. 39.

Gelingt es nun, beides gleichzeitig zu bewirken, so sagt man, es seien die Winkel acb und $\alpha\gamma\beta$ zum Decken gebracht[*]). Wenn die Winkel acb und $\alpha\gamma\beta$ sich decken können, so braucht dies von den Figuren acb und $\alpha\gamma\beta$ nicht zu gelten; dazu ist vielmehr noch nothwendig und hinreichend, dass die Strecken ca und $\gamma\alpha$, cb und $\gamma\beta$ congruent sind.

    Es seien jetzt zwei Figuren abc und $a'b'c'$ gegeben; die Strecken ca und cb sollen zu verschiedenen Geraden gehören, ebenso die Strecken $c'a'$ und $c'b'$. Immer lässt sich eine gegen abc und $a'b'c'$ bewegliche Figur $\alpha\beta\gamma$ so herstellen, dass die Winkel acb und $\alpha\gamma\beta$ sich decken können (Transporteur), und zwar ist es

---

[*]) Eine Definition des Winkels wird hier nicht beabsichtigt.

gleichgültig, in welcher Anordnung die Schenkel auf einander gelegt werden, d. h. es können auch die Winkel bca und $\alpha\gamma\beta$ sich
decken. Ist es möglich, einen und denselben Winkel $\alpha\gamma\beta$ mit den
Winkeln acb und $a'c'b'$ zum Decken zu bringen, so heissen die
Winkel acb und $a'c'b'$ congruent. — Es seien zwei congruente
Winkel acb und $a'c'b'$ vorgelegt; die Figuren acb und $a'c'b'$ brauchen alsdann nicht congruent zu sein. Ich kann aber die Figur
$\alpha\beta\gamma$ so wählen, dass die Figuren acb und $\alpha\gamma\beta$ sich decken können;
damit auch die Figuren $a'c'b'$ und $\alpha\gamma\beta$ sich zum Decken bringen
lassen, ist noch die Congruenz der Strecken $c'a'$ und $\gamma\alpha$, $c'b'$ und
$\gamma\beta$ nothwendig und hinreichend. Sobald daher ca und $c'a'$, cb und
$c'b'$ congruente Strecken sind, so sind auch die Figuren acb und
$a'c'b'$ (oder abc und $a'b'c'$) congruent.

Hiernach sind die Winkel acb und bca stets congruent. Nimmt
man aber insbesondere congruente Strecken ca und cb, so sind
auch die Figuren abc und bac congruent, wie im fünften Grundsatze behauptet wurde.

Es ist nun an der Zeit, Figuren zu betrachten, welche aus
beliebig vielen Punkten bestehen. Die Figuren $abcd\ldots$ und
$a'b'c'd'\ldots$ seien aus gleichvielen Punkten zusammengesetzt. Immer
ist eine Figur $\alpha\beta\gamma\delta\ldots$ herstellbar, welche gegen jene beiden bewegt und mit der einen zum Decken gebracht werden kann, wobei
die Punkte a und α, b und β u. s. w. aneinanderstossen. Ist es
möglich, die Figur $\alpha\beta\gamma\delta\ldots$ mit beiden gegebenen Figuren zum
Decken zu bringen, so heissen diese congruent. Die Congruenz ist
aber von der Wahl der Figur $\alpha\beta\gamma\delta\ldots$ nicht abhängig; haben sich
die Figuren $abcd\ldots$ und $a'b'c'd'\ldots$ als congruent erwiesen, und
kann man eine von ihnen auf die gegen beide bewegliche Figur
$ABCD\ldots$ legen, so lässt auch die andere sich auf $ABCD\ldots$
legen. Man mag deshalb das Wesen der congruenten Figuren durch
die Aussage bezeichnen, dass jede die Lage der anderen einzunehmen im Stande ist.

Um die Congruenz der Figuren $abcd\ldots$ und $a'b'c'd'\ldots$ zu
erkennen, wird eine Hülfsfigur $\alpha\beta\gamma\delta\ldots$ benutzt, und es werden
einmal die Punkte a und α, b und β u. s. w. mit einander in Berührung gebracht, das andere Mal die Punkte a' und α, b' und β
u. s. w. Dieser Zusammengehörigkeit entsprechend, heissen a und
a' homologe Punkte, ebenso b und b' u. s. w. Jedem Theile
der Figur $abcd\ldots$ entspricht ein Theil der Figur $a'b'c'd'\ldots$,
nämlich der aus den homologen Punkten zusammengesetzte, welchen wir den homologen Theil nennen dürfen, und je zwei

homologe Theile können mit einem gewissen Theile der Figur $\alpha\beta\gamma\delta$ .... zum Decken gebracht werden.

VI. Grundsatz. — Wenn zwei Figuren congruent sind, so sind auch ihre homologen Theile congruent*).

Es ist hier nicht ausgeschlossen, dass homologe Theile zusammenfallen, z. B. bei zwei congruenten Figuren abc und abc'. In der That sind wir berechtigt, jede Figur sich selbst congruent zu nennen, wobei aber jeder Punkt sich selbst homolog ist und mithin nicht an diejenige Congruenz gedacht werden soll, welche zwischen den Strecken ab und ba, zwischen den Winkeln acb und bca stattfindet. Wenn bei zwei congruenten Figuren ein Punkt sich selbst entspricht, so kann man sagen: Die Figuren haben den Punkt entsprechend gemein.

Vom sechsten Grundsatze war schon an früherer Stelle ein besonderer Fall erwähnt worden; die gleiche Verallgemeinerung wird noch zwei anderen früheren Bemerkungen zu Theil. Man nehme an, dass die Figuren $a'b'c'd'$ ... und $a''b''c''d''$ ... einer dritten Figur $abcd$ ... congruent sind; es ist dann immer möglich, eine Figur $ABCD$ ... herzustellen, beweglich gegen jene drei Figuren und fähig die letzte zu decken; mit einer solchen Figur $ABCD$ ... können auch die beiden erstgenannten Figuren zum Decken gebracht werden.

VII. Grundsatz. — Wenn zwei Figuren einer dritten congruent sind, so sind sie einander congruent.

Wenn ferner eine Figur ab und ein Punkt a' irgendwie gegeben sind, so kann man (wie bereits erwähnt) mit dem letzteren einen Punkt b' so verbinden, dass ab und $a'b'$ congruente Figuren sind. Wenn aber die Figuren abc und $a'b'$ gegeben sind, so kann man mit der letzteren nicht immer einen Punkt c' so verbinden, dass abc und $a'b'c'$ congruente Figuren sind; vielmehr ist hierzu die Congruenz der Figuren ab und $a'b'$ nothwendig und ausreichend. Ueberhaupt wenn die Figuren $abc \ldots kl$ und $a'b'c' \ldots k'$ gegeben sind und zwischen $abc \ldots k$ und $a'b'c' \ldots k'$ Congruenz stattfindet, so lässt sich der Punkt l' so anbringen, dass $abc \ldots kl$ und $a'b'c' \ldots k'l'$ congruente Figuren werden. Um einen solchen Punkt zu erhalten, wird man eine Figur $ABC \ldots KL$ herstellen, welche gegen die beiden gegebenen bewegt und mit $abc \ldots kl$ zum Decken gebracht werden kann, und diese Figur bewegen, bis $ABC \ldots K$

---

*) Ich muss diesen Satz unter die Grundsätze aufnehmen, um nicht genöthigt zu sein, in den späteren Paragraphen auf die Definition der Congruenz zurückzugehen.

und $a'b'c' \ldots k'$ sich decken. Alle diese Thatsachen umfasst der folgende Grundsatz, sobald man zulässt, dass ein einzelner Punkt eine Figur bildet und zwei Punkte immer zu den congruenten Figuren gerechnet werden.

VIII. Grundsatz. — Wird von zwei congruenten Figuren die eine um einen eigentlichen Punkt erweitert, so kann man die andere um einen eigentlichen Punkt so erweitern, dass die erweiterten Figuren wieder congruent sind.

In den beiden einfachsten Fällen kann man über die hiermit ausgesprochene Möglichkeit noch hinausgehen. Soll nämlich bei gegebenem a die Figur ab congruent der gegebenen Figur fg hergestellt werden, so darf man noch fordern, dass b in eine durch a beliebig gezogene Gerade fällt (II.), und hat in der letzteren zwischen zwei Punkten auf verschiedenen Seiten von a die Wahl. Aehnliches findet nun statt, wenn die Figuren ab und fgh so gegeben werden, dass ab und fg congruent sind, und die Figur abc congruent mit fgh bestimmt

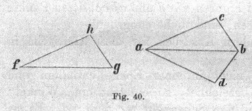

werden soll; dabei ist jedoch vorauszusetzen, dass fgh nicht in gerader Linie liegen. Es sei nämlich FGH eine gegen ab und fgh bewegliche Figur, wel-

Fig. 40.

che fgh zu decken vermag, so dass auch ab und FG sich decken können. Ist alsdann durch die Punkte a und b irgend eine Ebene gelegt, so kann man FGH bewegen, bis nicht bloss FG und ab sich decken, sondern auch gleichzeitig H einen Punkt der Ebene deckt, und zwar kann dies auf zwei Arten geschehen. In der gegebenen Ebene findet man demnach zwei Punkte c und d, welche Figuren abc und abd congruent mit fgh liefern, und man bemerkt überdies, dass c und d auf verschiedenen Seiten der Geraden ab liegen.

IX. Grundsatz. — Sind zwei Figuren ab und fgh gegeben, fgh nicht in einer geraden Strecke enthalten, ab und fg congruent, und wird durch a und b eine ebene Fläche gelegt, so kann man in dieser oder in ihrer Erweiterung genau zwei Punkte c und d so angeben, dass die Figuren abc und abd der Figur fgh congruent sind, und zwar hat die Strecke cd mit der Strecke ab oder deren Verlängerung einen Punkt gemein.

Mit anderen Worten, unter Berücksichtigung früherer Bemerkungen: Sind zwei Figuren ab und fgh gegeben, fgh nicht in gerader Linie, und wird durch a und b eine Ebene gelegt, so kann

man in dieser — und zwar nicht bloss auf eine Art — den Punkt c
so angeben, dass die Winkel abc und fgh congruent sind; liegen
aber in einer Ebene die Punkte c und c' auf derselben Seite der
Geraden ab, so sind die Winkel abc und abc' nicht congruent.

Wenn wir aber jetzt von zwei Figuren abc und $fghi$ ausgehen
und die Figuren abc und fgh als congruent voraussetzen, so werden
wir zu einem analogen Grundsatze nicht geführt. Lässt nämlich
die Figur abc auf mehr als eine Art sich zu einer mit $fghi$ congruenten Figur erweitern, etwa zu $abcd$ und $abce$, so sind die
Figuren $abcd$ und $abce$ congruent. Bei der Frage, ob solche Figuren congruent sein können, werden wir annehmen, dass sie
keine Planfiguren sind; der andere Fall wird aus den früheren
Grundsätzen erledigt. Liegt nun d ausserhalb der Ebene abc, und
wird mit $abcd$ eine Figur $\alpha\beta\gamma\delta$ zum Decken gebracht, so stellt
es sich als unmöglich heraus, $abce$ und $\alpha\beta\gamma\delta$ zum Decken zu
bringen.

X. Grundsatz. — Zwei Figuren $abcd$ und $abce$, deren Punkte
nicht in ebenen Flächen liegen, sind nicht congruent.

Man gewinnt einen andern Ausdruck für diese Thatsache in
folgender Betrachtung.

Sind die Punkte $abcd$ nicht in einer Ebene enthalten und
wird die Gerade ab mit m bezeichnet, so entsteht ein „Winkel"
cmd mit der „Kante" m und den Schenkeln mc und md. Es sei
die Figur $\alpha\beta\gamma\delta$ gegen die vorige beweglich; die Gerade $\alpha\beta$ heisse μ.
Man kann die Figuren gegen einander bewegen, bis die Schenkel
mc und $\mu\gamma$ sich decken (d. h. jeder Punkt des einen an einen
Punkt des andern stösst, insbesondere jeder Punkt der Geraden m
an einen Punkt der Geraden μ) oder die Schenkel md und $\mu\delta$.
Tritt beides zugleich ein, so sagt man, die Winkel cmd und $\gamma\mu\delta$
seien zum Decken gebracht. Wenn die Figuren $abcd$ und $\alpha\beta\gamma\delta$
sich decken können, so gilt dies auch von den Winkeln cmd und
$\gamma\mu\delta$. — Sind auch die Punkte $a'b'c'd'$ nicht in einer Ebene enthalten und bedeutet m' die Gerade $a'b'$, so kann es vorkommen, dass
ein Winkel $\gamma\mu\delta$ die beiden Winkel cmd und $c'm'd'$ zu decken vermag; die letzteren heissen alsdann congruent. Wenn die Figuren
$abcd$ und $a'b'c'd'$ congruent sind, so sind es auch die Winkel cmd
und $c'm'd'$. Nehmen wir nun ausserhalb der Ebene abc den Punkt e
auf derselben Seite mit d, dann liegen überhaupt die Schenkel md
und me auf derselben Seite der Ebene abc, mithin entweder der
Schenkel md zwischen mc und me (im Winkel cme) oder me zwischen mc und md (im Winkel cmd). Man bemerkt aber, dass bei
solcher Lage die Winkel cmd und cme nicht congruent sind. Daraus

folgt, dass die Figuren $abcd$ und $abce$ nicht congruent sind, wenn d und e auf derselben Seite der Ebene abc liegen.

Nehmen wir endlich die Punkte d und e auf verschiedenen Seiten der Ebene abc, so ist es der Unterschied zwischen Rechts und Links, welcher hier verwendet werden kann. Wenn nämlich ein Beobachter auf der Seite des Punktes d den geraden Weg von a nach b zurücklegt, so ist für ihn der Punct c entweder rechts oder links gelegen; geht der Beobachter jedoch auf die Seite des Punktes e über, so erscheint ihm rechts, was zuvor links gelegen war, und umgekehrt. Es seien nun $abcd$ und $a'b'c'd'$ congruente Figuren; die Figur $\alpha\beta\gamma\delta$ sei fähig beide zu decken. Dann übertragen sich erfahrungsgemäss die Bezeichnungen Rechts und Links von der Figur $abcd$ auf $\alpha\beta\gamma\delta$, von dieser auf $a'b'c'd'$ in unveränderter Weise. Da eine gleiche Uebertragung von der Figur $abcd$ auf $abce$ nicht stattfindet, sobald d und e auf verschiedenen Seiten der Ebene abc liegen, so sind solche Figuren nicht congruent.

(Pasch 1882, 101–110)

Im nächsten Kapitel folgt bei Pasch die Ausdehnung der Kongruenz auf andere Figuren. Weitere Axiome finden sich bei Pasch nicht. Vom modernen Standpunkt aus fehlen noch die Stetigkeitsaxiome (siehe unten) und das Parallelenaxiom. Da es Pasch um die projektive Geometrie ging, ist es natürlich nicht verwunderlich, dass er sich nicht mit dem letzten Axiom auseinander setzte; bezüglich der Problematik der Stetigkeitsaxiome – bei denen es ja grob gesagt darum geht, den Geraden die Struktur der reellen Zahlen zu verleihen – gibt es zwar ausführliche Erläuterungen bei Pasch,[12] die aber nicht mehr in Axiome münden. Daneben wird das Modell von Cayley-Klein bei ihm berücksichtigt[13] und auch viele andere Themen aus der projektiven Geometrie (z. B. harmonische Gebilde, das Doppelverhältnis).

Auffallend aus moderner Sicht an Paschs System ist, dass es kaum Existenzaussagen enthält. Das mag ihm aufgrund seines empiristischen Standpunkts überflüssig erschienen sein, stellt aber ein wesentliches Element im Übergang zur Hilbertschen Position dar. In der Neuauflage von 1926 hat Pasch den beiden ersten Axiomengruppen eine Ergänzung folgen lassen, die teilweise in die angedeutete Richtung geht:

---

[12] Vgl. § 21 Die stetige Zahlenreihe in der Geometrie. Der Kontext hierfür ist der sogenannte Fundamentalsatz der projektiven Geometrie.
[13] Vgl. § 16 Projektiv einförmige Gebilde.

Ergänzungen zu § 2.

Ich bringe nun die im Eingang zu § 2 angekündigten Ergänzungen, wobei ich wegen der Einzelheiten auf die Abhandlung von *Anna Sturmfels*: Nachprüfung der Lehre von den Ebenen in *Pasch*s Vorlesungen über neuere Geometrie, Marburger Dissertation, 1915, verweise.

Die ersten Kernsätze des § 2 bedürfen folgender ergänzenden Feststellungen: Auf jeder ebenen Fläche kann man Punkte angeben. Sind auf einer ebenen Fläche Punkte A und B angegeben, so kann man auf ihr einen Punkt C so angeben, daß A, B, C nicht auf einer geraden Strecke liegen (vgl. Kernsatz IX des § 1). Ist eine ebene Fläche angegeben, so kann man eine andere angeben, die alle Punkte der vorigen enthält (Erweiterung). Durch drei Punkte, die nicht auf einer geraden Strecke liegen, kann man eine ebene Fläche P legen, weiter eine ebene Fläche P', und zwar so, daß weder alle Punkte von P zu P' gehören, noch alle Punkte von P' zu P. Sind zwei Punkte der ebenen Fläche P zugleich Punkte der geraden Strecke s, so enthält entweder P oder eine Erweiterung von P die Strecke s, d. h. alle ihre Punkte. Daß durch drei beliebige Punkte, auch solche, die auf einer geraden Strecke liegen, eine ebene Fläche gelegt werden kann (I. Kernsatz in § 2), ergibt sich jetzt als Folgerung. Weiter wird gefolgert: Vier Punkte, von denen drei auf einer Geraden liegen, liegen auf einer ebenen Fläche.

Zur Ergänzung der Kernsätze des § 2 dient ferner die Feststellung: Liegen die Punkte A, B, C nicht auf einer geraden Strecke, so kann man einen weiteren Punkt D so angeben, daß A, B, C, D nicht auf einer ebenen Fläche liegen. Wenn vier Punkte nicht auf einer ebenen Fläche liegen, so liegen keine drei von ihnen auf einer Geraden. Über das Verhältnis der Kernsätze III und IV des § 2 zu den übrigen siehe die oben angeführte Abhandlung, Seite 7—11.

Zu den Lehrsätzen des § 2 sei noch nachgetragen: Haben drei Ebenen P, Q, R einen Punkt gemein, so schneiden sie sich paarweise; haben sie nur einen Punkt gemein (den „Durchschnittspunkt" PQR), so entstehen drei verschiedene Schnittlinien (durch jenen Punkt); haben sie mehr als einen Punkt gemein, so fallen die Schnittlinien zusammen. Weiteres in der angeführten Abhandlung.

Schließlich sei wegen der Beobachtungstatsachen, die der „geraden Strecke" (Stab) und der „ebenen Fläche" (Platte) zugrunde liegen, auf die am Ende der Einleitung genannte Schrift verwiesen.

(Pasch 1976, 26)

Hilbert begann in seinen „Grundlagen der Geometrie" (1899) gewissermaßen dort, wo
Pasch nach viel Mühe hingekommen war.[14] Das berühmte Kant-Zitat aus der Kritik der
reinen Vernunft, das Hilbert seinen „Grundlagen" voranstellte, kann man geradezu als
Kommentar zu Pasch lesen:

> So fängt denn alle menschliche Erkenntnis mit Anschauungen an, geht von da zu Begriffen und
> endigt mit Ideen.

Warum also nicht gleich mit den Ideen beginnen, wenn man sie schon hat?[15]

> Erklärung: Wir denken drei verschiedene Systeme von Dingen: die Dinge des ersten Systems nen-
> nen wir *Punkte* und bezeichnen sie mit $A, B, C, \ldots$; die Dinge des zweiten Systems nennen wir
> *Geraden* und bezeichnen sie mit $a, b, c, \ldots$; die Dinge des dritten Systems nennen wir *Ebenen*
> und bezeichnen sie mit $\alpha, \beta, \gamma, \ldots$; [...]
> Wir denken die Punkte, Geraden, Ebenen in gewissen gegenseitigen Beziehungen und bezeich-
> nen diese durch Worte wie „liegen", „zwischen", „kongruent"; die genaue und für mathematische
> Zwecke vollständige Beschreibung dieser Beziehungen erfolgt durch die *Axiome der Geometrie*.
>
> (Hilbert 1903, 2)[16]

David Hilbert (* 1862 Königsberg, † 1943 Göttingen), Studium der Mathematik in
Königsberg, dort 1885 Promotion und 1886 Habilitation, 1893 Ordinarius in Königs-
berg, 1895 in Göttingen. Sehr vielseitiger Mathematiker (auch Beiträge zur theoretischen
Physik), gilt als der einflussreichste Mathematiker des 20. Jhs. und „Generaldirektor"
(H. Mehrtens) der modernen Mathematik.

Hilbert verbindet also mit seiner Axiomatik weder einen empiristischen Standpunkt –
den er allerdings an anderen Stellen durchaus vertrat – noch sonst eine Art von ontologischer Verankerung: Die Geometrie steht hier für sich selbst.[17] Damit gewinnt sie ein
großes Potential an Anwendungen – je nachdem, wie man ihre Grundbegriffe konkret
interpretiert:

> So wird die zum Aufbau der rein begrifflichen Geometrie verwandte Geistesarbeit zur unerschöpfli-
> chen Quelle neuer Wahrheiten. Also nicht aus Missachtung der schöpferischen Anschauungskraft,
> nicht aus Freude an zerstörender Kritik oder pedantischer Logik, sondern im wohlerwogenen In-
> teresse unserer Wissenschaft [Geometrie] muss man eine streng axiomatische Kodifizierung ihrer

---

[14] Wir überspringen hier wesentliche Beiträge, die zur Axiomatik in der Zeit zwischen 1882 und 1899
geleistet wurden – vor allem von italienischen Mathematikern wie Pieri, Peano, ... Vgl. Contro (1976). In
diesem Kontext sind auch die Vorlesungen über Geometrie interessant, welche Hilbert vor der Abfassung
seines Buchs hielt. Sie sind in Hilbert (2004) zu finden.

[15] Oder Wittgensteinsch ausgedrückt: Ist man mit Hilfe der Leiter auf den Heuspeicher geklettert, kann
man die Leiter wegwerfen (es sei denn, man will wieder runter, das scheint Wittgenstein aber nicht interessiert zu haben).

[16] Hilbert hat seine „Grundlagen" erstmals 1899 anlässlich der Enthüllung des Gauß-Weber-Denkmals
in Göttingen veröffentlicht, der Text ist wieder abgedruckt bei Hallett und Majer (2004), 436–525. Es
folgte eine vervollständigte französische Ausgabe im Jahre 1900. Die 2. Auflage von 1903 kann als die
erste komplette Ausgabe in deutscher Sprache gelten. Allerdings wurden auch diese und die weiteren
Ausgaben von Hilbert und später von P. Bernays überarbeitet, so dass die heute definitive Ausgabe, die
auf der Ausgabe von 1968 beruht, als Endprodukt einer Jahrzehnte langen Arbeit betrachtet werden muss.
Dies zeigt deutlich, wie schwierig die Aufgabe, eine vollständige und widerspruchsfreie Axiomatik für
die Geometrie zu finden, war.
Zur Editionsgeschichte der „Grundlagen" vgl. man Hallett und Majer (2004), 436–525.

[17] Hierauf hat H. Freudenthal mit Nachdruck hingewiesen, vgl. Freudenthal (1957).

Voraussetzungen verlangen, damit ihre Lehrsätze von vorne herein die volle ihnen zukommende Tragweite erhalten. Das ist die Forderung, die man nach Mach die „Ökonomie des Denkens" nennt.

(Weber 1907, 101–102)[18]

Indem Hilbert auf Definitionen für die Grundbegriffe (wie Punkt, Gerade, ...) und die elementaren Relationen (wie Inzidenz, Anordnung, Kongruenz) verzichtet, umgeht er das Problem einer zufrieden stellenden Definition derselben. Seine „impliziten" Definitionen sollten allerdings für manchen Widerspruch sorgen, z. B. seitens G. Frege. Dennoch wurden sie Standard in der modernen Mathematik.

Die Axiome werden bei Hilbert anders strukturiert als bei Pasch. Er unterscheidet die mittlerweile klassisch gewordenen Gruppen:

- Axiome der Verknüpfung (Inzidenz)
- Axiome der Anordnung
- Axiome der Kongruenz
- Axiom der Parallelen
- Axiome der Stetigkeit

Es sind also nicht mehr die Gegenstände, auf die sich die Axiome beziehen, welche das System ordnen, sondern die Relationen zwischen ihnen.[19] Den Axiomen der Verknüpfung liegt die undefinierte Relation „liegt auf" oder „geht durch" zu Grunde:

I1. Zwei voneinander verschiedene Punkte bestimmten stets eine Gerade a.[20]

I2. Irgend zwei voneinander verschiedene Punkte einer Geraden bestimmen diese Gerade.

I3. Auf einer Geraden gibt es stets wenigstens zwei Punkte, in einer Ebene gibt es stets wenigstens drei nicht auf einer Geraden gelegene Punkte.

I4. Drei nicht auf ein und derselben Geraden liegende Punkte A, B, C bestimmen stets eine Ebene α[21].

I5. Irgend drei Punkte einer Ebene, die nicht auf ein und derselben Geraden liegen, bestimmen die Ebene α.

I6. Wenn zwei Punkte A, B einer Geraden a in einer Ebene α liegen, so liegt jeder Punkt von a in der Ebene α.

I7. Wenn zwei Ebenen α, β einen Punkt A gemeinsam haben, so haben sie mindestens einen weiteren Punkt B gemeinsam.

I8. Es gibt wenigstens vier nicht in einer Ebene gelegene Punkte.[22]

Die Axiome I1–3 mögen die *ebenen Axiome* der Gruppe I heißen, zum Unterschied von den Axiomen I4–8, die ich als *räumliche Axiome* der Gruppe I bezeichne.

(Hilbert 1903, 3)

Es ist nun möglich, ein Modell (modern gesprochen) für die Verknüpfungsaxiome zu formulieren. Für den ebenen Fall genügen drei Punkte und drei Geraden, im räumlichen Fall vier Punkte und sechs Geraden.

---

[18] Auch Poincarés Konventionalismus kann man mit der breiten Interpretierbarkeit der geometrischen Grundbegriffe in Verbindung bringen, vgl. hierzu Kap. 9.

[19] Das gilt genau genommen nur für die Gruppen 1 bis 3.

[20] Anders gesagt: Durch zwei verschieden Punkte gibt es höchstens eine Gerade, so dass die beiden Punkte auf der Geraden liegen (oder die Gerade durch die Punkte geht).

[21] In späteren Auflagen wird ergänzt: „In jeder Ebene gibt es stets einen mit ihr zusammengehörigen Punkt." (Hilbert 1972, 3); vgl. hierzu Rosenthal (1910). Axiom I3 wird dann modifiziert.

[22] I7 besagt, dass der Raum höchstens dreidimensional ist, I8, dass er mindestens dreidimensional ist; vgl. Volkert (2008) zur Geschichte des Axioms I7.

Die zweite Gruppe der Axiome betrifft die Anordnung. Hier findet sich folgender Hinweis: „Diese Axiome hat zuerst M. Pasch in seinen Vorlesungen zur neueren Geometrie, Leipzig 1882, ausführlich untersucht. Insbesondere rührt das Axiom II4 inhaltlich von Pasch her.

> Erklärung: Die Punkte einer Geraden stehen in gewissen Beziehungen zueinander, zu deren Beschreibung uns insbesondere das Wort „zwischen" dient.
>
> II1. Wenn A, B, C Punkte einer Geraden sind, und B zwischen A und C liegt, so liegt B auch zwischen C und A.
>
> II2. Wenn A und C zwei Punkte einer Geraden sind, so gibt es stets wenigstens einen Punkt B, der zwischen A und C liegt, und wenigstens einen Punkt D, so dass C zwischen A und D liegt.
>
> II3. Unter irgend drei Punkten einer Geraden gibt es stets einen und nur einen, der zwischen den beiden andern liegt.

(Hilbert 1903, 4)

Es folgt nun die Erklärung der Strecke (alle Punkte einer Geraden, die zwischen zwei Punkten liegen) und der Begriffe „liegt innerhalb" und „liegt außerhalb". Schließlich folgt das heute so genannte Pasch-Axiom:

> II4. Es seien A, B, C drei nicht in gerader Linie gelegene Punkte und a eine Gerade in der Ebene ABC, die keinen der Punkte A, B, C trifft: wenn dann die Gerade a durch einen Punkt der Strecke AB geht, so geht sie gewiss auch entweder durch einen Punkt der Strecke BC oder durch einen Punkt der Strecke AC.

(Hilbert 1903, 4)

Mit Hilfe der Anordnungsaxiome kann man beweisen, dass jede Gerade jede Ebene, in der sie liegt, in zwei Halbebenen zerlegt, und jede Ebene den Raum in zwei Halbräume. Nimmt man zwei Punkte in unterschiedlichen Halbebenen (Halbräumen), so schneidet deren Verbindungsstrecke die fragliche Gerade (Ebene).[iii] Schließlich kann man eine Gerade in zwei Halbgeraden durch einen Punkt zerlegen und darauf aufbauend den Begriff Seite einführen. Aus den Anordnungsaxiomen folgt auch, dass es auf jeder Geraden zwischen zwei Punkten unendlich viele weitere Punkte gibt. [23]

Die nächste Gruppe von Axiomen bezieht sich auf die Kongruenz.

> Erklärung: Die Strecken stehen in gewissen Beziehungen zueinander, zu deren Beschreibung uns die Worte „*kongruent*" oder „*gleich*" dienen.
>
> III, 1. Wenn A, B zwei Punkte auf einer Geraden a und ferner A' ein Punkt auf derselben oder einer anderen Geraden a' ist, so kann man auf einer gegebenen Seite der Geraden a' von A' stets einen und nur einen Punkt B' finden, so dass die Strecke AB der Strecke $A'B'$ kongruent oder gleich ist, in Zeichen
>
> $$AB \equiv A'B'.$$
>
> Jede Strecke ist sich selbst kongruent, d. h. es ist stets:
>
> $$AB \equiv AB \quad \text{und} \quad AB \equiv BA.$$
>
> Wir sagen auch kürzer: Jede Strecke kann auf einer gegebenen Seite einer gegebenen Geraden von einem gegebenen Punkt in eindeutig bestimmter Weise *abgetragen* werden.[24]

---

[23] Satz 3, vgl. Hilbert (1903), 5.

[24] In späteren Auflagen heißt es, dass die Eindeutigkeit der Streckenabtragung später bewiesen werde. An der entsprechende Stelle liest man dann: „Die Eindeutigkeit der Streckenabtragung folgt aus der Eindeutigkeit der Winkelantragung mit Hilfe des Axioms III 5." (Hilbert 1972, 15) Diese Bemerkung geht auf Rosenthal (1911) zurück.

III, 2. Wenn eine Strecke AB sowohl der Strecke $A'B'$ als auch der Strecke $A''B''$ kongruent
ist, so ist auch $A'B'$ der Strecke $A''B''$ kongruent, d. h. wenn

$$AB \equiv A'B' \quad \text{und} \quad AB \equiv A''B'',$$

so ist auch

$$A'B' \equiv A''B''.$$

III, 3. Es seien AB und BC zwei Strecken ohne gemeinsame Punkte[25] auf der Geraden a und
ferner $A'B'$ und $B'C'$ zwei Strecken auf derselben oder einer anderen Geraden a' ebenfalls ohne gemeinsame Punkte, wenn dann

$$AB \equiv A'B' \quad \text{und} \quad BC \equiv B'C'$$

ist, so ist auch stets

$$AC \equiv A'C'.$$

(Hilbert 1903, 7–8)

Es folgt nun die Einführung des Winkelbegriffs und der Kongruenz für Winkel als undefinierte Relation. Zu dieser gibt es zwei Axiome (III, 4 und III, 5), welche völlig analog
zu III, 1 und III, 3 sind (Antragen von Winkeln sowie Transitivität[26] und Symmetrie der
Kongruenz für Winkel). Schließlich folgt ein Axiom für die Kongruenz von Dreiecken.[27]

III, 6. Wenn für zwei Dreiecke die Kongruenzen

$$AB \equiv A'B', \quad AC \equiv A'C' \quad \text{und} \quad <BAC \equiv B'A'C'$$

gelten, so sind auch die Kongruenzen

$$<ABC \equiv <A'B'C' \quad \text{und} \quad <ACB \equiv <A'C'B'$$

erfüllt.

(Hilbert 1903, 9)[28]

Es lassen sich nun die üblichen Kongruenzsätze für Dreiecke ableiten.

Das nächste Axiom, das Hilbert einführt, ist das von ihm so genannte Axiom der Parallelen:

IV. (Euklidisches Axiom) Es sei a eine beliebige Gerade und A ein Punkt außerhalb a: dann gibt
es in der von a und A bestimmten Ebene α *nur eine* Gerade b, die durch A läuft und a nicht
schneidet; dieselbe heißt die Parallele zu a durch A.
[…]
Die Einführung des Parallelenaxioms vereinfacht die Grundlagen und erleichtert den Aufbau
der Geometrie in erheblichem Maße.

(Hilbert 1903, 15)

Insbesondere kann man nun den Satz über Stufen- und Wechselwinkel an geschnittenen
Parallelen sowie den Winkelsummensatz beweisen.[29]

---

[25] Strecken sind offen bei Hilbert.
[26] Tatsächlich lässt sich die Transitivität auf der Basis der anderen Axiome beweisen, wie A. Rosenthal
(1911) gezeigt hat (vgl. Hilbert 1972, 21). In den späteren Auflagen gibt es deshalb nur noch ein Axiom
zur Kongruenz von Winkeln, das Antragen und Reflexivität beinhaltet (Hilbert 1972, 13–14).
[27] Zwei Dreiecke heißen kongruent, wenn ihre drei Kanten und ihre drei Winkel paarweise kongruent sind.
Das wird im Beweis des ersten Kongruenzsatzes erklärt (Hilbert 1903, 10–11).
[28] Die Kongruenz des noch fehlenden Kantenpaares lässt sich dann beweisen.
[29] Sätze 19 und 20, vgl. Hilbert (1903), 15–16.

Um das Gebäude abzuschließen, fehlen noch die Axiome der Stetigkeit, wie Hilbert diese nennt. Es sind dies das Archimedische Axiom (auch Axiom des Messens genannt) und das Vollständigkeitsaxiom:

> V, 1. (Axiom des Archimedes oder des Messens) Es sei A_1 ein beliebiger Punkt auf einer Geraden zwischen den beliebig gegebenen Punkten A und B; man konstruiere dann die Punkte A_2, A_3, A_4, ..., so dass A_1 zwischen A und A_2, ferner A_2 zwischen A_1 und A_3, ferner A_3 zwischen A_2 und A_4 u.s.w. liegt und überdies die Strecken
>
> $$AA_1, A_1A_2, A_2A_3, A_3A_4, ...$$
>
> einander gleich sind: Dann gibt es in der Reihe der Punkte A_2, A_3, A_4, ... stets einen solchen Punkt A_n, so dass B zwischen A und A_n liegt.
>
> V, 2. (Axiom der Vollständigkeit). Die Elemente (Punkte, Geraden, Ebenen) der Geometrie bilden ein System von Dingen, welche bei Aufrechterhaltung aller Axiome keiner Erweiterung mehr fähig ist, d. h. zu jedem System der Punkte, Geraden, Ebenen ist es nicht möglich, ein anderes System von Dingen hinzu zu fügen, so dass in dem durch Zusammensetzung entstehenden System sämtliche aufgeführten Axiome I – IV, V,1 erfüllt sind.
>
> (Hilbert 1903, 20)[iv]

Hilberts „Grundlagen" und die darin verwirklichte Methode regten zahlreiche Forschungen an; Einiges hierüber kann man in dem Buch „Geschichte der Geometrie seit Hilbert" von Karzel und Kroll finden. Neben Mathematikern aus dem deutschsprachigen Raum waren hier vor allem auch solche aus den USA aktiv (E. V. Huntington, E. H. Moore, O. Veblen); die Axiomatik wurde zu einem der ersten Arbeitsgebiete der sich formierenden Mathematikergemeinschaft in diesem jungen Staat.

Im zweiten Kapitel der „Grundlagen", das überschrieben ist mit „Die Widerspruchslosigkeit[30] und gegenseitige Unabhängigkeit der Axiome" wendet Hilbert dann systematisch die Konstruktion von Modellen an. Die Frage der Unabhängigkeit des Parallelenaxioms ist Gegenstand einer kurzen und lapidaren Bemerkung:

> Das Parallelenaxiom IV ist von den übrigen Axiomen unabhängig, dies zeigt man in bekannter Weise am einfachsten, wie folgt. Man wähle die Punkte, Geraden und Ebenen der gewöhnlichen in § 9 konstruierten (kartesischen) Geometrie, soweit sie innerhalb einer festen Kugel verlaufen, für sich allein als die Elemente einer räumlichen Geometrie und vermittle die Kongruenzen dieser Geometrie durch lineare Transformationen der gewöhnlichen Geometrie, welche die feste Kugel in sich überführen. Bei geeigneten Festsetzungen erkennt man, dass in dieser „nichteuklidische Geometrie" sämtliche Axiome außer dem Euklidischen Axiom IV gültig sind, und da die Möglichkeit der gewöhnlichen Geometrie in § 9 nachgewiesen worden ist, so folgt nunmehr auch die Möglichkeit der nichteuklidischen Geometrie.
>
> (Hilbert 1903, 20)[31]

Neben dem Parallelenaxiom brachte man auch dem Axiom von Archimedes großes Interesse entgegen. Legendres Beweise seiner ersten beiden Sätze beruhten wesentlich – natürlich ohne dass das von Legendre gesagt worden wäre – auf der Archimedizität. Im

---

[30] In späteren Auflagen dann „Widerspruchsfreiheit".

[31] In späteren Auflagen ist hier eine Bemerkung ergänzt: „Von besonderem Interesse sind die Sätze, die unabhängig vom Parallelenaxiom gelten, d. h. die sowohl in der euklidischen wie in der nichteuklidischen Geometrie erfüllt sind." (Hilbert 1972, 39). Diesen Teil der Geometrie nennt man heute absolute Geometrie. Dabei muss man sich klarmachen, dass es sich nicht um Bolyais absolute Geometrie handelt, denn diese war die nichteuklidische Geometrie.

Sinne der von Hilbert propagierten Forschungshaltung war es somit eine naheliegende Frage, ob die Archimedizität wirklich für die fraglichen Beweise eine notwendige Voraussetzung darstelle oder nicht.

Max Dehn (* 1878 Hamburg, † 1952 Black Mountain (North Carolina)), Studium der Mathematik in Freiburg i. Br. und Göttingen, Promotion bei Hilbert (1900), 1901 Habilitation in Münster, 1911 a. o. Professor in Kiel, 1913 o. Professor in Breslau, 1921 in Frankfurt a. M., 1935 Entlassung aus rassischen Gründen, 1939 Emigration in die USA, wo er nach einigen Zwischenstationen am Künstlercollege Black Mountain unterrichtete.

Die Aufgabe, zu untersuchen, ob ein Beweis der Legendreschen Sätze auch ohne dieses Axiom möglich sei, wurde von M. Dehn, um 1900 herum ein enger Mitarbeit von Hilbert, in seiner Dissertation in Angriff genommen. Die Einleitung zu seinem aus dieser Dissertation hervorgegangenen Aufsatz „Die Legendreschen Sätze über die Winkelsumme im Dreieck" macht diese Fragestellung deutlich, umreißt aber auch die Bedeutung und den Einfluss von Hilberts Schrift:

> Die Grundlage für die folgenden Untersuchungen bildet die Abhandlung von Herrn Professor Hilbert über die Grundlagen der Geometrie*). In dieser wird ein System von Axiomen aufgestellt, das in fünf Gruppen zerfällt. Die erste Gruppe enthält die Axiome der Verknüpfung – [...] Die zweite Gruppe fasst die Axiome der Anordnung zusammen – [...] Die dritte Gruppe besteht aus dem bekannten Axiom der Parallelen (dem Euklidisches Axiom); die vierte Gruppe enthält die Axiome der Kongruenz und die fünfte Gruppe endlich das „*Archimedische" Axiom.*[32] [...]
>
> In der Festschrift wird überall der Grundsatz befolgt, „eine jede sich darbietende Frage in der Weise zu erörtern, dass zugleich geprüft wird, ob ihre Beantwortung auf einem vorgeschriebenen Wege mit gewissen eingeschränkten Hilfsmitteln möglich oder nicht möglich ist."**) In einer solchen Prüfung der Natur besteht die vorliegende Arbeit.
>
> Bekanntlich hat Legendre bei seinen Forschungen über den Beweis des Parallelenaxioms zwei wichtige Sätze aufgestellt:
>
> 1) *In einem Dreieck kann die Summe der drei Winkel niemals größer als zwei Rechte sein.*
> 2) *Wenn in irgendeinem Dreieck die Summe der drei Winkel gleich zwei Rechten ist, so ist sie es in jedem Dreieck.*
>
> Beim Beweis dieser Sätze hat Legendre wesentlich das oben angeführte Archimedische Axiom benutzt. Nun gelingt es – Euklid hat das allerdings nicht getan – ohne das Archimedische Axiom eine Geometrie aufzubauen,[33] und es erhebt sich so die wichtige Frage: *Gelten in einer solchen Geometrie notwendig die Legendreschen Sätze?* Oder in anderen Worten: *Kann man die Legendreschen Sätze ohne irgendein Stetigkeitsaxiom beweisen, das heißt, ohne vom Archimedischen Axiom Gebrauch zu machen?* Es besteht, wie wir im Folgenden zeigen wollen, in dieser Beziehung ein merkwürdiger Unterschied zwischen den beiden Theoremen: Während sich das *zweite* aufgrund der ersten, zweiten und vierten Axiomengruppe (die dritte Gruppe, das Euklidische Axiom, dürfen wir selbstverständlich nicht benutzen), *beweisen lässt*, ist das für das *erste unmöglich.* Um nun den Beweis für diese Behauptung zu erbringen, müssen wir eine neue nichteuklidische Geometrie aufstellen, welche wir als „*nicht-Legendresche*" Geometrie bezeichnen.
>
> *) Festschrift zur Enthüllung des Gauß-Weber-Denkmals. Leipzig, 1899.
> **) Siehe Festschrift S. 89

(Dehn 1900, 404–406)

---

[32] Die erste Auflage der „Grundlagen der Geometrie" von 1899 ordnete die Axiomengruppen anders als die weiteren Auflagen.

[33] Hier ist vor allem der italienische Mathematiker G. Veronese zu nennen, der sich als einer der ersten Gedanken um eine nichtarchimedische Geometrie machte – in Poincarés Augen eine nutzlose Spielerei.

Eine neue Ära in der geometrischen Forschung war damit eingeläutet. Hilberts Einfluss war enorm und führte dazu, dass die Leistungen seiner Vorläufer ziemlich verblassten. Dazu mag auch beigetragen haben, dass Hilbert selbst so gut wie keine Hinweise auf Vorläufer in seine „Grundlagen" aufgenommen hat; Pasch ist hier eine Ausnahme. Auch für die Historiographie der Geometrie war der Einfluss von Hilbert prägend. Deshalb ist es interessant festzuhalten, was J. Wellstein[34] 1905 zu Hilberts Buch schrieb:

> Das Verdienst des Hilbertschen Buches besteht in der klaren, erkenntnistheoretischen Grundauffassung, in der scharfen Problemstellung und den arithmetisch-algebraischen Methoden.[35] Die Aufstellung vollständiger Systeme von Axiomen und den rein formal-logischen Aufbau der Geometrie verdankt man Pasch, Schur sowie der logischen Geometerschule der Italiener, die in § 19 namhaft gemacht sind.[36] Wenn wir im Folgenden fast ausschließlich das Hilbertsche Buch zitieren, so geschieht das, weil es leicht zugänglich ist und durch seine Methoden überaus anregend gewirkt hat und voraussichtlich noch wirken wird; die Arbeiten der Vorgänger sind meistens in Zeitschriften zerstreut oder in fremden Sprachen gedruckt.
>
> (Weber 1907, 15 n 1)

Die Zeitgenossen sahen in der Arbeit an der Axiomatik, für die wir hier stellvertretend Pasch und Hilbert ausführlich zitiert haben, einen Aspekt eines umfassenden Unternehmens, das man gerne als „kritisch" bezeichnete.

> Die neue Lehre [die nichteuklidische Geometrie] wurde teils mit Gleichgültigkeit, teils mit abweisendem Spott aufgenommen und als „Metageometrie" auf gleiche Stufe gestellt mit der Metaphysik, die sich nicht gerade des besten Rufes erfreute. Erst die Schriften von Beltrami, Riemann, Helmholtz, Klein, Lie u. a. zerstreuten einigermaßen die Vorurteile, mit denen selbst Mathematiker die nichteuklidische Geometrie ansahen. Aber die neue Auffassung der Grundlagen hätte vielleicht noch lange auf allgemeine Anerkennung warten müssen, wenn nicht die Entwicklung der modernen Funktionentheorie und der Mengenlehre dazu gedrängt hätte, gleichzeitig auch die Grundbegriffe der Arithmetik zu revidieren. Die Entdeckung stetiger und doch nicht differenzierbarer Funktionen (durch Weierstrass), denen analytisch-geometrisch stetige Kurven ohne Tangenten entsprechen, der Nachweis der Möglichkeit, eine Kurve auf eine Fläche abzubilden, die immer deutlicher werdende Unzulänglichkeit des Zahlbegriffes, besonders des Begriffes der Irrationalzahl, die Ausbildung des Stetigkeitsbegriffes und der Lehre von der Reihenkonvergenz sowie viele andere Umstände wirkten zusammen, um den blinden Glauben an die Zuverlässigkeit unserer sinnlichen Anschauung gründlich zu erschüttern und eine kritische Richtung in der Mathematik zu erzeugen, die auch der Geometrie zugute kam.
>
> (Weber 1907, 8–9)

Letztlich zeigt sich in dieser Auffassung aus dem Jahre 1907 – also durchaus zeitnah zu den Ereignissen, um die es in diesem Buch geht – wieder die Asymmetrie von Geometrie und Arithmetik/Analysis, von der schon mehrfach die Rede war.

Endnoten

[i]Zumindest wenn man einen autonomen Aufbau der projektiven Geometrie – also einen, der die Euklidische Geometrie nicht voraussetzt (Pasch spricht von „unabhängig von der Paralleletheorie") – im Sinne

---

[34] Zu Wellstein vgl. Kap. 10.

[35] Vermutlich gemeint: Streckenrechnung und Koordinatisierung.

[36] § 19 enthält eine Bibliographie, in der man u. a. Veronese, Peano, Ingrami, Pieri und Enriques findet unter der Überschrift „Systembildung der euklidischen Geometrie (Lehrbücher)"; vgl. Weber (1907), 225.

einer nichtmetrischen Geometrie anstrebt. Dieses Programm wird im deutschsprachigen Raum mit J. von Staudt verbunden und von F. Klein in Klein (1873) weitergeführt.

[ii]In fast allen heute gängigen, an Hilbert (siehe unten) anknüpfenden, Axiomensystemen wird die Gerade als Grundbegriff gewählt und die Zwischenrelation dann als undefinierte dreistellige Relation für Punkte auf einer Geraden eingeführt und durch entsprechende Anordnungsaxiome charakterisiert. Die Strecke umfasst dann definitionsgemäß alle Punkte, die zwischen zwei gegebenen Punkten auf einer Geraden liegen. Ein modernes Axiomensystem, das von der Strecke als Grundbegriff ausgeht, findet man bei Kunz (1976).

[iii]In der Axiomengruppe der Anordnung gibt es in der dritten Auflage einen Satz, der in den früheren Auflagen noch ein Axiom (II 4; vgl. Hallett und Majer (2004), 439) gewesen ist und für den E. H. Moore einen Beweis gefunden hatte: „Sind irgend vier Punkte einer Geraden gegeben, so lassen sich dieselben stets in der Weise mit A, B, C, D bezeichnen, dass der mit B bezeichnete Punkt zwischen A und C und auch zwischen A und D und ferner der mit C bezeichnete Punkt zwischen A und D und auch zwischen B und D liegt." (Hilbert 1903, 5)

[iv]Die Axiome der Stetigkeit haben in späteren Auflagen gewisse Veränderungen erfahren. Das Archimedische Axiom wird nun in der heute üblichen Form formuliert:

> V 1 (Axiom des Messens oder Archimedisches Axiom) Sind AB und CD irgendwelche Strecken, so gibt es eine Anzahl n derart, dass das n-malige Hintereinander-Abtragen der Strecke CD von A aus auf den durch B gehenden Halbstrahl über den Punkt B hinausführt.
>
> V 2 (Axiom der linearen Vollständigkeit). Das System der Punkte einer Geraden mit seinen Anordnungs- und Kongruenzbeziehungen ist keiner solchen Erweiterung fähig, bei welcher die zwischen den vorigen Elementen bestehenden Beziehungen sowie auch die aus den Axiomen I–III folgenden Grundeigenschaften der linearen Anordnung und Kongruenz, und V 1 erhalten bleiben.

(Hilbert 1972, 30)

Die Beobachtung, dass die lineare Vollständigkeit die allgemeine Vollständigkeit im Sinne des Axioms V 2 aus der dritten Auflage impliziert, wird P. Bernays zugeschrieben (vgl. Hilbert 1972, 30 n 1). Bernays war an den späteren Bearbeitungen der „Grundlagen" wesentlich beteiligt.

Die Einführung des Vollständigkeitsaxioms V 2 geschah erst in der französischen Ausgabe der „Grundlagen" von 1900, die 1. Auflage kannte nur das Archimedische Axiom in der Gruppe der Stetigkeitsaxiome; vgl. Hallett und Majer (2004), 452–453.

Kapitel 9
Diskussionen um die nichteuklidische Geometrie

> *Ferner muss diese Vorstellung des Dreiecks eben diese Bejahung in sich schließen, dass nämlich seiner Winkel zweien rechten gleich sind. Deshalb kann auch umgekehrt diese Vorstellung des Dreiecks ohne diese Bejahung weder sein noch begriffen werden; und also gehört diese Bejahung zum Wesen der Vorstellung des Dreiecks und ist nichts anderes, als eben diese selbst.*
>
> (Spinoza „Ethik" II. Teil, Scholium zu Satz 49)[1]

Etwa in der gleichen Zeit, zu der die nichteuklidische Geometrie anfing, ins Bewusstsein der Fachwelt zu treten, begannen intensive Diskussionen über sie. Neben der Frage, ob eine derartige Geometrie überhaupt zulässig oder nicht doch in Bausch und Bogen zu verwerfen sei, warf die nichteuklidische Geometrie auch grundlegende Fragen zum Wesen der Mathematik und der mathematischen Erkenntnis auf, etwa diejenige, ob Kants Lehre, die Sätze der Mathematik seien synthetisch apriori, nun noch haltbar sei. Wenn schon die Grundlagen der Geometrie nicht mehr uneingeschränkt Gültigkeit hatten, was konnte dann noch Anspruch auf Absolutheit erheben? So gesehen drohte mit der nichteuklidischen Geometrie der Relativismus Einzug zu halten: Alles ist relativ, denn alles hängt davon ab, welche Axiome man wählt. Und alternative Axiome sind gleichberechtigt. Man bedenke dabei, dass es guter Brauch in der Philosophie war, mathematische Sätze – z. B. sehr prominent den Winkelsummensatz – heranzuziehen, wenn Beispiele gebraucht wurden für (scheinbar!) unumstößliche Wahrheiten.

Wie wir schon in Kap. 2 gesehen haben, reagierten manche Mathematiker – allen voran Gauß und Riemann – auf die Herausforderungen hinsichtlich des Wesens der Geometrie mit einer Hinwendung zum Empirismus. Da die Mathematik selbst kein Argument bereithält, das es erlauben würde, eine Rangfolge zwischen der euklidischen und der nichteuklidischen Geometrie herzustellen – diese sind mathematisch gesehen völlig gleichberechtigt – kann nur die Erfahrung (in Gestalt von Präzisionsmessungen) entscheiden, welche Geometrie die richtige ist, indem sie bestimmt, welchen Wert die Krümmung des uns umgebenden Raums hat. Neben den Mathematikern fand der Empirismus im deutschsprachigen Raum einen einflussreichen Fürsprecher in H. Helmholtz.

---

[1] Spinoza (1967), 243

K. Volkert, *Das Undenkbare denken*, Mathematik im Kontext, DOI 10.1007/978-3-642-37722-8_9,   203
© Springer-Verlag Berlin Heidelberg 2013

Eine andere philosophische Richtung, die die Ergebnisse der damals modernen Wissenschaft ernstnehmen wollte, war der noch junge Neukantianismus. Er versuchte auf verschiedene Art und Weise, das Faktum nichteuklidische Geometrie mit Kantisch inspirierter Erkenntnistheorie in Einklang zu bringen.

Schließlich werden wir auf den Konventionalismus eingehen, der von H. Poincaré in Reaktion auf die Herausforderung nichteuklidische Geometrie entwickelt wurde.

Eugen Dühring (* 1833 Berlin, † 1921 Potsdam-Babelsberg), Studium der Jurisprudenz in Berlin, 1859 dort Anwalt. Nach Erblindung Habilitation für Philosophie 1863 und in Nationalökonomie 1864 in Berlin, 1877 Aberkennung der Lehrbefugnis. Lebte als Privatgelehrter und Schriftsteller, trat auch als antisemitischer Schriftsteller hervor.

Die Reaktionen waren teilweise heftig und äußerst unsachlich. Als Beispiel einer solchen Reaktion sei hier Eugen Dühring zitiert mit seinem „Cursus der Philosophie" (ab der vierten Auflage „Wirklichkeitsphilosophie"):

Der durch seine drei Dimensionen und indirekt auch durch die geometrischen Axiome gekennzeichnete Raum ist der einzige, von dem wir einen Begriff haben können. Er ist derjenige, welcher die in sich seiende, durch reale Kräfte vermittelte Ausdehnung der Dinge in einem anschaulichen Bilde sichtbar werden lässt, und der daher nichts ausdrücken kann, was nicht an sich vorhanden wäre. Nur ein subjektives Bewusstsein, welches die Vorstellung als solche stets begleitet, ist natürlich in den Dingen selbst nicht zu suchen und daher auch nicht jene Produktion der bloßen Vorstellungsform, auf deren Missverständnis die falsche Unendlichkeitsidee beruht. Die Gesetze der realen Anschauung ergeben sich, wenn man zu der Raumvorstellung noch begriffliche Verzeichnungen nach bestimmten Regeln hinzufügt. Die Geometrie kann mit der allgemeinen Vorstellung des Raumes nichts ausrichten, wenn sie nicht die begrifflichen Regeln des Entwurfs bestimmter Gebilde noch als weitere Voraussetzungen hinzunimmt. Die geometrische Notwendigkeit hat also auch einen rein logischen Bestandteil. Schon aus diesem Grunde sollte sich der mathematische Mystizismus hüten, die verschiedenen Räume, die er mit beliebigen Dimensionen zur Verfügung stellt, der Kritik dadurch in der ganzen Blöße der Widersinnigkeit zu zeigen, dass er nicht nur die Sätze der bisher gültigen Geometrie leugnet, sondern es auch unternimmt, neue Wahrheiten seines Schlages zum Besten zu geben. Wenn z. B. Gauß behauptete, dass die Summe der drei Winkel eines gradlinigen Dreiecks beliebig kleiner als zwei Rechte gemacht werden könne, sobald man nur die Seiten groß genug nehme[2], so war dies nicht etwa bloß ein schlechter Spaß oder der Anschein eines Widersinns, der vermittelst des bekannten Jargons des Unendlichen entstanden wäre und sich in einen nüchterne Wahrheit auflösen ließe, – sondern es war ganz einfach eine mystische Bizzarerie, deren geschraubte Konsequenzen unter den Händen kleinerer Mathematiker uns schließlich mit einer ganzen antieuklidischen Geometrie beglückt haben. Nicht genug, dass die Parallelen im Unendlichen einen Winkel bilden und man daher aus drei Parallelen eine ebene Raumschließung, nämlich ein Dreieck formieren kann; nicht genug, dass ein Raum mit sieben oder zehn Dimensionen sich nach den neuen Aufschlüssen über die Geheimnisse der Natur schon so sehr von selbst versteht, dass derartige Konzeptionen bereits wirklich und wahrhaft zum Kinderspiel geworden sind; – unter allen Ungeheuerlichkeiten dieser mystischen Brutstätte finde ich auch die köstliche Idee, dass grade Linien vermittelst des Unendlichen in sich selbst zurückkehren. Hier wird offenbar die grade Linie zu einer mystischen Schlange, deren Kopf und Schwanz einander begrüßen, und alle solche Wunder verdankt man den neuen Räumen, die selbst wieder aus der Zauberkraft des Unendlichen gezeugt sind. Der schlimmste Humor bei der Sache ist, dass man vor dieser neuen Mathematik nicht einmal gerade ausspucken kann, ohne Gefahr zu laufen, dass einem durch Vermittlung der Unendlichkeit das Projektil von hinten wieder anfliegt.

(Dühring 1875, 67–68)

---

[2] Gemeint ist wohl: Je größer die Seiten des Dreiecks, desto größer sein Flächeninhalt, desto kleiner folglich seine Winkelsumme, denn der Flächeninhalt ist ja proportional dem Defekt in der nichteuklidischen Geometrie.

Es folgen längere Tiraden gegen Gauß, insbesondere der Versuch, zu erklären, wieso dieser große Mathematiker – das bestreitet Dühring nicht – für die Zwecke des mathematischen Mystizismus nutzbar gemacht werden und den „aufgeführten Wissenschaftsskandal" einleiten konnte. Dührings Fazit:

> Ein leicht erkennbares äußerliches Zeichen [für Gaußens „philosophische Rohheit"] war die religiöse Beschränktheit und die gesellschaftliche Anschauungsart, welcher dieser Sohn des Maurers mit Behaglichkeit bis ins höchste Alter gepflegt und stets als etwas angesehen hat, was über die moderne Denkweise und Gestaltungsart der Dinge erhaben wäre.
>
> (Dühring 1875, 68)

Dühring vertrat einen kruden Positivismus und kritisierte von diesem Standpunkt aus alles, was über die gewöhnliche Raumanschauung hinausgeht. Bekanntlich wurde Dühring durch seine Ausfälle schnell zu einem krassen Außenseiter des akademischen Milieus, der aber dennoch breit gelesen wurde.

Ähnliche Äußerungen – wenn auch nicht so grob wie bei Dühring – finden sich auch bei Autoren wie W. Tobias und J. C. Becker: Die nichteuklidische Geometrie ist anschauungswidrig und macht deshalb keinen Sinn. Die Mathematiker selbst sollten dies als Einmischung betrachten – zumindest aus einem sicheren zeitlichen Abstand. So heißt es bei F. Klein in seinen im ersten Weltkrieg gehaltenen, im Druck erst wesentlich später publizierten „Vorlesungen über die Entwicklung der Mathematik im 19. Jahrhundert":

> Kein Geringerer als Lotze hatte gerade damals [1871] das Stichwort ausgegeben, dass alle nichteuklidische Geometrie ein Unsinn sei. Dazu kam ein unausrottbares Missverständnis, welches noch heute bei Philosophen und populären Schriftstellern seine Rolle spielt, [...][3] Diesem rein immanent mathematischen Satz[4] wird in ganz unzulässiger Weise von Philosophen und Mystikern aller Art eine transiente Bedeutung beigelegt, als ob er dem Raum irgendeine anschaulich fassbare Eigenschaft beilege. Im Anschluss daran wird über die vierte Dimension spekuliert und gestritten, da der Raum doch notwendig eine neue Dimension brauche, um „krumm" zu sein. (Auch der mathematische Verein in Göttingen beteiligte sich jahrelang an solchen Diskussionen. Vgl. den Blumenthalschen Vers:
>
> Die Menschen fassen kaum es
> Das Krümmungsmaß des Raumes.)
>
> Alle diese Auswüchse, die bald für, bald gegen uns ins Gewicht fielen, haben uns viele und große Schwierigkeiten bereitet.
>
> (Klein 1979, I 152f)

Hermann Lotze (* Bautzen 1817, † Berlin 1881), studierte nach Tätigkeit als Arzt in Leipzig Philosophie, wo er sich für Medizin und Philosophie habilitierte, 1844 Berufung nach Göttingen. Einer der einflussreichsten Philosophen des 19. Jhs., vor allem, was die Metaphysik betrifft.

Der von Klein genannte Lotze äußert sich in seiner „Metaphysik" vorsichtig; was aber Klein geärgert haben dürfte, ist, dass Lotze eine Art von „philosophischer" Beweis für das Parallelenpostulat formuliert, er also gleichsam in fremden Revieren wilderte:

> 131. Nach diesen allgemeinen Erörterungen kann ich natürlich nicht beabsichtigen, den Streit über die Parallelen in der gewünschten demonstrativen Weise zu erledigen; ich spreche nur meine Über-

---

[3] Es geht um die Idee, dass ein gekrümmter dreidimensionaler Raum in einem vierdimensionalen Raum eingebettet sein müsse.

[4] „dass dieses K [die Krümmung] in nichteuklidischen Räumen konstant sei." (Klein 1979, I 153)

zeugung aus, dass es gegenüber der Anschauung mir an allem Grunde zu fehlen scheint, den Streit zu erheben. Wir nennen parallel die beiden Grade a und b, die im Raume dieselbe Richtung haben und erproben die Identität der Richtung an dem Kennzeichen, dass a und b mit einer dritten Graden c in derselben Ebene e und nach derselben Seite s hin denselben Winkel w bilden. Ich setze hierbei die Ebene e und die Seite s unbedenklich als vollkommen klare Data der Anschauung voraus; man könnte indessen beide durch folgenden Ausdruck eliminieren: a und b sind parallel, wenn die Endpunkte α und β beliebiger aber gleich großer Strecken $a\alpha$ und $b\beta$, die auf beiden von ihren Anfangspunkten a und b aus genommen werden, immer dieselbe Entfernung von einander haben. Es folgt dann aus derselben Nominaldefinition, dass auch ab parallel mit $a\alpha$ sein wird, zugleich aber aus dem Inhalt der Definition, dass a und b, so lange sie grade Linien sind, in derselben so gemessenen Entfernung von einander bleiben; jede Frage, ob ihre unendliche Verlängerung daran etwas ändern werde, ist müßig und gegen die Voraussetzung, welche in der Richtung eines begrenzten Stückes der Graden dieselbe Richtung ins Unendliche hinaus schon mitdenkt. Dass dann die Summe der inneren Winkel, welche $a\alpha$ und $b\beta$ mit ab oder $\alpha\beta$ machen, gleich zwei rechten ist, bedarf nur der bekannten Erläuterung. Soll nun zwischen $a\alpha$ und $b\beta$ ein Dreieck entstehen, so müssen beide ihre Lage oder die eine die ihrige gegen die andere ändern. Nehmen wir an, $a\alpha$ drehe sich um den Punkt a so, dass der Winkel, den sie mit ab bildet, kleiner wird, so lehrt die Anschauung, dass auch die Zwischenentfernung abnehmen muss, die ihren Durchschnitt mit $\alpha\beta$ von deren Endpunkt β trennt; diese Entfernung wird notwendig bei fortgesetzter Drehung zu Null werden, und dann schließen ab, $a\alpha$ und $b\beta$ das gesuchte Dreieck ein. Nachdem dies geschehen ist, bildet $\alpha\beta$ mit seiner früheren Lage $a\alpha$ einen Winkel, der nun von der Winkelsumme ausgeschlossen ist, die sich vorher zwischen den Parallelen $a\alpha$ und $b\beta$ befand; aber der Scheitelwinkel dieses Winkels, folglich er selbst, ist gleich dem neuen Winkel, den $\alpha\beta$ durch seine Konvergenz mit $b\beta$ erzeugt; dieser letztere tritt zu der Winkelsumme des sich bildenden Dreiecks hinzu, die folglich, da sie gleichwohl verliert und gewinnt, dieselbe bleibt wie in dem offenen Raum zwischen den Parallelen: in jedem Dreieck, welches auch seine Gestalt sein möge, gleich zwei Rechten. Genügt nun dieser einfache Zusammenhang nicht, so würde noch der Versuch eine andere Winkelsumme des Dreiecks als möglich vorauszusetzen, nur dann für uns wichtig sein, wenn er sich nicht nur in den konsequent zusammenhängenden Rechnungen weiter bewegt, sondern auch die reine mathematische Anschauung der Fälle, die dieser Voraussetzung entsprächen, mit gleicher Natürlichkeit und Deutlichkeit herstellen könnte. Denn es ist doch in der Tat nicht einleuchtend, warum dann, wenn die Winkelsumme des Dreicks allgemein oder in einzelnen Fällen eine andere wäre, dies Verhalten sich niemals sollte als ein bestehendes ausweisen oder als ein notwendiges beweisen lassen. Aber viel tiefer gehende Missverständnisse liegen hier offenbar zwischen Philosophie und Mathematik vor. Denn ohne alles Verständnis wird die Philosophie stets dem ihr völlig unbegreiflichen Versuche gegenüberstehen, aus äußern Naturbeobachtungen über die Gültigkeit der einen oder der anderen Annahme zu entscheiden. Bisher sind dieses Beobachtungen mit der Euklidischen Geometrie in Übereinstimmung gewesen; käme es aber einmal dazu, dass astronomische Messungen großer Entfernungen nach Ausschluss aller Beobachtungsfehler eine kleinere Winkelsumme des Dreiecks nachwiesen, was dann? Dann würden wir nur glauben, eine neue sehr sonderbare Art der Refraktion entdeckt zu haben, welche die zur Bestimmung der Richtungen dienenden Lichtstrahlen abgelenkt habe; d. h. wir würden auf ein besonderes Verhalten des physischen Realen im Raume, aber gewiss nicht auf ein Verhalten des Raumes selbst schließen, das allen unseren Anschauungen widerspräche und durch seine eigene exzeptionelle Anschauung verbürgt würde.

(Lotze 1879, 247–249)

Der zuletzt von Lotze geäußerte Gedanken, dass man eine Abweichung von der Euklidizität, welche sich bei Messungen ergibt, nicht der Tatsache zuschreiben müsse, dass die Geometrie nicht Euklidisch sei, sondern anderen störenden Faktoren, sollte später für H. Poincaré sehr wichtig werden.[i]

Eine der wichtigsten philosophischen Reaktionen auf das Aufkommen der nichteuklidischen Geometrie war der Empirismus. Dieser Sammelbegriff umfasst durchaus unterschiedliche Positionen, wobei die Differenzen auch nicht immer klar sind. Schon bei

Lobatschewskij und bei Gauß sowie in seiner Nachfolge dann bei vielen Mathematikern meinte Empirismus vor allem: Nur die Erfahrung in Gestalt der Messung kann entscheiden, welche Geometrie die richtige ist. Dabei meint „richtige" Geometrie diejenige Geometrie, die im Raum der Erfahrung, der Realität also, gegeben ist. Unterstellt wird somit eine Identität von realem Raum und geometrischem Raum – es wird nicht deutlich unterschieden zwischen dem Raum, der mit Hilfe von Instrumenten vermessen wird, und dem Raum, der der axiomatisch aufgebauten Geometrie zu Grunde liegt.[ii] Hermann Helmholtz, der zum maßgeblichen Vertreter des Empirismus im deutschsprachigen Raum avancierte, ging einen Schritt weiter, indem er den empirischen Ursprung der Begriffe und Axiome der Geometrie postulierte. Dies geschah in seinem Heidelberger Vortrag von 1870, von dem bereits die Rede war.[5] Seine zentrale These „Andere Erfahrungen, andere Geometrie" wird dort mit Hilfe von Flächenwesen, die auf einer Fläche, etwa einer Kugel, leben, in einer viel zitierten Passage erläutert. Neben ihrer wissenschaftshistorischen Bedeutung handelt es sich hierbei auch um ein Meisterwerk populärwissenschaftlicher Darstellung:

> Jene Flächenwesen würden ferner auch kürzeste Linien in ihrem flächenhaften Raume ziehen können. Das wären nicht notwendig gerade Linien in unserem Sinne, sondern was wir nach geometrischer Terminologie geodätische Linien der Fläche, auf der jene leben, nennen würden, Linien, wie sie ein gespannter Faden beschreibt, den man an die Fläche anlegt, und der ungehindert an ihr gleiten kann. Ich will mir erlauben, im Folgenden dergleichen Linien als die geradesten Linien der bezeichneten Fläche (bezüglich eines gegebenen Raumes) zu bezeichnen, um dadurch ihre Analogie mit der geraden Linie in der Ebene hervorzuheben. Ich hoffe, den Begriff durch diesen Ausdruck der Anschauung meinen nicht mathematischen Zuhörer näher zu rücken, ohne doch Verwechselungen zu veranlassen.
>
> Wenn nun Wesen dieser Art auf einer unendlichen Ebene lebten, so würden sie genau dieselbe Geometrie aufstellen, welche in unserer Planimetrie enthalten ist. Sie würden behaupten, dass zwischen zwei Punkten nur eine gerade Linie möglich ist, dass durch einen dritten, außerhalb derselben liegenden Punkt nur eine Parallele mit der ersten geführt werden kann, dass übrigens gerade Linien in das Unendliche verlängert werden können, ohne dass ihre Enden sich wieder begegnen und so weiter. Ihr Raum könnte unendlich ausgedehnt sein, aber auch, wenn sie an Grenzen ihrer Bewegung und Wahrnehmung stießen, würden sie sich eine Fortsetzung jenseits dieser Grenzen anschaulich vorstellen können. In dieser Vorstellung würde ihnen ihr Raum unendlich ausgedehnt erscheinen, gerade wie uns der unsrige, obgleich auch wir mit unserem Leibe nicht unsere Erde verlassen können, und unser Blick nur so weit reicht, als sichtbare Fixsterne vorhanden sind.
>
> Nun könnten aber intelligente Wesen dieser Art auch an der Oberfläche einer Kugel leben. Ihre kürzeste oder geradeste Linie zwischen zwei Punkten würde dann ein Bogen des größten Kreises sein, der durch die betreffenden Punkte zu legen ist. Jeder größte Kreis, der durch zwei gegebene Punkte geht, zerfällt dabei in zwei Teile. Wenn beide ungleich lang sind, ist der kleinere Teil allerdings die einzige kürzeste Linie auf der Kugel, die zwischen diesen beiden Punkten besteht. Aber auch der andere größte Bogen desselben größten Kreises ist eine geodätische oder geradeste Linie, d. h. jedes kleinere Stück desselben ist eine kürzeste Linie zwischen seinen beiden Endpunkten. Wegen dieses Umstandes können wir den Begriff der geodätischen oder geradesten Linie nicht kurzweg mit dem der kürzesten Linie identifizieren. Wenn nun die beiden gegebenen Punkte Endpunkte desselben Durchmessers der Kugel sind, so schneiden alle durch diesen Durchmesser gelegten Ebenen Halbkreise aus der Kugelfläche, welche alle kürzesten Linien zwischen den beiden Endpunkten sind. In einem solche Falle gibt es also unendlich viele unter einander gleiche kürzeste Linien zwischen den beiden gegebenen Punkten. Somit würde das Axiom, dass nur eine kürzeste Linie zwischen zwei Punkten bestehe, für die Kugelbewohner nicht ohne eine gewisse Ausnahme gültig sein.

---

[5] Vgl. Kap. 3.

Parallele Linien würden die Bewohner der Kugel gar nicht kennen. Sie würden behaupten, dass beliebige zwei geradeste Linien, gehörig verlängert, sich schließlich nicht nur in einem, sondern in zwei Punkten schneiden müssten. Die Summe der Winkel in einem Dreieck würde immer größer sein als zwei Rechte, und umso größer, je größer die Fläche des Dreiecks. Eben deshalb würde ihnen auch der Begriff der geometrischen Ähnlichkeit der Form zwischen größeren und kleineren Figuren derselben Art fehlen. Denn ein größeres Dreieck muss notwendig andere Winkel haben als ein kleineres. Der Raum würde allerdings unbegrenzt, aber endlich ausgedehnt gefunden oder mindestens vorgestellt werden müssen.

Es ist klar, dass die Wesen auf der Kugel bei denselben logischen Fähigkeiten, doch ein ganz anderes System geometrischer Axiome aufstellen müssten, als die Wesen auf der Ebene, und als wir selbst in unserem Raume von drei Dimensionen. Diese Beispiele zeigen uns schon, dass, je nach der Art des Wohnraumes, verschiedene geometrische Axiome aufgestellt werden müssten von Wesen, deren Verstandeskräfte des unsrigen ganz entsprechen sein könnten.

(Helmholtz 1883b, 8–10)

Die Pseudosphäre – vergleiche Kap. 3 oben – wird anschließend von Helmholtz als ein weiterer Lebensraum für seine Flächenwesen herangezogen. Im Unterschied zur Sphäre ist dieser Raum unendlich, kommt also der Euklidischen Geometrie so nahe als möglich.[6] Helmholtz ging noch einen Schritt weiter, indem er solche Axiome für die Geometrie suchte, die seiner Meinung nach besonders gut zur Erfahrung passen. Dazu stellte er den Begriff der Kongruenz – man kann auch sagen, des Messens – ins Zentrum, was wiederum dazu führte, dass er sich über freie Beweglichkeit Gedanken machte.[iii]

Es ist nicht übertrieben, zu sagen, dass der Empirismus die Arbeitsphilosophie der meisten Mathematiker im letzten Drittel des 19. Jhs. wurde.[7] Dies hatte eine wichtige Konsequenz – nämlich eine tiefgreifende Differenz zwischen Geometrie und Arithmetik. Letztere wurde nur selten als eine empirische Wissenschaft gesehen.[iv] Die Geometrie rückte in die Nähe der Mechanik und wurde quasi zu einem Bereich der angewandten Mathematik. Erst der Aufschwung der Axiomatik mit Hilberts „Grundlagen der Geometrie" (1899/1900) brachte hier eine tiefgreifende Änderung.[v]

Moritz Pasch hat in der Einleitung zu seinen „Vorlesungen über neuere Geoemtrie" (1882) die empiristische Position prägnant formuliert:

Die geometrischen Begriffe bilden eine besondere Gruppe innerhalb der Begriffe, die überhaupt zur Beschreibung der Außenwelt dienen; sie beziehen sich auf Gestalt, Maß und gegenseitige Lage der Körper. Zwischen den geometrischen Begriffen ergeben sich unter Zuziehung von Zahlbegriffen Zusammenhänge, die durch Beobachtung erkannt werden. Damit ist der Standpunkt angegeben, den wir im folgenden festzuhalten beabsichtigen, wonach wir in der Geometrie einen Teil der Naturwissenschaft erblicken.

(Pasch 1976, 3)[8]

---

[6] Es gibt nur einen Unterschied bzgl. des Parallelenaxioms. Zur Frage der Unendlichkeit der Geraden vgl. man Kap. 3, 5 und 8.

[7] Z. B. Houël, Killing, Klein, Pasch, Weierstrass, …

[8] Im Kap. 8 gehen wir ausführlich auf Paschs Axiomatik ein. Die Formulierung von Pasch findet sich fast wörtlich schon bei Helmholtz, der „die Geometrie als die erste und vollendeste [der] Naturwissenschaften" bezeichnet hatte (Helmholtz 1883a, 642); vgl. auch Schiemann (1997), 353.

Ähnlich wie Helmholtz versuchte Pasch, Konsequenzen aus dieser Grundannahme zu ziehen. Daraus resultiert sein Aufbau der Geometrie (genauer gesagt: der projektiven Geometrie) aus einem begrenzten Bereich der Ebene heraus – denn nur ein begrenzter Bereich ist uns erfahrungsmäßig zugänglich.[9]

Eine Gegenposition zum Empirismus vertrat der traditionelle Kantianismus. Autoren dieser Richtung pflegten sich auf Kants Lehre zu berufen, die Sätze der Geometrie seien synthetisch apriori. Angewandt auf das Parallenaxiom hieß dies: Dieses Axiom folgt notwendig aus der (reinen) Anschauung. Als Beispiel eines solchen traditionellen Kantianers zitieren wir hier J. C. Beckers, Professor der Mathematik am Gymnasium zu Schaffhausen, Aufsatz „Über die neuesten Untersuchungen in betreff unserer Anschauung vom Raume" (1872).

Unter obigem Titel hat Herr Dr. J. Rosanes einen Vortrag, gehalten zur Habilitation an der Universität Breslau am 30. April 1870, veröffentlicht. In dem kurzen Vorwort gibt der Verfasser den Zweck dieser Veröffentlichung in folgenden Worten an:

„Es ist lediglich meine Absicht, zur allgemeineren Verbreitung der durch die neuesten Untersuchungen (in die Fundamentalfrage der Geometrie) hineingetragenen Ideen und zur Erschütterung von Vorurtheilen beizutragen, welche für die Wissenschaft nur hinderlich sein können."

Zu diesen „Vorurtheilen" scheint der Verfasser einerseits die Ansichten Kant's über die Natur des Raumes zu zählen, andererseits eine Reihe von Sätzen, deren Richtigkeit man bisher für unmittelbar evident hielt.

Weil Bolyai und Lobatschewski nachgewiesen haben, dass man eine widerspruchsfreie, abstracte Geometrie auch dann zu Stande bringen kann, wenn man annimmt, die Winkelsumme im Dreieck sei von zwei Rechten verschiedenen, und der Pariser Akademiker Bertrand gleichwohl bei der alten Ueberzeugung beharrte, das dem Satze von der Winkelsumme des Dreiecks äquivalente elfte Axiom Euklid's sei unmittelbar evident, und eine Bestreitung desselben könne nur aus der Sucht, zu disputiren, hervorgehen, so glaubt Herr Dr. Rosanes seine Verwunderung über diese hartnäckige Befangenheit in alten „Vorurtheilen" in folgenden Worten ausdrücken zu sollen:

„So wurden die Forschungen ignorirt, die einen neuen Standpunkt einnehmen gelehrt hatten, und man beharrte dabei, als sichere Ergebnisse aus der Anschauung Behauptungen hinzustellen, über welche eine strengere Kritik andere Urtheile geliefert hatte."

Ich glaube nun zwar in meinen „Abhandlungen aus dem Grenzgebiete der Mathematik und Philosophie" (Zürich, F. Schulthess, 1870) gezeigt zu haben, dass diese „strengere Kritik", welche selbst durch ein völliges Ignoriren viel tieferer Untersuchungen der beiden grössten Denker unserer Nation, Kant's und Schopenhauer's. glänzt, nicht die geringste Berechtigung gibt, an der Wahrheit dessen zu zweifeln, was unmittelbare Anschauung als evident erscheinen lässt.

Gleichwohl scheint mir eine nochmalige eingehende Verteidigung der Kant'schen Lehre einerseits und des gesunden Menschenverstandes andererseits gegen diese von so grossen Autoritäten ausgehenden neuen Lehren nicht ganz überflüssig zu sein, zumal auch heute noch, und selbst bei Männern der Wissenschaft, die Macht der Autorität so gross ist, dass ein flüchtig hingeworfenes Wort eines Gauß oder Riemann mehr wiegt, als die triftigsten Gründe, selbst dann, wenn damit dem gesunden Menschenverstand direct ins Gesicht geschlagen ist.

Nach ausführlichen Polemiken, in denen sich der Verfasser durchaus auf der Höhe seiner Zeit zeigt – z. B. erwähnt er den Skandal um J. Bertrand (vgl. oben Kap. 8) – kommt Becker zu folgendem Schluss:

Darum ist aber gleichwohl weder das elfte, noch irgendein anderes Axiom des Euklides eine bloße Hypothese, wenn man darunter eine bloße Annahme versteht, die auch in Zweifel gezogen werden kann. Allerdings folgen die Axiome weder aus den Begriffen, von denen sie handeln, noch lassen sie sich erweisen. Demnach schöpfen wir die Überzeugung von ihrer Gewissheit nicht aus der

---

[9] Zu Paschs Empirismus vgl. man Kap. 8 sowie Schlimm (2010).

Erfahrung, sondern daher, dass es uns ganz unmöglich ist, uns anschaulich vorzustellen, was ihnen widerspricht. Wer zwei gerade Linien einer Ebene sich vorstellt und nicht bloß abstrakt denkt, muss sie notwendig so vorstellen, dass sie entweder parallel sind, oder nach einer Seite konvergieren und nach der andern divergieren, oder so, dass sie sich schneiden und vom Schnittpunkte aus nach beiden Seiten divergieren, obgleich im Begriffe der geraden Linie, d. h. derjenigen Linie, die alle in ihr liegenden Punkte auf die kürzeste Weise verbindet, von alledem nichts liegt.

Wer aber nicht mit den unmittelbar der Anschauung entnommenen Begriffen operiert und ihnen die Attribute nimmt, womit die Anschauung sie ausstattet, um Nichts, als eine leere Nominaldefinition zurückzubehalten und dann, damit er doch über dieses hinauskommen kann, irgendwelche willkürlichen Hypothesen zu Hilfe nimmt, die ihm möglich machen, Gleichungen aufzustellen, der kann immerhin die wunderlichste „abstrakte“, dennoch aber „in sich selbst widerspruchsfreie“ Geometrie zu Stande bringen und damit beweisen, dass er sehr viel Geduld und ein bewundernswertes Abstraktionsvermögen besitzt. Sonst hat das aber weiter keinen Zweck, und wenn auch Gauß solchen Untersuchungen „nicht fremd war“, so kann ich dies nur bedauern, tröste mich aber damit, dass er wenigstens daran nicht viel Kraft und Zeit verloren hat.

(Becker 1873, 323f)

Und etwas weiter heißt es pointiert (und gegen Riemann gerichtet):

Denn man kann sein Denken ebenso wenig von den Fesseln der Anschauung befreien, als man aus seiner Haut fahren kann, so gern man dies bisweilen möchte.

(Becker 1873, 330)

Weiter heißt es:

Nicht aus Definitionen und allgemeinen Hypothesen über die Natur des Raumes, sondern aus der Anschauung gehen die Sätze der Geometrie hervor.

(Becker 1873, 332)

Der Themenkomplex „Mathematik und Anschauung“ gewann in den 1870er Jahren zunehmend an Beachtung. Ein Motiv hierfür war, dass sich in anderen Gebieten gerade der reinen Mathematik, insbesondere in der Analysis, anschauungswidrige Konsequenzen zeigten. Die bekannteste, die damals Aufsehen erregte, war die Entdeckung einer stetigen nirgends differenzierbaren Funktion durch K. Weierstrass (1872 – publiziert von P. du Bois-Reymond 1875). Andere Entwicklungen wie G. Cantors Erkenntnis von der Gleichmächtigkeit von Intervall und Quadrat und die flächenfüllende Kurve von G. Peano kamen später hinzu.[10]

Der Neo- oder Neukantianismus, der versuchte, die damals modernen Erkenntnisse der Wissenschaft – prominent darunter: die nichteuklidische Geometrie – mit der Kantischen Philosophie in Einklang zu bringen, vertrat im Allgemeinen eine liberale Position gegenüber der nichteuklidischen Geometrie, indem er einerseits deren logische Möglichkeit zugestand – was Becker eigentlich auch tat – und nicht mehr darauf insistierte, dass ihre anschauliche Unmöglichkeit sie als Gegenstand der Erkenntnis diskreditiere. Diese Unmöglichkeit wird der Ausstattung des menschlichen Erkenntnisvermögens zugeschrieben und ist somit kontingent. Wir lassen hier einen der Begründer dieser philosophischen Richtung zu Wort kommen, den Straßburger und später Jenenser Philosophen Otto Liebmann, übrigens Vater des bekannten Geometers Heinrich Liebmann (1874–1939), der im Bereich der nichteuklidischen Geometrie arbeitete und zu deren Verbreitung auch durch seine Übersetzung der Geschichte der nichteuklidischen Geometrie von R. Bonola sowie

---

[10] Zu der hiervon ausgelösten (vermeintlichen) Krise der Anschauung vgl. Volkert (1986). Zur Frage der Bedeutung von Pathologien, Monstern etc. in der Mathematik des 19. Jhs. vgl. Volkert (2011).

durch eine Ausgabe von Arbeiten Lobatschewskijs und durch sein Lehrbuch der nichteuklidischen Geometrie (1908) wesentlich beitrug.

Otto Liebmann (* 1840 Löwenberg (Schlesien), † Jena 1912), Professor der Philosophie
in Straßburg (1872) und Jena (1882), gilt durch seine Werk „Kant und die Epigonen"
(1865) als einer der Begründer des Neukantianismus.

Es folgt eine Passage aus Liebmanns Hauptwerk „Zur Analysis der Wirklichkeit"
(1875), Kap. 1 „Über die Phänomenalität des Raumes".[vi]

Hier greifen nun gewisse höchst subtile Speculationen der modernen Mathematik in unser Problem ein, die seit der kurzen Zeit ihres Bekanntwerdens bereits eine ganz erkleckliche Fachlitteratur hervorgerufen haben, und welche in der That das Berkeley-Kantische Paradoxon auch in dem letzten und extremsten Sinne zu bewähren scheinen.

Geometrie, die Wissenschaft des reinen Raumes und der in ihm herrschenden Größen- und Lagen-Gesetze, gieng bekanntlich seit den Zeiten des Euklides bis zu denen des Cartesius immer auf synthetisch-deductivem Wege vor. Aus einer beschränkten Anzahl von Grundwahrheiten oder Axiomen, die von ihr an die Spitze des Systems gestellt wurden, vermochte sie mit Hülfe von Definitionen eine außerordentliche Fülle von Theoremen abzuleiten. Und vermöge der Reichhaltigkeit und Evidenz ihrer Resultate ebenso wie vermöge der schulmäßigen Strenge ihres modus procedendi war sie lange Zeit hindurch das bewunderte, von Seiten der Metaphysiker vielfach beneidete und mit zweifelhaftem Glück nachgeahmte Musterbild eines wissenschaftlichen Systems. Die Gültigkeit des Euklidischen Systems beruht auf der Gültigkeit seiner

Axiome. Stäke in den letzteren eine Ungenauigkeit oder ein Irrthum, so wäre das ein πρῶτον ψεῦδος, und das ganze stattliche Lehrgebäude geriethe in's Wanken wie ein Haus, dem man sein Fundament untergräbt. Eins der wichtigsten und folgenreichsten Axiome ist das 11. des Euklides, welches sich auf den Parallelismus von zwei geraden Linien und auf die Relation derjenigen Winkel bezieht, welche von zwei Parallelen mit einer dritten sie beide durchschneidenden Geraden gebildet werden. Mit dem Axiom solidarisch verknüpft ist der Lehrsatz, daß die Summe der drei Winkel eines Dreiecks $= 180^0$ (2 Rechten) ist, worauf so ziemlich die ganze gewöhnliche Planimetrie und Stereometrie und damit unsre gewöhnliche Raumvorstellung überhaupt beruht. Wegen dieser weitreichenden Bedeutung des Axioms hat man von je her versucht, seine strenge Allgemeingültigkeit zu beweisen, aber nach dem Urtheil der hervorragendsten Mathematiker immer vergeblich. Trotzdem galt das Axiom bis in unser Jahrhundert hinein für sacrosanct. Da veröffentlichte vor 40 Jahren der Mathematiker Lobatschewsky, Professor an der Universität zu Casan, unter dem Titel: „imaginäre oder antieuklidische Geometrie", einen seltsamen Versuch, welcher die Consequenzen der Annahme zog, daß die Winkelsumme eines Dreiecks $< 180^0$ sei.* Wenn diese Paradoxie anfangs wenig Anklang fand, wenn man in ihr zuerst wohl nur eine sonderbare Grille und einen neuen Beleg für die anerkannte Wahrheit sah, daß der logische Verstand in abstracto auch mit Chimären folgerichtig operiren kann, so hat sich das seitdem bedeutend geändert. Mathematische Denker von seltener Größe, Gauß, dann Riemann, nach diesem und unabhängig von ihm Helmholtz haben den hiermit angeregten Gedankengang ergriffen und zu einem unerwarteten Ziele fortgeführt. Ihre Untersuchungen zeigen aus höherem Gesichtspunkt, daß unsre ge-

---

* Crelle's Journal für die reine und angewandte Mathematik; Bd. XVIII, S. 295.

wöhnliche Geometrie und geläufige Raumvorstellung als ein höchst
beschränkter Specialfall unter sehr vielen anderen betrachtet werden
muß. Von Gauß gehört hierher die Abhandlung „Disquisitiones
circa superficies curvas", 1828. Darauf bezieht sich theilweise
zurück Riemanns Habilitationsdissertation „Ueber die Hypothesen,
welche der Geometrie zu Grunde liegen", veröffentlicht in den
Abh. d. Gött. Ges. d. W. 1867. Helmholtz publicirte seine
Untersuchungen in den Göttinger Nachrichten 1868 (Nr. 9, S.
193) und in den Heidelberger Jahrbüchern von demselben Jahre.
(S. 733.)

Die Pointe dieser höchst sublimen Speculationen, an welche
sich eine Revolution, eine neue Epoche in der Mathematik an-
knüpft, muß hier in allgemein verständlicher Form dargelegt
werden.

In der ebenen Fläche kann jede beliebige Figur von jeder
beliebigen Stelle an jede andere verlegt oder verschoben werden;
ihre Gestalt ändert sich durch diese Translocation garnicht. Mit
andren Worten, es sind zwei congruente Figuren überall in der
Ebene, an je zwei beliebigen Stellen denkbar. Ebenso verhält es
sich auf einer Kugeloberfläche; auch in ihr ist jede Figur, Dreieck,
Polygon 2c. absolut verschiebbar; es bleiben bei der Translocation
die Seiten und Winkel der Figur vollkommen indentisch. Anders
verhält es sich auf einem Ellipsoid. Hier ändert die Figur bei
gewissen Verschiebungen ihre Gestalt, oder man kann nicht jede
Figur überall hin mit sich identisch verschoben denken, weil das
Ellipsoid nicht überall dieselbe Krümmung oder, nach Gauß,
nicht überall dasselbe Krümmungsmaaß besitzt.* Auch ist es

---

* Gauß führt in seinen Disquisitiones generales circa superficies
curvas, § 6, den Begriff des Krümmungsmaaßes, der mensura curvaturae,
ein. Dieser ist folgendermaßen zu definiren. Denkt man sich in einer beliebig
gestalteten Oberfläche ein von einer geschlossenen Curve begrenztes Stück, und
zieht parallel mit den Normalen in den Punkten der begrenzenden Curve
Radien einer Kugel vom Halbmesser 1, so wird der Flächeninhalt des

unmöglich, von einer sphärischen Fläche von dem Radius m auf eine andere sphärische Fläche vom Radius m¹ eine Figur zu übertragen, weil das Krümmungsmaaß beider Flächen ein verschiedenes ist. Allgemein: Nur auf solchen zwei Stellen einer Fläche oder nur auf solchen zwei Flächen, die dasselbe Krümmungsmaaß besitzen, sind congruente Figuren möglich. Schließlich führt dieser Gaußische Gedankengang zu dem Resultat: Die gewöhnliche, Euklidische Planimetrie gilt nur in der Ebene und in solchen Flächen, die aus der Ebene durch Biegung bei ungeänderten inneren Maaßverhältnissen entstehen, z. B. Cylinder und Kegel. Versetzt man sich also in eine nur nach zwei Dimensionen anschauende Intelligenz — (eine Idee, die Fechner einmal geistreich durchgeführt hat) —, so wird Euklides nur dann Autorität bleiben, wenn die Anschauungsfläche jener Intelligenz den angegebenen Bedingungen Genüge leistet. Im andren Fall erhält man eine andre, unsrem Anschauungsvermögen fremdartige Planimetrie.

Geht man nun von der Fläche (dem Raum von 2 Dimensionen) zu dem stereometrischen Raum von 3 Dimensionen über, so ist durch Generalisation der eben entwickelten Begriffe klar, daß erstens ein Raum gedacht werden kann, in welchem überall dasselbe Krümmungsmaaß herrscht, zweitens ein solcher, worin sich das Krümmungsmaaß ändert; ferner ein solcher, worin das Krümmungsmaaß $= 0$ ist, und ein solcher, worin es einen andern Werth hat. Es ist ein ebener Raum denkbar und ein nicht ebener

entsprechenden Theils der Kugelfläche von Gauß als die „totale Krümmung" (curvatura totalis seu integra) jenes Flächenstücks bezeichnet. Hiervon unterschieden ist die „specifische Krümmung" oder das „Maaß der Krümmung" einer Oberfläche in einem bestimmten Punkt. Hierunter versteht man den Quotienten, welcher entsteht, wenn man die totale Krümmung des an jenem Punkt liegenden Flächenelements durch den Inhalt des Elements dividirt. Weiterhin zeigt sich dann, daß das Krümmungsmaaß gleich ist dem Ausdruck $\frac{1}{R \cdot R^1}$ wenn unter den R und R¹ die beiden Hauptkrümmungsradien des betreffenden Punktes verstanden werden. (§ 8, 5.)

Raum. In einem ebenen Raum kann jede geometrische Körpergestalt ungeändert, mit sich congruent oder geometrisch identisch, überallhin transportirt gedacht werden, in einem nicht ebenen Raum ändert sie sich beim Transport, durch den Transport. In dem ebenen Raum gilt die Euklidische Geometrie, in dem nicht ebenen verliert sie ihre Gültigkeit.

(Liebmann 1876, 53–57)

Im Anschluss hieran geht Liebmann zur Erörterung von Räumen höherer Dimension über; er bemerkt:

Aus diesen kahlen, vom letzten Rest der Anschaulichkeit entblößten Höhen der Abstraktion, vor denen dem ungeübten Verstand schwindelt, bestimmen Riemann und Helmholtz die Bedingungen und Merkmale desjenigen Spezialfalls einer stetigen, mehrfachen Mannigfaltigkeit, welche uns unser nach drei Dimensionen ausgedehnter und von den Axiomen des Euklides beherrschter Raum darbietet.

(Liebmann 1876, 59)

Man beachte, dass der abstrakte anschauungsfeindliche Aspekt hier nicht mehr pejorativ herausgestellt wird, sondern eher positiv-bewundernd auftritt. Liebmann bemüht sich auch, die Erkenntnisse der nichteuklidischen Geometrie seinen Lesern so zu erläutern, dass diese korrekt und auch für Laien verständlich werden. Seine philosophischen Schlussfolgerungen lauten so:

Will nun die Philosophie diesen merkwürdigen Raumunter-
suchungen der Mathematik gegenüber Stellung nehmen, so gebührt
es ihr vor allen Dingen keineswegs, die Resultate der Mathematiker ungeprüft zu acceptiren. Sie, welche blinden Autoritäts-
glauben ex professo perhorrescirt, sie, welche grundsätzlich überall eine möglichst voraussetzungslose logische Kritik üben soll,
darf z. B. durchaus nicht den fertigen mathematischen Begriffs-
apparat als Schutz- oder Trutzwaffe in die Hand nehmen, um
damit für irgendeine dogmatisch vorausgesetzte Ansicht, z. B. die
transscendentale Aesthetik Kants, in die Arena zu treten. Man
prüfe den Degen, ehe man ihn benutzt. Man sehe zu, ob er
nicht in der eigenen Hand zersplittert, ehe man ihn den Gegner
fühlen läßt. Bei dieser Prüfung handelt es sich um zweierlei;
erstens darum, ob der entwickelte mathematische Begriff überhaupt
formal-logische Berechtigung hat; zweitens, wenn dies der Fall
sein sollte, ob ihm überdies eine metaphysisch-materiale Bedeutung
zugeschrieben werden darf. Was den ersten Fragepunkt betrifft,
über den sich bereits die bisherige Darlegung unzweideutig geäußert hat, so kenne ich ganz gescheidte Leute, die (um von der

„Ebenheit" oder „Nichtebenheit" zu schweigen) sich mit dem Begriff
eines Raumes von nicht drei, sondern unbestimmt vielen Dimen=
sionen zu befreunden schlechterdings nicht im Stande sind. Ihnen
erscheint dieser Begriff (namentlich wohl deshalb, weil für uns in
einem Punkte nicht mehr als drei aufeinander senkrecht stehende
Linien vorstellbar sind) als eine complete contradictio in adjecto;
sie bestreiten sogar die logische Denkbarkeit, um wie viel mehr die
reale Möglichkeit eines solchen Raums. Diesen Zweiflern gegen=
über sei wiederholt hervorgehoben, daß die rein analytische Unter=
suchungsweise, aus der dieser Begriff resultirt, garnicht mehr an
unsrer anschaulichen Vorstellungsweise haftet, obwohl sie freilich
zu ihren abstracten Begriffsentwicklungen nur unter Voraussetzung
der Intuition gelangen kann; sie operirt, einmal von der An=
schauung emancipirt, nur noch mit abstracten Größenbegriffen
und hat die Fesseln der concreten Lagenvorstellung von sich ab=
gestreift. Was man nun gegen den völlig abstracten Begriff eines
Continui, worin das Einzelne nicht schon durch drei, sondern erst
durch irgend eine größere Anzahl von einander unabhängiger
Größenbestimmungen oder Abmessungen eindeutig determinirt wird,
vom Standpunkt der formalen Logik aus einwenden will, ist mir
vollkommen unbegreiflich. Die Logik kann gegen diesen Begriff
ebensowenig Protest erheben, als gegen den Begriff eines geflügelten
Engels, eines Thieres mit drei Augen oder eines Dreiecks, dessen
Winkelsumme größer als 2 Rechte. Der Umstand, daß wir nur
Dies oder Jenes in der Erfahrung vorfinden, nur Dies oder
Jenes uns anschaulich repräsentiren können, geht die formale Logik
schlechterdings garnichts an; er ist für sie, welche nur mit dem
Maaßstab der principia identitatis, contradictionis und exclusi
tertii unsre Gedanken mißt, ein zufälliger und irrelevanter Um=
stand. Zugegeben die Thatsache, daß unsre intuitive Intelligenz,
sowohl die empirisch=sinnliche als die geometrisch=ideelle, über die
drei Raumdimensionen nicht hinauskann, so ist dies Nichtkönnen,

dies Unvermögen ein intellectuelles Factum, dessen vorläufig unbekannten Real- oder Idealgrund zu entdecken zum Problem weiterer Untersuchungen gemacht werden kann. Und was beweist dieses Factum unmittelbar? Daß wir hiermit an einer der vielen immanenten Schranken der menschlichen Intelligenz stehen, von welchen der gedankenlose gewöhnliche Menschenverstand und das süffisante Selbstvertrauen des dogmatischen Metaphysikers nichts weiß oder wissen will. Der im Allgemeinen nicht ebene, d. h. dem Krümmungsmaaße nach unbestimmte, und nach n Dimensionen ausgedehnte Raum ist in logischer Hinsicht das abstracte genus, dem sich unser empirischer und geometrischer Raum als Specialfall subordinirt; in mathematischer Hinsicht ist er ein Hülfsbegriff, wie $i = \sqrt[2]{-1}$. Daß ich mir nicht $\sqrt[2]{-1}$ Aepfel auf dem Obstmarkt kaufen kann, ist ebensowenig ein logischer Einwand gegen die Berechtigung dieses imaginären Zahlbegriffs, als, daß ich nie einen Apfel von n Dimensionen verzehren kann, gegen jenen generalisirten Raumbegriff.

(Liebmann 1876, 60–62)

Nach Erörterung der metaphysisch-materialen Seite des Raumproblems, in der es ausführlich auch um Kant geht, formuliert Liebmann seine Position in vier Thesen:

Unfer Endergebniß läßt fich in folgende vier Sätze faffen:

1. Der finnliche Anfchauungsraum, als ein dreifaches Neben=
einander von localifirten Empfindungen, ift nichts abfolut Reales,
fondern ein von der Organifation unfrer intuitiven Intelligenz
abhängiges, und in diefem Sinne fubjectives, Phänomen innerhalb
jedes uns gleichgearteten Bewußtfeins.

2. Der reine Raum der gewöhnlichen Geometrie, mit welchem
in Uebereinftimmung man fich die Anordnung der abfolut=realen
Welt, die außerhalb des fubjectiven Bewußtfeins liegt, zu denken
pflegt, ift zunächft auch nur ein intellectuelles Phänomen, von
dem man nicht behaupten kann, es fei für jedes wie auch
immer geartete Anfchauungsvermögen maaßgebend wie für das
unfrige.

3. Ob die transfcendente Anordnung der abfolut=realen
Welt, welche außerhalb unfres Bewußtfeins liegt, mit unfrer
Raumanfchauung übereinftimmt, ob fie ihr commenfurabel oder
incommenfurabel ift, wiffen wir nicht.

4. Nur foviel kann mit Beftimmtheit behauptet werden:
Jedenfalls ift die uns unbekannte abfolut=reale Weltordnung eine
folche, daß daraus für uns die Nöthigung entfpringt, innerhalb
unfres an jene Raumanfchauung gebundenen Bewußtfeins die
empirifch=phänomenalen Dinge und Ereigniffe, was ihre Größe,
Geftalt, Lage, Richtung, Entfernung, Gefchwindigkeit anbetrifft,
gerade fo anzufchauen, wie es in jeder uns homogenen Intelligenz
gefchieht. Die empirifche Welt ift ein Phaenomenon bene
fundatum.

Wer mit mir hierin eine Verification zugleich und Reftriction
des berühmten philofophifchen Paradoxons erkennt, der wird mit
mir auch das Vergnügen darüber theilen, daß die nimmer endende
Arbeit der Philofophie doch nicht in allen Fällen einer ziellofen
Penelopearbeit gleicht.

(Liebmann 1876, 68)

Die Interpreten der Liebmannschen Ausführungen legten den Schwerpunkt auf die Unterscheidung von anschaulich-möglich und logisch-möglich, die es erlaubt, Kant gegen die nichteuklidische Geometrie gewissermaßen zu retten:

> An der logischen Denkbarkeit und Zulässigkeit nichteuklidischer Räume (sei es mehr als dreidimensionaler, sei es nicht-ebener mit einem nicht konstanten oder einem anderen Krümmungsmaß als Null) lässt sich schlechterdings nicht zweifeln. Aber auch nur sie ist zuzugeben, nicht die Anschauungsmöglichkeit. Liebmann sagt mit Recht, dass wir einen mehr als dreidimensionalen oder einen pseudosphärischen oder sphärischen Raum oder „eine der euklidischen widersprechende – nicht sowohl Stereometrie, sondern auf die dritte Potenz erhobene Planimetrie" nur denken, aber absolut nicht anschauen können. (A 79)
>
> (Adickes 1910, 23)[11]

Etwa zeitgleich (1879) mit Liebmanns Buch erschien der zweite Band „Die sinnlichen und logischen Grundlagen der Erkenntnis" des dreibändigen Werks „Der philosophische Kritizismus" von Alois Riehl.

Alois Riehl (* 1844 bei Bozen, † 1924 Neubabelsberg), Professor für Philosophie in Graz (1873), Freiburg im Breisgau (1882), Kiel (1896), Halle (1898) und Berlin (1905). Vertreter des Kritizismus im Rahmen des Neukantianismus.

Zwei Punkte sind bemerkenswert bei Riehl: Zum einen machte er auf die Tatsache aufmerksam, dass der junge Kant über eine Geometrie von Räumen höherer Dimensionen spekuliert hat, er somit nicht im Sinne des dogmatischen Kantianismus eingesetzt werden könne[12], zum andern ist – gerade im Vergleich zu Liebmann – erstaunlich, wie naiv Riehl mit dem Parallelenproblem umgeht.

Zu Kant heißt es ganz kurz:

> Übrigens hat Kant zuerst die Idee einer absoluten Geometrie, einer Theorie der logisch denkbaren, wenn auch tatsächlich unvorstellbaren Räume, z. B. von mehr als drei Dimensionen, ausgesprochen.
>
> (Riehl 1925, 144 n 2)

Riehl bezieht sich auf die Stelle „Eine Wissenschaft von allen diesen möglichen Raumesarten wäre unfehlbar die höchste Geometrie, die ein endlicher Verstand unternehmen könnte." aus der ersten Dissertation Kants („Gedanken zu der wahren Schätzung der lebendigen Kräfte" (1749)). Hierzu lautet der Kommentar Riehls:

> Dieses Wort erscheint uns heute wie eine Prophezeiung der nichteuklidischen Geometrie und sichert Kant einen Platz in der Geschichte dieser freilich nicht mehr eigentlich geometrischen Theorien. Kant unterlässt auch nicht, die, übrigens bedenklichen, metaphysischen Konsequenzen seiner Idee einer absoluten oder „höchsten" Geometrie zu ziehen. „Räume von dieser Art könnten unmöglich mit solchen in Verbindung stehen, die von ganz anderem Wesen sind; daher würden dergleichen Räume zu unserer Welt gar nicht gehören, sondern eigene Welten ausmachen müssen. Nur wenn der Raum von drei Dimensionen die einzige wirkliche Raumesart ist, gibt es eine, auch im metaphysischen Sinne einzige Welt."
>
> (Riehl 1924, 326)

---

[11] „A" bedeutet die dritte Auflage der „Analysis der Wirklichkeit".

[12] Insbesondere wendet sich Riehl gegen eine Interpretation Kants, welche besagt, dass die Vorstellungen von Zeit und Raum dem Menschen angeboren seien. Diese seien vielmehr nach Kant erworben. Weiterhin seien die Axiome der Geometrie nicht durch transzendentale Anschauung gegeben nach Kant (vgl. Riehl 1925, 144 n 2). Im ersten Band seines Hauptwerks geht Riehl ausführlich auf Kants Position in der Raumfrage ein: vgl. Riehl (1924).

Erstaunlich ist, was der Leser bei Riehl zum Parallelenpostulat erfährt:

> ¹ Ich habe in obiger Erörterung des **Postulates** (nicht Axioms) der Parallelen keine Erwähnung getan, weil dieser Satz durch die Ableitung und Begründung der logischen Eigenschaften des Raumes mitbegründet ist, und andrerseits als mehr spezieller Satz der mathematischen, nicht der philosophischen Behandlung des Raumbegriffs angehört. Doch will ich bemerken, daß man in der Behandlung dieses Postulates eine zu große Akribie und Demonstriersucht zur Schau getragen hat. Ist der Begriff der Geraden gegeben, so folgt der Satz als einfache Kombination zweier Geraden der gleichen Richtung in der nämlichen Ebene. Nur durch eine schiefe Einkleidung desselben kann ein Zweifel an seiner Evidenz erregt werden. Z. B. wenn man sagt: die Parallelen seien nach **einem** unendlich fernen Schnittpunkte gerichtet. In Wahrheit sind sie nicht nach einem, sondern nach **zwei** unendlich fernen Punkten gerichtet, die daher nach dem Axiom der Geraden keine Schnittpunkte sein können, oder m. a. W.: die Parallelen sind ins Unendliche gleichgerichtet, daher Gerade gleichen Abstandes.
>
> Übrigens muß es einen wunderlichen Eindruck machen, wenn man beständig von dem B e w e i s e eines Axioms oder eines Postulates (ein s o l c h e s, nicht ein Axiom, ist nach Euklides der Parallelensatz, da er unter den αἰτήματα auftritt!) redet. Entweder ist der Parallelensatz kein Postulat oder Axiom, sondern ein Lehrsatz, oder er ist nicht beweisbar. Postulate und Axiome lassen sich nicht beweisen, und Sätze, welche beweisbar sind, sind keine Axiome oder Postulate.

(Riehl 1925, 209 n 1)

Das ähnelt doch sehr diversen „Beweisen" des Parallelenpostulats, welche dieses aus dem Begriff der geraden Linie (oder auch der Richtung) deduzieren wollten.[vii]

Benno Erdmann (* 1851 Guhrau, † 1921 Berlin), Professor der Philosophie in Kiel (1879), Breslau (1884), Halle (1890), Bonn (1898) und Berlin (1909).

1877 veröffentlichte der Berliner Privatdozent der Philosophie Benno Erdmann sein Buch „Die Axiome der Geometrie". Darin versucht er, eine Art von kritischer Übersicht über den Diskussionsstand zu Grundlagenfragen der Geometrie (nichteuklidische Geometrie, höhere Dimensionen, Ursprung der Axiome, philosophische Einordnung der verschiedenen Positionen) zu geben. Seine Meinung vom Erkenntnisstand der zeitgenössischen Philosophie war nicht allzu hoch, er attestiert ihr einen „bunten Eklektizismus" und eine „Verwilderung der Gedanken" (Erdmann 1877, 1) und sieht Parallelen zum Niedergang der deutschen Philosophie in der Zeit zwischen Wolff und Kant. Die nachfolgenden Ausschnitte stammen aus der Einleitung zu Erdmann Buch; sie geben einen interessanten Überblick über den Stand der Diskussion:

Diese lebhaft erregte Teilnahme an psychologischen und erkenntnistheoretischen Untersuchungen wird auch durch die mathematischen Arbeiten dargetan, deren philosophische Bedeutung zu charakterisiren Aufgabe der vorliegenden Schrift ist. Es sind dies die von Riemann und Helmholtz zuerst eingehend ausgeführten Erörterungen „über die Hypothesen, welche der Geometrie zu Grunde liegen." Dass sie ein Zeichen der philosophischen Richtung der Zeit sind, beweist schon ihr Ursprung. Denn dass die mathematischen Disciplinen das Bedürfnis empfinden, sich über den Umfang und den Charakter ihrer allgemeinen Grundlagen zu orientiren, zeugt nicht nur von dem entwickelten Stand der mathematischen Wissenschaft, sondern zugleich auch von dem Interesse derselben an der philosophischen Begründung ihrer Erkenntnisart. Auch die Schnelligkeit und Allgemeinheit, in der diese abstracten Untersuchungen Gegenstand der wissenschaftlichen Aufmerksamkeit geworden sind, deutet auf diesen Ursprung hin.

Jedoch nicht nur die Stärke, sondern auch die Schwäche der neuen Bewegung tritt an ihnen zu Tage: sie charakterisiren zugleich die unklare Stellung, welche die Einzelwissenschaften der Philosophie gegenüber gegenwärtig einzunehmen suchen. Bisher glaubte die Philosophie, die allgemeineren Principien, welche die undiscutirte Grundlage jener besonderen Disciplinen bilden, selbständig und ausschliefslich erörtern zu müssen, damit der Sinn derselben und die Grenze ihrer Anwendbarkeit bestimmt werde; jetzt meinen die letzteren, nicht nur die Discussion aller jener verschiedenartigen Principien selbst übernehmen zu dürfen, da die Erkenntnis ihrer Bedeutung nur aus der vollen Einsicht in die Art ihrer Beziehung auf das Einzelne herleitbar sei, sondern auch die Resultate dieser Discussion allgemein philosophisch verwerten zu können, da diese Verwertung sich aus der so erlangten Erkenntnis von selbst ergebe. Es ist hier nicht der Ort, darzulegen, dass diese Uebereilung dem für sich berechtigten Streben entspringt, die objectiven Grundbegriffe der Einzelwissenschaften, deren Bestimmung in der Tat Sache der besonderen Forschung ist, von den subjectiven Erkenntnisprincipien zu sondern, deren Erörterung immer der Philosophie verbleiben muss; es genügt vielmehr, darauf hinzuweisen, dass ein Teil vermeintlicher Consequenzen der oben genannten Arbeiten von vielen in einem Sinne beurteilt wird, der jene extreme Tendenz der gegenwärtigen Bewegung wirklich kennzeichnet. Zum ersten Male wol ist in denselben versucht worden, bedeutsame psychologische und erkenntnistheoretische Ergebnisse durch rein mathematische und mechanische Erörterungen zu gewinnen, während die Geschichte der Philosophie allerdings umgekehrt die verschiedenartigsten Versuche aufweist, nicht blofs über Inhalt und Form der Mathematik im allgemeinen, sondern auch über manche besondere Probleme derselben auf dem Wege rein philosophischer Reflexion zur Entscheidung zu kommen. Nun ist es zwar selbstverständlich, dass die sichere Erkenntnis der objectiven Grundbegriffe einer Wissenschaft bedeutsame Rückschlüsse auf die Beschaffenheit der Erkenntnisprincipien, die in ihnen zum Ausdruck kommen, zu machen erlaubt, da hier wie überall die objectiven und die subjectiven Elemente des Wissens im engsten Zusammenhang stehen; es ist jedoch wol zu beachten, dass die ersteren nicht einen eigentlichen Beweisgrund, sondern nur einen Bestätigungsgrund für die Beschaffenheit der letzteren abzugeben vermögen. Denn leicht führt ein solcher Mangel an Unterscheidung zu einer falschen Schätzung der Tragweite der so gewonnenen Einsicht, die auch bei der Beurteilung dieser mehr erwähnten Arbeiten Platz gegriffen hat.

Diese Vermischung naturwissenschaftlicher und philosophischer Erkenntnisgebiete, welche das Urteil über den eigentlichen Sinn der Ergebnisse jener Untersuchungen verwirrt, sowie auch die hastige Teilnahme, welche dieselben trotz ihrer mathematisch abstracten Natur überall gefunden haben, machen es begreiflich, dass dieselben bisher in entgegengesetztestem Sinne verstanden werden konnten. Denn so sehr die Begründer dieser Erörterungen, unter denen neben Riemann und Helmholtz vor allen noch Gauss zu nennen ist, über die Bedeutung ihrer Resultate übereinstimmen, so vorsichtig sie im allgemeinen ihre philosophische Tragweite abgrenzen, so weit geht doch das Urteil der vielen Interpretatoren derselben auseinander, so unbeschränkt ist die anerkennende oder abweisende Schätzung derselben. Das Gewirr der Meinungen ist um so verwickelter, als in ihnen überdies psychologische Theorien und erkenntnistheoretische Ueberzeugungen oft ohne erkennbaren Zusammenhang durcheinander laufen. Denn schon bei den genannten ersten Bearbeitern des ganzen Gebiets verbindet sich die psychologische Annahme, dass hier Stützpunkte für die empiristische Theorie zu finden seien, mit der erkenntnistheoretischen Doctrin, welche dem Raum als solchem objective Realität zuschreibt. Als eine sachlich nothwendige tritt diese Verbindung bei den zahlreichen Anhängern der neuen mathematischen Theorie hervor, von denen unter den Mathematikern O. Rosanes, unter den Philosophen Ed. v. Hartmann genannt werden mögen. Ihnen schliefsen sich offenbar die meisten unter den mathematischen Anhängern an, deren bezügliche Schriften die philosophischen Consequenzen der neuen Lehre wenig oder gar nicht berühren. Nur die Mathematiker der Schule Herbarts, als deren Wortführer hier Drobisch gelten darf, sind davon ausgenommen, da Herbarts Unterscheidung des intelligibeln und sinnlichen Raumes einem solchen Zusammenhange widerstrebt. Andere dagegen, in deren Namen etwa O. Liebmann gesprochen hat, finden, dass hier ein weiterer Beweis für die rein subjective blofs phänomenale Natur unserer Raumanschauung vorliege; auch bei ihnen treten die vermeintlichen erkenntnistheoretischen Beziehungen der mathematischen Ergebnisse in den Vordergrund. Einen Standpunkt vorsichtiger Zurückhaltung nimmt Wundt ein. Er erkennt an, dass die neue Raumtheorie die Resultate der physiologischen Analyse, die zu einem synthetischen Empirismus führe, in allen Punkten bestätige, aber er scheint dagegen Einsprache zu erheben, dass dieselbe irgendwie erkenntnistheoretisch verwertet werde. A. Lange geht noch einen Schritt weiter. Er findet in jenen geometrischen „Speculationen bis jetzt nichts weiter als mathematische Ausführungen der blofsen Denkbarkeit eines generellen Raumbegriffs, der unsern euklidischen Raum als Spezialität in sich begreift"; er bestreitet also das Recht, irgendwelche philosophische Consequenzen aus denselben zu ziehen. Genau die gleiche Ansicht über die philosophische Bedeutungslosigkeit der mathematischen Theorie, die sie als solche allerdings besser zu würdigen wissen, haben Felix Klein und Richard Baltzer ausgesprochen. Vollkommen abweisend, auch gegen die mathematische Theorie, verhalten sich einerseits Dühring, andrerseits W. Tobias und etwa J. K. Becker. Der erstere findet in ihr eine „auch der Mechanik drohende Untergrabung der geometrischen Axiome, die durch eine unhaltbare Verdinglichung des Unendlichgrofsen hervorgerufen sei"; er teilt sie deshalb den Metaphysikern zu, „die hier mit Befriedigung wahrnehmen können, dass diejenigen Früchte, deren Erzielung sie sich allein zuzutrauen pflegen, auch gelegentlich auf dem Boden der Mathematik reifen." Nicht viel weniger energisch lautet der Protest von Becker und Tobias, welche in dem kritischen Idealismus Kants die Beweise finden, die alle diese Entwicklungen als gegenstandslos und in sich widersprechend kennzeichnen.

Diesem bunten Gewirr von Auffassungen gegenüber erscheint es notwendig, zunächst auf den eigentlichen Gegenstand des Streites wieder zurückzugehen, um seinen engeren mathematischen Sinn, der den Ausgangspunkt für alle diese Differenzen bildet, möglichst scharf zu bestimmen. Ist dieser einmal eindeutig festgestellt, dann wird es auch möglich sein, die psychologischen und erkenntnistheoretischen Beziehungen, die sich etwa als notwendig ergeben, dem Widerspruch der Meinungen zu entrücken.

Es wird jedoch zweckmäfsig sein, einige erläuternde Andeutungen über die geschichtliche Entwicklung der zu behandelnden Probleme vorherzuschicken.

(Erdmann 1877, 8–11)

Bemerkenswert ist, dass Erdmann stark die physiologisch-psychologische Seite des Problems herausstellt. Dies lag sicherlich zum einen an einer gewissen Sympathie für die Position von Helmholtz, der ja solche Aspekte in die Diskussion einbrachte, zum andern wohl auch am „Zeitgeist" in Deutschland, der gerade der Physiologie die Lösung vieler Probleme zutraute: Im letzten Drittel des 19. Jhs. war diese die Leitwissenschaft schlechthin in Deutschland; mit Emil du Bois-Reymond und H. Helmholtz stellte die Physiologie zwei der einflussreichsten Wissenschaftler dieser Epoche. Letztlich bekennt sich Erdmann aber als Anhänger eines kantisch geprägten „Apriorismus".[13]

Eine gänzlich neue Wendung nahm der Streit um die Bedeutung der nichteuklidischen Geometrie mit dem ab 1889 von H. Poincaré eingeführten Konventionalismus.[14] Das Poincaré-Modell spielte dabei eine wichtige Rolle – gewissermaßen ein Katalysator für Poincarés Überlegungen. Dieser interpretierte sein Modell[15] als Wörterbuch:

---

[13] Vgl. Erdmann (1877), 114. Eine sehr ausführliche Auseinandersetzung mit den Argumenten Helmholtz' lieferte übrigens H. Weissenborn in seinem Artikel „Über die neueren Ansichten vom Raum und von den geometrischen Axiomen" (1878) im zweiten und dritten Teil.
[14] Vgl. auch Kap. 6 und 8 oben.
[15] Genauer gesagt gibt es ja zwei Modelle bei Poincaré: das Halbebenen- und das Kreismodell. Hinzu kommen noch die quadratischen Geometrien, auf die Poincaré allerdings in seinen philosophischen Erörterungen nicht zurückgreift (vgl. Kap. 6). Da dieser feine Unterschied für das Folgende keine Rolle spielt, spreche ich einfach von Poincarés Modell.

Wir betrachten eine beliebige Ebene, die ich Fundamentalebene nenne. Wir konstruieren eine Art Wörterbuch, indem wir paarweise die Begriffe, die in zwei Spalten angeordnet sind, einander zuordnen – genauso, wie in einem gewöhnlichen Wörterbuch die Wörter zweier Sprachen mit gleicher Bedeutung einander zugeordnet werden:

Raum	Teil des Raumes, der oberhalb der Fundamentalebene liegt
Ebene	Sphäre, die die Fundamentalebene senkrecht schneidet
Gerade	Kreis, der die Fundamentalebene senkrecht schneidet
Sphäre	Sphäre
Kreis	Kreis
Winkel	Winkel
Abstand zweier Punkte	Logarithmus des Doppelverhältnisses dieser beiden Punkte und der Durchschnittspunkte der Fundamentalebene mit dem Kreis, der durch die zwei Punkte geht und die Fundamentalebene senkrecht schneidet

Wenn wir nun die Sätze der Geometrie von Lobatschewskij nehmen und diese mit Hilfe unseres Wörterbuchs übersetzen wie wir einen deutschen Text mit Hilfe eines deutsch-französischen Wörterbuchs[16] übersetzen, *so erhalten wir auf diese Weise Sätze der gewöhnlichen Geometrie.*

So übersetzt sich beispielsweise der Satz von Lobatschewskij „Die Summe der Winkel eines Dreiecks ist kleiner als zwei Rechte" in „Besitzt ein krummliniges Dreieck Seiten, die Kreisbögen sind, welche bei Verlängerung die Fundamentalebene senkrecht schneiden, so ist die Summe der Winkel dieses krummlinigen Dreiecks kleiner als zwei Rechte." Wie weit man auch die Konsequenzen aus Lobatschewskijs Hypothese treibt, man wird auf diese Weise niemals auf einen Widerspruch stoßen. In der Tat: Wären zwei Sätze von Lobatschewskij widersprüchlich, so wäre dies auch für deren mit Hilfe unseres Wörterbuchs gefundenen Übersetzungen zutreffend. Diese Übersetzungen sind jedoch Sätze der gewöhnlichen Geometrie und kein Mensch zweifelt daran, dass die gewöhnliche Geometrie frei von Widersprüchen sei. Woher nehmen wir diese Gewissheit und ist diese gerechtfertigt? Das ist eine Frage, auf die ich hier nicht eingehen möchte, weil sie einiger Entwicklungen bedarf. [...][17]

Das ist aber noch nicht alles. Da die Geometrie von Lobatschewskij einer konkreten Interpretation fähig ist, hört diese auf, ein sinnleeres logisches Spiel zu sein, sie kann nun auch Anwendungen erfahren; [...]

(Poincaré 1968, 68f)[18]

Nach Poincaré hat sein Modell[19] – und damit natürlich jedes Modell – zwei Funktionen: Zum einen zeigt es die relative Widerspruchsfreiheit („Wenn die Euklidische (Poincaré:

---

[16] Poincaré beherrschte die deutsche Sprache sehr gut. 1909 hielt er in Göttingen auf Einladung der Wolfskehl-Stiftung fünf Vorlesungen in deutscher Sprache (nur über Physik sprach er in Französisch). Gelernt hatte er sie – was für „gute" französische Schüler damals fast selbstverständlich war – im Gymnasium, geübt hatte er sich in Konversationen, die er mit einem in Folge des Krieges 1870/71 in der Familie Poincaré bis 1872 einquartierten preußischen Offizier allabendlich pflegte – sehr zum Ärger seiner ihm sonst treu ergebenen Schwester Aline, die stark französisch-patriotisch eingestellt war und Verrat witterte. Poincaré hat auch Übersetzungen der Arbeiten von G. Cantor ins Französische Korrektur gelesen, allerdings nicht (wie gelegentlich behauptet wird) selbst für die Übersetzung gesorgt.

[17] Dies ist vielleicht die erste Stelle in der Literatur, an der klar die Funktion eines Modell der nichteuklidischen Geometrie im Rahmen eines relativen Widerspruchsfreiheitsbeweises – natürlich nicht in der hier gewählten modernen Ausdrucksweise – ausgesprochen wird. Houël (1870) und Tilly (1872) waren dieser Einsicht schon recht nahe gekommen, wenn sie sich über die Nichtbeweisbarkeit des Euklidischen Postulats ausließen. Vgl. Voelke (2005), 171–194.

[18] Poincaré hatte die Angewohnheit, seine Texte oft mehrfach – eventuell mit leichten Modifikationen – zu verwenden. Das trifft auch auf die Beiträge in „Wissenschaft und Hypothese" (= Poincaré (1968)) zu, das erstmals 1902 erschien. Der Text des Abschnitts „Die nichteuklidischen Geometrien" geht auf einen Artikel gleichen Titels zurück, den Poincaré 1891 publizierte.

[19] Nota bene: Der Begriff fällt bei Poincaré nicht.

gewöhnliche) Geometrie widerspruchsfrei ist, dann auch die nichteuklidische Geometrie.") Zum andern zeigt es, dass diese Geometrie einer konkreten Interpretation fähig und damit sinnvoll – keine leere Spielerei – ist. Den zweiten Aspekt haben wir schon bei Beltrami, Klein u. a. angetroffen, der erste aber (aus heutiger Sicht der zentrale) wird hier erstmals klar benannt.[20] Das „Wörterbuch" hatte erhebliche Konsequenzen für Poincaré's Verständnis vom Wesen der Axiome und damit der Geometrie.

Über das Wesen der Axiome. – Die Mehrzahl der Mathematiker sieht in der Geometrie Lobatschewskijs nur eine logische Kuriosität; einige unter ihnen sind sogar noch weiter gegangen. Angesichts der Tatsache, dass mehrere Geometrien möglich sind, stellt sich die Frage: Ist unsere Geometrie die wahre? Zweifellos lehrt uns die Erfahrung, dass die Summe der Winkel im Dreieck gleich zwei Rechten ist. Das liegt aber daran, dass wir mit zu kleinen Dreiecken arbeiten. Die Differenz [zu zwei Rechten] ist nach Lobatschewskij proportional zum Flächeninhalt des Dreiecks: Kann diese also nur dann nachweislich werden, wenn wir mit größeren Dreiecken arbeiten oder wenn unsere Messungen präziser werden? So betrachtet wäre die Euklidische Geometrie nichts anderes als eine provisorische Geometrie.

Um diese Ansicht zu diskutieren, werden wir uns zuerst fragen, was das Wesen der Axiome der Geometrie ist.

Sind sie synthetische Urteile *apriori*, wie Kant behauptete?

In diesem Falle müssten sie sich uns mit einer solchen Kraft aufdrängen, dass wir uns die gegenteilige Aussage gar nicht vorstellen könnten, noch könnten wir auf ihr ein theoretisches Gebäude errichten.

Um das besser zu verstehen nehmen wir ein wirkliches synthetisches Urteil *apriori* – etwa dasjenige, dessen beherrschende Rolle wir im ersten Kapitel gesehen haben:

Ist eine Aussage wahr für die Zahl 1, und hat man gezeigt, dass sie wahr ist für $n + 1$, *falls sie es für* n *ist, so ist die Aussage wahr für alle natürlichen Zahlen.*

Versucht man nun, hiervon abzusehen und auf der Negation dieses Satzes eine falsche Arithmetik analog zur nichteuklidischen Geometrie aufzubauen, so kann das nur misslingen; man könnte sogar im ersten Augenblick dazu neigen, diese Aussagen als analytisch zu betrachten.

Nehmen wir wieder unsere Fiktion der Lebewesen ohne Dicke[21] auf. Können wir nicht nur schwerlich zugestehen, dass diese Lebewesen, wären sie mit einem Verstand wie dem unsrigen ausgestattet, die Euklidische Geometrie annehmen würden, die allen ihren Erfahrungen widerspricht?

Müssen wir also schließen, die Axiome der Geometrie seien experimentelle Wahrheiten? Mit idealen Geraden oder Kreislinien experimentiert man aber nicht, man kann nur mit materiellen Objekten Experimente anstellen. Worauf also beziehen sich die Erfahrungen, die als Grundlage der Geometrie dienen? Die Antwort ist einfach.

Weiter oben haben wir gesehen, dass man stets so überlegt, als verhielten sich die geometrischen Figuren wie Festkörper. Was die Geometrie der Erfahrung entlehnt, sind folglich die Eigenschaften dieser Körper.

Einige Aussagen der Geometrie, insbesondere der projektiven Geometrie, gehen auch aus den Eigenschaften des Lichts und seiner geradlinigen Ausbreitung hervor. An diesem Punkt angelangt, könnte man dazu neigen, zu sagen, dass die metrische Geometrie das Studium der Festkörper sei und die projektive Geometrie dasjenige des Lichts.

Eine Schwierigkeit bleibt allerdings und diese ist unüberwindlich. Wäre die Geometrie eine Experimentalwissenschaft, wäre sie keine exakte Wissenschaft; sie wäre einer kontinuierlichen Revision unterworfen. Was sage ich da? Sie wäre bis heute von falschen Aussagen überzeugt, denn wir wissen, dass es keine vollkommen unveränderlichen Festkörper gibt.

---

[20] Etwa zeitgleich mit Poincaré wird die Struktur des relativen Konsistenzbeweises klar formuliert in Clebsch und Lindemann (1891), 552.
[21] Flächenwesen, die auf einer Kugel leben; vgl. Poincaré (1968), 65f. Solche sind uns schon im Kap. 3 und weiter oben im aktuellen Kapitel bei Helmholtz begegnet.

Die Axiome der Geometrie sind folglich weder synthetische Urteile apriori noch experimentelle Tatsachen.

Es handelt sich bei ihnen um *Konventionen*; unsere Wahl zwischen allen möglichen Konventionen wird von experimentellen Tatsachen *geleitet*; sie ist aber *frei* und wird nur durch die Notwendigkeit begrenzt, jeglichen Widerspruch zu vermeiden. So können die Postulate *streng* wahr bleiben obwohl die experimentellen Gesetze, die ihre Annahme bestimmt haben, nur approximativ sind.

Anders gesagt sind die *Axiome der Geometrie* (ich spreche nicht von denen der Arithmetik) *nichts anderes als verkleidete Definitionen.*

Was also ist von der Frage zu halten: Ist die Euklidische Geometrie wahr?

Diese hat keinen Sinn.

Genauso gut könnte man fragen, ob das metrische System wahr sei und die alten Maße falsch oder ob die kartesischen Koordinaten wahr und die Polarkoordinaten falsch seien. Eine Geometrie kann nicht wahrer sein als eine andere; sie kann lediglich *bequemer* sein.

Tatsächlich ist die euklidische Geometrie die bequemere und wird es bleiben:

1. Weil sie die einfachste ist – und sie ist dies nicht nur aufgrund unserer Denkgewohnheiten oder einer wie auch immer gearteten direkten Anschauung, die wir vom euklidischen Raum hätten. sie ist an sich die einfachste ebenso wie ein Polynom vom ersten Grad einfacher ist als ein Polynom vom zweiten Grad und die Formeln der sphärischen Trigonometrie komplizierter sind als diejenigen der geradlinigen Trigonometrie. Selbst einem Analytiker, der deren geometrische Bedeutung nicht kennt, würden sie so [nämlich einfacher] erscheinen.[22]
2. Weil sie ziemlich gut mit den Eigenschaften der natürlichen Körper übereinstimmt, jenen Körpern also, denen sich unsere Gliedmaßen und unser Auge nähern und mit denen wir unsere Messinstrumente bauen.

(Poincaré 1968, 74–76)

Bei Poincaré wird somit ein radikaler Schnitt gezogen zwischen der „mathematischen" (wir würde sagen: formalen) Geometrie als logisches System auf der einen Seite und einer interpretierten Geometrie auf der anderen. Nur in letzterer sind Messungen möglich, erstere ist abstrakt, dafür aber vollkommen exakt. Auf der formalen Ebene sind im Prinzip alle Geometrien gleichberechtigt; die einzige Einschränkung ist hier die Forderung, Widersprüche zu vermeiden. Allerdings nimmt Poincaré noch – im Unterschied zu radikalen Formalisten im 20. Jh. – eine Beziehung der Motivation zwischen interpretierten und abstrakten Geometrien an, die die Euklidische als die bequemste und einfachste auszeichnet.

Genau genommen gibt es bei Poincaré zwei Ebenen der Interpretation: eine innermathematische (Bespiel: Beltrami-Modell oder Poincaré-Modell der nichteuklidischen Geometrie) und eine außermathematische (Beispiel: die Lichtgeometrie der Geodäten). Diese beiden Aspekte werden bei Poincaré nicht immer deutlich unterschieden. Klar ist jedenfalls, dass keine (abstrakte) Geometrie wahr sein kann, denn keine derartige Geometrie macht Aussagen über die Realität. Das können nur interpretierte Geometrien – und bekanntlich kann man verschiedene Geometrien verwenden, um ein und dasselbe Phänomen zu beschreiben. Ähnlich kann man kartesische oder Polarkoordinaten oder noch ganz andere Koordinaten wählen, um eine Situation darzustellen. Alles scheint hier Konvention zu sein.[viii]

---

[22] Ausdruck dieser Einfachheit ist für Poincaré die Tatsache, dass es in der Euklidischen Geometrie Translationen gibt. Diese charakterisiert er als Normalteiler der Bewegungsgruppe. Warum gerade dies die Einfachheit ausmacht, erläutert er nicht weiter – es scheint für ihn geradezu evident gewesen zu sein. Es gibt durchaus auch andere Möglichkeiten, den Begriff „Einfachheit" zu interpretieren. Hierauf geht Poincaré allerdings nicht ein.

Endnoten

[i]Im Rahmen seines Konventionalismus (siehe weiter unten) vertrat Poincaré die These, dass man aus Gründen der Bequemlichkeit an der Euklidischen Geometrie immer festhalten und lieber andersartige Störungsquellen annehmen würde. Möglicherweise hinderte diese Auffassung ihn daran, ähnliche Ideen wie Einstein zu entwickeln, obwohl er in manchen Punkten der speziellen Relativitätstheorie nahe gekommen war.
Ähnlich wie Lotze argumentiert auch Weissenborn (1878), 463f.

[ii]Da üblicherweise Lichtstrahlen bei Vermessungen damals eine zentrale Rolle spielten, könnte man von der Lichtgeometrie reden (modern oft auch physikalische Geometrie genannt), um diese von der „reinen" (axiomatischen) Geometrie zu unterscheiden. Obwohl Gauß als Praktiker sehr viel über die technischen Probleme der Lichtgeometrie nachdachte – man erinnere sich nur an seine Erfindung des Heliotropen oder an die Frage von Störungen, welche z. B. die Atmosphäre ausübt – scheint er nie daran gedacht zu haben, einen wirklichen Unterschied zwischen den beiden Geometrien anzunehmen. Poincaré wird hier einsetzen und eine klare Differenz zwischen abstrakter Geometrie und interpretierter Geometrie einführen, vgl. in diesem Kapitel weiter unten. So gesehen, kann eine abstrakte Geometrie niemals Anspruch auf „Wahrheit" erheben. Der erste Artikel von Poincaré mit philosophischen Folgerungen zur Geometrie erschienen bereits 1889; vgl. Kap. 6 und 8.

[iii]Das führte u. a. auf das Raumproblem von Riemann-Helmholtz. Das mathematische Programm hatte Helmholtz bereits in seinen Publikationen aus dem Jahr 1868 in Angriff genommen, vgl. Kap. 3 oben.

[iv]Helmholtz war eine solche Idee allerdings durchaus vertraut, vgl. den programmatischen Titel „Zählen und Messen erkenntnistheoretisch betrachtet".

[v]Hilbert selbst hatte durchaus (auch) eine empirische Auffassung von Geometrie – im Unterschied zu dem, was man in der Literatur oft liest. Das wird durch seine Vorlesungen über Grundlagen der Geometrie aber auch über theoretische Physik deutlich. Vgl. Hilbert (2004) und Hilbert (2009). Neben dieser „Geometrie der Anschauung" (Toepell 1986, 20) – „Geometrie ... als vollkommenste Naturwissenschaft" (Toepell 1986, 203) – tritt aber bei Hilbert das erkenntnistheoretisch motivierte Unternehmen der kritischen Untersuchung der Axiomatik (Toepell 1986, 203–204). Ein bemerkenswert spätes Auftreten des Empirismus ist Veblen (1923).

[vi]Dieses Kapitel beruht auf einer früheren Publikation von Liebmann in den Philosophischen Monatsheften Band 7 (1874). Das erklärt die Nachbemerkung, in welcher er reichlich polemisch auf Kritiken antwortet, die ihm zur Kenntnis gekommen waren.

[vii]Eine beachtliche Sammlung solcher Begriffsbestimmungen bietet Schotten (1890, 1893, z. B. bringt Kap. V „Die Gerade" rund 60 Seiten mit Definitionen des Begriffs „Gerade"). Die „Lehre vom Parallelismus" (III. Kapitel des zweiten Bandes) bringt es gar auf 209 Seiten, angefüllt zum großen Teil mit Definitionen des Begriffs „parallel" und Versuchen zum Parallelenproblem. Der Verfasser, Heinrich Schotten, war übrigens ein prominenter Gegner unter den Gymnasiallehrern seiner Zeit der nichteuklidischen Geometrie, auf die wir im Kap. 10 zu sprechen kommen werden.

[viii]Dieser konsequente Konventionalismus brachte Poincaré einmal in beträchtliche Schwierigkeiten, nämlich als er in einem populärwissenschaftlichen Aufsatz die These verteidigte, man könne das Sonnensystem sowohl helio- als auch geozentrisch beschreiben. Sehr konservative katholische Kreise gaben das als Argument dafür aus, dass die Verurteilung Galileis durchaus gerechtfertigt war – was Poincaré dementieren musste. Vgl. Mahwin (1995) und Mahwin (1996).

Kapitel 10
Nichteuklidische Geometrie am Gymnasium

Nicht lange nachdem die mathematische Fachwelt zur Kenntnis genommen hatte, dass es eine nichteuklidische Geometrie gibt (vgl. Kap. 2), drang diese Kunde auch in breitere Kreise vor. Neben Philosophen, für die diese neue Geometrie eine vor allem erkenntnistheoretische Herausforderung darstellte (vgl. Kap. 9), ist hier in erster Linie an die Mathematiklehrer an den Lyzeen, Gymnasien und anderen Mittelschulen zu denken. In der zweiten Hälfte des 19. Jhs. waren viele Mathematiklehrer aktiv an der aktuellen Forschung in ihrem Fach interessiert und nicht wenige nahmen daran in Gestalt eigener Publikationen Anteil. Der Mathematiklehrer des örtlichen Gymnasiums, der in der Regel auch Physik unterrichtete und oft den stolzen Titel „Professor" führen durfte, war ein wichtiger lokaler Repräsentant der mathematisch – naturwissenschaftlich – technischen Kultur (Zivilisation) und als solcher durchaus verpflichtet, zu neuen und aufsehenerregenden Entwicklungen etwas sagen zu können.

Die Kluft zwischen Schule und Universität war im 19. Jh. nicht so groß wie heute, viele bekannte deutsche Mathematiker dieser Zeit verbrachten einen Teil ihrer Lebensarbeitszeit als Mathematiklehrer an einem Lyzeum oder Gymnasium. Insofern erstaunt es nicht, dass die neue Geometrie auch in diesen Kreisen Beachtung fand. Zudem hatte diese ja mit wichtigen Bestandteilen der Schulgeometrie, nämlich mit der Parallelenlehre und allem, was davon abhängt, z. B. die Lehre von den Vierecken, direkt zu tun. Die nichteuklidische Geometrie fügte sich als eine Facette in eine breite Reformbewegung des Geometrieunterrichts ein, die im letzten Drittel des 19. Jhs. verstärkt auf sich aufmerksam machte. Dabei ging es auch darum, ob nicht Teile der „neueren" Geometrie in das Curriculum übernommen werden sollten, um dort Euklid ganz oder teilweise zu ersetzen. Diese „neuere" Geometrie war keineswegs genau umrissen, sie umfasste eigentlich alles, was alternativ zu Euklid ist: darstellende Geometrie, projektive Geometrie, geometrische Transformationen, Räume höherer Dimension und eben auch nichteuklidische Geometrie.

Der folgende Auszug aus einem Vortrag, den S. Günther 1878 in der mathematisch-naturwissenschaftlichen Sektion der 32. Versammlung deutscher Philologen und Schulmänner in Wiesbaden hielt, machte die Ansprüche deutlich, welchen sich Mathematiklehrer damals stellen mussten und auch stellen wollten:

K. Volkert, *Das Undenkbare denken*, Mathematik im Kontext, DOI 10.1007/978-3-642-37722-8_10,   231
© Springer-Verlag Berlin Heidelberg 2013

Die pädagogisch verwertbaren Errungenschaften der Neuzeit

Meine Herren.[1] Der Vortrag, welchen ich zu halten gedenke, betrifft ein Thema, welches sozusagen ständig den wissenschaftlich fühlenden Lehrer der Mittelschule[2] beschäftigt, und aus diesem Grunde, da ja von dem, dem das Herz voll ist, der Mund gerne überfließt, wohl auch einmal improvisatorisch behandelt werden kann. Und zeitgemäß ist dieses Thema gegenwärtig gewiss, da leider die nie ganz geschlossene Kluft zwischen mittlerer und Hochschule eine solche Ausdehnung gewinnen zu wollen zu scheint, dass dadurch der so notwendige innere Zusammenhang in dem Unterrichtswesen völlig sich lösen dürfte. Um ein so unheilvolles Ereignis nach Kräften hintanzuhalten, bedarf es auch von unserer Seite des festen Vorsatzes, mit den Fortschritten der lebendigen Wissenschaft in stetem Kontakt zu bleiben, und hierdurch wird uns hinwiederum die weitere Frage nahegelegt, ob überhaupt und wie denn ein Teil jener Errungenschaften direkt für didaktische Zwecke nutzbar gemacht werden könne.

(Günther 1878, 80f)

Speziell zur nichteuklidischen Geometrie[3] heißt es dann:

Von nicht geringerer grundsätzlicher Bedeutung, wenn auch nicht gleich imminent für die pädagogische Zeit- und Streitfragen, scheint die in den letzten Jahren so mächtig aufstrebende geometrische Prinzipienlehre für das Gewissen des selbsttätig mitwirkenden Lehrers werden zu wollen. Daran freilich ist nicht zu denken, dass solch fundamentale Entdeckungen, wie diejenige Riemanns vom allgemeinen Krümmungsparameter oder diejenige Beltramis von der absoluten Identität der nichteuklidischen und der pseudosphärischen Geometrie, jemals als solche dem mathematischen Anfänger zugeführt werden könnten; die wohltätige Rückwirkung jedoch haben sie ganz sicherlich auf unser ganzes Denken und Fühlen ausgeübt, dass wir gar viele Dinge nicht mehr so wie ehedem unseren Schülern vortragen dürfen. Die Grundannahmen, auf welche Helmholtz seine Definition des Raumes basiert, sind so selbstverständlicher Natur, dass sie unschwer an einen passenden genetischen Anschauungsunterricht sich anreihen können, und ebenso danken wir der abstrakten Raumlehre der beiden Bolyai ganz allein die fruchtbringenden Erkenntnisse, dass nicht Gerade und Ebene, sondern Kreis und Kugel jene einfachsten und primitivsten räumlichen Gebilde sind, mit welchen ein rationell vom Leichteren zum Schwereren aufsteigender Lehrgang folgerichtig anzuheben hat. Selbst die vielfach, und nicht ganz mit Unrecht, in das Reich metaphysischer Spekulationen verwiesene Lehre von den höheren Räumen oder Mannigfaltigkeiten entzieht sich nicht völlig der Schule.

(Günther 1878, 85)

Gewiss darf man hier eine gewisse Selbststilisierung unterstellen, dennoch bleibt ein überraschend hohes Maß an Interesse an der damals aktuellen Forschung. Günther selbst hat sich daran beteiligt u. a. mit seiner Ansbacher Programmschrift, in der er den Thibautschen Beweisversuch für den Winkelsummensatz kritisch analysierte.[4]

Neben den bereits erwähnten Schulprogrammen, auf die wir noch mehrfach zurückkommen werden, hatte die Lehrerschaft der Mathematik und Naturwissenschaften seit 1870 ein neues Diskussionsforum, die „Zeitschrift für den mathematischen und naturwissenschaftlichen Unterricht" (ZmnU), oft auch „Hoffmannsche Zeitschrift" genannt nach ihrem Begründer I. C. V. Hoffmann (1825–1905), deren Ziel ihr Gründer so beschreibt:

---

[1] Damen gab es offiziell nur im Begleitprogramm.

[2] In Süddeutschland, Österreich und der Schweiz übliche Bezeichnung für Gymnasien. Daneben aber auch gebräuchlich als Bezeichnung für andere Formen höherer Schulen als Gymnasien. Günther selbst war im bayrischen Ansbach tätig.

[3] Günther hat zuvor Probleme der Analysis diskutiert – z. B. die berühmte Frage der stetigen Funktionen ohne Ableitung – sowie die Forderung nach Berücksichtigung der darstellenden Geometrie am Gymnasium.

[4] Vgl. Kap. 7.

„Ein Hauptzweck dieser Zeitschrift [ist es], eine rationellere Lehrmethode mit begründen zu helfen.“[5]

Immanuel Carl Volkmar Hoffmann (* Mauna 1825, † Leipzig 1905), Besuch der Kreuzschule in Dresden, wo R. Baltzer sein Mathematiklehrer war, zeitweise wegen finanzieller Nöte Schulgehilfe in Glauchau, Abitur in Freiberg, danach Studium in Leipzig, 1862 Mathematiklehrer am Gymnasium in Freiberg, danach freier Schriftsteller, 1872–74 Leiter eines Privatgymnasiums in Wien, danach Lehrer an einer Privatschule in Hamburg, anschließend Privatgelehrter in Leipzig.

In den ersten Bänden dieser Zeitschrift findet sich eine bemerkenswerte Diskussion zu der Frage „Was sind unendlich ferne Punkte und soll man diese im Unterricht einführen?“.[6] Dabei ging es also um die Grundlagen der projektiven Geometrie, ein Thema, das selbstverständlich auch mit der nichteuklidischen Geometrie im engeren Sinne zu tun hatte – wird doch mit der Verwendung unendlich ferner Punkte der Euklidische Rahmen gesprengt. Gerade die unendlich fernen Punkte sorgten für große Debatten. Bezüglich der nichteuklidischen Geometrie äußerte sich Herausgeber Hoffmann recht ablehnend und polemisch: „Gegen solche[7] Untersuchungen, deren Fruchtbarkeit für die Praxis der Wissenschaft dahin gestellt bleibe, wird niemand etwas einwenden. Wer Geschmack daran findet, möge sie führen, es muss auch solche Leute geben. Nur möge man den andern nüchternen Jüngern der Wissenschaft nicht zumuten, den Boden der Anschauung zu verlassen, die in unserer geistigen Natur und in den ewig wahren und bleibenden Eigenschaften des Raumes wurzelt.“[8]

Die nichteuklidische Geometrie im engeren Sinne kam 1876 zur Sprache anlässlich der Besprechung des gerade erschienen Lehrbuchs von Frischauf.[9] Neben einer sachlichen, positiven Rezension durch W. Killing, zu diesem Zeitpunkt frisch promovierter Hilfslehrer in Berlin, und später ein wichtiger Forscher im Bereich der nichteuklidischen Geometrie, griff auch F. Pietzker zur Feder.

Friedrich Pietzker (* Sonderhausen 1844, † Nordhausen 1916) Studium der Mathematik in Berlin, Königsberg und Göttingen, Mathematiklehrer in Tarnowitz und Nordhausen.

Pietzker war ein erfolgreicher Schulbuchautor und später Vorsitzender des Fördervereins für den mathematischen und naturwissenschaftlichen Unterricht sowie Herausgeber von dessen Zeitschrift „Unterrichtsblätter“. Seine sture und teilweise polemische, nach 1890 sicherlich obsolete Ablehnung der nichteuklidischen Geometrie wurde immer mehr zu einem Problem für seinen Verein.[10] Allein Pietzker ließ sich nicht beirren und entwickelte sich so zu einem krassen Außenseiter.

---

[5] Anmerkung der Redaktion in Zeitschrift für den mathematischen und naturwissenschaftlichen Unterricht 1 (1870), 490.
[6] Vgl. hierzu Volkert (2010a).
[7] Hervorhebung im Original.
[8] Hoffmann (1870), 140.
[9] Vgl. Kap. 2.
[10] Vgl. hierzu Lorey (1938), 23 und 138 (Anmerkung 39) sowie Simon weiter unten.

II. Die Redaction erhielt über das vorstehend recensirte Werk noch folgende Zuschrift, die wir des Zusammenhanges halber (statt in die kl. Mittheilungen) lieber hierher setzen:

Sehr geehrter Herr Redacteur! Zu den nachstehenden Bemerkungen, denen ich in der „Zeitschrift für mathematischen und naturwissenschaftlichen Unterricht" einen Platz zu gönnen ganz ergebenst bitte, veranlasst mich das in dieser Zeitschrift bereits signalisirte Buch des Herrn Prof. Frischauf: Elemente der absoluten Geometrie.

Dieses Buch hat nach der Vorrede den Zweck, das Bedürfniss nach Aufklärung der Dunkelheit in den Principien der Geometrie zu befriedigen, dabei bildet indessen die Bolyaische Geometrie so sehr Ausgangspunkt und Centrum der Auseinandersetzung, dass man die weitere Verbreitung der Bolyaischen geometrischen Anschauung wohl als den Hauptzweck des Buches ansehen darf. Für die Bolyaische Behauptung der Unbeweisbarkeit des sogenannten elften Euklidischen Axioms verspricht der Verf. einen Beweis (Art. 28.). — Wenn er weiterhin (Art. 63.) sagt, dass diese Unbeweisbarkeit nunmehr klar zu Tage liege, so beruft er sich dabei offenbar auf die in den vorhergehenden Artikeln geleistete Aufstellung des von der Euklidischen Voraussetzung freien Systems der „absoluten Geometrie."

Diese ganze Argumentation steht aber in der Luft. Denn der genannte von Euklides als Axiom aufgestellte Satz ist beweisbar. Es ist allgemein bekannt und wird auch von Frischauf eingehend erörtert, inwiefern die Euklidische Parallelentheorie und der Satz, dass die Summe der Dreieckswinkel 2 Rechte beträgt, sich gegenseitig bedingen. Dieser letztere Satz lässt sich nun in aller Strenge, wie folgt, beweisen:

Verlängert man beim Dreieck ABC, AB über B hinaus bis D, BC über C hinaus bis E, CA über A hinaus bis F, und verschiebt eine beliebige Strecke auf AD von A aus, bis ihr Anfangspunkt

nach B fällt, bringt sie durch Drehung um den Winkel DBC auf
die Linie BC, verschiebt sie auf dieser, bis ihr Anfangspunkt nach
C fällt, dreht sie jetzt um den Winkel ECA und dadurch in die
Linie CA hinein, und verschiebt sie auf's Neue, bis ihr Anfangspunkt nach A fällt, so bedarf es nur noch der Drehung um den
Winkel FAB, damit diese Strecke ihre ursprüngliche Lage wieder
erhält. Die Bewegung der Strecke setzt sich aus Fortschreitung
(Verschiebung) und Drehung zusammen, da sie in ihre alte Lage
zurückgelangt ist, muss die Gesammtdrehung, d. h. die Summe der
3 Drehungswinkel 4 Rechte betragen. $\sphericalangle DBC + ECA + FAB$
$= 2\pi$. Diese Drehungswinkel sind aber Nebenwinkel der Dreieckswinkel, deren Summe mithin 2 Rechte ausmacht.*) Diese Betrachtung, die, wie man sieht, auch auf Polygone von grösserer Seiten-
zahl anwendbar ist und unmittelbar ergibt, dass die Winkelsumme
eines (keinen Doppelpunkt enthaltenden) n-Ecks $2n — 4$ Rechte
beträgt, hat jedenfalls den Vorzug der Natürlichkeit, sie dürfte aber
auch hinsichtlich der Schärfe allen Anforderungen genügen.*) Denn
sie stützt sich wesentlich auf die Eigenschaft der geraden Linie,
durch 2 Punkte eindeutig bestimmt, oder was dasselbe ist, aus
congruenten Stücken zusammengesetzt und umkehrbar zu sein.
Denn diese Eigenschaft verschafft der geraden Linie ihre Verwendung als Bestimmungsstück des Winkels, der bekanntlich auch da,
wo er als Winkel zwischen krummen Linien auftritt, ein Winkel
zwischen Geraden, nämlich den an die krummen Linien gezogenen
Tangenten ist. In Wahrheit enthält der Satz, dass die Winkelsumme
des Dreiecks constant ist, nichts als eine einfache Folgerung aus
dem Fundamentalprincip unserer Raumanschauung, dass alle Bewegung sich aus Drehung und Fortschreitung zusammensetzt. Dieses
Princip benutzt die „absolute Geometrie" ebenso, wie die Euklidische.

Der auf der Hand liegenden Klarheit dieser Argumentation
gegenüber verliert das System der „absoluten Geometrie" jede Beweiskraft; die Untersuchung, in welchen Sätzen dieses Systems, das an
Künstlichkeit der Beweise ohnehin der Euklidischen Geometrie nichts
nachgibt, der Trugschluss sitzt, ist auch von keinem allgemeineren
Interesse. Wohl aber beansprucht ein solches Interesse die Frage
nach der Quelle der vollkommen irrigen, in der Bolyaischen
Theorie zum Ausdruck gebrachten geometrischen Anschauung. Diese

---

*) Einen im Princip von dem oben mitgetheilten nicht verschiedenen
Beweis gibt Kruse in seinen „Elementen der Geometrie," wie ich aus der
Scherling'schen Recension dieses Buches in d. Zeitschr. ersehe. Vermuthlich
haben auch noch andere Mathematiker in ihrer Schulpraxis ähnliche
Beweismethoden angewendet.†)   D. Verf.

---

†) Man sehe dieselbe auch in unseren Aufsätzen über den Begriff „Richtung" im 3.
und 4. Bde. d. Zeitschr., bes. IV, 106.   D. Red.

Quelle scheint mir der unglückselige Satz zu sein, „dass zwei parallele
Linien sich im Unendlichen schneiden."*) Aus diesem Satze, den
wohl auch diejenigen Mathematiker, denen er später in Fleisch und
Blut übergegangen ist, bei seinem ersten Entgegentreten eben nur
hinuntergewürgt haben, fliesst der Begriff „des unendlich fernen
Punktes einer Geraden." Dieser Begriff ist in sich widersprechend,
denn die Existenz einzelner unendlich ferner Punkte ist mit dem
Begriff der Unendlichkeit nicht verträglich — mindestens würde er
eine petitio principii involviren, vor der gerade ein Buch sich hüten
sollte, das gegen willkürliche Voraussetzungen Front macht, wie
das Frischaufsche.

Nun ist aber der ganze eben erwähnte Satz einfach unwahr.
Zwei parallele Linien schneiden sich nie und nirgends, sie haben
einen constanten Abstand, der, wie weit man auch geht, sich nicht
vermindert und folglich auch „im Unendlichen" nicht gleich Null
ist. Unrichtig ist demnach auch die von Frischauf gegebene Definition, eine Parallele zu einer Geraden sei die gemeinsame Grenze
der schneidenden und nicht schneidenden Geraden in Bezug auf jene
Gerade, die Parallele zu einer Geraden durch einen Punkt ausserhalb derselben ist vielmehr die gemeinschaftliche Grenze der sich
dieser Geraden nähernden und der sich von ihr entfernenden —
oder, wenn man lieber will, der sich ihr nach rechts und der sich
ihr nach links nähernden Geraden, die man durch jenen Punkt
ziehen kann. Alle diese Linien schneiden früher oder später die
erwähnte Gerade, die einzige Parallele schneidet sie nicht und darin
offenbart sich weiter nichts, als ein Beispiel für den auch sonst in
der Mathematik nicht unerhörten Zustand, wo ein sich nach einer
Seite als stetig darstellendes Verhältniss für eine andere Auffassung
Unstetigkeitspunkte darbietet. Dass man nun 2 parallele Gerade
als Linien mit unendlich entferntem Schnittpunkt ansieht, hat seinen
Grund und seine Berechtigung lediglich in dem formalen, auch
von Frischauf (Art. 40, Anm. 1, Al. 1) richtig angegebenen
Nutzen, den diese Anschauung für die Zusammenfassung sonst getrennt zu behandelnder Sätze gewährt. Materiell ist sie völlig
bedeutungslos.

Alle Speculationen, die auf der in dem erwähnten unglücklichen
und unklaren Satze zum Ausdruck gebrachten Anschauung beruhen,

---

*) Um diesen Satz dreht sich ja eben die ganze Discussion, welche
Fiedler in der Vorrede zur 2. Aufl. seiner darst. Geom. „lamentabel
und compromittabel" nennt. (S. d. Jahrg. S. 253 unter „Angriff auf
diese Zeitschrift," wo auch in einer Anmerk. sämmtl. Aufsätze über
dieses Thema citirt sind.) Auch Frischauf nennt im Vorwort zu seinem
obengen. Buche diesen Streit einen „in höchst unduldsamer und
leidenschaftlicher Weise geführten," — ob mit Recht, bleibe hier
dahingestellt.   D. Red.

sind leere Hirngespinnste.*)   So klar dies nun auch im Allgemeinen sein dürfte, muss ich doch noch auf eine Consequenz dieser Anschauung eingehen, um einen gerade von den Anhängern der Bolyaischen Theorie zu befürchtenden Einwand von vornherein abzuweisen. Die Bolyaischen Parallelen nämlich haben allerdings keinen constanten Abstand, sondern nähern sich allmälig, um sich „im Unendlichen" zu schneiden. Da sie dann aber einen Winkel von der Grösse Null bilden, so geräth man auf 2 von demselben („dem unendlich fernen") Punkte unter diesem Winkel ausgehende Gerade, die nicht zusammenfallen — ein Verhältniss, welches den Grundeigenschaften der geraden Linie direct widerstreitet. Daraus machen sich allerdings alle Diejenigen nichts, die „im Unendlichen" jeden Widerspruch zulassen, in dem beruhigenden Bewusstsein, ˙dass dies eine Gegend ist, wohin doch niemals Jemand kommt, um an Ort und Stelle gegen solchen Widerspruch zu protestiren.

[...]

Genehmigen Sie die Versicherung meiner vorzüglichen Hochachtung
Tarnowitz, 6. September 1876   F. Pietzker

(Pietzker 1876, 464–473)

Pietzker präsentiert hier in eigenen Worten den Thibautschen Beweis und benutzt diesen, um seine ablehnende Haltung zu begründen. Er spricht im Übrigen auch die unendlich fernen Punkte an, was zeigt, als wie eng verwandt diese beiden Fragen galten. Günthers kritische Auseinandersetzung mit dem Thibautschen Beweis war auch eine Reaktion auf Pietzker. Das alles konnte aber Pietzker nicht erschüttern:

> Der Kern des Thibautschen Beweises ist die Statuierung der gegenseitigen Unabhängigkeit der beiden Bewegungsarten, Verschiebung und Drehung. Das ist ein erkenntnistheoretisches Prinzip, das man meinetwegen bestreiten kann. Aber es ist jedenfalls ein auf die elementarsten Begriffe des Denkens selbst zurückgehendes Prinzip.

(Pietzker 1895, 583)

Letztlich stellt Pietzker seine erkenntnistheoretischen Prinzipien über die formale Mathematik, der er „Scholastizismus" vorwarf – geraten Prinzipien und formale Mathematik in Widerspruch, müsste eigentlich letztere – gewissermaßen als „ausgeartet" – geändert werden. Diese Botschaft wollte natürlich niemand mehr hören am Ende des 19. Jhs.[11]

Auf Pietzkers Ausführungen reagierten sowohl J. Frischauf selbst als auch W. Killing. Die Erwiderung des Ersteren fiel kurz und knapp aus: Nachdem er Pietzker attestiert hatte, dass dieser nicht über das Wissen eines „Untergymnasial-Schülers" verfüge, schließt er nach zirka 20 Zeilen: „Nach solchen Proben logischer Schärfe des Herrn Ref. glaube ich seine subjektiven Ansichten über Raumtheorien und über die Voraussetzungen der Geometrie ignorieren zu können." (Frischauf 1877, 223)

---

[11] Die Frage allerdings, ob man die Translationen nicht zu einem Argument dafür machen könne, dass die Euklidische Geometrie lebensweltlich ausgezeichnet sei, sollte auch im 20 Jh. noch eine Rolle im Kontext der Phänomenologie spielen, etwa bei O. Becker; vgl. hierzu Volkert (1994c). Bei Poincaré waren es die Translationen, welche die Euklidische Geometrie zur „einfachsten" machten (vgl. Kap. 9).

Ausführlicher fiel die Erwiderung von Killing aus. Zuerst einmal kritisierte er detailliert Pietzkers Variante des Thibautsche Beweises, um dann auf dessen Bemerkung zu den unendlich fernen Punkten einzugehen:

> Diese Quelle [der Trugschlüsse der nichteuklidischen Geometrie] scheint ihm der Satz zu sein, dass zwei Parallelen einander im Unendlichen schneiden. Ich glaube nicht, dass viele Mathematiker hierin einen Satz erblicken; ich wenigstens habe dies stets für einen bloßen Ausdruck gehalten, der gerade in der Euklidischen Geometrie kaum entbehrt werden kann und dazu dient, die Ausnahmen vieler Sätze in den allgemeinen Anspruch einzuschließen. Ob manche Lehrer mit diesem Ausdruck nicht vorsichtig genug sind, weiß ich nicht; aber das ist für die vorliegende Frage von keiner Bedeutung. Denn die Behauptung, dieser Ausdruck habe die nichteuklidische Geometrie hervorgerufen, ist ohne jede tatsächliche Grundlage. Von Gauß, der sich wahrscheinlich zuerst mit dieser Raumform[12] beschäftigt hat, weiß man, wie er zu derselben gelangt ist.
>
> (Killing 1877, 221)

Killing erklärt im Anschluss hieran, dass Gauß die Konsequenz aus den vielen vergeblichen Beweisversuchen für das Parallelenpostulat gezogen habe, was natürlich nichts mit den unendlich fernen Punkten zu tun habe. Im Weiteren geht Killing dann noch auf einige andere Argumente von Pietzker ein. Bemerkenswert ist, dass Killing nicht auf das Kleinsche Modell zurückgreift, um die Situation bezüglich der unendlich fernen Punkte zu klären, was darin ja recht einfach und sehr anschaulich geschehen kann. Vielleicht wollte er vermeiden, seinerseits eine „Verdinglichung" der unendlich fernen Punkte vorzunehmen, wie sie Pietzker kritisierte.[13]

Die Diskussion ging weiter: Im nächsten Heft[14] veröffentlichte die „Zeitschrift" eine „Replik" von Pietzker auf die Kritiken. Nachdem er sich über die Unsachlichkeit von Frischauf beschwert hatte – und vom Redakteur der Zeitschrift, das war Hoffmann, hierin Recht bekam, der in einer Fußnote „die Einsender von Entgegnungen dringend bittet, dieselben in leidenschaftslosem Tone, ganz objektiv, zu verfassen" (Pietzker 1877, 302 n *) –, ging auch er wieder auf die unendlich fernen Punkte ein:

> Herr Killing sagt, dass er den von mir sogenannten unglücklichen Satz, dass sich zwei Parallelen im Unendlichen schneiden, niemals für einen Satz, sondern für eine zur Zusammenfassung sonst getrennter Sätze nützliche, ja unentbehrliche Redewendung gehalten habe. Auch ich stehe ganz auf diesem Standpunkte und habe dies in meiner Zuschrift unzweideutig ausgesprochen. Dass es aber in der absoluten Geometrie und speziell in den Ausführungen des Frischaufschen Buches, auch da, wo von der Euklidischen Geometrie die Rede ist, mehr als eine Redensart, nämlich ein ganz wörtlich zu verstehender Satz ist, halte ich für durchaus unbestreitbar und rechne dabei auf die Zustimmung eines Jeden, der z. B. die Art. 40 und 101 dieses Buches unbefangen liest.[15] Wenn

---

[12] Ein Ausdruck, den Killing in seinem späteren Werk in Gestalt der von ihm so genannten Clifford-Kleinschen Raumformen bekannt machen sollte, Nicht terminologisch fixiert tritt er schon bei Frischauf auf, vgl. Volkert (2013b). Die Idee, welche mit diesem Begriff verbunden war, war wohl auszudrücken, dass der eine Raum mehrere Formen annehmen kann. Es gibt also nicht mehrere Räume wohl aber mehrere Raumformen.

[13] Diese interessante Idee verdanke ich E. Scholz.

[14] Die Zeitschrift für den mathematischen und naturwissenschaftlichen Unterricht wurde in einzelnen Heften – vermutlich üblicherweise vier pro Jahrgang – ausgeliefert.

[15] In Art. 40 erläutert Frischauf, dass in der Euklidischen Geometrie eine Gerade einen unendlich fernen Punkt besitze, in der nichteuklidischen jedoch zwei (Frischauf 1876, 39f). Im Art. 104 erklärt er, dass es einmal auf die Frage ankomme, ob die Geraden unendlich seien oder nicht, sodann, dass bei der ersten Alternative noch zu beachten sei, ob die Geraden einen oder zwei unendlich ferne Punkte besäßen. Frischauf erwähnt in einer Anmerkung, dass diese Fälle die elliptische, die parabolische und die hyperbolische Geometrie im Sinne Kleins seien. (Frischauf 1876, 106f).

Herr Killing nun weiterhin mir die Meinung zuschreibt, dass sich auch die Resultate der absoluten Geometrie mit jenem Satze nicht in Übereinstimmung bringen ließen, und mir darin Recht gibt, so hat er mich wunderbarer Weise völlig missverstanden und übersieht selbst einen wesentlichen Punkt in der von ihm gegen mich verteidigten absoluten Geometrie. Denn unter den Bolyaischen Parallelen hat man sich ganz zweifellos zwei sich asymptotisch nähernde Linien vorzustellen – ein Verhältnis, gegen dessen Bezeichnung als eines „Schnittes im Unendlichen" ich durchaus nichts einzuwenden habe. Eben weil die Annahme des unendlich fernen Schnittpunktes zweier Geraden in der Euklidischen Geometrie eine bloße Redensart, dagegen in der Bolyaischen Geometrie ein mit den übrigen Sätzen durchaus harmonierender Satz ist, habe ich jene Annahme als die Quelle der absoluten Geometrie bezeichnet. Und wenn Herr Killing, falls ich ihn recht verstehe, mir darin beistimmt, dass eine solche asymptotische Näherung zweier Geraden ein mit den Fundamentaleigenschaften der geraden Linien unverträgliches Unding ist, so gibt er mir einen wesentlichen Einwand gegen die Richtigkeit der absoluten Geometrie einfach zu.

(Pietzker 1877, 304f)[i]

Die ablehnende Haltung Pietzkers war keineswegs ein Einzelfall in den 1870er Jahren. So finden wir 1880 in der Hoffmannschen Zeitschrift einen ausführlichen Artikel über „Bedenkliche Richtungen in der Mathematik" von Gilles, Gymnasiallehrer in Düsseldorf. Dort heißt es:

Die Lehre von n Raumdimensionen trägt, wie verlockend auch immer der Vergleich der Geometrie mit der Arithmetik sein mag, dennoch die Denkwidrigkeit an der Stirne. Gefährlicher für ein Umsichgreifen von Abirrungen ist die absolute Geometrie.

(Gilles 1880a, 14)

Kritisiert von V. Schlegel resümierte der Autor seine Thesen in einer Erwiderung folgendermaßen:

1. Die sog. Absolute Geometrie ist nur berechtigt, wenn sie ihren Ursprung vergessend als Pseudosphärik auftritt. 2. Die Gerade ist nicht eine in sich zurückkehrende Linie. 3. Die n-Dimensionslehre ist keine mathematische Disziplin.

(Gilles 1880b, 281)

Und bei H. Weissenborn[16] lesen wir:

In der s. g. imaginären oder absoluten Geometrie aber sollen sich, F. [= Frischauf (1876)] Art. 24, durch jeden Punkt außerhalb einer Geraden zwei Parallelen zu ihr und ein ganzes Bündel Nichtschneidender ziehen lassen. Nun ist, F. Art. 115, H. [= Helmholtz (1883b)] III. 34, diese absolute Planimetrie identisch mit der Geometrie einer pseudosphärischen Fläche, oder, H. III. 38, auf einer ebensten Fläche des pseudosphärischen Raumes. Es würde demnach die Auffassung des Raumes als eines solchen, dass in jeder seiner ebensten Flächen durch einen Punkt zu einer Geradesten sich nur eine einzige Parallele ziehen lässt, zu der Auffassung des Raumes als eines solchen führen, dass sich in jeder seiner ebensten Flächen durch einen Punkt zu einer Geraden zwei Parallele und eine Menge Nichtschneidender ziehen lassen, und dies ist ein augenscheinlicher Widerspruch, denn aus den Eigenschaften des s. g. ebenen Raumes, die ihn als solchen charakterisieren, können nicht die abweichenden Eigenschaften des s. g. pseudosphärischen Raumes folgen.

(Weissenborn 1878, 453)

Weissenborns Argument wie dasjenige von Hoffmann und Gilles läuft letztlich schlicht und einfach auf die Nichtvorstellbarkeit der nichteuklidischen Geometrie hinaus: Was nicht anschaulich vorgestellt werden kann, das hat für die Mathematik höchstens einen

---

[16] Ein weiteres Beispiel für die schroffe Ablehnung der nichteuklidischen Geometrie, das wir schon in Kap. 9 kennen gelernt haben, ist die dort zitierte Schrift von J. C. Becker. Übrigens gibt es auch bei Günther – trotz seiner Kritik am Beweis von Thibaut – an verschiedenen Stellen ablehnende Aussagen zur nichteuklidischen Geometrie.

formalen Wert. Dieses Sinnkriterium, man könnte es „anschauliches Existenzkriterium"
nennen, spielte in der Mathematik des 19. Jhs. noch eine wichtige Rolle – viel wichtiger
als man dies aus moderner Sicht annehmen sollte.[17]

Es soll hier jedoch nicht der Eindruck erweckt werden, als sei die Lehrerschaft unisono
gegen die neue Geometrie gewesen: Zum einen ist hier auf W. Killing hinzuweisen, von
dem bereits die Rede war, der selbst zu einem wichtigen Forscher im Bereich der nichteuklidischen Geometrie wurde, zum andern auf V. Schlegel, der wichtige Beiträge zur
vierdimensionalen Geometrie geleistet hat. Im Weiteren möchte ich drei Programmschriften vorstellen von Lehrern, die sich auf die Seite der neuen Geometrie geschlagen haben.
Wir beginnen mit Alfons Schmitz aus Neuburg a. d. D. (1884) und R. Beez aus Plauen
(1888), der auch einige Artikel zu fachwissenschaftlichen Fragen der Krümmungstheorie
in höheren Dimensionen verfasst hat.[18] Schließlich wird Max Simon in Straßburg i. E. vorgestellt, der ebenfalls mehrere Forschungsartikel (u. a. über die Konstruktion des Dreiecks
in der nichteuklidischen Geometrie aus seinen drei Winkeln) schrieb[19], und der in mehreren Publikationen zur nichteuklidischen Geometrie aus mathematischer, didaktischer und
historischer Stellung nahm.

Das Schulprogramm von R. Schmitz ist relativ umfangreich (39 Seiten) und stellt eine
Art lehrbuchmäßiger Einführung in die nichteuklidische (hyperbolische) Geometrie dar.
Dabei werden natürlich auch Anmerkungen zur Geschichte und zur Philosophie gemacht,
interessanter Weise aber gar keine zum Schulunterricht. Da es sich hierbei um ein bemerkenswertes und wenig bekanntes Dokument handelt, das unter anderem die Qualität
der mathematischen Arbeit von Mathematiklehrern in jener Zeit belegt, gebe ich hier eine
längere Passage daraus wieder.

---

[17] Vgl. hierzu Volkert (1986).
[18] Beez (1874) und Beez (1875).
[19] Beispiele: Simon (1891), Simon (1892) und Simon (1905).

Aus dem Gebiete

der

nichteuklidischen Geometrie.

>*<

Programm

für die K. bayrische Studienanstalt

Neuburg a. D.

von

Alfons Schmitz

K. Studienlehrer.

Mit einer zinkographierten Tafel.

Neuburg a. D. 1884.

Griessmayer'sche Buchdruckerei.

Einleitung.

Als der Verfasser dieser Abhandlung zum erstenmale die geometrischen Untersuchungen von Lobatschewsky-Bolyai kennen lernte, befremdeten ihn die Resultate derselben im höchsten Grade. Nicht so fast der Ausgangspunkt, dass es durch einen Punkt zu einer Geraden zwei Parallele geben könne, als hauptsächlich die daran sich knüpfenden Folgerungen schienen ihm mit der primitivsten Raumanschauung im Widerspruch zu stehen. Daher stellte er sich die Aufgabe, den vermeintlichen Widerspruch in der Lobatschewsky'schen Geometrie aufzudecken, zu formulieren, und so die dortige Deduktion in einen apagogischen Beweis für das elfte euklidische Axiom umzugestalten. Statt aber zu einer Lösung dieser Aufgabe zu gelangen, erkannte der Verfasser, je genauer ihm die neueren geometrischen Theorien nach ihrer mathematischen und philosophischen Seite vertraut wurden, desto vollständiger die absolute Unbeweisbarkeit und den rein empirischen Charakter des genannten Axiomes.

Da es aber noch Mathematiker gibt, welche entweder den Bertrand'schen Beweis für das Axiom als streng bindend erachten oder dasselbe als apriorisch gegebene Erkenntnis auffassen, und welche daher gegen die neueren geometrischen Anschauungen sich gleichgültig oder ablehnend verhalten, so sollen in der folgenden Abhandlung die Unbeweisbarkeit und die rein empirische Giltigkeit des elften Axioms als Folge der Lobatschewsky'schen Untersuchungen klargelegt, und die gesammten Lehren der nichteuklidischen Geometrie in ihrem logischen Zusammenhang vorgeführt und in ihrer erkenntnistheoretischen Bedeutung gewürdigt werden.

§ 1.

Das elfte euklidische Axiom.

Betrachtet ein nicht gründlich mathematisch gebildeter Mann zwei einander nicht schneidende Gerade (in einer Ebene), so fällt ihm als wesentliche Eigenschaft derselben ihr konstanter Abstand auf.   Er sieht ferner, dass nach einer auch nur kleinen Drehung der Geraden ihr Abstand nach einer Richtung hin stetig geringer wird, und er schliesst daher, dass die beliebig wenig gedrehten Geraden einen Schnittpunkt haben.   Aber selbst dem gewandteren Mathematiker gelingt es nicht, diesem Schlusse eine strenge, beweiskräftige Form zu geben, weil der mathematische Ausdruck für die dabei auftretenden Massverhältnisse erst durch Entwicklungen gewonnen werden kann, welche die Ergebnisse dieses Schlusses voraussetzen.   Der betreffende Satz muss also als axiomatisch gegeben betrachtet werden.   Jedoch wurden noch manche Beweise desselben versucht, unter denen die von Bertrand, Legendre und Thibaut am bekanntesten wurden und zeitweise ein hohes Ansehen erwarben.

Bertrand betrachtet das durch einen Winkel abgegrenzte unendliche Raumstück a und beweist, dass, wenn der Winkel auch noch so klein ist, die Summe einer endlichen Anzahl (n) der durch den Winkel gegebenen Raumstücke a grösser ist als n einander kongruente Parallelstreifen b.   Herr Professor Lüroth findet*), dass in diesem Falle der Schluss: „wenn $a > b$ so $2a > 2b$ und umgekehrt" nicht evident sei, und gibt eine Construktion, bei welcher derselbe nicht gelte.   Was aber dort mit 2 a bezeichnet wird, ist kein Produkt, sondern eine andere Funktion von a, für welche naturgemäss auch ein anderes Gesetz gilt.   Wenn aber $a = b$ ist, so ist unabhängig von der Qualität der Grössen a und b auch $a + a = b + b$ oder $2a = 2b$.

In Wahrheit beruht der Fehler Bertrands darin, dass das a und b keine Grössen, sondern etwas absolut Unendliches sind, und man desshalb mit ihnen nicht wie mit endlichen Grössen rechnen

---

*) Zeitschrift für Mathematik und Physik, 21. Band.

kann.*) Wäre das Rechnen mit dem Unendlichen in gleicher Weise wie mit endlichen Grössen gestattet, so liesse sich der Bertrand'sche Beweis in folgender Weise vereinfachen: (Figur 1) „Unzählig viele Streifen b sind nötig, um damit die ganze unendliche Ebene zu bedecken. Ist dagegen α ein Winkel, so sind nur $\dfrac{4\,R}{\alpha}$ Winkel zu demselben Zwecke nötig. Also ist ein von einem beliebig kleinen Winkel abgegrenzter Raum unendlich vielmal grösser als ein beliebig grosser Streifen, und es muss daher der zweite Schenkel ac des Winkels bac bei genügender Verlängerung aus dem Streifen badf heraustreten und die Gerade df schneiden. Gelänge es, von den obenerwähnten Flächen a und b durch Kurven Y_a und Y_b (z. B. durch Kreisbögen mit gleichem Radius) begrenzte Stücke a und b abzuschneiden, so dass bei Aufeinanderlegung der Flächen die Kurven stets zusammenfielen, und dass, falls die letzteren ins Unendliche rückten, $\lim \dfrac{a}{b} > 1$ also $\lim a > \lim b$ wäre; dann hätte Bertrands also modifizierte Deduktion absolute Giltigkeit. Nur die Verwendung des Unendlichen als bestimmte Grösse benimmt der Bertrand'schen Schlussweise ihre Berechtigung. Uebrigens wird durch die genannte Beweisführung der bedeutsame Umstand zur Geltung gebracht, dass jede Untersuchung über das elfte Axiom mit dem Unendlichen zu thu'n hat. In der That ist es ja für alle geometrischen Systeme evident, dass eine bewegliche Grade sich um so mehr der Lage, parallel zu einer zweiten, nähert, in je weitere Fernen ihr Schnittpunkt mit der zweiten rückt; d. h. dass zwei parallele Gerade als solche betrachtet werden können, deren Schnittpunkt in unendlicher Ferne liegt.**)

Legendre sucht zu beweisen, dass die Winkelsumme in einem Dreiecke 2 R betrage. Aus diesem Satze kann man nämlich, wie sich im weiteren Verlaufe dieser Abhandlung zeigen wird, ebenso leicht das elfte Axiom ableiten, als man, wie es gewöhnlich geschieht, den umgekehrten Weg einschlägt. Zur Führung dieses Beweises (Figur 2) setzt Legendre voraus, dass man durch einen Punkt F innerhalb des Winkels BAC stets eine Gerade ziehen kann, welche beide

---

*) Dass die mathematischen Schlüsse im Unendlichen ihre Giltigkeit verlieren, ist für die Analysis bekannt; für die Geometrie sei z. B. daran erinnert, dass man zwei einander kongruente Winkel so aufeinanderlegen kann, dass nur der eine den andern um ein (unendlich grosses) Flächenstück überragt, wenn man nämlich ein paar Schenkel aber nicht die Scheitel der Winkel aufeinander legt, während dies mit endlichen einander kongruenten Flächenstücken nie geschehen kann.

**) Dieser Ausdruck entspricht dem Gebrauche der Analysis, von der Summe einer unendlichen Reihe, oder vom Werte einer Funktion $f(x)$ für $x = \infty$ zu sprechen.

Schenkel des Winkels schneidet. Diese Voraussetzung ist aber offenbar nicht erfüllt, wenn es durch einen Punkt M, der auf AF zwischen A und F liegt, eine Gerade QP gibt, zu der sowohl AC als auch AB parallel ist. Also ist Legendre's Voraussetzung nur der Form nach von der Annahme verschieden, dass es durch einen Punkt A zu einer Geraden PQ nur eine Parallele gebe, und die darauf aufgebaute Schlussweise enthielte, als Beweis· für das elfte Axiom betrachtet, eine petitio principii.*)

Der Thibaut'sche Beweis beruht darauf, dass wenn man auf einer stetigen geschlossenen Linie fortgeht, bis man seinen Ausgangspunkt und seine Ausgangsrichtung wieder erreicht hat, die Gesammtdrehung die gleiche ist, als wenn man dieselbe in e i n e m Punkte, ohne Verbindung mit einer fortschreitenden Bewegung vollzogen hätte. Daraus ergibt sich sofort, dass die Summe der Aussenwinkel eines Dreieckes 4 R und die der innern 2 R beträgt.   Das oben Ausgesprochene ist aber eigentlich kein auf die bereits abgeleiteten Eigenschaften der Geraden sich stützender Beweis, sondern wie Herr Professor G ü n t h e r bereits bemerkt hat,**) ein anderes, allerdings sehr einfaches Axiom zur Ersetzung des elften, vor welchem es insofern eine grössere Evidenz voraus hat, als es an jeder endlichen Figur verifiziert werden kann, während das euklidische Axiom die geometrische Betrachtung einer ins Unendliche. sich erstreckenden Figur erfordert.

§ 2.

Die Geometrie von Lobatschewsky-Bolyai.***)

Da das elfte Axiom einem strengen Beweise widersteht und doch nicht von vornherein als absolute Denknotwendigkeit anerkannt werden kann, so ist es jedenfalls von Interesse, zu untersuchen, wie weit wir die Geometrie ohne dasselbe aufbauen können.   Dadurch kommen wir entweder zu einem Punkte, der mit unsern unmittel-

---

*) Hiedurch widerlegt sich die Ansicht Funke's (Grundlagen der Raumwissenschaft, Hannover 1875,) dass die Möglichkeit, mittels einer durch einen vorgeschriebenen Punkt gehenden Geraden die zwei Schenkel eines den Punkt enthaltenden Winkels zu schneiden, ebenso evident sei, als die Unmöglichkeit eines Dreiecks mit konvexen Winkeln.

**) Ansbacher Programm 1876—77.

***) L o w a t s c h e w s k y, geometrische Untersuchungen zur. Theorie der Parallellinien, Berlin 1840.

B o l y a i, la science absolue de l'espace (traduite par Hoüel) Paris 1860.

F r i s c h a u f, Elemente der absoluten Geometrie, Leipzig, Teubner 1876.

Da die Systeme von Bolyai und Lowatschewsky in keinem wesentlichen Punkte differieren, so werden sie in dieser Abhandlung als e i n System betrachtet und die zum Verständnis des Folgenden notwendigen Sätze teils mit eigenen Beweisen, teils nach Herrn Professor Frischauf's Darstellung vorgetragen.

barsten Begriffen von den geometrischen Eigenschaften der Dinge im Widerspruch ist, und erhalten dann einen neuen Ausgangspunkt zum Beweise des Axioms, oder wir finden diejenigen nicht naturnotwendige aber erfahrungsmässige Thatsache, von der dasselbe abhängt und als deren mathematische Funktion es sich darstellen lässt, oder endlich wir finden, dass das elfte Axiom überhaupt nicht strenge gilt, sondern nur eine Annäherung an die Wahrheit enthält, welche Annäherung allerdings so gross ist, dass sie der gewöhnliche Beobachter von der Wahrheit selbst nicht zu unterscheiden vermag.

1. Betrachten wir (Figur 3) eine Gerade AB und einen Punkt O ausserhalb der Geraden; wenn man $OX_0 \perp AB$ zieht, so kann man auf bekannte Art nachweisen, dass unter den durch O gehenden Geraden eine, nämlich $X_1 O \perp OX_0$ (Figur 3) die AB nicht schneidet. Während sich eine durch O gehende Gerade von der Lage OX_0 bis in die Lage OX_1 dreht, rückt der Schnittpunkt in immer weitere Fernen und wir bleiben einstweilen im Ungewissen, ob der Schnittpunkt nicht schon früher verschwindet, als die Lage OX_1 erreicht wird. Wenn dies der Fall ist, so heisse diejenige Gerade OX parallel zu AB, welche selbst die AB nicht schneidet, aber durch eine beliebig kleine Drehung zum Schnitte mit AB gebracht werden kann, welche also die Grenze zwischen den AB schneidenden und den AB nicht schneidenden Geraden bildet. Der Lage OX nähert sich eine Gerade, deren Schnittpunkt bei der Drehung um O sich immer weiter von X_0 entfernt; daher kann man nach einem der Analysis nachgebildetem Sprachgebrauche sagen, dass die Parallelen OX und AB sich in unendlicher Entfernung schneiden.

Ist also der Winkel $XOX_0 < R$, so gibt es noch eine zweite Gerade OX^1, (für welche $\angle X^1 OX_0 = XOX_0$ ist), die zu BA, der entgegengesetzten Richtung von AB parallel ist. Also folgt, d a s s es durch einen Punkt zu einer Geraden unzählig viele nicht schneidende und zwei parallele Gerade gebe, dass also eine Gerade zwei unendlich ferne Punkte habe.

Sei ferner (Figur 4) $OX \,\#\!\!\!= AZ$ und der Winkel $XOB = \varepsilon$ beliebig klein, so muss doch OB die AZ schneiden, (wir nennen den Schnittpunkt selbst B) und wenn wir BZ grösser als OB wählen, so ist $\angle OZB < ZOB < \varepsilon$ weil unabhängig vom Parallelenaxiom als Folge der Congruenzsätze bewiesen werden kann, dass im Dreiecke der grösseren Seite auch der grössere Winkel gegenüber liegt. Daraus folgt, dass, je weiter der Schnittpunkt Z hinausrückt, desto kleiner der Winkel ZOA wird, dass also parallele Grade als solche betrachtet werden können, die sich in einem unendlich fernen Punkte unter einem unendlich kleinen Winkel schneiden.

2. Wenn $\angle XOA < R$ ist, welchen Bedingungen ist er dann unterworfen? — Vor allem ist evident, dass XOA einen durch die

Entfernung OA eindeutig bestimmten Wert hat. Denn sei oa $\perp$ az und oa $=$ OA, ferner ox $\#$ az, so müssen, wenn man die rechten Winkel oaz und OAZ zur Deckung bringt, die Parallelen ox und OX auch zusammenfallen, und daher $\angle$ aox $=$ AOX sein.

Der Winkel AOX heisst „Parallelwinkel zur Distanz OA".

Sind zwei Gerade einer dritten parallel, so sind sie unter sich parallel. (Figur 5.)

Sei sowohl MY als auch OX parallel zu AB und sei MY näher bei AB, aber mit OX auf der nämlichen Seite von AB.

Dreht man OX unendlich wenig nach rechts, so schneidet es AB und demzufolge zuerst auch MY. Dreht man aber MY unendlich wenig, so dass es AB in Y^1 schneidet, so kann es OX nicht schneiden, weil sonst umsomehr Y^1B dh. AB das OX schneiden müsste. Also ist OX $\#$ MY. Analoges gilt, wenn OX näher als MY bei AB liegt. — Ist NZ $\#$ AB und durch AB von OX getrennt, und dreht man OX unendlich wenig, so dass es AB in X^1 schneidet, so kann man X^1X oder das gedrehte OX als durch eine minimale Drehung von AB erzeugt betrachten und man sieht, dass NZ durch dasselbe geschnitten werden muss. Hingegen kann NZ durch das ursprüngliche OX nicht geschnitten werden, weil die zu diesen beiden Geraden parallele AB dazwischen liegt. Also ist auch NZ $\#$ OX und unser Satz für alle Fälle bewiesen.

Der Parallelwinkel nimmt mit zunehmender Distanz ab. (Figur 5.)

Sei zunächst OM $=$ AM; der Winkel M_2 ist kleiner, und daher M_1 grösser als R; desshalb muss die Senkrechte MU[*]) auf OM die OX schneiden. Legen wir UMOX auf BAMY, so dass MO auf AM fällt, so zeigt sich, dass $\angle$ O $<$ M_2. Da wir AM beliebig klein wählen und die Betrachtung beliebig oftmals wiederholen können, so gilt dies für jeden beliebigen Punkt O.

Der Parallelwinkel nimmt mit zunehmender Distanz stetig und bis zur Grenze Null ab. (Figur 5 und 6.)

Er nimmt stetig ab, denn fände im Punkte M eine Unstetigkeit statt, so gäbe es durch M_1 als Repräsentanten zweier unendlich nahen Punkte betrachtet, zwei verschiedene Parallelen zur Richtung AB. Er nimmt ins Unbegrenzte ab, denn wäre lim $\angle$ XOA $= \alpha$ für AO $= \infty$ und wählen wir die unendlich wachsenden Strecken AM und AO so, dass MO $=$ AO $-$ AM einen constanten Wert behält, so wird $\angle M_2 = \alpha + \mu$ $\angle$ O $= \alpha + \varepsilon$, wobei μ und ε mit unendlich wachsendem AM sich der Null nähern. Dann wäre lim $(M_1 + O) =$ lim 2R $- (\mu - \varepsilon) =$ 2R. Ist aber O $+ M_1 =$ 2R, und zieht man durch die Mitte P von OM auf OX die Senkrechte PF, welche die MY in S schneidet, so haben die Drei-

---

*) Der Einfachheit wegen nicht in der Figur gezeichnet.

ecke OPF und PMS zwei Winkel und eine Seite paarweise gleich und sind daher kongruent; daher $\angle$ S = F = R. Also würden beliebig viele Distanzen SF gefunden werden können, die (wie OM) von Null verschieden sind, und deren zugehörige Parallelwinkel sich beliebig wenig von R unterscheiden; damit aber wäre das euklidische System konstatiert.

3. Wie verhält es sich mit der Winkelsumme des Dreiecks im nicht euklidischen Systeme, da dieselbe im euklidischen Systeme so eng mit dem elften Axiom zusammenhängt?

Wenn in jedem Dreiecke die Winkelsumme 2R beträgt, so gilt das euklidische System. (Figur 4)

Ist XO $\nparallel$ AZ und $\angle$ X = ε beliebig klein, so schneidet OB die AZ unter einem Winkel OBA = μ, der auch beliebig klein ist. Wäre $\angle$ XOA + A < 2R, so müsste die Winkelsumme im Dreiecke ABO, nämlich XOA — ε + A + μ auch kleiner als 2R sein.

Die Winkelsumme im Dreiecke kann nicht mehr als 2R betragen. (Figur 7.)

Denn macht man im Dreiecke ABC BO = OC, zieht AO und verlängert letzteres bis F so, dass AO = OF, so ist: AOB $\cong$ COF; $\angle$ A$_1$ = F; $\angle$ B = C$_2$; also A$_2$ + F $=$ A und A$_2$ + F + C = A + B + C$_1$. Man kann demnach ein Dreieck konstruieren, in dem die Winkelsumme gleich ist der Winkelsumme in einem gegebenen Dreiecke, und die Summe zweier Winkel gleich ist einem Winkel des gegebenen Dreiecks, und dem zufolge der kleinere von diesen zweien kleiner als die Hälfte eines Winkels des gegebenen Dreiecks. Führt man diese Construktion n mal und zwar immer an dem kleinsten Winkel des neuentstandenen Dreieckes aus, so kommt man zu einem Dreiecke, in dem die Summe zweier Winkel kleiner als $\dfrac{A}{2^n}$ ist. Hätte das ursprüngliche Dreieck eine grössere Winkelsumme als 2R, so müsste man durch die vorgeführte Construktion Dreiecke mit erhobenen Winkeln erhalten.

Wenn in einem Dreiecke die Winkelsumme 2R beträgt, so beträgt sie in jedem 2R. (Figur 8 und 9.)

Ist in ABC $\angle$ A + B + C = 2R, und kann man abc so in ABC hineinlegen, dass c auf C und ca auf CA fällt, so verbinde man die Ecke b mit A und B.

abc habe die Winkelsumme 2R—x
aAb   „   „   „   2R—y
AbB   „   „   „   2R—Z
BbC   „   „   „   2R—u

Dann ist die Winkelsumme von ABC gleich:
8R — (x + y + z + u) — 4R — 2R. (Die zwei letzten Glieder entsprechen den Winkelsummen um die Punkte b und a.) Daraus

folgt: $x + y + z + u = 0$, und da keiner dieser Summanden negativ sein kann, $x = y = z = u = 0$.

Wenn abc nicht in ABC hineingelegt werden kann, so stelle man auf die Seiten AC, AB, BC, die mit ABC kongruenten Dreiecke ACX, BCZ, BYA, so dass in jeder Ecke drei einander nicht gleiche Winkel zusammenstossen. Dann ist XAYBZC auch ein Dreieck und hat die Winkelsumme $X + Y + Z = 2R$. Wendet man dieses Verfahren n mal an, so bekommt man ein Dreieck UVW, dessen Seiten 2^n mal so gross sind als die von ABC, und dessen Winkelsumme ebenfalls 2R beträgt. In ein solches Dreieck kann man jedes beliebige abc hineinlegen, wenn man den kleinsten Winkel a, der sicher $\leqq \frac{2}{3} R$, auf den grössten Winkel U, der sicher $\geqq \frac{2}{3} R$ ist, legt.

Im nicht euklidischen Systeme haben also alle Dreiecke eine kleinere Winkelsumme als 2R, ja man kann sogar Dreiecke mit unendlich kleiner Winkelsumme finden. (Figur 10.)

Sei $OX \# AB$ und AO so gewählt, dass $\angle XOA = \frac{1}{2}R$, so können wir XOAB in die Lage X^1OAB^1 umklappen und erhalten ein rechtwinkeliges Dreieck XOX^1 mit zwei unendlich fernen Ecken und unendlich kleinen Winkeln. Klappen wir dieses Dreieck nochmals in die Lage X^2XO um, so entsteht ein Dreieck X^2XX^1 mit drei unendlich fernen Ecken und unendlich kleinen Winkeln. Durch passende Wahl des OA oder des Winkels XOA können wir ein n Eck mit der Winkelsumme Null konstruieren.

4. Die Winkelsumme eines Dreiecks steht in Beziehung zur Fläche desselben.

Wenn ein Polygon, also auch ein Dreieck in mehrere Teile zerlegt wird, so ist seine Winkelergänzung*) gleich der Summe der Winkelergänzungen seiner Teile.

Denn setzt man aus n Dreiecken ein Polygon zusammen, und sind immer die aufeinanderliegenden Seiten zweier Nachbardreiecke einander gleich, so hat das Polygon $n + 2$ Seiten und die Winkelsumme $2nR - (x_1 + x_2 + \ldots x_n)$, wenn die Winkelsumme der Dreiecke $2R - x_1$, $2R - x_2$, ... $2R - x_n$ beträgt. So oft die anstossenden Winkel zweier Nachbardreiecke supplementär sind, so oft vermindert sich die Eckenanzahl des Polygons um 1 und dessen Winkelsumme um 2R, aber die Ergänzung bleibt unverändert. Wenn u in einem Punkte zusammenstossende Dreiecke einen Winkel von 4R bilden, so entsteht statt eines $u + 2$ Ecks nur ein u Eck; für jeden solchen Punkt vermindert sich also die Eckenanzahl des

---

*) Winkelergänzung heisse im folgenden die Ergänzung der Winkelsumme eines n Ecks zu $(n - 2)$. $2R$.

Polygons um 2 und dessen Winkelsumme um 4R, die Ergänzung bleibt abermals unverändert. Fasst man von den Dreiecken des Polygons beliebig viele gruppenweise zusammen, so zerfällt dasselbe in einzelne Polygone, deren Winkelergänzungen zusammen die Winkelergänzung des ganzen Polygons ausmachen.

Der Satz erleidet eine scheinbare Ausnahme beim Auftreten von convexen Winkeln. Zerlegt man z. B. (Figur 11) das Viereck ABCD in die Dreiecke ABF und DFC, so ist seine Winkelergänzung nicht gleich der Summe der Winkelergänzungen von ABF und DFC; wohl aber gilt der obige Satz wieder, wenn wir den flachen Winkel ADF berücksichtigen und das Viereck in ABD + BDC, oder in ABD + BDF + FDC zerlegen, oder ABF als Viereck mit einem flachen Winkel und der Winkelsumme 4R — u betrachten.

Zwei flächengleiche Dreiecke mit einem Paare gleicher Winkel haben gleiche Winkelergänzungen.

(Figur 12.) Wenn die beiden Dreiecke kongruent sind, so bedarf der Satz keines Beweises; sind sie nicht kongruent, so sei z. B. ac < AC, $\measuredangle$ a = A, so muss ab > AB sein, und wenn wir die beiden Dreiecke mit den gleichen Winkeln aufeinanderlegen, so zerfallen sie in ein gemeinsames Viereck und in zwei einander gleiche Dreiecke mit einem Paare gleicher Winkel O_1 und O_2. Sei X die Winkelergänzung von ABC und Y die von abc, seien ferner z_1 die Winkelergänzung des gemeinsamen Vierecks, x_1 und y_1 die der abgeschnittenen einander gleichen Scheiteldreiecke, so ist

$$X = z_1 + X_1 \qquad Y = z_1 + y_1.$$

Legt man die Dreiecke BOb und COc in analoger Weise aufeinander, und haben z_2, x_2, y_2 analoge Bedeutung, so folgt:

$$X = z_1 + z_2 + X_2; \qquad Y = z_1 + z_2 + y_2.$$

Durch n malige Ausführung dieses Verfahrens folgt:

$$x_1 = z_1 + z_2 + \ldots z_n + x_n$$
$$Y = z_1 + z_2 + \ldots z_n + y_n,$$

und der Beweis ist vollständig geliefert, wenn sich lim x_n = lim y_n für n = ∞ ergibt. x_n und y_n sind aber die Winkelergänzungen unendlich kleiner Dreiecke.

Legt man nun in das endliche Dreieck UVW ω unendlich kleine einander kongruente Dreiecke mit der Winkelergänzung λ hinein, und verbindet die Ecken dieser ω Dreiecke untereinander, so dass UVW ausser in die ω Dreiecke noch in μ andere Polygone mit den Winkelergänzungen α_1, α_2, ... α_μ zerfällt, so ist die Winkelergänzung von UVW:

$$u = \alpha_1 + \alpha_2 + \ldots \alpha_\mu + \omega\lambda; \text{ also}$$

$\lambda < \dfrac{u}{\omega}$ und da ω beliebig gross sein kann $\lambda = 0$. Daher auch lim x_n = lim y_n = 0, was noch zu beweisen war.

2

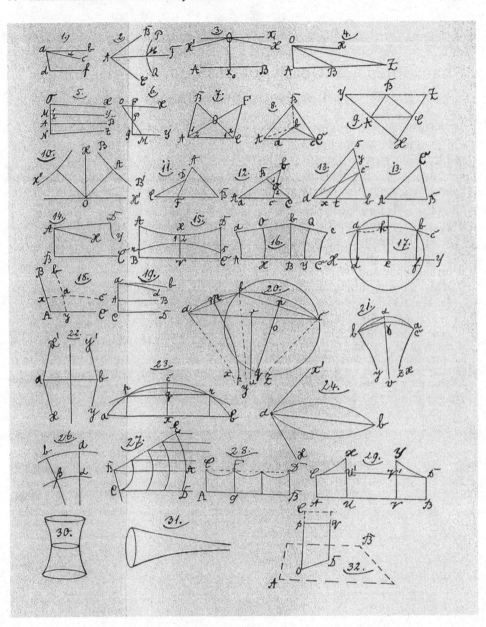

[...]

§ 6.

Philosophische Consequenzen für die Definition des Raumbegriffes.

Herr Dr. Erdmann hat die mathematischen Arbeiten, welche die neuere Raumanschauung anbahnten, vom philosophischen Standpunkte aus gewürdigt, aus ihnen eine Definition des Raumes abgeleitet, und die Bedeutung der geometrischen Wissenschaft nach jeder Richtung hin erörtert.

Es soll nun noch kurz dargelegt werden, wie man wohl die dort sich ergebenden Resultate mit Rücksicht auf die hier vorgeführten Untersuchungen modifizieren dürfte, wie also von unserem Standpunkte aus die philosophische Frage nach dem Wesen der Raumanschauung und nach der Stellung der Geometrie im Verhältnis zu den übrigen Wissenschaften zu beantworten sei.

---

*) Man möchte versucht sein, das Resultat dieses Paragraphen als im Widerspruch stehend mit der anfangs nachgewiesenen Unbeweisbarkeit des elften Axioms aufzufassen, dem ist aber nicht so: denn „das elfte Axiom ist unbeweisbar" heist nur, dass es nicht als Folge aus einer andern Wahrheit abgeleitet werden kann. Diese Unbeweisbarkeit ist wohl verträglich mit seiner absolut notwendigen Existenz.

All' unser Wissen von den Dingen der Aussenwelt beruht in seinem letzten Grunde lediglich auf der Erfahrung. Wir können nicht die Dinge selbst erkennen, sondern nur die Eindrücke gewahr werden, welche dieselbe auf unsere 5 Sinne machen. Diese Eindrücke veranlassen uns zu Urteilen über die Dinge selbst, sie veranlassen uns, den Dingen gewisse Eigenschaften zuzuschreiben. Vermöge der uns innewohnenden geistigen Kraft können wir den Zusammenhang der Erscheinungen untersuchen, einzelne Erscheinungen in Begriffe zusammenfassen und unabhängig von allem übrigen betrachten. Diese geistige Kraft wählt zum Ausgangspunkt für ihre Schlüsse die uns innewohnende, geradezu angeborene Idee, dass jede Erscheinung ihre Ursache habe, und die gleiche Ursache unter gleichen Verhältnissen die gleiche Wirkung hervorbringe. Diese Idee ist der letzte Grund, der uns die Ueberzeugung verschafft, dass die von uns aufgenommenen Erscheinungen von Dingen herstammen, die objektiv real ausser uns existieren. Die letzte Gewissheit, die wir von den Dingen ausser uns haben können, ist also empirischer, subjektiver Natur; sie ist ebenso gewiss aber auch nicht gewisser als die Ueberzeugung, dass wir richtig denken und schliessen können.

Es kommt nun gar häufig vor, dass die verschiedensten Dinge scheinbar die gleiche Erscheinung gewähren, und auch, dass die nämlichen Dinge unter scheinbar gleichen Umständen verschiedene Erscheinungen hervorbringen. Da uns dieses nach der erwähnten nns angeborenen Idee unmöglich dünkt, so trachten wir darnach, alle Erscheinungen nach ihrem Zusammenhange zu erkennen und zu klassifizieren. Dies geschieht teils durch das Experiment, teils indem wir gewisse gleichartige Erscheinungen unabhängig von den sie begleitenden Ursachen und Wirkungen zusammen betrachten und sogar von denjenigen Unregelmäsigkeiten wenn möglich abstrahieren, welche den Zusammenhang der Erscheinungen zu verdunkeln geeignet sind. Je einfacher die in einem Systeme zusammengefassten Erscheinungen sind, desto fehlerfreier kann unser Wissen über dieses System werden. Die Gesetze der Logik sind geradezu unfehlbar; der Grund, warum das menschliche Wissen ein endliches ist, beruht lediglich darin, dass wir als endliche Wesen die ungeheure Menge der Erscheinungen nicht vollständig nach ihrer Existenz und nach ihrem Zusammenhange aufzufassen vermögen.

Die nämliche Ursache kann je nach den hinzutretenden Umständen eine verschiedene Wirkung haben. Ist nur die Ursache bekannt, so sind verschiedene Wirkungen gleichmöglich; ist die Ursache und eine bestimmte Wirkung bekannt, so ist die Wirkung eine „Erfahrungsthatsache" sie ist vor andern gleichmöglichen Fällen durch die empirische Wirklichkeit ausgezeichnet. (Ist die

Wirkung nicht genau bekannt, so wird die vom Bekannten nicht merklich abweichende Wirkung wahrscheinlich genannt.) Die hier in Rede stehende spezielle Empirie ist wohl zu unterscheiden von der absoluten Empirie, welche für all' unser Wissen den letzten Erkenntnisgrund bildet. Ist eine Wirkung bekannt, so kann dieselbe je nach den hinzugetretenen Umständen verschiedenen Ursprung haben; ist ein Teil der bewirkenden Umstände bekannt, so kann eine Ursache als die wahrscheinlichste gelten, und wird Hypothese genannt. Sind aber alle die Wirkung erzeugenden Umstände bekannt, so kann die Ursache mit Gewissheit festgestellt werden; sie ist dann von der gleichen Evidenz wie die Wirkung, sie ist denknotwendig. Die unter einem Begriffe zusammengefassten Dinge und deren Eigenschaften stehen im Verhältnis von Ursache und Wirkung, wenn der Begriff mit Rücksicht auf diese Eigenschaften gewählt wurde.

Der Raum nun ist durchaus nichts Reales, er ist ein absolutes Nichts. „Raum" ist nur ein kurzer Name für die Möglichkeit, dass verschiedene Dinge coexistieren.*) Der Raum ist ein Begriff, der es ermöglicht die einfachsten allen Körpern gemeinsamen Eigenschaften losgelöst von den übrigen zu betrachten. Da wir uns einen zweiten Körper neben einem ersten, einen dritten neben dem zweiten u. s. f. denken können und durch nichts als durch unsere persönliche Endlichkeit an der Fortsetzung dieses Prozesses gehindert werden, so ist die als Raum bezeichnete Möglichkeit geradezu unendlich. Da ferner das Nichts, der Raum keinen Einfluss auf das Seiende, den Körper auszuüben vermag, so ist auch Unabhängigkeit der geometrischen Gebilde von ihrer Lage im Raume eine vom Raumbegriffe untrennbare Eigenschaft. Der Raum ist also ein ganz eigenartiger Begriff, der sich ebensowenig auf die zweidimensionale Fläche als auf die n dimensionale Mannigfaltigkeit anwenden lässt. Denn die Fläche ist lediglich eine Eigenschaft des Körpers analog der Farbe, dem Geruche etc., die in keiner Weise durch den Raumbegriff ausgedrückt wird.

Fragen wir nun weiter, woher die von Erdmann betonte Sicherheit der mathematisch-geometrischen Wissenschaft kommt, welche durch die fortschreitende Naturerkenntnis niemals korrigiert, sondern stets durch alle Untersuchungen bestätigt wurde.

Die Antwort darauf ist, dass die Sicherheit der Geometrie ihren Grund in der Einfachheit der betrachteten Elemente hat. Keine Eigenschaft ist so ausnahmslos allen Dingen gemeinsam wie

---

*) Ebenso ist die Zeit nichts Reales; Zeit ist ein kurzer Name für die Möglichkeit, dass das Seiende sich verändern kann.

die Ausdehnung. Die Betrachtung derselben wird noch vereinfacht indem man von der speziell-empirisch festgestellten Form der Körper abstrahiert, und ideale von allen (empirisch stets vorhandenen) Unregelmässigkeiten losgelöste Formen betrachtet. Die Einfachheit des in der Geometrie behandelten Gegenstandes sichert dieser Wissenschaft ihre Unfehlbarkeit.

Nach Erdmann ist der Raum mit den ihm erfahrungsmässig zukommenden Eigenschaften durch folgendes System von Definitionen bestimmt:

I. Der Raum ist eine dreifach ausgedehnte Mannigfaltigkeit.

II. Der Raum ist eine in sich kongruente Mannigfaltigkeit.

Postulate:

1. Es existieren feste Körper,

2. Dieselben sind frei beweglich,

3. Sie ändern ihre Dimensionen nicht durch die Bewegung im Raume.

III. Der Raum ist eine ebene oder in sich kongruente Mannigfaltigkeit.

Postulate:

1. Zwischen zwei Punkten ist nur eine Gerade,

2. Die Winkelsumme in einem Dreieck beträgt 2R.

Erdmann ordnet also den Raumbegriff auch dem allgemeineren Mannigfaltigkeitsbegriffe unter. Dabei vermeidet er es, darüber eine Entscheidung zu treffen ob dem Raume eine objektive Realität zukomme, oder nicht. Indem er aber von dem Raume spricht, und den Raum eine Mannigfaltigkeit nennt, stellt er sich offenbar auf den nämlichen Standpunkt, den auch wir gewonnen haben, und betrachtet die höhern Mannigfaltigkeiten nicht als Räume. Hinsichtlich des Parallelenaxioms spricht er mit uns die Gleichberechtigung desselben mit den übrigen Axiomen aus. („Wie es ein Postulat für Gerade geben muss, so ist auch eines für die Winkelmessung nötig, welches sich nicht auf das von der Geraden zurückführen lässt.") Dass, wie Erdmann meint, das Parallelenaxiom am einfachsten in der Fassung „die Winkelsumme im Dreiecke ist gleich 2 R" sich aussprechen lässt, dürfte wohl kaum zugestanden werden; viel geeigneter dürfte das Thibaut'sche Axiom hiezu sein. —

Da wir zu dem Resultate gekommen sind, dass der Raum als etwas einzigartiges nicht einem allgemeineren Begriffe subsumiert werden dürfe, so müssen wir die Gesamtheit der Definitionen: welche den Raumbegriff erschöpfen, in folgender Weise aussprechen,

I. Raum ist ein Begriff, durch welchen die Möglichkeit der Coexistenz der Körper ausgedrückt wird.

II. Es existieren feste Körper, deren räumliche Verhältnisse durch drei Hauptrichtungen bestimmt sind; diese sind vollkommen frei nach den drei Richtungen hin beweglich; die Beweglichkeit kann jede beliebige Geschwindigkeit und Dauer haben.

III. Zwischen zwei Punkten gibt es nur einen kürzesten Weg — die Gerade.

IV. Das elfte euklidische oder ein demselben äquivalentes Axiom.

(Schmitz 1884, Einleitung, 1–9, 35–36)

Man bemerkt, dass Schmitz seinen Lesern eine knappe aber geradezu lehrbuchmäßige Einführung in die nichteuklidische Geometrie anbietet, von der wir hier allerdings nur einen Teil wiedergegeben haben. Die Berechtigung der neuen Geometrie wird breit erörtert, wobei Schmitz das Problem der Widerspruchsfreiheit der nichteuklidischen Geometrie ausführlich – aber ohne den modernen Modellbegriff in irgendeiner Weise ins Spiel zu bringen – diskutiert. Schließlich fehlen auch nicht die philosophischen Konsequenzen, insbesondere (wie fast immer) die Frage der Erfahrung; hier argumentiert der Verfasser im Sinne des Apriorismus. Die Schmitzsche Programmabhandlung macht eindrucksvoll deutlich, auf welch hohem Niveau sich derartige Abhandlungen befinden konnten. Bemerkenswert aus moderner Sicht ist, dass Schmitz einerseits die nichteuklidische Geometrie akzeptierte, andererseits aber einen Raum von vier oder mehr Dimensionen verwarf: Offenheit in der einen Richtung musste noch lange nicht Offenheit in der anderen meinen:

Aus der Denkwidrigkeit vierdimensionaler Räume folgt sofort die Denkwidrigkeit von Räumen mit noch mehr Dimensionen, da im n dimensionalen Raume durch n—4 Gleichungen zwischen n Coordinaten ein vierdimensionaler Raum dargestellt wäre.

Es ist also hiemit der mathematische Beweis geliefert, dass die euklidischen Eigenschaften unseres Raumes nicht unwesentliche und durch Empirie wahrscheinlich gemachte, sondern notwendiger Natur sind, dass unser Raum der einzig mögliche und denkbare ist, dass die Eigenschaften der Dreidimensionalität und der Unendlichkeit nicht nur eine hohe Wahrscheinlichkeit innerhalb der Grenzen des unserer Erkenntnis zugänglichen Gebietes, sondern geradezu eine absolute Gewissheit besitzen. Daher kann der Raum nicht als spezieller Fall einer n fach ausgedehnten Mannigfaltigkeit angesehen werden; die Eigenschaft dass das Element einer Mannigfaltigkeit durch n Variable bestimmt ist, ist nicht bezeichnend genug, um dem Raum andere Gebilde zu coordinieren, und diese gemeinsam einem allgemeinern Begriffe zu subordinieren.

*) Solche Arbeiten mit ausgeprägt geometrischen Tendenzen sind z. B.: „Killing, Dr. Wilhelm, über die nichteuklidischen Raumformen von n Dimensionen, Braunsberg 1883;" und „Rudel, vom Körper höherer Dimensionen, Kaiserslautern 1882;" in welchem letztern Schriftchen die Anzahl und die Begrenzungskörper der vierdimensionalen regelmässigen Körper in ganz synthetischer der euklidischen Geometrie nachgebildeten Weise behandelt werden, und die n dimensionale Mannigfaltigkeit ganz unabhängig von ihrer ursprünglichen, analytischen Definition als etwas selbstverständliches, apriorisch gegebenes betrachtet wird.
Mit dieser Bemerkung soll natürlich durchaus nicht die sehr anerkennenswerte in diesem Werkchen uns vorgeführte Geistesarbeit herabgesetzt, sondern nur das metageometrische Prinzip angegriffen werden.

(Schmitz 1884, 34)

Diese Position von Schmitz beinhaltete ein gewisses Problem: Wie sollte man sich gekrümmte Räume denn vorstellen, wenn nicht als eingebettet in einen umgebenden vierdimensionalen Raum?[20]

Der Verfasser der nächsten Programmabhandlung, R. Beez, hat mehrere fachwissenschaftliche Beiträge zur Krümmungstheorie von höherdimensionalen Mannigfaltigkeiten selbst geliefert, konnte also kaum die Schmitzsche Position beziehen.

Es folgt ein Ausschnitt aus den historischen Ausführungen von Beez, welche schließlich auf das Thema seiner Abhandlung, die Krümmungstheorie, hinführen. In diesen ist die Tendenz bemerkenswert, Gauß einen Großteil des Verdienstes um die Einführung der nichteuklidischen Geometrie zuzuschreiben: Er wird gar zum „Lehrer von Bolyai und Lobatschewskij" ernannt.[21]

---

[20] Vgl. die Ausführungen von Schur unten in diesem Kapitel sowie das über Beltrami Gesagte im Kap. 3. Um Missverständnissen vorzubeugen, sei betont, dass Beltrami selbst einen abstrakten, von Einbettungsfragen unabhängigen Flächenbegriff vertrat. Bei Räumen hingegen zögerte er anfangs.
[21] Die mathematikhistorische Forschung hat einige Mühe darauf verwandt, Bezüge zwischen Gauß und den beiden Genannten herzustellen. Bei J. Bolyai liegt das auf der Hand, war doch sein Vater Farkas (Wolfgang) ein Studienfreund von Gauß und späterer Korrespondenzpartner. Bei Lobatschewskij musste

Man erhält eine in sich widerspruchsfreie Nicht-Euklidische Geometrie, sobald man die Voraussetzung, welche der Parallelensatz ausspricht, fallen lässt. In dieser Geometrie gilt vielmehr der Satz,
dass durch einen Punkt ausserhalb einer Geraden zwei zu dieser parallele, d. h. sie erst im Unendlichen treffende Gerade möglich sind, während alle anderen durch den Punkt gehende Geraden
entweder die gegebene Gerade auf der einen Seite schneiden, auf der andern sich von ihr entfernen,
oder auf beiden Seiten entfernen, so dass also in der Ebene nicht bloß sich schneidende und parallele, sondern auch sich nicht schneidende Gerade gezogen werden können. Auch ergibt sich sofort,
dass die Summe der Winkel eines Dreiecks stets kleiner ist als zwei Rechte. Die Nicht-Euklidische
Geometrie ist genau dieselbe, welche von J. Bolyai und N. Lobatschewskij vollständig entwickelt
und von ersterem *absolute*, vom letzterem *imaginäre* Geometrie, freilich wohl in einem anderen
Sinne als dem gewöhnlichen genannt wird. Letzerer sagt nämlich: die Hypothese, dass die Summe
der Winkel eines Dreiecks kleiner als zwei Rechte sei, kann nur in der Analysis stattfinden, da
die direkten (auf Fixsterne sich beziehenden) Messungen uns nicht die geringste Abweichung der
Summe der Winkel eines Dreiecks von zwei Rechten zeigt. Hiermit negiert jedoch Lobatschewskij
keineswegs die Möglichkeit, dass ein solcher Nicht-Euklidischer Raum, wenn auch nicht in unserer Vorstellung und Erfahrung, aber doch der Idee nach bestehen könne; er bringt ihn also nicht in
gleiche Kategorie mit den aus der Algebra in die Geometrie eingeführten Begriffen des imaginären
Punktes, des imaginären Kreises, während er doch in der Tat als ein imaginärer sphärischer Raum
anzusehen ist.

Gauß, der Lehrer von Bolyai und Lobatschewskij, war durch seine analytischen Untersuchungen über die krummen Flächen darauf geführt worden, sie von einem neuen Gesichtspunkt zu
betrachten. Bisher hatte man sie in der analytischen Geometrie nur als Grenzen fester Körper oder
auch im Gleichgewichtszustand befindlicher Flüssigkeiten angesehen, man hatte ihre Eigenschaften aus dem Koordinatengleichungen entwickelt, durch welche sie aus dem Raume ausgeschieden
wurden. Mit dieser ursprünglichen Auffassung steht es aber durchaus nicht im Widerspruch, sie
selbst als Körper von verschwindender Dicke, die zwar biegsam, aber nicht dehnbar sind, aufzufassen. Man hat dann zweierlei wesentlich verschiedene Relationen zu unterscheiden, solche, die
eine bestimmte Form der Fläche im Raum voraussetzen, und solche, welche von den verschiedenen Formen, die man der Fläche durch Biegung geben kann, unabhängig sind. Der Abstand z. B.
zweier Punkte der Fläche, wenn er im Raum von drei Dimensionen gemessen wird, ändert sich bei
jeder Biegung oder Deformation derselben, während er innerhalb der Fläche selbst auf der zwischen beiden Punkten gezogenen kürzesten oder geodätischen Linie gemessen unverändert bleibt.
Dasselbe ist der Fall mit den auf der Fläche konstruierten Figuren, ihren Seiten und Winkeln, ihrem Flächeninhalte, ihrer Totalkrümmung und dem Krümmungsmaas in den einzelnen Punkten der
Fläche. Da die Gauß'sche Theorie des Krümmungsmaß der Flächen und ihre Verallgemeinerungen
durch Riemann und Kronecker den Angelpunkt der neueren mathematisch-philosophischen Spekulationen über den Raum bilden, so soll etwas näher auf dieselben eingegangen werden.

(Beez 1888, 15–16)

Beez kommt sodann auf die Flächen konstanter Krümmung zu sprechen. Er konstatiert:

In allen diesen Flächen findet Congruenz der Figuren statt, und daher lässt sich in jeder dersel-
ben nach Euklidischer Weise eine Geometrie aufbauen. Während aber bei den Flächen von der
Krümmung Null das Parallelenaxiom Euklids Geltung hat, ist bei den Flächen konstanter positiver
Krümmung die Summe der Winkel größer, bei denen negativer Krümmung kleiner als zwei Rechte.
Man sieht hieraus, was *Beltrami* zuerst ausgeführt hat, dass die Geometrie auf der Fläche konstan-
ter negativer Krümmung oder auf der pseudosphärischen Fläche ein anschauliches Bild von der

---

man sich schon mehr anstrengen; hier wurde Martin Bartels (1769–1836), Hilfslehrer in Braunschweig,
als Gauß dort zur Schule ging, und später Förderer und Briefpartner von Gauß (1799–1823), entdeckt.
Bartels wurde 1808 Professor der Mathematik an der Universität Kasan (also Kollege von Lobatschewskij,
mit dem er freundschaftliche Beziehungen pflegte), wo er bis 1823 blieb. Bartels wurde gelegentlich zum
Missing link zwischen Gauß und Lobatschewskij erklärt. Es gibt aber keine Befunde, die einen direkten
inhaltlichen Einfluss von Gauß auf die Genannten belegen würden. Vgl. Reich und Roussanova (2012),
162–188 und 473–520.

sogenannten Nicht-Euklidischen Geometrie der Ebene liefern muss. Um die Lagenbeziehungen der gerade oder kürzesten Linien auf einer solchen Fläche leicht übersehen zu können, hat Beltrami dieselbe auf einer Ebene abgebildet. Er hatte nämlich gefunden, dass die geodätischen (geraden oder kürzesten) Linien auf einer Oberfläche konstanter Krümmung – und nur auf einer solchen – sich in einer Ebene ebenfalls als Linie abbilden lassen. Was speziell die Nicht-Euklidische Ebene oder die pseudosphärische Fläche anlangt, so lässt sich das ganze Gebiet derselben im Innern eines Kreises so abbilden, dass den geodätischen Linien der Fläche Sehnen des Kreises entsprechen und den unendlich entfernten Punkten derselben die Schnittpunkte der Sehnen mit der Peripherie des Kreises. Daher entsprechen umgekehrt zwei verschiedenen Sehnen, die sich im Innern des Kreises treffen, zwei geodätische Linien der pseudosphärischen Fläche, die sich in einem endlich entfernten Punkt unter einem Winkel, der von 0° und 180° verschieden ist, schneiden: zwei Sehnen, welche auf dem Umfang des Kreises zusammenstoßen, entsprechen zwei geodätische Linien, die nach einem unendlich entfernten Punkt konvergiren und welche in diesem Punkt einen Winkel gleich Null bilden. Endlich entsprechen zwei Sehnen, die sich außerhalb des Kreises treffen oder die parallel sind, zwei geodätische Linien, die in der ganzen (reellen) Ausdehnung der Fläche keinen gemeinschaftlichen Punkt besitzen. Hat man nun eine beliebige Sehne des Kreises pq und im Innern des Kreises einen Punkt r, der nicht auf der Sehne liegt, so kann man von diesem Punkt aus nach der Sehne dreierlei Arten von Geraden ziehen, solche, welche die Sehne entweder innerhalb des Kreises, oder auf der Peripherie desselben, oder außerhalb des Kreises schneiden, beziehentlich zu ihr parallel laufen. Diesen drei Arten von Geraden entsprechen auf der pseudosphärischen Fläche die durch einen Punkt derselben zu einer Geraden gezogenen schneidenden, parallelen und nicht schneidenden Geraden. Da diese Unterscheidung aber die Voraussetzung der Nicht-Euklidischen Geometrie bildet, so kann die pseudosphärische Geometrie als anschauliche Darstellung der Nicht-Euklidischen Geometrie gelten.

Und doch möchte ich die beiden Geometrien aus folgenden Gründen nicht ganz mit einander identificiren. Lobatschewskji baut seine Geometrie ganz wie Euklid auf, nur dass er statt des Satzes, die Summe der Winkel im Dreieck beträgt zwei Rechte, die Hypothese setzt, die Summe der Winkel im Dreieck ist kleiner als zwei Rechte, aber die Kongruenzsätze, soweit sie von der Änderung nicht betroffen werden, beibehält. Ganz ebenso streng würde man die Riemannsche oder sphärische Geometrie erhalten, wenn man statt der Euklidischen Forderung die Voraussetzung, dass die Summe der Winkel im Dreieck grösser als zwei Rechte sei, einführen wollte. Während aber die letztere, soweit sie die Planimetrie betrifft, ihr vollkommen adäquates Bild auf der Kugelfläche im Euklidischen Raum findet, weil nur in dieser ebenso wie in der Euklidischen Ebene eine Verschiebung der Figuren ohne Biegung möglich ist, fehlt es für die Lobatschewskijsche Geometrie an einem solchen, in jeder Beziehung entsprechenden Bilde, da es im Euklidischen Raume keine reelle Fläche konstanter negativer Krümmung gibt, in welcher *ohne Biegung* Kongruenz stattfinden könnte. Diese letztere Forderung neben den übrigen erfüllt allein die imaginäre Kugelfläche, welche freilich nicht anschaubar ist.

(Beez 1888, 17–18)

Bezüglich der Räume von konstanter Krümmung gelangt Beez schließlich zu folgender Einschätzung:

Wir haben uns bis jetzt nur mit dem planimetrischen Teile der nichteuklidischen Geometrie beschäftigt und gesehen, dass man von verschiedenen Ausgangspunkten in der Hauptsache zu denselben Resultaten gelangt, welche sich an einer reellen Fläche konstanter negativer Krümmung veranschaulichen lassen. Es bleibt nun noch die schwierigere Frage zu beantworten, wie sich die nichteuklidische Geometrie im Raume gestaltet. Lobatschewskij und Bolyai haben mit bewunderswürdigem Scharfsinn auch diese Aufgabe auf rein geometrischem Wege gelöst, wiewohl es mir nicht unwahrscheinlich ist, dass ihnen auch hierbei analytische Hilfsmittel zu Gebote gestanden haben, mit denen sie die Richtigkeit ihrer auf synthetischem, jedoch nicht anschaulichem Wege gefundenen Resultate prüfen konnten. Denn wenn auch bei synthetisch-geometrischen Untersuchungen dieselbe logische Verknüpfung der Begriffe stattfindet, wie bei den analytisch-geometrischen,

so läuft man doch im ersteren Falle stets Gefahr[22], dass man mit diesen synthetischen Begriffsentwicklungen leicht Ergebnisse der alltäglichen Erfahrung als scheinbare Denknotwendigkei-
ten vermischt und unwillkürlich und unbewusst gewisse Eigenschaften der Jedermann geläufigen
Raumvorstellung benutzt, die aus den aufgestellten Prämissen sich nicht mit Notwendigkeit ergeben. Es wird sich also zunächst darum handeln, eine Grundlage für die analytische Behandlung
der nichteuklidischen Geometrie des Raumes zu finden. Wenn wir den gewöhnlichen Raum als den
Euklidischen Raum bezeichnen, weil in ihm die Euklidischen Postulate sich mit unserer freilich beschränkten Anschauung decken, so ist zunächst klar, dass wir uns außer demselben keinen anderen
vorstellen können. Aber daraus, dass wir uns etwas nicht vorstellen können, folgt durchaus noch
nicht, dass dasselbe unmöglich oder undenkbar sei. Auch die Unendlichkeit des Raumes und der
Zeit ist nicht vorstellbar und doch lassen wir sie zu, da uns das Gegenteil, ihre Endlichkeit, noch
unbegreiflicher sein würde. Es fragt sich also, lassen sich Räume von drei Dimensionen denken
oder begrifflich definieren, die eine vom Euklidischen Raum verschiedene Beschaffenheit besitzen. Wir haben bereits oben gesehen, dass die ursprünglichste räumliche Vorstellung, die sich in
unserer Seele bildet, die der Fläche ist, aus welcher wir sodann die der Linie abstrahieren. Der Linie
schreiben wir nur eine Ausdehnung zu, der Fläche deren zwei und definieren nun die Linie als eine
ausgedehnte Größe von einer, die Fläche als eine ausgedehnte Größe von zwei Dimensionen. Erst
später lernen wir den Raum als eine ausgedehnte Größe von drei Dimensionen kennen. Nun gibt
es unendlich viele Arten von Linien, unter denen die Gerade die einfachste ist, ebenso unendlich
viele Arten von Flächen, als deren einfachste Spezies wir die Ebene ansehen, warum sollten sich
nicht unendlich viele Arten von Räumen oder ausgedehnten Größen von drei Dimensionen wenigstens denken lassen, als deren einfachster Repräsentant vielleicht gerade unser empirischer Raum
ist. Um hierüber ins Klare zu kommen, haben wir auf gewisse Analogien zu achten, welcher unser
Raum mit den uns bekannten Flächen und Linien darbietet. Zunächst lehrt uns die Erfahrung, dass
ein Körper d. h. ein begrenztes Stück unseres Raumes sich im Raume bewegen lässt, ohne dass
seine Gestalt oder seine Größe sich ändert. Hieraus schließen wir, dass unser Raum homogen oder
in sich kongruent ist, eine Eigenschaft, die wir unter den Linien nur der Geraden, dem Kreis und
der Schraubenlinie, unter den Flächen nur der Ebene und der Kugel, oder, wenn wir Biegung der
Flächen ohne Dehnung zulassen, überhaupt den Flächen konstanter Krümmung zuschreiben. Unser Raum müsste daher nicht notwendig ein ebener oder Euklidischer, er könnte möglicherweise
ein gleichmäßig gekrümmter sein. Genau nach Analogie der Gauß'schen Untersuchungen über das
Krümmungsmaß der Flächen im Euklidischen Raum hätten wir daher zuerst das Krümmungsmaß
eines Raumes von drei Dimensionen (eines R_3), der in einem Euklidischen Raum von vier Dimensionen (einem E_4) liegt, zu berechnen, ferner zu entscheiden, ob sich das Krümmungsmaß auch
aus den inneren Maßverhältnissen eines R_3 bestimmen lasse und ob es möglich sei, einen R_3 in
einem E_4 ohne Änderung der Krümmung zu deformieren.

(Beez 1888, 21–22)

Also findet sich auch bei Beez durchaus noch eine gewisse Zurückhaltung gegenüber
höherdimensionalen Räumen. Er versucht, diese Schwierigkeiten aufzulösen, indem er
zwei Arten von Krümmungstheorien unterscheidet – die Riemannsche und die Kronecker-
sche[23]. Seine Schlussfolgerung lautet dann:

---

[22] S. Helmholtz, Populär-wissenschaftliche Vorträge, 3. Heft, p. 26.
[23] Diese stützt sich auf Kronecker (1869).

Wenn wir daher am Schlusse dieser Abhandlung noch einmal die Frage nach der möglichen Form des Weltenraumes aufwerfen, so dürfen wir diese meiner Überzeugung nach nur vom Standpunkt der Kroneckerschen Theorie aus zu entscheiden suchen. Der Nicht-Euklidische Raum ist nach derselben ein imaginärer, kann also nicht weiter in Betracht kommen, somit bleibt nur die Alternative, unseren dreidimensionalen Raum als das Analogon entweder der Ebene oder der Kugel anzusehen, da es ausser diesen beiden keinen dreidimensionalen Raum geben kann, welcher in sich congruent oder homogen ist. Angenommen, er wäre ein kugelförmiger, Riemannscher, so würde er zu seiner Existenz mindestens einen E_4 nöthig haben, gerade so wie der Kreis mindestens eine Ebene, die Kugelfläche mindestens einen ebenen Raum von drei Dimensionen voraussetzt. Es fällt also die Hypothese von der Kugelgestalt unseres Raumes zusammen mit der Annahme einer vierten Dimension. Diese scheint mir aber sehr wenig plausibel zu sein. Die Analysis findet zwar kein Bedenken, die Zahl der Dimensionen d. h. die Zahl der unabhängig Veränderlichen einer Mannigfaltigkeit beliebig zu vermehren, ob aber dieselben dann noch eine ausgedehnte Mannigfaltigkeit zu repräsentiren vermögen, darüber vermag sie uns direkt keinen Aufschluss zu geben. So schwerwiegend auch ihre Bedeutung als logisches Hilfsmittel ist, um aus gegebenen Prämissen unzweifelhaft richtige Schlüsse zu ziehen, so wenig kann sie über die Zulässigkeit der Prämissen selbst entscheiden. Nur wenn man ihre Schlüsse mit gewissen Inductionsschlüssen vergleicht, zu denen uns die Erfahrung leitet, kann man einen Rückschluss auf die Statthaltigkeit der Prämissen ziehen. Der Einwand, den ich schon früher gegen die Hypothese von höheren Räumen gemacht habe, ist der, dass sie sich in einem Raum von einer Dimension mehr nicht ohne Dehnung deformiren lassen, entgegen unserer Erfahrung an Linien und Flächen. Den Grund, dass eine solche Biegung ohne Dehnung bei den letztgenannten möglich ist, finden wir darin, dass diese Raumgebilde nach der Richtung, in welcher wir sie biegen, unendlich dünn sind. Deshalb sehen wir vom geometrischen Standpunkt nicht ein, warum nicht auch ein R_n nach der $(n + 1)^{ten}$ Dimension in einem E_{n+1} ohne Dehnung gebogen werden könne, da er ja nach dieser Richtung auch unendlich

dünn ist. Möglicherweise könnte aber die vermehrte Zahl der Dimensionen das Hinderniss bilden. Dies ist aber auch nicht der Fall. Der allgemeine Satz erleidet, wie schon oben erwähnt wurde, eine Ausnahme, die Killing zuerst publicirt hat und die meiner Rechnung nach darin besteht, dass ein R_n sich in einem E_{n+1} ohne Dehnung biegen lässt, sobald mindestens $n - 2$ Krümmungshalbmesser unendlich werden.[*] So wie sich eine Fläche
$$x_3 = f(x_1, x_2)$$
deformiren lässt in einem E_3, ebenso auch ein R_n
$$x_{n+1} = f(x_1, x_2)$$
in einem E_{n+1}, so dass also die Deformationsfähigkeit gar nicht von der Zahl der Dimensionen abhängt. Dass damit die Hypothese von der vierten Dimension plausibler wird, will mir nicht einleuchten; auch kann der ebenfalls von Killing erwähnte Satz, dass die gewöhnliche Ebene bei einer Biegung in einem vierdimensionalen Euklidischen Raum ihre Eigenschaft, gerade Linien zu enthalten, vollständig verliert, wohl nicht zu Gunsten der genannten Hypothese gedeutet werden.

[*] S. auch F. Schur, Math. Ann. XXVII, p. 172. Der Killingsche Satz p. 239 scheint weniger allgemein zu sein.

(Beez 1888, 31–32)

Als nächstes möchte ich die Straßburger Programmabhandlung „Zu den Grundlagen der nicht-euklidischen Geometrie" von Max Simon vorstellen.

Max Simon (* Kolberg (Preußen) 1844, † Straßburg 1918), 1862–68 Studium der Mathematik in Berlin, Abschluss Promotion und Lehramtsprüfung, 1868–70 unständiger Lehrer in Berlin, Teilnahme am Krieg 1870/71, ab 1872 Lehrer in Straßburg, 1903 ordentlicher Honorarprofessor an der Universität Straßburg für Geschichte der Mathematik, hielt dort aber auch didaktische Vorlesungen; Autor mehrerer Lehrbücher (hauptsächlich zur Geometrie), Arbeiten zur nichteuklidischen Geometrie, zur Geschichte und zur Didaktik der Mathematik. Vgl. Schmidt (1985) und Volkert (1994a) sowie Volkert (1994b).

Zu den

Grundlagen der nicht-euklidischen Geometrie.

Herrn

ERNST EDUARD KUMMER

zum 60jährigen Doktor-Jubiläum

10. September 1891

gewidmet von

MAX SIMON.

STRASSBURG

STRASSBURGER DRUCKEREI UND VERLAGSANSTALT,

vormals R. Schultz & Co.

1891.

Zu den

Grundlagen der nicht-euklidischen Geometrie.

---

§ 1. Einleitung.

Die Kenntnis der geistigen Arbeit, welche sich besonders in den letzten hundert Jahren auf dem Gebiet der Voraussetzungen und Grundbegriffe der Mathematik vollzogen hat, ist für den Lehrer die wichtigste von allen. Bei ihrem Erwerb ist er leider fast ganz auf sich angewiesen; erst in neuester Zeit sind zwei Werke erschienen, welche eine teilweise Übersicht gestatten: System einer Theorie der Grenzbegriffe von Dr. Benno Kerry, und Inhalt und Methode des planimetrischen Unterrichts von Dr. Heinrich Schotten. Herr Schotten bemerkt mit nur zu grossem Recht, dass eines der schwersten Übel, an denen der Unterricht leidet — die übergrosse Zahl der Lehrbücher — im wesentlichen auf Mangel jener Kenntnis beruhe. In der Arithmetik ist allerdings in den letzten 10 Jahren eine gewisse Übereinstimmung erreicht. Mit der Kant'schen Unterordnung der Zahl unter die Zeit ist gebrochen worden. Die Zahl ist dem rein logischen Begriff der Zuordnung unterstellt. Anders steht es mit der Geometrie: soviel Grundbegriffe, soviel Streitfragen! Punkt, Gerade, Ebene hat noch kein Mensch zufriedenstellend erklären können. Über die Voraussetzungen, welche der Geometrie zu Grunde liegen, ist seit den Arbeiten Riemann's und Helmholtz' eine erbitterte Fehde entbrannt. Selbst die Vorfrage, ob die Geometrie a priori oder Erfahrungswissenschaft, ob die Raumvorstellungen angeboren oder erworben, ist im höchsten Masse streitig. Eine von der gewöhnlichen euklidischen Geometrie abweichende Raumlehre verwerfen fast sämtliche Philosophen von Fach, Idealisten wie Realisten, Nativisten und Empiriker, während mit Gauss fast sämtliche schaffende Mathematiker auf der andern Seite stehen. In allerneuester Zeit scheint sich das Verhältnis zu ändern. Philosophen wie Erdmann, Liebmann, Kerry erkennen die Berechtigung der nicht-euklidischen Geometrie an; Mathematiker, unter dem zunehmenden Einfluss Schopenhauer's, suchen zu beweisen, dass sie den Bedingungen einer mög-

lichen Erfahrung widerspreche. Ich verstehe unter nicht-euklidischer Geometrie
im allgemeinsten Sinne eine Geometrie, welche Annahmen über den Raum zulässt, welche von unseren gegenwärtigen Vorstellungen abweichen. Insbesondere
gilt als möglich, dass der Ort oder das Einzelne im Raum durch mehr als drei
Abmessungen (Dimensionen) bestimmt werde, oder, was dasselbe, dass es in einem
Punkt mehr als drei Gerade gebe, welche gegenseitig auf einander senkrecht stehen.
Ferner gilt als zulässig, dass in diesem n-dimensionalen Raume die Winkelsumme
im Dreieck ebenso wohl grösser oder kleiner als gleich 2 Rechten sein könne, oder,
was dasselbe, durch einen Punkt in der Ebene einer Geraden keine, zwei oder
nur eine Parallele zu der Geraden gezogen werden könne. Die betreffenden Annahmen können auch ersetzt werden durch die, dass der Raum endlich oder unendlich und, wenn unendlich, entweder die Gerade im Unendlichen offen oder geschlossen sein könne, oder auch, was dasselbe, dass der Raum positiv, negativ
oder gar nicht gekrümmt sei. Es ist merkwürdig, dass der zeitlich erste Gedanke
einer solchen «Metageometrie»[1]) gerade von Kant selbst herrührt, wie man u. a.
bei O. Liebmann in der «Analysis der Wirklichkeit» S. 74 oder bei Erdmann,
Axiome d. Geom. S. 82, nachlesen kann. Die Lehre Kant's von der transcen-
dentalen Idealität oder der reinen Subjektivität des Raumes ist Gemeingut aller
Gebildeten, und gerade die Axiome und Sätze, auf welche es hier ankommt, erwähnt Kant ausdrücklich und zwar in für das System grundlegenden Schriften.
«Der Raum hat drei Dimensionen oder ist dreifach ausgedehnt; zwischen 2 Punkten
ist nur eine Gerade möglich; zu einer Geraden giebt es durch einen Punkt ausserhalb derselben nur eine Parallele, im Dreieck ist die Winkelsumme 2 Rechte;
der Raum ist unendlich.» Was den letzteren Punkt betrifft, so führt Kant dafür
nur die Grenzenlosigkeit im Fortgange unserer Anschauung an; ihm ist unbegrenzt und unendlich noch eins. Die Unterscheidung rührt nicht, wie bisher angenommen, von Riemann her[2]), sondern von Bolzano. Sie findet sich in den
«Parodoxien des Unendlichen» S. 11 ff. und S. 82 ff.; ich benutze die Gelegenheit, um dem Oberbibliothekar Herrn Prof. Dr. Barack meinen Dank für die Beschaffung der seltenen Schrift auszusprechen. Bolzano, als Denker Kant eben-
bürtig, ist auffallend wenig bekannt geworden. Wie Kant erklärt er die euklidische Geometrie als Wissenschaft a priori und apodiktisch gewiss, aber im
Gegensatz zu Kant, beruhe sie nicht auf der reinen Anschauung, sondern sei
rein logisch. «Raum ist (Wissenschaftslehre § 29; Parad. des Unendl. § 41; Über

---

1) Der Ausdruck rührt von Herrn Beez her.
2) Selbst Kerry, der Bolzano wie wenige kannte, l. c. S. 87.

die 3 Dim. des Raumes § 4) der Inbegriff aller Orte und Ort diejenige Bestimmung der wirklichen Dinge, die wir zu ihren Kräften noch hinzudenken müssen,
um ihre Wirksamkeit zu begreifen.»

Bolzano hat in der That und zwar in der bereits 1804 erschienenen, ebenfalls seltenen Schrift: «Betrachtungen über einige Gegenstände der Elementargeometrie» den Versuch gemacht, die Geometrie rein logisch, frei von jeder Anschauung, auch Bewegung, zu begründen. In der Ausführung erklärt er allerdings
selbst, es sei ihm unmöglich gewesen, streng zu beweisen, dass es von *A* nach *B*
so weit wie von *B* nach *A*, oder dass Winkel *A B C* gleich *C B A* sei. Die Schrift
enthält die für den Unterricht klarste Definition der Ähnlichkeit und das Princip:
«Dinge, deren bestimmende Stücke gleich sind, sind selbst gleich»; worin ein
auffallendes Zusammentreffen mit Grassmann liegt. Dieses Princip gestattet, die
Kongruenzsätze frei von jeder Bewegung zu beweisen. Es dient dazu, das von
Schopenhauer als entweder folgewidrig oder nichtssagend angefochtene Axiom 8
des Euklid: «Figuren, die sich decken, sind einander gleich» (Welt als W. u.
V., Bd. II S. 143; Erdmann Ax. d. Geom.; Simon, Ref. in d. Deutsch. Littz.
1887, Nr. ·37) zu ersetzen.

(Simon 1891, 1–3)

Simon gibt hier in der für ihn typischen assoziativen und wenig geordneten Art einen
Überblick zur Diskussionslage um die nichteuklidische Geometrie. Er kommt sodann auf
deren Geschichte zu sprechen:

> Der eigentliche Urheber der nichteuklidischen Geometrie, sowohl dem Namen als der Sache nach,
> ist Gauß.

(Simon 1891, 3)

Also auch bei Simon die deutliche Überschätzung der Rolle von Gauß. Die weitere Entwicklung kennzeichnet er so:

Gauss hat seiner Gewohnheit gemäss auch über die nicht-euklidische Geometrie nichts Weiteres veröffentlicht; aus dem Brief an Schuhmacher vom 12. Juli 1831 weiss man, wie völlig er das Gebiet beherrschte. Er hat sicher seinen Jugendfreund Wolfgang Bolyai und damit auch Johann beeinflusst, vielleicht auch Lobatschewsky. In einem Vortrag zu Kasan am 12. Februar 1826 veröffentlichte dieser die erste Geometrie, für welche das elfte Axiom des Euklid nicht gilt. Axiom XI, «das Parallelenaxiom», lautet: Zwei gerade Linien, von einer dritten so geschnitten, dass die beiden an einer Seite der Schneidenden gelegenen, inneren Winkel zusammen kleiner als 2 Rechte sind, schneiden sich, genügend verlängert, an dieser Seite. Der Grund, weshalb es von jeher anstössig gewesen, liegt einfach darin, dass es nicht logisch wie die Axiome 1—7 und nicht anschaulich wie die andern, denn das Schneiden kann bei einiger Annäherung an 2 Rechte nicht beobachtet werden und das Nichtschneiden nie. Axiom XI ist ganz unzweifelhaft, wie schon Proklos, der bedeutendste Commentator des Euklid bemerkt hat (Erdmann, Ax. d. Geom.), hervorgegangen aus der Umkehrung einer Folgerung aus dem auf einer oberflächlichen Anschauung beruhenden Satze: «Die Winkelsumme im Dreieck ist 2 Rechte.» Hankel hat in den Vorlesungen über komplexe Zahlen und deren Funktionen § 14, S. 52 angegeben, dass es überhaupt nur durch ein Missverständnis unter die Axiome geraten sei[1]. Hiermit mag auch eine Frage beantwortet sein, welche im Programm von Markirch vom Jahre 1886, S. 4 aufgeworfen ist.

Gauss zwar nicht, wohl aber Lobatschewsky und Bolyai gingen unzweifelhaft von der Anschauung aus, wie in «Elem. der Geom.» u. s. w. S. 45 näher ausgeführt ist, und zwar trotz der «erbarmungslosen Folgerichtigkeit» ihrer Deduktionen. Die Veröffentlichung des Briefwechsels zwischen Gauss und Schuhmacher 1862 rief die ersten Arbeiten Beltrami's hervor, welchem es gelang, die Geometrie Lobatschewsky's auf der «Pseudosphäre» zu versinnlichen. Auch Hoüel's Essai critique ist dadurch veranlasst. Die Habilitationsvorlesung Riemann's über die Hypothesen, welche der Geometrie zu Grunde liegen, wurde 1867 gedruckt, ihr folgte 1868 Helmholtz' Vortrag in dem naturhistorisch-medizinischen Verein zu Heidelberg, ausführlicher im selben Jahre in den Verhandl. d. k. Gesellsch. d. Wissensch. zu Göttingen. Beide Arbeiten lehren die gleiche Berechtigung dreier Geometrien des dreidimensionalen Raumes, die von Riemann stellte die Hypothese des n-dimensionalen Raumes zuerst auf.

---

1) Hankel hätte die betreffende Stelle aus der Ausgabe des Euklid von August, Th. II. 1829, S. 311 entnehmen können.

Den ersten und zugleich den besten Überblick über die Entwicklung der nicht-euklidischen Geometrie findet man in der Abhandlung von Felix Klein im 4. Band der Annalen, selbst eine Perle der betreffenden Litteratur. Ich möchte nur bemerken, dass der Grundgedanke von Felix Klein sich mit dem von Beltrami deckt. Beide gehen von der Transformation aus, der eine synthetisch, der andere analytisch. Erdmann (Axiome d. Geom. S. 124) hat Herrn Klein missverstanden. Felix Klein will nur sagen, dass der Mathematiker nicht für die Voraussetzungen sondern für die Folgerungen aufzukommen hat. Ihm ist die reelle Welt nur ein besonderer Fall unter der unendlichen Anzahl möglicher Welten.

Reich an Litteraturangaben ist auch «Frischauf, Elem. d. abs. Geom., Leipzig 1876». Es ist das bleibende Verdienst des Herrn Frischauf, dass er als der erste den Appendix Johann Bolyai's den deutschen Mathematikern zugänglich gemacht hat. Sehr reich an Litteraturangaben, allerdings auch an Phrasen ist Erdmann, Axiome d. Geom. Ich muss seinen Angriffen gegenüber den tüchtigen Mathematiker J. K. Becker in Schutz nehmen. Die von Herrn Erdmann S. 83 angegebenen Axiome reichen so wenig wie sein Kap. 4 aus, darauf ein Lehrbuch der Geometrie zu gründen, während das des Herrn Becker alles Lob verdient, auf welchem philosophischen Standpunkte man auch stehen möge. Schliesslich möchte ich noch einige neuere Litteratur angeben:

Most: die abs. Geom. und Mech. mit Berücksichtigung der Frage nach den Grenzen des Weltraumes; Programm der Ober-Realschule zu Coblenz 1882/83. Diese Schrift ist die einzige mir bekannte, welche die Hypothese von der Endlichkeit des Raumes im einzelnen durchzuführen versucht; freilich kommt auch Herr Most nicht aus ohne Voraussetzungen, welche sich bei Riemann und Helmholtz nicht finden.

Alfons Schmitz: Aus dem Gebiet der nicht-euklidischen Geom., Programm von Neuburg a. D. 1884. Die Arbeit enthält einen kurzen Beweis des Satzes: Der Parallelwinkel nimmt mit zunehmender Distanz ab, und eine völlig zutreffende Kritik des Bertrand'schen Parallelenbeweises.

Max Simon: Elem. der Geom. mit Rücks. auf d. abs. Geom., Strassburg 1890, und ein kleiner Aufsatz desselben Verfassers, Element.-geom. Ableitung der Parallelenkonstruktion in der abs. Geom., Journal Band 107, angefügt ist eine Constr. der Tangente von einem Punkt ausserhalb an den Kreis, welche einfacher ist als die gebräuchliche und für alle drei Geometrieen gültig bleibt.

(Simon 1891, 5–6)

Man bemerkt, dass bei Simon recht subjektive Wertungen mit objektiven Fakten bunt vermischt werden. In den Details ist Vorsicht geboten. Dennoch ist das Simonsche Programm ein interessantes Dokument, macht es doch deutlich, wie Mathematiklehrer am Ausgang des 19. Jhs. ihre Rolle sahen: souverän und gewöhnt, dass man ihnen zuhört.

Die weiteren Ausführungen von Simon betreffen hauptsächlich die Frage höherer Dimensionen, die er (und die meisten Autoren seiner Zeit) – wie oben in der Einleitung zu lesen – in den Themenkomplex „nichteuklidische Geometrie" einbezieht. Es gibt hierzu auch lange Erörterungen zur Frage des (sinnes-)physiologischen Ursprungs der geometrischen Grundbegriffe etwa des Dimensionsbegriffs.[ii]

Zur Kritik an der neuen Geometrie lesen wir:

Man muss freilich unterscheiden zwischen den begründeten Angriffen[24] eines Beez und den unbegründeten von Dühring und Genossen, zu denen leider auch Lotze gehört. Es ist betrübend, dass ein Denker wie Dühring in seiner „Geschichte der Mechanik" in der absprechendsten Weise urteilt, ohne auch nur den Versuch zu machen, sein Urteil zu begründen.

(Simon 1891, 21)

Schließlich finden sich gegen Ende noch einige Zeilen zur nichteuklidischen Geometrie im engeren Sinne:

§ 8. Das Parallelenaxiom.

Ganz anders liegt die Sache für die drei Geometrien des dreidimensionalen Raumes. Da sind nicht nur die beiden krummen Räume a priori gleich berechtigt mit den ebenen, sondern sie sind a priori unendlich viel wahrscheinlicher. Sie enthalten eben eine Hypothese weniger (Elem. d. Geom. S. 46 und Kerry

l. c.¹) und deshalb jenen als speziellen Fall unter sich. Am klarsten erhellt dies aus den Arbeiten Felix Klein's über die möglichen projektivischen Massbestimmungen. Der Grund, weshalb wir an die euklid. Geometrie glauben, ist recht einfach. Lobatschewsky hat es ausgesprochen, Klein hat es bestätigt, und Riemann hat es vorausgesetzt, dass im Unendlichkleinen alle drei Geometrien zusammenfallen, und alles Menschliche ist dem Weltraum gegenüber unendlich klein. Der Versuch Lobatschewsky's, durch Messung von Dreiecken mit der für uns grösstmöglichen Basis zu bestimmen, ob die Winkelsumme im Dreiecke kleiner als zwei Rechte sei, war vollkommen berechtigt, so gut wie der Versuch von Zöllner, kosmische Gründe für das Grössersein aufzufinden. Aus dem Misserfolg Lobatschewsky's kann nur geschlossen werden, dass entweder die Winkelsumme stets gleich 2 Rechten oder, was das bei weitem Wahrscheinlichere ist, dass auch der Durchmesser der Erdbahn gegen den Weltmassstab verschwindet. Allen Angriffen gegenüber kann ich nur auf die Worte Kerry's l. c. S. 124—128 verweisen. In der That, gesetzt die Messungen ergäben die Winkelsumme des Dreiecks abweichend von 2 Rechten, so würde die Revolution unserer geometrischen Begriffe sich mit unfehlbarer Sicherheit, wenn auch äusserst langsam vollziehen, gerade so wie sie sich durch die Lehre des Kopernikus in Bezug auf unsere Weltanschauung vollzogen hat.

(Simon 1891, 28–29)

Im Folgenden setzt sich Simon, wie schon oben Beez, kritisch mit einigen Beweisversuchen für das Parallelenpostulat auseinander; auch er betrachtet Legendre, Thibaut und

---

[24] Es geht hier hauptsächlich um die vierte und höhere Dimensionen.

Bertrand. Offensichtlich war diese Kritik selbst 1891 noch ein wichtiges Thema, dem man sich durchaus widmen konnte.

Max Simon war vierzig Jahre lang Gymnasiallehrer in Straßburg (1872–1912). Insofern ist es nicht erstaunlich, dass er sich Gedanken darüber machte, ob und wenn ja, wie, die nichteuklidische Geometrie den Unterricht am Gymnasium beeinflussen könne. Einige seiner Ideen hierzu teilte er in der Schrift „Die Elemente der Geometrie mit Rücksicht auf die absolute Geometrie" (1890) sowie in seiner bekannten „Didaktik und Methodik des Rechnens und der Mathematik" (1908) mit. Ich möchte hier eine Passage aus Simons Bericht „Über die Entwicklung der Elementar-Geometrie im XIX. Jahrhundert" (1906)[iii] zitieren, in der er einen Überblick zur methodischen (wir würden heute eher sagen: didaktischen) Diskussion um die Geometrie gibt:

3. Methodik. Die Methodik des geometrischen Elementarunterrichts steht in ganz engem Zusammenhang mit der Philosophie; die große Frage, ob die Geometrie zu den reinen Geisteswissenschaften oder zu den Erfahrungswissenschaften gehört, ist noch immer streitig. Stehen auf der einen Seite *Bolzano* und *Kant*, so auf der andern *Gauß* und *Riemann* und mit ihnen die Gesamtheit der jetzigen Hochschulmathematiker. — *Ampère* hat in seiner großen Klassifikation aller Wissenschaften die Mathematik an die Spitze der Erfahrungswissenschaften gestellt (Philosophie des sciences, Paris 1835). Referent hat seinem eigenen Standpunkt in der Festschrift für *E. E. Kummer* Ausdruck gegeben: „Die Geometrie ist eine chemische Verbindung von Anschauung und Logik, aber der Logik gebührt der Löwenanteil." Man lese auch den ersten Artikel in *F. Enriques*, Questioni riguardanti la geometria elementare, Bologna 1900.

Wir haben jetzt in allen Ländern für die Methodik des Unterrichts bestimmte Zeitschriften, wie die *Hoffmann*sche in Deutschland, den Periodico in Italien, *Langley's* Mathem. Gaz., aber sie füllen ihre Spalten nicht mit Methodik, sondern mit Methoden; eine Ausnahme schien die 1899 begründete *Laisant-Fehr*sche Zeitschrift „L'enseignement mathématique" zu bilden. Es ist ja auch klar, daß ein Werk wie *Petersen's* Methoden und Theorien, so wenig es auch den Schülern *Schellbach's* und *Bertram's* Neues bot, auf die Methodik Einfluß geübt hat, und gleicher Einfluß oder noch größerer kommt *Paul Serret's* Des méthodes (1855) und besonders dem großen Werke *Duhamel's* von 1865—68 und auch seiner Differentialrechnung zu.

Sehr viel Material ist in den Zeitschriften zerstreut, wie z. B. in den *Rethwisch*schen Jahresberichten von *Thaer*, in den Literaturberichten *Moritz Cantor's*, *Terquem's* (Nouv. Annales), *Loria's*, ebenso in Reden, in Rektoratsreden wie die *Reye*sche und die von *Guido Hauck*, viel in Besprechungen, in den Direktorenkonferenzen, auf Kongressen, das meiste in den Vorreden der Lehrbücher, besonders der deutschen, da es deren Verfasser lieben, die Berechtigung ihrer Bücher a priori zu begründen.

Es besteht seit längerer Zeit (1891) in Deutschland der Verein zur Förderung des Unterrichts in der Mathematik und den Naturwissenschaften mit einem eigenen Organ (seit 1895), den „Unterrichtsblättern"; das in *Bernhard Schwalbe* für den naturwissenschaftlichen Teil eine so stolze Kraft gefunden hatte, für den mathematischen aber unter Leitung der Herren *Pietzker* und *Richter* (Wandsbeck) manch seltsame Blüte getrieben hat. Ich führe nur an, daß 1899, p. 93 der Winkel als Akt der Drehung selbst erklärt wird. In Italien, wo die Methodik und die Philosophie der Elementargeometrie zur Zeit wohl in der höchsten Blüte steht — ich nenne nur *Peano, Enriques, Loria, Veronese, Ingrami, Sannia, d'Ovidio, Lazzeri* — hat sich seit 1896 ein analoger Verein unter dem Namen „Mathesis" gebildet, und es genügt für seine Bedeutung seinen ersten Präsidenten *Bettazzi* zu nennen und das Vereinsorgan, den „Periodico". Die älteste Vereinigung ist wohl die englische Association for the improvement of geometrical teaching (A. I. G. T.) von 1871, die unter dem Vorsitz von *Hirst*, unter dem Einfluß von *De Morgan* und ganz besonders *Sylvester* sofort gegen die bisherige ausschließliche Benutzung des Euklid in England Stellung nahm und von der der Auftrag ausging, einen Syllabus, einen neuen allgemein verbindlichen Normallehrplan, auszuarbeiten, der aber bis dato meines Wissens nicht zustande gekommen ist; wenigstens haben die „Elements of plane geometry" von 1889 keine autorative Geltung gefunden. Der Verein heißt neuerdings Mathematical Association.

Ins einzelne gehende Lehrbücher der elementarmathematischen Methodik kenne ich aus dem 19. Jahrhundert von *Wittstein, Dauge* (Gent), *Reidt* und *M. Simon*, man kann auch *Mager, H. Bertram, Duhamel, Hoüel* nennen. *Laisant's* La mathématique, philosophie enseignement, Paris 1898, ist eigentlich mehr eine causerie des Verfassers als eine Anleitung zum Unterricht; ich bemerke, daß die Franzosen unter Philosophie der Mathematik etwas ganz anderes zu verstehen scheinen als die Deutschen und die Italiener. Den Gegensatz markieren am besten *Richard's* Sur la philosophie des mathématiques, Paris 1903 und *H. Cohen's* tiefsinnige „Logik der reinen Erkenntnis", Berlin 1902. Wunderlich ist *Laisant's* Ansicht über die Trigonometrie, die doch schon seit Nasir Eddin einen selbständigen Zweig der Mathematik gebildet hat.

Was in der Enzyklopädie von *Rein* über mathematische Methodik steht, ist des Erwähnens nicht wert; dagegen sind die (*Exner'*schen)

Instruktionen für die österreichischen Gymnasien von 1885 geradezu
eine hervorragende Methodik; auch der sächsische Lehrplan von 1893
ist methodisch nicht unwichtig. Die neuen allgemeinen Lehrbücher
der Pädagogik von *Schiller* und *Ziegler* sind, was Mathematik betrifft,
dürftig. Speziell für amerikanische Verhältnisse berechnet sind die
methodischen Anleitungen von *D. E. Smith* (1900) und *J. W. A. Young*
(1904).

Weit wichtiger als die Bücher sind die Personen; Lehrer wie
Konrad Dasypodius, Sturm, der Verfasser der Mathesis juvenilis, *Joachim
Jungius, Klimm* in St. Afra, *Hohlfeld* in Leipzig, *Simon Ohm, E. E.
Kummer, Schellbach, H. Bertram, Emil Lampe* sind lebendige Lehrbücher der Methodik. Und nicht minder ist der Einfluß der Wissenschaft
und ihrer Vertreter, der Hochschullehrer. *Monge, Hachette, Legendre*
und die ganze Schar der großen Lehrer der Ecole polytechnique, in
neuerer Zeit: *Beltrami, A. Brill, Casey, Catalan, Cayley, Clebsch, Cremona,
Darboux, Glaisher, Hoüel, F. Klein, Kummer, Loria, Mansion, Neuberg,
Pasch, Petersen, Th. Reye, Riemann, Schur, Steiner, Sylvester, Taylor,
Veronese* und so viele andere haben ganz direkt auf die Geometrie der
Mittelschulen den größten Einfluß geübt. Nicht minder stark, wenn
auch indirekt ist der Einfluß von *Gauß* — man denke nur an die
nicht-euklidische Geometrie — und der von *Weierstraß,* der via *Georg
Cantor*'s Mengenlehre zu der Arithmetisierung der Geometrie geführt hat.

Den größten Dank schuldet wenigstens die deutsche Schule *Baltzer*'s
Elementen der Mathematik. *Baltzer* ist ganz besonders wertvoll durch
die äußerst zuverlässigen literarhistorischen Angaben. Sehr beachtenswert ist auch die neue Enzyklopädie der Elementarmathematik von
Weber und *Wellstein.*

Es läßt sich eine dreifache Bewegung im 19. Jahrhundert beobachten. Das Verlassen des dogmatischen Standpunktes zugunsten des
genetischen im Zusammenhang mit der von *Monge* ausgehenden synthetischen Geometrie und damit das immer stärkere Hervortreten der
Aufgaben und Konstruktionen, eine Strömung, die in *Herbart* ihre
philosophische Begründung fand und vielfach dazu führte, *Euklid* als
Lehrbuch zu verlassen. Von philosophischer Seite geht dann auch die
immer stärkere Betonung der Anschauung in der Geometrie als eines
selbständigen und wichtigen Faktors aus; sie geht auf *Rousseau, Kant*
und *Pestalozzi* zurück, der, wie mir scheint, in *La Chacotais*' Education
nationale von 1763 — einem Werke, das unter dem Einflusse von
Rousseau steht — einen Vorläufer gehabt hat, wird von *Herbart*
(A B C der Anschauung) mächtig gefördert und erreicht durch *Schopenhauer* ihren Höhepunkt: Beide Bewegungen gehen gelegentlich über ihr

Ziel hinaus, z. B. bei *G. Friedrich*, Die Aufgabe als Basis des geometrischen Unterrichts, Programm, Tilsit 1883. Der Unterricht zersplittert
sich in Einzelheiten; die Schüler verlieren jeden Einblick in den Zusammenhang. Und Schriften wie das Nordhauser Programm von *Kosack*
und die schwächliche Schrift *zur Nieden's* verweigern der Logik den
Tribut, der ihr gebührt.

Das Streben nach Anschauung führte auf den Gedanken, Stereometrie und Planimetrie (ähnlich wie Differential- und Integral-Rechnung)
nicht mehr zu trennen im Anschluß an *Pestalozzi*, wofür ich *W. Fiedler*
in Zürich, *Lazzeri* und *Gino Loria*, der selber *De Paolis* (1884) den
Apostel dieser Idee nennt, anführe. Wissenschaftlich geht diese Idee
auf *Monge* und *Poncelet* und *v. Staudt* zurück. Für den Unterricht hat
die „Fusion", um mit *Loria* zu reden, zuerst *Gergonne*, Ann. 16, p. 209,
gefordert und mit ihm *Crelle;* der erste durchgeführte Versuch stammt
von *Mahistre;* das Referat von *L. Ripert* 1899, Enseignement 1, p. 63,
gibt 1844 an, das ist aber die 2. Aufl.; weit schärfer durchgeführt ist
der Versuch von *Méray* 1874. In Italien hat sich die Mathesis für
die Fusion ausgesprochen (*G. Loria*, A few remarks on the „syllabus" of modern plane geometry, 1892, La fusione della planimetria
con la stereometria, Periodico 15 [1900]). In Deutschland sind von
Holzmüller Anläufe dazu genommen, die Nachahmung fanden, z. B. *Thieme*
1902, aber weit früher ist *Bretschneider* zu nennen (s. Lehrbücher)
1844.

Drittens wirkt die kritische Richtung, welche die Signatur der
Mathesis des 19. Jahrhunderts ist, auf die Schulen ein und zeigt sich
in der immer stärkeren Verbreitung der nicht-euklidischen Geometrie,
sowie in der Kritik der Grundlagen; sie führt dazu, die Grundlagen möglichst unabhängig vom Parallelenaxiom zu gestalten, und führt so
schließlich wieder auf *Euklid* zurück; ich nenne *Todhunter*, *Sannia*,
D'Ovidio, *Faifofer* (Italien), *Max Simon* (Straßburg).

Aber auch dem Zeitgeiste kann sich die Schule nicht entziehen; die
Gewalt der wirtschaftlichen Interessen verlangt greifbaren Nutzen; so
dringt zunächst die darstellende Geometrie in die Schulen ein, und es
erhebt sich das Verlangen, den Zeichenunterricht zu geometrisieren.
Zu nennen sind: *W. Fiedler*, *A. Brill* und *H. Schotten*, auch *Laisant*.
Dann aber greift die utilitaristische Strömung weiter; die Techniker
an den Hochschulen verlangen, daß die Mathematiker die Beispiele
aus der Praxis nehmen, und besonders der Verein zur Förderung etc.
macht sich zum Träger dieser auf die Verwertung für die Praxis gerichteten Strömung, welche die Mathematik nicht mehr um ihrer selbst,
sondern um ihres Nutzens willen, als Hilfswissenschaft, gelehrt wissen

will. — Für Frankreich vergleiche man z. B. *Laurent*, Considérations sur l'enseignement des mathématiques etc., L'Enseignem. 1 (1899), p. 38: „L'enseignement, celui des mathématiques en particulier, doit être *utilitaire*." Den Höhepunkt bildeten die sogenannten *Richter*schen Leitsätze, welche 1892 in den Braunschweiger Beschlüssen des Vereins zur Förderung des Unterrichts bereits abgeschwächt erscheinen.

Am Schluß des Jahrhunderts wird die angewandte Mathematik unter dem Einflusse *F. Klein*'s, *Guido Hauck*'s und anderer Prüfungsgegenstand für die Lehramtskandidaten. Wem die Lehrpläne *Francke*'s in Halle und der Ritterakademien des 18. Jahrhunderts bekannt sind mit ihrer Feldmessung, Festungsbaukunst, Gnomonik etc., der wird das alte Wort *Akiba*'s, daß es nichts Neues unter der Sonne gibt, wieder einmal bestätigt finden.

(Simon 1906, 12–16)

In Simons „Didaktik und Methodik" (2. Auflage 1908) – eine der ersten ihrer Art in deutscher Sprache – lesen wir zur Bedeutung der nichteuklidischen Geometrie für den Lehrer:

Die Nichteuklidische Geom. hat den inneren Zusammenhang der Sätze und Axiome aufgehellt, und dies Verdienst bestreiten auch die Gegner nicht, sie hat uns bewiesen, dass der Meister sein berühmtes erstes Buch wie ein wahres Kunstwerk nach innerlichem Zusammenhang verfertigt hat, dessen Triebfeder das Parax. oder w. d. der Satz von der Winkelsumme im Dreieck ist. Aber noch immer kann man lesen, was seit Legendre eine Art Dogma geworden ist, der Zusammenhang der Sätze sei bei Euklid der rein äußerliche – dass kein Satz früher als die ihn stützenden bewiesen wird.

[...]

Für die erste Einführung in das Gebiet kann ich der Lehrerwelt nur meine Festschrift von 1891 empfehlen, und für die Weiterbildung die „Nichteuklidische Geom." von H. Liebmann, Samml. Schubert 49, 1905. – J. Frischauf, Leipz., 1876 ist längst überholt, immerhin hat er das Verdienst, auf diese Materie hingewiesen zu haben, allerdings nach Houël.

(Simon 1985, 116)

Wie weit Simons kritische Schule den Geometrieunterricht tatsächlich beeinflusste, ist schwer zu sagen. Spuren einer solchen Beeinflussung sind aber selten auffindbar, weshalb hier doch Skepsis angebracht zu sein scheint.

Friedrich Schur (* Maciejewo [Provinz Posen] 1856, † Breslau 1932), Studium der Mathematik in Breslau (Bekanntschaft mit J. Rosanes und E. Schröter) und Berlin, dort 1879 Promotion bei Kummer, später Assistent von Klein in Leipzig, danach Professor in Dorpat (heute Tartu) 1888, in Aachen (1892), Karlsruhe (1897), Straßburg (1909) und 1919 (nach Entlassung in Straßburg) in Breslau; neben W. Killing und M. Pasch der dritte Geometer der Berliner Schule. Friedrich sollte nicht mit Issai Schur verwechselt werden; es bestand keine verwandtschaftliche Beziehung zwischen den beiden.

Zum Schluss dieses Kapitels möchte ich noch einen Artikel vorstellen, den Friedrich Schur 1892 im „Pädagogischen Archiv" veröffentlichte. Diese Zeitschrift war allgemein an Lehrer gerichtet, nicht etwa nur an Mathematiklehrer. Schur suchte also bewusst ein breites Publikum – als Reaktion auf die Breite der Diskussionen, darf man vermuten. Interessant ist auch, dass Schur ein reiner Universitätsmathematiker war, der natürlich auf der

Höhe der geometrischen Forschung seiner Zeit stand. Indem er die verbreitetsten Vorurteile kritisiert (mit Recht natürlich), gibt das seinem Beitrag ein bisschen den Geschmack von „ein Fachmann erklärt den Laien, was hier alles schief läuft". Schur grenzt sich auch klar gegen die philosophischen Spekulationen ab, wie es wohl seinem Selbstverständnis als Fachmathematiker entsprach.[25]

---

[25] Schurs Bemühungen um die Grundlagen der Geometrie, insbesondere auch um deren Axiomatik, wurden von Hilberts „Grundlagen" überschattet und gerieten – zum verständlichen Leidwesen von Schur – weitgehend in Vergessenheit (vgl. Henke 2010, 286–316).

Pädagogisches Archiv.

Centralorgan für Erziehung und Unterricht in Gymnasien, Realschulen und höheren Bürgerschulen.

Begründet von W. Langbein in Stettin.

Herausgegeben

von

Direktor Dr. Krumme in Braunschweig.

Vierunddreißigster Jahrgang.

Stettin.

Druck und Verlag von Herrcke & Lebeling.

1892.

Die Parallelenfrage im Lichte der modernen Geometrie.

Von Prof. Dr. F. Schur in Aachen.

Wenn ich im Folgenden auf ein Thema eingehe, über das schon Bände geschrieben sein mögen, auf die sogenannte Parallelenfrage, so geschieht dies deshalb, weil besonders in den aus pädagogischen Kreisen stammenden Erörterungen über diesen Gegenstand diejenigen Gesichtspunkte keine Berücksichtigung gefunden haben, unter welchen die neueren Forschungen denselben betrachten. Und das mit Unrecht, denn sie erst haben eigentlich die wahre Bedeutung solcher Untersuchungen zu einem klaren Bewußtsein gebracht und für weitere Kreise verständlich gemacht.

So kam es, daß eine mißverständliche Auffassung der älteren Untersuchungen eine Polemik gegen dieselben hervorgerufen hat, die gegen Windmühlenflügel zu kämpfen scheint, umsomehr, wenn sich die Diskussion, freilich nicht ohne Schuld hervorragender Forscher, in das philosophische Gebiet verliert, das von jeher der Tummelplatz verschiedener Meinungen gewesen ist und immer bleiben wird. Doch kann es sich für den Mathematiker eigentlich nur um eine mathematische, auf möglichst wenigen, der unmittelbaren Anschauung entlehnten Grundbegriffen, genauen Definitionen und strengen Deduktionen beruhenden Erörterung der Frage handeln, und da zeigt sich bei näherer Prüfung, daß eine Meinungsverschiedenheit ganz ausgeschlossen ist. Dies mag im Folgenden kurz begründet werden, was am besten an der Hand der historischen Entwickelung der Frage geschehen wird.

Schon seit Jahrhunderten war man zu der Einsicht gekommen, daß die Parallelentheorie nach der althergebrachten Euklidischen Darstellung nicht auf einem Satze beruhe, dem derselbe Grad unmittelbarer Gewißheit zukommt wie den übrigen Axiomen oder Postulaten. Das gilt in der That schon von der Definition zweier Parallelen als zweier gerader Linien, welche, in derselben Ebene gelegen, sich doch niemals schneiden, insofern hier von einem Merkmale ausgegangen wird, welches überhaupt nicht unmittelbar evident ist, sondern nur auf logischem Wege erschlossen werden kann. Man versuchte daher, dem Grundsatze der Parallelentheorie auf Grund einer anderen Definition eine Fassung zu geben, die ihn unmittelbar klar erscheinen ließe, oder ihn aus den übrigen Axiomen herzuleiten.

Alle diese Versuche, die auch nur aufzuzählen umsoweniger möglich ist, als ihre Anzahl sich sonderbarer Weise noch immer vermehrt, haben nicht zum Ziele geführt, sie sind, wenn man von Legendre's Beweise des Satzes absieht, daß die Summe der Winkel in jedem Dreiecke kleiner, gleich oder größer als zwei Rechte sein müßte, wenn sie es für irgend eines ist, nicht einmal einer Einsicht in die Elemente der Geometrie besonders förderlich gewesen; übrigens war, wie freilich erst neuerdings

bekannt geworden ist, der italienische Mathematiker Saccheri schon am
Anfang des vorigen Jahrhunderts zu einem ähnlichen Resultate gekommen, ja er hatte sogar den späteren Untersuchungen in gewissem Sinne
vorgegriffen.

Aber eine wirkliche Einsicht in die Natur des Problems kann erst
von der Gaußischen Idee an datiert werden, daß ein Beweis des Parallelenaxioms überhaupt unmöglich sei, weil sich mit den übrigen Axiomen
sehr wohl die Annahme vertrage, der Grundsatz der Parallelentheorie
sei falsch. Während Gauß selbst nur wenig Zusammenhängendes hierüber der Öffentlichkeit hinterlassen hat, haben zwei seiner Schüler,
Bolyai und Lobatschewsky, seine Idee in aller Breite ausgeführt.
Hier zeigte sich wirklich, daß sich auf Grund einer vom V. Euklidischen
Postulate abweichenden Hypothese ein System der Geometrie aufführen
läßt, welches zwar in vielen Sätzen den bisherigen geometrischen Vorstellungen widerspricht, aber in sich doch durchaus widerspruchslos ist.
Doch wurden diese Untersuchungen nicht gehörig beachtet, ja sie erregten
sogar vielfach wegen des breiten Ausspinnens scheinbar falscher Theorien
bei denjenigen, die den wahren Sinn solcher Betrachtungen nicht verstanden, großen Widerspruch.

Zudem wollte man in der Thatsache, daß in den Darstellungen von
Bolyai und Lobatschewsky sich bisher ein innerer Widerspruch nicht gefunden habe, einen strengen Beweis für die Unabhängigkeit des Grundsatzes der Parallelentheorie von den übrigen Axiomen nicht finden; bei
der weiteren Entwickelung der Theorie konnte ja immer noch ein Widerspruch zum Vorschein kommen. In der That machte die Art der erwähnten Darstellungen eine solche Einsicht nicht ganz leicht, wenn auch
in beiden Systemen alle Elemente dazu vorhanden waren.

Aber einmal war ein voller Einblick in die Art der Unabhängigkeit
des Parallelensatzes von den übrigen Axiomen dadurch unmöglich gemacht,
daß noch an der unendlichen Länge jeder Geraden festgehalten wurde,
während, worauf zuerst Riemann ausdrücklich hinwies, auch diese Eigenschaft nicht eine Folge aus den übrigen Axiomen über die Geraden ist.
Dann kam bei der geometrischen Darstellungsform der Zusammenhang
der Hauptsätze mit den Postulaten nicht zu einem hinreichend einfachen
Ausdrucke. Auch hier war es zuerst Riemann, welcher unter der Voraussetzung, daß die Punkte des Raumes durch Koordinaten darstellbar
seien, einen einfachen analytischen Ausdruck für den Komplex dieser Postulate
aufstellte. Ich will versuchen, dies in aller Kürze begreiflich zu machen.

35*

(Schur 1892, 545–547)

Es folgt hier bei Schur eine längere – nicht formelfreie, also für die Leserschaft des „Pädagogischen Archivs" vermutlich eher schwer verdauliche – Einführung in die Riemannsche Krümmungstheorie. Diese bereitet folgendes Fazit vor:

Wenn wir bei Definition des Riemann'schen Krümmungsmaßes etwas ausführlicher waren, so geschah dies, weil gerade dieser Punkt häufig mißverstanden wurde, unter anderem die Möglichkeit der Bildung dieses Begriffes an das Vorhandensein einer vierten Dimension geknüpft wurde, während er eine durchaus esoterische Definition gestattet, wie denn überhaupt die Frage des Enthaltenseins des Raumes in einem sogenannten Raume höherer Dimension hiermit ganz überflüssiger Weise in Verbindung gebracht worden ist.

Nunmehr findet die Thatsache, daß in einem Raume, der den Riemann'schen Voraussetzungen genügt, freie Beweglichkeit der starren Körper möglich sei, was wir auch so ausdrücken können, daß zwei aus geodätische Linien gebildete Dreiecke, die gleiche Seiten haben, auch entsprechend gleiche Winkel besitzen, darin den analytischen Ausdruck, daß jenes Krümmungsmaß konstant ist, d. h. sowohl von x, y, z als von u, v, w unabhängig wird; die entsprechenden Koeffizienten von u, v, w im Zähler und Nenner jenes Quotienten müssen ein und dasselbe Verhältnis k haben, welches überdies von x, y, z unabhängig ist.

Das ist es, was man unter einem Raume konstanten Riemann'schen Krümmungsmaßes versteht, es ist der präzise Ausdruck dessen, was man gemeinhin mit der überall gleichen Beschaffenheit des Raumes meint; aber es ist klar, wie man ohne eine solche Präzision leicht Gefahr läuft, in den Begriff der überall gleichen Beschaffenheit mit ihm nicht notwendig Verknüpftes hineinzulegen. Diese Gefahr ist bei einer solchen analytischen Formulierung ausgeschlossen.

(Schur 1892, 549)

Vom modernen Standpunkt aus ist es erstaunlich, dass Schur die Frage der Widerspruchsfreiheit der nichteuklidischen Geometrie, die er ausführlich anspricht, nicht mit den Modellen in Verbindung bringt. Dies zeigt deutlich, dass die Sichtweise auf die Modelle zu jener Zeit eine andere gewesen ist. Schließlich heißt es abschließend:

Hiermit ist also in aller Strenge bewiesen, daß bei Zugrundelegung der allgemeinen Riemann'schen Voraussetzungen über die analytische Darstellung des Raumes das Parallelenaxiom nicht eine Folge der übrigen Axiome sei. Diese Voraussetzungen bestanden darin, daß erstens eine Bestimmung der Punkte durch Koordinaten oder Zahlengrößen möglich sei, und daß zweitens das Quadrat der Entfernung zweier unendlich naher Punkte sich in der oben auseinandergesetzten Form darstellen lasse.

Es hat noch der eingehendsten Forschungen bedurft, um diese Riemann'schen Voraussetzungen in den einfachsten und klarsten Zusammenhang mit den Axiomen der Geometrie zu bringen.

In der vollständigsten und für die passende Einteilung der geometrischen Sätze fruchtbarsten Weise kann dies geschehen nach den Ideen, welche man Felix Klein verdankt. Derselbe lenkte zuerst ausdrücklich die Aufmerksamkeit darauf, daß man sich von der Rücksichtnahme auf die Parallelensätze am sichersten dadurch befreien werde, daß man alle geometrischen Konstruktionen auf ein bestimmtes, vorher abgegrenztes Gebiet beschränke. Zugleich war er es, welcher von der aus den Beltrami'schen analytischen Untersuchungen hervorgehenden Thatsache, daß die projektive Geometrie vom Parallelaxiom unabhängig sei, auch eine unabhängige Begründung lieferte und hierdurch den auf die Grundlagen der Geometrie

bezüglichen Forschungen die neue und gesundere Wendung gab, nicht bei
denjenigen aus einer vom Parallelensatze abweichenden Hypothese sich ergebenden Sätzen zu verweilen, welche den bisherigen geometrischen Vorstellungen widersprechen, sondern die Gesamtheit derjenigen Sätze auf-
zusuchen, welche vom Parallelensatze unabhängig sind.

Daß sicher die projektiven Sätze hierzu gehören, das gelang ihm
dadurch unabhängig zu beweisen, daß er in die v. Staudtsche Geometrie
der Lage, welche sich nicht wie es sonst üblich war auf die Ähnlichkeits-
lehre stützte, statt des sogenannten unendlich fernen Punktes, der jeder
Graden nach dem Parallelensatze zukommt, allgemeinere ideale Punkte
einführte, die rein begrifflich als die jedenfalls unzugänglichen Schnittpunkte zweier Geraden derselben Ebene definiert sind, für die projektive
Geometrie aber dieselbe Rolle spielen wie wirkliche Punkte. Alle Konstruktionen werden innerhalb des vorher abgegrenzten Gebietes ausgeführt,
und doch gelingt es als ganz allgemeingültig den Satz nachzuweisen, daß
drei Ebenen sich stets entweder in einem Punkte oder in einer Geraden
treffen, wenn darunter auch ideale Elemente gemeint sein können.

Auf dieser Grundlage konnte nach dem Vorgange v. Staudt's eine
analytische Geometrie aufgebaut werden, welche nicht einmal auf dem
Messen von Strecken beruhte, sondern als einzige Konstruktion das Ziehen
von geraden Linien zwischen Punkten des vorher abgegrenzten Gebietes
benutzte.

Soll nun auch die messende Vergleichung der Figuren, welche auf
der freien Beweglichkeit starrer Körper beruht, in Rücksicht gezogen werden,
so konnte dem auf Grund der Theorie der Transformationsgruppen von Sophus Lie ein besonders scharfer Ausdruck gegeben
werden. Nennt man nämlich eine kollineare Transformation des Raumes
eine solche Zuordnung der Punkte desselben, bei welcher jedem Punkte
ein Punkt und je drei Punkten in gerader Linie wieder drei solche Punkte
entsprechen, ferner eine n-gliedrige Gruppe von Transformationen eine
solche Schaar von ∞^n Transformationen, daß die Ausführung zweier
Transformationen wieder eine Transformation der Schaar liefert, so kann
die freie Beweglichkeit starrer Figuren folgendermaßen ausgedrückt werden:

Es gibt eine sechsgliedrige Gruppe kollinearer Transformationen
des Raumes, welche jede Figur in eine ihr gleiche überführen. Nun ergibt sich nach den allgemeinen Prinzipien Lie's, daß bei allen diesen
Transformationen eine Fläche 2. Grades invariant bleibt,
wo diese Fläche im analytischen Sinne als durch eine Gleichung 2. Grades

zwischen den projektiven Koordinaten gegeben zu verstehen ist. Rechtwinklige gerade Linien oder Ebenen erweisen sich als solche, welche in
Beziehung auf diese Fläche 2. Grades konjugiert sind.

Auf dieser Grundlage können nun die analytischen Formeln für die
Bewegungstransformationen aufgestellt und hieraus nach den Methoden,
die Felix Klein zuerst angegeben, die Maßzahl für die geradlinige Entfernung zweier Punkte und der Winkel zweier Geraden ausgedrückt durch
die Koordinaten derselben gefunden werden. Wendet man dies auf unendlich kleine Strecken an, so findet man die Riemann'schen Voraussetzungen in vollem Umfange bestätigt.

Bei Voraussetzung des V. Euklidischen Postulates ergiebt sich die
Fläche zweiten Grades als eine ausgeartete, eine solche nämlich, welche
sich auf einen imaginären Kegelschnitt, den sogenannten unendlichen fernen
imaginären Kugelkreis reduziert. Es werden sonach alle diejenigen Sätze
vom V. Postulate unabhängig sein, welche bei kollinearer Transformation
eine Form annehmen, bei welcher auf die Ausartung der Fläche nicht
Bezug genommen wird. Ein solcher Satz ist z. B. der, wonach sich die
drei Höhen eines Dreiecks in demselben Punkte treffen, weil er bei kollinearer Transformation in den projektiven Satz übergeht, daß zwei Dreiecke, die einander in Bezug auf einen Kegelschnitt polar sind, perspektiv
liegen, ebenso der Satz vom Schnittpunkt der Mittentransversalen u. s. w.,
dagegen gehört hierzu nicht der Satz, daß die Verbindungslinien entsprechender Teilpunkte zweier Seiten eines Dreiecks durch denselben unendlich fernen oder idealen Punkt laufen, er ist nur richtig, wenn jene
Fläche ausartet, oder wenn das V. Postulat angenommen wird.

Man sieht, wie hierdurch ganz neue Prinzipien für einen wissenschaftlichen Aufbau der Elementarmathematik gewonnen sind. Es würde
mich zu weit führen, wollte ich hier auseinandersetzen, wie dasselbe Prinzip
auch auf andere Axiome als das von den Parallellinien, freilich mit
geringerer Ausbeute, angewendet werden kann.

Zum Schlusse meiner sich an die Geschichte der Parallelenfrage
knüpfenden Erörterungen mag noch der Vollständigkeit halber erwähnt
werden, daß v. Helmholtz zuerst aus der bloßen Thatsache, daß der
Ausdruck für die Entfernung zweier Punkte durch ihre Koordinaten bei
allen Bewegungs-Transformationen invariant bleiben muß, bewies, daß
das Quadrat der Entfernung zweier unendlich naher Punkte eine homogene
quadratische Funktion der Koordinatendifferentiale sein müsse. Doch sind seine
Schlüsse, wie Lie, der dies Problem mit den Hülfsmitteln der von ihm ge-
schaffenen Theorie wesentlich gründlicher untersuchte und demgemäß die

Voraussetzungen derselben vereinfachen konnte, neuerdings zeigte, nicht immer ganz einwurfsfrei. Außerdem machen beide Forscher Voraussetzungen über die Natur der in Betracht kommenden Funktionen, deren Berechtigung anders als auf dem weitläufigen, oben skizzierten Wege schwerlich zur vollen Evidenz wird gebracht werden können.

Auf die neuesten bemerkenswerten Untersuchungen von Felix Klein hier einzugehen, dürfte nicht am Platze sein, da diese Zeilen nur zur allgemeinen Orientierung über die Parallelenfrage dienen sollten. Es sollte hauptsächlich der Beweis dafür skizziert werden, daß das sogenannte Parallelenaxiom nicht eine logische Folge der übrigen Axiome sei. Während nämlich diese hauptsächlich die beiden Grundsätze zum Ausdruck bringen, daß jeder Punkt einer starren Figur, wenn in einem Punkte festgehalten, noch eine Kugelfläche, wenn aber in zwei Punkten, noch eine Kreislinie beschreiben kann, drückt jenes aus, daß jeder Punkt einer starren Figur, von der zwei Punkte auf einer Geraden gleiten, während der dritte sich in einer die Gerade enthaltenden Ebene bewegt, eine gerade Linie beschreibe.

Mag man nun diesen Satz als einen unmittelbar klaren ansehen oder nicht, so wird doch niemand, der den Anspruch auf den Namen eines Mathematikers macht, die Frage für müßig ansehen können, ob dieser letzte Satz eine Folge jener Grundsätze sei oder nicht. Nachdem aber das Letztere nachgewiesen ist, so erhebt sich die Frage, inwieweit der Komplex der geometrischen Wahrheiten von dem Parallelensatze abhängig sei. In diesem Sinne wird niemand die Bedeutung verkennen können, welche die sich an die Parallelenfrage schließenden Untersuchungen der ersten Mathematiker unseres Jahrhunderts für die Geometrie besitzen.

Wenn dieser Aufsatz zur Verbreitung dieser Erkenntnis etwas beitragen kann, so wird er zugleich verhüten, daß jemand über diesen Gegenstand zu schreiben unternimmt, dem nicht das ganze Rüstzeug der modernen Mathematik zu Gebote steht.

Dorpat, im November 1891.

(Schur 1892, 550–553)

For professionals only – so könnte man Schurs Position zusammenfassen.

Wie wir in Kap. 2 gesehen haben, waren Baltzers „Elemente der Mathematik" (1867) eines der ersten Werke, die im deutschsprachigen Raum auf die nichteuklidische Geometrie hingewiesen hatten. Dieses Werk war für die Hand des Lehrers bestimmt und sollte ihm die fachlichen Hintergrundinformationen bieten, die für einen fundierten Unterricht unumgänglich sind.

Baltzers Werk wurde nach der Jahrhundertwende abgelöst von der „Encyklopädie der elementaren Mathematik. Ein Handbuch für Lehrer und Studierende", die von Heinrich Weber und Joseph Wellstein herausgegeben und überwiegend auch geschrieben wurde.

Heinrich Weber (* Heidelberg 1842, † Straßburg 1913), Studium der Mathematik in Heidelberg, daselbst Promotion und Habilitation, 1869 Professor an der ETH Zürich, danach in Königberg (1875), wo D. Hilbert sein Student war, 1883 Professor an der Technischen Hochschule Charlottenburg, dann in Marburg und Göttingen, 1895 in Straßburg (Hilbert wurde Webers Nachfolger in Göttingen). 1904 Präsident des Internationalen Mathematiker Kongresses in Heidelberg.

Joseph Wellstein (* Wetzlar 1869, † Wetzlar 1919), Studium der Mathematik in Straßburg, 1894 Promotion, danach Lehrer, 1898 Habilitation in Straßburg, 1902 a. o. Prof. in Gießen, 1904 o. ö. Prof. in Straßburg.

Der zweite der Geometrie gewidmete Band der „Encyklopädie" erschien in erster Auflage 1905, in zweiter dann schon 1907, also zu einem Zeitpunkt, an dem die Rezeption der nichteuklidischen Geometrie abgeschlossen und diese zu mathematischem Allgemeingut geworden war. Bemerkenswert ist die Einleitung zum zweiten Band von J. Wellstein, da diese sehr deutlich das Selbstverständnis des damaligen Gymnasiallehrers und die hieraus resultierenden Aufgaben widerspiegelt.

> Bei dem allgemeinen Tiefstande unserer philosophischen Bildung, den wir uns wohl ruhig eingestehen dürfen, und der Abneigung weiter Kreise gegen alle Fragen, die in dieses Gebiet schlagen, kam es vor allem darauf an zu zeigen, dass hier [Grundlagen der Geometrie] wirklich ernsthafte Fragen vorliegen, die auch den Mathematiker angehen. Mögen auch nicht alle Ausführungen des Verfassers Anklang finden, so würde er sich schon freuen, etwas erreicht zu haben, wenn es ihm gelänge, für die ganze Fragestellung Interesse zu erwecken, besonders bei den jungen Lehrern. Verfasser weiß es aus eigener Erfahrung, wie deplatziert sich der eben von der Universität gekommene junge Lehrer hält, wenn er, der sich bis dahin mit den höchsten und neuesten Fragen der höheren Mathematik beschäftigt hat, sich in die Lage versetzt sieht, Quartanern[26] die Anfangsgründe der Geometrie beibringen zu müssen. Dass dies in Wirklichkeit eine schwere, verantwortungsvolle Aufgabe ist, die nicht nur gründliche wissenschaftliche Bildung, sondern auch pädagogische Kunst erfordert, das vermag nur derjenige vollständig zu würdigen, der sich bemüht hat, in die erkenntnistheoretische Grundlegung der Geometrie einzudringen. Nichts ist so geeignet, den Lehrer innerlich zu heben und mit dem Gefühl der Größe seines Berufes zu erfüllen, als die klare Einsicht, dass die Grundlegung der Geometrie eine beinahe unüberwindlich schwere Aufgabe ist, mit deren Lösung er sein ganzes Leben hindurch ringen muss, fortwährend vermittelnd zwischen den Forderungen der strengen Logik und der Rücksicht auf die erst zu erschließende Auffassungsfähigkeit der Schüler, zwischen wissenschaftlicher Strenge und naiver Anschauung, deren Belebung und Stärkung nach dem Urteil pädagogisch und wissenschaftlich erfahrener Schulmänner das erste Ziel des geometrischen Unterrichts sein muss. Es sei auch an dieser Stelle der Gedanke abgewiesen, als solle der geometrische Unterricht rein formal betrieben werden.
>
> (Weber 1907, V–VI)

Die nichteuklidische Geometrie spielt bei diesem Unterfangen eine ganz wichtige Rolle. Wellstein entwickelt einen Zugang, der mit Hilfe von Kugelgebüschen arbeitet und der simultan – ähnlich wie der Kleinsche Ansatz – die elliptische/sphärische, hyperbolische

---

[26] Heute Klasse 7 (im Gymnasium).

und parabolische Geometrie liefert. Das gehört alles in den Bereich der rein begrifflichen Geometrie.

Endnoten

[i]Die Tatsache, dass sich Parallelen in der nichteuklidischen Geometrie asymptotisch verhalten, hatte schon Saccheri 1733 als widersinnig empfunden; darin sah er den von ihm ersehnten Widerspruch in der nichteuklidischen Geometrie: „Lehrsatz XXXIII. Die Hypothese des spitzen Winkels [das ist die nichteuklidische Geometrie im engeren Sinne] ist durch und durch falsch, weil sie der Natur der geraden Linie widerspricht."(Stäckel und Engel 1895, 109).

[ii]Solche Fragen wurden zwischen 1890 und 1910 viel diskutiert, auch von prominenten Mathematikern wie H. Poincaré und Fr. Enriques. Dabei ging es auch darum, wie die verschiedenen „Räume" (z. B. Sehraum, Tastraum, kinästhetischer Raum, ...) miteinander in Einklang gebracht werden können zu einer einheitlichen Idee des abstrakten Raumes. Vgl. Enriques (1910), 297–344 und Poincaré (1906), 72–104.

[iii]Zur Entstehung dieser Arbeit heißt es im Vorwort: „Der vorliegende Bericht über Elementargeometrie war ursprünglich für die Enzyklopädie der mathematischen Wissenschaften bestimmt, und nur im Interesse der Sache hatte ich die Arbeit, deren Mühe ich voraussah, übernommen. Seit vier Jahren ist sie den Leitern der Enzyklopädie übergeben, doch waren immer wieder Formalien zu erledigen, da die Eigenart des Referenten sich nicht mit der des Redakteurs deckte. Wenn schließlich Herr *Klein* das Referat in der vorliegenden Form ablehnte, so geschah es vorzugsweise, weil ihm keine Hilfskräfte zu Gebote standen, die sämtlichen Zitate mit bibliographischer Treue, und zwar jedes Mal, wenn ein Werk genannt wurde, abfassen zu lassen. In der Tat war durch den Zustand der Zettel eine äußerst zeitraubende Korrektur nötig. Ich selbst habe nur die allerwichtigsten Werke bibliographisch genau zitiert, und die andern so, dass sie, mit verschwindenden Ausnahmen, jeder Interessent nach meinem Zitat sofort auffinden kann. Außerdem habe ich meistens die Zeitschriften nach ihren Begründern genannt, wofür ich umstehend eine Liste beilege." (Simon 1985, Vorwort)
In der Tat hätten Hilfskräfte dem Simonschen Referat sehr gut getan, wie man bei der Lektüre sofort merkt. Der wohlgeordnete Bericht über die Elementargeometrie, der schließlich in der „Enzyklopädie" erscheinen sollte, wurde dann von M. Zacharias verfasst.

Anhang A
Dissertation von Georg Simon Klügel (Göttingen, 1763) nebst dessen Thesen

Im Nachfolgenden wird erstmals der Text des Göttinger Dissertation von G. S. Klügel in deutscher Sprache wieder gegeben. Die Übersetzung besorgte Dr. Martin Hellmann (Wertheim a. Main). Es handelt sich hierbei um ein bemerkenswertes Dokument, in dem Klügel detailliert zahlreiche Beweise für das Parallelenpostulat untersucht und widerlegt, ohne allerdings eine klare Aussage bezüglich dessen Beweisbarkeit zu wagen – was wohl auch für einen Promovenden ein gewagtes Unternehmen gewesen wäre. Um einen plastischen Eindruck von den Gebräuchen jener Zeit zu vermitteln, werden hier auch alle Begleittexte – z. B. die von Klügel verteidigten Thesen – wiedergegeben.

Stil und Orthographie dieser Übersetzung folgen in etwa den Bräuchen der zweiten Hälfte des 18. Jhs.

Musterung der vornehmlichen Versuche
die Theorie der Parallelen zu beweisen

diese
unterzogen einem öffentlichen Examen

Abraham Gotthelf Kaestner
öffentlicher ordentlicher Professor der Mathematik und der Physik, Mitglied der königlichen Gesellschaft der Wissenschaften, der mathematischen Klassen der schwedischen und der preußischen Akademie der Wissenschaften, der kurfürstlichen Akademie nützlicher Wissenschaften zu Erfurt, sowie der Akademien zu Bologna und zu Perugia, Senior der königlichen deutschen Gesellschaft zu Göttingen, Mitglied der deutschen Gesellschaft und der Gesellschaft der freien Künste zu Leipzig, der lateinischen und der deutschen zu Jena

und
der antwortende Verfasser
Georg Simon Klügel
aus Hamburg,
Verehrer der hochheiligen Theologie

* * *

K. Volkert, *Das Undenkbare denken*, Mathematik im Kontext, DOI 10.1007/978-3-642-37722-8,
© Springer-Verlag Berlin Heidelberg 2013

am 20. August des Jahres 1763 der christlichen Ära

* * *

Göttingen
aus der Schultzischen Druckerei, besorgt von F. A. Rosenbusch

---

Dass
dem Heiligen Römischen Reich,
dem berühmten und freien Staat Hamburg,
dem sehr bedeutenden und sehr beachteten Senat,
den hocherlauchten, großartigen, herausragendsten, bedachtesten, glänzendsten und
klügsten Männern, den Herren Konsuln, Staatsanwälten, Senatoren, dem Archivaren
Protonotarius, den Sekretären und dem Hilfsarchivaren,
den besten Vätern des Vaterlandes,
den frömmsten, sorgfältigsten und verdientesten Verteidigern der Religion und der
öffentlichen Freiheit, den gewichtigsten Vorstehern der Justiz und der Gleichheit, den
erfolgreichsten und aufmerksamsten Beförderern der Wissenschaft und zugleich des
Handels, den nachsichtsvollsten Herren Schutzherren und Mäzenaten
diese wie auch immer gearteten Anfänge ihrer Studien
– auf dass es bei aller Verehrung der Frömmigkeit und der Hochachtung angemessen ist –
heilig sind, wünscht
und übergibt zugleich sich und seine Musen der Schutzherrschaft so großer Männer
der demütigste Verehrer so vieler sehr bedeutender Namen, der Verfasser.

---

* * *

* * *

Die vornehmlichen Versuche
die Theorie der Parallelen zu beweisen

* * *

§. I.

Unter den Wahrheiten, welche die Sorgfalt der hervorragendsten Geister in Bewegung
hielten, behauptet nicht den letzten Platz ein Theorem der elementaren Geometrie über
die parallelen geraden Linien. Es haben ihre Rätsel alle Wissenschaften der Sterblichen;
und das ist kein Wunder, denn es kann nicht geschehen, dass unser Verstand, der mit
Grenzen umschrieben ist, nicht vieles nicht weiß, die Hintergründe und Ursachen vieler
Ereignisse nicht aufspüren kann. Ich weiß jedoch nicht, ob es mehr die Schuld unseres
Geistes oder der Wahrheit ist, dass gerade an der Schwelle zur Geometrie der Anstoß zu
finden sei, der im Geist derjenigen, die deren Eingang zum Durchschreiten vorbereiten,
zwar keine Angst vor dem Irrtum zurücklassen kann, nicht auf eine Weise jedoch, wie sie
gewünscht werden kann, aus dem Weg geräumt wurde. Es gibt wenige Wahrheiten, die
ohne Hilfe des Theorems von den Parallelen in der Geometrie bewiesen werden können,
umso weniger gibt es, die nötig sein können, um jenes zu beweisen. Hinzu kommt, dass

solange wir keine genauen Begriffe von geraden und gekrümmten Linien haben, aus deren Definitionen die Sachlage nicht entwickelt werden kann. Diese nämlich sind aufgrund ihrer Gegenstände immer ziemlich finster. Man wird jedoch nicht der Geometrie einen Schandfleck anbringen können, wenn sie in ihren Grundsätzen eine Proposition aufstellt, deren Wahrheit nicht aus genau ausgedrückten Überlegungen, sondern aus dem klaren Begriff, den wir von der geraden Linie haben, ganz sicher durchschaut wird. Ein solches ist Axiom 11 von Euklid, dass Linien, auf die eine schneidende Gerade innere und auf den selben Seiten liegende Winkel herstellt, die kleiner als zwei Rechte sind, wenn man sie ins Unendliche fortführt, auf derjenigen Seite zusammentreffen, auf der die Winkel liegen, die kleiner als zwei Rechte sind. Die meisten Anhänger der Strenge im Beweisen warfen es aus der Reihe der Axiome hinaus, aber die Beweise, mit denen sie es versuchten glaubhaft zu machen, entbehren dem Fehler keineswegs. Andere ersetzten es durch andere Axiome, die aber weder klarer noch sicherer als das euklidische sind. Wenn daher die Versuche aller gründlich abgewogen werden, tritt klar zutage, dass Euklid mit Recht unter die Axiome eine Proposition gerechnet hat, die mit keinen anderen auf rechte Weise bewiesen werden kann. Daher schien es mir die Mühe wert zu sein, wenn ich die verschiedenen Methoden der Mathematiker in der Lehre von den Parallelen gesammelt öffentlich darlege. Ich glaube, dass diese Darstellung gewiss weniger zur Geschichte der Mathematik als der des menschlichen Geistes selbst gehört. Bevor ich dies jedoch anfangen will, meine ich, mir gegenüber nicht leugnen zu müssen, wie viel ich in dieser Arbeit dem herausragenden Vorsitzenden schulde, der mich nicht nur auf seltenere Bücher hinwies und sie aus seiner Menschlichkeit heraus mit mir besprach, sondern auch das gesamte Werk zum Ausfeilen an sich nahm; dafür wird auch der gütigste Leser dankbar sein: weil er so weiß, dass er nichts liest, wenn es nicht von ihm entweder ausgeht oder gebilligt wird.

§. II.

Mit Wenigem schon werde ich erklären, worin alle Schwierigkeit der Lehre von den Parallelen gelegen ist. Wenn die euklidische Definition der Parallelen, dass sie nicht-Zusammentreffende sind, hinzugezogen wird, kann zwar sehr gut bewiesen werden, dass beliebige Geraden, die von einer dritten so geschnitten werden, dass die inneren Winkel zwei Rechten gleich sind, parallel sein werden; aber die Umkehrung dieser Proposition, dass alle Parallelen so von einer beliebigen einfallenden dritten geschnitten werden, kann nicht bewiesen werden, wenn du nicht jenes euklidische Axiom hinzuziehst. An die Stelle dieser Definition setzten viele, entweder um die Klippe, von der ich sprach, zu umfahren, oder weil sie die im Gras verborgene Schlange überhaupt nicht erkannten, andere Definitionen, die aus den Anschauungen von Parallelen entnommen waren; dass aber deren Möglichkeit bewiesen werden muss, damit sie nicht einen sinnleeren Klang, oder was mit sich selbst nicht in Einklang stehen kann, definieren, bedachten die allermeisten nicht einmal. Eine solche Definition, die der größte Teil derer benutzt, die Anfangsgründe der Geometrie schrieben, ist, dass Geraden parallel sind, wenn sie in derselben Ebene zwischen sich immer denselben Abstand bewahren. Es ist offenkundig genug, dass hier benutzt wird, dass eine Linie, die von einer Geraden immer gleich weit entfernt ist, selbst eine Gerade ist, was durch Erfahrung und aus dem Urteil der Augen, nicht aus der Natur der geraden Linie gefolgert wird. Aber davon unten mehr. Weil also die Definition der Parallelen in dieser Angelegenheit von so großem Ausschlag ist, scheint es mir nicht unzweckmäßig, jene, deren Arbeiten ich in dieser Darstellung heranziehe, so anzuordnen, wie jeder einzelne entweder die euklidische Definition oder eine andere benutzt hat. So wird die Verbindung der Wahrheiten untereinander am besten durchschaut werden, und die einander ähnlichen Beweise lassen sich besser untereinander vergleichen, wobei die Umstände der Zeiten, in denen jeder einzelne gelebt hat, vernachlässigt werden. Es wird ja hier nicht die Geschichte einer Lehre vermittelt, die durch Zusätze allmählich vermehrt wurde.

§. III.

Umfangreich behandelt diesen Stoff Proklos in den Kommentaren zu Buch I der Elemente von Euklid, mit denen zusammen sie griechisch herauskamen zu Basel bei Io. Hervagius 1533 (Folioformat).

Am Ende von Buch II, S. 49, wo er die von Euklid überlieferte Definition der Parallelen beleuchtet, erzählt er, dass sie unverändert diejenige von Poseidonios ist, der die Abstandsgleiche zu ihnen sagte. Er selbst erhebt nichts gegen diese Definition, behält die euklidische jedoch im Folgenden bei und bemüht sich, dessen Axiom gegen die Einwände der Sophisten zu verteidigen. Der Begriff der Parallelen jedoch scheint für ihn nicht feststehend zu sein. Er erhebt, dass Linien nicht deswegen parallel werden, weil sie nicht zusammentreffen, und beruft sich mit Geminos auf die Hyperbel, womit er zeigen will, dass die Konvergenz bestimmter Linien nicht konvergent („ein unzusammenneigendes Zusammenneigen") ist. Aus der euklidischen Definition heraus darf man sicherlich gerade Linien, die konvergent sind, wenn sie niemals zusammentreffen, parallel nennen.

In Buch III, S. 53, Axiom 11 (welches für ihn Postulat 5 ist)

> Proklos teilt Axiom 11 unter den Postulaten
>
> — —
>
> mit und bezeichnet es als das fünfte. Axiome nennt er nämlich unbeweisbare Propositionen, die jeder Wissenschaft über Größe und Menge gemeinsam sind, Postulate aber solche, die ganz nahe zur Geometrie gehören („die der geometrischen Materie zugehörigen").

meint er, dass es aus der Zahl der allgemeinen Begriffe klar aufgeschrieben und unter den Theoremen mitgeteilt werden muss. Er hält es nämlich für lächerlich, eine Proposition, deren Umkehrung du beweisen kannst, für unbeweisbar halten zu wollen. Bis wohin dies wahr ist, überlasse ich den Logikern zum Entscheiden; obwohl das Ausgesagte mit denselben – freilich umgekehrten – Worten aufgesetzt ist, will es mir scheinen, dass es sich in der Sache dennoch ziemlich stark von diesem unterscheidet.

In Buch IIII teilt er uns einen Versuch des Ptolemaios

> Dass dieser Ptolemaios nicht Klaudios gewesen ist, darüber will ich hier nichts behauptet haben; gewiss liest man den Titel der Schrift, die ich zitiert habe, nicht bei Fabricius, Bibliotheca graeca IIII 14. Proklos lebte jedoch nach dem Astronomen Ptolemaios, wie schon Riccioli in der Chronik der Astronomen gelehrt hat, die dem Neuen Almagest vorausgeschickt ist, und derselbe Fabricius in der Proklos-Biographie, die 1700 in Hamburg herausgegeben wurde; es ist also glaubhaft, dass Proklos, wenn er Ptolemaios mit keinem zusätzlichen Buchstaben benennen will, den berühmtesten gemeint hatte.

mit, mit dem er die Wahrheit des euklidischen Axioms festigen wollte. Dieser schließt im Buch „Darüber dass die Verlängerten von weniger als zwei Rechten zusammenstoßen" folgendermaßen.

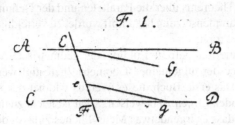

Wenn eine Gerade EF, die zwei Parallelen AB und CD schneidet, zur selben Richtung AC
innere Winkel bildet, die entweder größer oder kleiner als zwei Rechte sind, wird jene zur
anderen Richtung solche bilden, die kleiner oder größer als zwei Rechte sind. Aber die
Parallelen EB und FD sind nicht kleiner als AE und CF, also werden auch die Winkel auf
der Seite BD größer oder kleiner als zwei Rechte sein. Das war widersprüchlich. Aber
mit Proklos verneine ich, dass der Gegner es für nötig hält, diesem letzten zuzustimmen,
nämlich dass es aus der Idee der Parallelen durchsichtig sei, dass so groß, wie die Summe
der Winkel zu den Richtungen A und C ist, auch die zu B und D ist.

Proklos selbst nimmt an, daß das euklidische Axiom zeigt, dass der Abstand zweier
Geraden, die unter einem beliebigen Winkel aus demselben Punkt herausgeführt werden,
schließlich größer als jeder Angebbare wird. Dieses Axiom benutzte auch Aristoteles,
Über den Himmel I 5, um glaubhaft zu machen, dass die Welt endlich ist. Aber was ist
es, warum wir jenes deutlicher und sicherer als das euklidische einschätzen? Man stützt
sich auf folgendes Prinzip: dass eine Größe, die man als fortwährendes Wachsen auffasst,
immer gleiche und zumindest endliche Zuwächse einnimmt; dass dies allzu allgemein
ausgesagt ist, wird jedem klar sein. Darüber hinaus scheint es mir nicht ausreichend festgelegt zu sein. Denn wenn gestattet werden soll, dass die von einem der beiden Schenkel
auf den jeweils verbleibenden gefällten Lote, die deren Abstände messen, als unendlich
große schließlich entrinnen; wo wird dies schließlich geschehen? Etwa bei endlichem Abstand vom Schnittpunkt oder bei unendlichem? Falls ersteres, ist es aus mit dem Axiom
Euklids, falls letzteres, wird es auf keine Weise von jenem verschieden sein. Welcher
spitze Winkel nämlich auch immer vorgelegt sei, ist es ausreichend klar, dass Lote von
dem einen Schenkel auf den anderen gefällt werden können, daher wird das euklidische
Axiom speziell immer wahr sein; ob aber jene Lote jeden beliebigen gegebenen Abstand
abschneiden können, das ist, was in Frage steht. Wenn sie wiederum ihr Axiom anwenden, um die Wahrheit des euklidischen zu erweisen, nehmen Proklos und alle, die jenem
folgen, stillschweigend an, dass alle Parallelen ein gleiches und zumindest endliches Intervall bewahren. Wenn die Winkel DFE und GEF kleiner als zwei Rechte sind, sagt er,
soll EB so geführt werden, dass BEF + DFE = 2 R, der Abstand der Geraden EB und EG
wird jede angebbare Größe schließlich übersteigen, also auch das Intervall der Parallelen
EB und FD. Aber wenn einer sagen würde, dass die Geraden mehr und mehr voneinander
weichen? Gewiss wird einer, sobald er das euklidische Axiom verneint hat, dies sehr gut
beweisen können.

§. IV.

Unter den Neueren hat niemand über diese Angelegenheit ausführlicher gehandelt als Hie-
ronymus Saccherius, Zürcher Professor der Mathematik aus der Gesellschaft Jesu, der, um

Euklid, der wegen des Theorems über die Parallelen und der Definitionen der Theorie der Gleichheit und der Zusammensetzung bekämpft wurde, zu verteidigen, ein einzelnes Buch herausgab, das den Titel trägt:

„Der von jedem Muttermal befreite Euklid, oder geometrische Versuche, wodurch gerade die ersten Anfänge der allgemeinen Geometrie gefestigt werden" (Mailand 1733, Quartformat, 142 S.). Das erste Buch dieses Werkes widmet der Autor, Euklids Axiom über die parallelen geraden Linien zu beweisen. Zwar ist leicht zu urteilen, dass dies nicht geschehen kann, ohne dass er irgendetwas Menschliches zulässt, der beim Beweisen des Theorems, das einem allgemeinen Begriff gleichgestellt werden muss, so große Umwege geht, dass der Beweis mehr als 100 Seiten füllt. Ich werde dennoch versuchen, sein Vorgehen in Wenigem vorzustellen. Er zeigt zuerst,

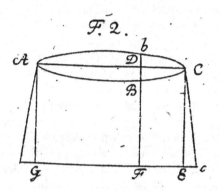

wenn einer beliebigen gegebenen Geraden GE gleiche Senkrechte GA und EC anliegen, dass an der Verbundenen CA die Winkel bei A und C gleich sein werden. Von da aus bildet er drei Hypothesen, die von der Bedingung der Winkel ACE und GAC, je nachdem ob sie rechte oder spitze oder stumpfe waren, ihren Namen erhalten. Er bewirkt ferner, dass eine dieser Hypothesen die alleinige wahre ist, wenn sie schon in einem Fall wahr ist; das heißt, wenn in irgendeinem speziellen Fall erwiesen werden könnte, dass diese Winkel zum Beispiel rechte sind, werden diese immer solche sein, welche Größe der Linien GE und AG auch immer vorläge. In den Propositionen 11 und 12 zeigt er,

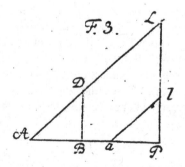

dass aus der Hypothese des rechten und des stumpfen Winkels folgt, dass weil die Geraden AD und AB den Spitzen DAB enthalten, die Gerade DA einem beliebigen, auf AB
selbst aufgerichteten Lot Pl bei endlichem Abstand AL begegnet. Daher folgert er, dass
die Hypothese des stumpfen Winkels sich selbst zerstört, weil sobald dieses aufgestellt ist,
die Hypothese des rechten Winkels die einzige wahre ist. Darauf befindet sich der Autor
gänzlich darin, vieles zu folgern, was aus der Hypothese des spitzen Winkels fließt. Dabei
findet sich viel überflüssiges, alles aber liegt weit entfernt von derjenigen Eleganz, die in
geometrischen Beweisen richtigerweise gesucht wird, und deren beste Beispiele die alten Geometer gaben. In den Fallen, die er besagter Hypothese stellt, fängt sich der Autor
selbst, der so große Umwege geht, so dass ich wenn ich wohl nichts in seinem Beweis
tadeln könnte, dennoch lieber mich mit dem euklidischen Axiom zufriedengeben wollte, dessen Wahrheit, obwohl sie nur durch einen klaren Begriff durchschaut worden ist,
dennoch sicherer angewendet wird, als man in so dunklen und eingerollten Überlegungen
hofft, dass kein Fehler begangen wurde.

In Proposition 23 zeigt Saccherius, dass zwei Geraden AX und BX, die sich in der gleichen Ebene befinden, entweder ein gemeinsames Lot haben, das heißt eine Gerade, die zu
jeder von beiden senkrecht ist, auch in der Hypothese des spitzen Winkels, oder dass sie
in eine und dieselbe von beiden Richtungen fortgeführt sich immer mehr aneinander anschließen, wenn nicht irgendwann bei endlichem Abstand die eine auf die andere fällt. Er
erwägt also schon Geraden, von denen weder ein gemeinsames Lot, noch eine Begegnung
bei endlichem Abstand angenommen wird.

Sei XBA ein Rechter, BAX ein Spitzer, und schließe sich AX so immer mehr und mehr an
BX an, dass deren Abstand immer größer sei als irgendeine gegebene Größe, zeigt Proposition 25, dass so die Hypothese des spitzen Winkels zerstört wird. Es soll also übrig
bleiben, dass deren Abstand schließlich kleiner als jedes Angebbare wird, in welchem Fall
gesagt werden kann, dass sie im Unendlichen zusammentreffen, sie in Wirklichkeit jedoch

nirgendwo einen gemeinsamen Punkt haben. Wenn dies nämlich geschähe, wäre wegen der Basis AB und der gegebenen Winkel bei A und B das Dreieck AXB auf jede Weise festgelegt, daher XB endlich, gegen die Hypothese. Jedes Unendliche nämlich ist nicht-festgelegt durch seine Natur. Saccherius aber nahm diesen Fall so an, als ob die Geraden AX und BX in Wirklichkeit in einem Punkt zusammenkämen. Denn in Proposition 28 und folgenden will er zeigen, dass in der Hypothese des spitzen Winkels die beiden Geraden AX und BX ein Lot in einem Punkt gemeinsam haben werden. Nachdem von AX aus auf BX Lote LK und HK gefällt wurden, zeigt er, dass die Winkel bei L, H und D immer kleiner werden und sich umso mehr an einen Rechten anschließen, umso weiter sie vom Punkt A entfernt sind, und zwar so,

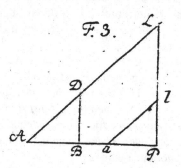

dass wenn der Winkel ALP gegeben sei, den das Lot AP aufspannt, das größer ist als AB, und genommen werde BK = LP und CB = AP mit dem auf BX aufgerichteten Lot DK, der Winkel ADK − R kleiner wäre als ALP oder CKB. Dadurch wird nicht erreicht, dass irgendwann ADK ein Rechter wird; denn wenn dies erreicht werden sollte, hätte, auch wenn man einräumt, was über das Unendliche gemeinhin ausgesprochen wird, noch gezeigt werden müssen, dass irgendwann ADK − R nicht größer als irgendein verschwin-dender Winkel ALP werden wird. Wenn einer sich solches ausdenkt, ist es niemand, der nicht sieht, dass LP unendlich sein muss, damit AP wenigstens endlich wird, ja vielmehr dass es irgendeine gegebene Endliche überschreitet. Nachdem also der gesamte Beweis von Saccherius eingeräumt wurde, räumt man zumindest ein, dass ADK für einen Rechten gehalten werden kann, wobei BK selbst unendlich wird. Und Saccherius selbst verneint dies nicht, denn so beschließt er einen Korollar, der dieser Proposition angefügt ist: dass sie in ein und demselben Punkt X, der unendlich abgelegen ist, ein gemeinsames Lot ha-ben. Daraus aber wird nichts widersprüchliches gefolgert werden, wenn man sagen will, dass der Winkel X, unter dem sich die Geraden AX und BX im Unendlichen schneiden, verschwindet. Dass er endlich ist, zeigt Saccherius nirgendwo; für diesen Fall ist sein Be-weis auch nicht geeignet, der voraussetzt AP > AB und LP < BX. Schon wenn AXB endlich sei und der gegebene Winkel ALP kleiner als das, ist klar, dass LP größer wird als BX, wenn AP größer werden sollte als AB, daher zeigt der Beweis, der diesen Fall nicht anrührt, nicht einmal, dass ADK − R schließlich kleiner wird als der endliche Win-kel AXB, sondern nur, dass ADK − R kleiner ist als der Winkel CKB, dessen Schenkel BK kleiner sein muss als BX und der immer größer sein wird als AXB. Wenn aber der Winkel AXB als unendlich werdend gesetzt wird, wird jeder beliebige, der die Formel des

Unendlichen benutzt, bekräftigen, dass dieselbe Gerade in demselben Punkt zu zweien senkrecht ist. Sobald man nämlich die Gerade genau bei den rechten Winkeln zur anderen zieht, wird sie mit der verbleibenden einen Stumpfen umfassen, der den Rechten um einen verschwindenden Winkel überschreitet und daher für einen Rechten gehalten werden kann. Mühevoll freilich, wie alles von ihm, zeigt Saccherius in Lemma 5, S. 84, dass alle Rechten genauestens gleich sind ohne jeden auch unendlich kleinen Abzug. Aber dies will er ohne Berechtigung auf den Winkel übertragen, den das Lot, das genau im rechten Winkel zu BX selbst errichtet wurde, mit AX umfasst. Er hat glaubhaft gemacht, dass dieser, wenn er in nichts einen Fehler begangen hat, so nur sich an den Rechten anschließt, dass er nur um eine verschwindende Größe diesen überschreitet. Dies, wenn wir den Ausdruck des Unendlichen mit Saccherius benutzen. Wenn wir uns davon, wie es sich gehört, entsprechend dem Beispiel der Alten gerade in den Anfängen der Geometrie enthalten, zeigt Saccherius nichts anderes, als dass aus der Hypothese des spitzen Winkels folgt, dass die Winkel bei L, H, D fortlaufend abnehmen; darin wird nichts widersprüchliches sehen, wer am euklidischen Axiom zweifelt.

§. V.

Einen anderen Beweis enthält der zweite Teil von Buch I, in dem er zu zeigen versucht, das die Hypothese des spitzen Winkels sich unmittelbar widerspricht. Er betrachtet nämlich eine Kurve,

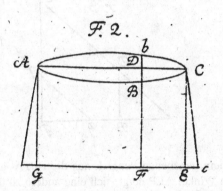

die hervorgebracht wird, indem er die Enden aller an eine beliebige gegebene Gerade GE angesetzten gleichen Lote verbindet, er meint, dass sie der Basis gleich ist und zugleich größer als diese, weil sie größer ist als AC, die größer ist als GE. Dass sie gleich ist, bemüht er sich auf doppelte Art und Weise glaubhaft zu machen; zuerst zeigt er, dass einzelne Elemente der Kurve Elementen der Basis gleich sind, aber so, dass gezeigt werden kann, dass eine beliebige Kurve, die durch eine bestimmte Ordinate, die zur Linie der Abszissen senkrecht ist, in ähnliche Hälften geteilt wird, ihrer Basis GE gleich ist. Weil er auch selbst diesem Beweis nicht genug traute, reichte er noch einen dar. Er lässt einen Kreis, dessen halber Umfang gerade GE gleich ist, über dieser Basis rotieren, so dass alle seine Punkte nacheinander an diese anschließen, während diese Umdrehung vonstatten geht, beweist er, dass die einzelnen Punkte des anderen Halbumfangs die einzelnen Punkte der Kurve ABC oder AbE schneiden. Von daher schleußt er die Gleichheit von ihr und der Basis ein. Weil die Linie aber nicht durch Hinzufügen von Punkten erzeugt wurde, sondern durch Fließen eines Punktes, entzieht sich dieser Beweis jeder Aussagekraft. Davon abgesehen, wie unzuverlässig diese Art des Überlegens ist, meine ich, dass es daraus genug erhellt, dass

Über dieses Paradoxon siehe von dem herausragenden Kaestnerus: Anfangsgründe der Analysis Endlicher Grössen S. 295.

wenn ein beliebiger Kreis über eine dem Umfang gleiche Gerade rollt, ein beliebiger innerer konzentrischer Kreis auch über eine Gerade, die der vorigen gleich ist, mit der gleichen Umdrehung rollt. Diese Kurve betrachtete nicht allzu erfolglos und als ein in der Fülle der geometrischen Bildung besser Unterrichteter Vitale Giordano da Bitonto, dessen Versuche Saccheri ganz und gar verborgen gewesen zu sein scheinen. Siehe unten § 16.

§. VI.

Ich hoffe, dass ich vom Leser Nachsicht erwirken werde, wenn er von der Darlegung eines so weitläufigen und unstimmigen Beweises ermüdet ist. Um diese zu erlangen, will ich gleich eine kürzere vorführen, die sich in den Elementa matheseos von Christian August Hausenius (Leipzig 1734, Quartformat) befindet. Er hatte in Bemerkung 4 von Proposition 10 gezeigt,

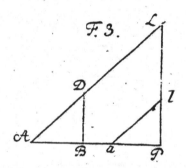

dass wenn sich von einem gegebenen Punkt L aus die zu PA gezogene Gerade LA zu LP in einem gegebenen Winkel ALP neigt, sich eine andere zu derselben [Geraden] LP in größerem Winkel neigt. Daraus ergibt sich in Fall 1 von Proposition 13, wenn bei P ein rechter Winkel und ALP ein spitzer ist, dass die Gerade LA nicht nicht auf AP fallen kann, denn andernfalls könnte aus dem Punkt L keine Gerade zu PA gezogen werden, die sich aus L heraus zu AP unter einem größeren Winkel als ALP neigt, gegen Bemerkung 4. Diese Bemerkung aber folgert daraus, dass LA gerade AP begegnet, dass sich die unter einem größeren Winkel als gerade ALP zu PA gezogene Gerade zu PL hin neigen kann: wird diese Begegnung nicht eingeräumt, ist es nicht abwegig, dass die Geraden aus L heraus sich nicht unter größeren Winkeln als gerade ALP neigen können. Es entfällt ja die Bedingung der Bemerkung.

§. VII.

Nun kommt es mir zu, einen Beweis erklären zu müssen, den viele benutzten, um zu zeigen, dass

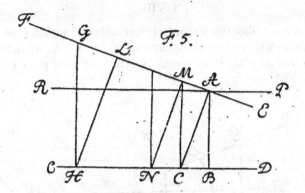

wenn eine beliebige Gerade AB die eine der zwei Geraden BH und AG bei rechten Winkeln, die andere schräg schneidet, die Lote, die auf ersterer von diesen zur selben Seite der
Geraden AB aufgerichtet wurden, alle entweder größer oder kleiner als AB sein werden.
Diese Methode benutzte Malezieu in „Anfangsgründe der Geometrie von Seiner Exzel-
lenz dem Herzog von Burgund" (Paris 1722, Quartformat). Dieses Werk wurde, wie in der
Vorrede erzählt wird, im Jahre 1696 und dem darauffolgenden vom Grafen von Burgund
persönlich aufgeschrieben, der es pflegte, die Rede seines Lehrers, Dom de Malezieu, an
einem der folgenden Tage, nachdem er sie gehalten hatte, auf ein Blatt zu skizzieren und
die Beweise selbst in Ordnung zu bringen. Ich werde es jedoch eher mit einem Herausgeber zu tun haben, für den es sich gehört, dass er die Verantwortung für die Irrtümer
seines Schülers trägt. In Proposition 1 von Buch II will er zeigen, dass wenn eine Linie
AB senkrecht zu CD ist, schräg aber zu EF, es so sein wird, dass jede andere, zur selben
[Gerade] CD senkrechte Gerade GH schräg zu EF ist, und dass jene, die der Begegnung
der Geraden EF und CD näher ist, auch die kürzere sein wird. Der Beweis geht zuerst darin fehl, dass er, nachdem es ziemlich nachlässig ausgeformt wurde, vieles übergeht, was
notwendig war, genau abgewägt zu werden, am meisten aber, dass er annimmt, dass die
zwei Geraden EF und CD zusammentreffen, und das Bewiesene auf eine beliebige Gerade
EF, die die Linie AB in B schräg schneidet, im Folgenden überträgt. Der Autor befiehlt,
dass im Punkt A ein Lot zu EF hergestellt wird und ein anderes wiederum in C, wo jenes
die Linie CD schneidet; und so schreitet er voran, bis man zu irgendeinem LH kommt, das
jener im gegebenen Punkte H oder jenseits begegnen soll. Dreierlei wir hier ohne Beweis
benutzt: dass das zu einer der Geraden CD und EF gezogenen Lot der anderen begegnet
und unter einem schrägen Winkel begegnet, und dass die Punkte, in denen behauptet wird,
dass die aus CF heraus errichteten Lote dem selben CD begegnen, schließlich jenseits von
H schneiden werden. Eine Medizin kann zwar für diesen Beweis herbei gebracht werden,
wenn die Verhandlung um die Lote zu Seiten des stumpfen Winkels geht, nicht aber, wenn
um jene, die auf der anderen Seite schneiden, es sei denn die Bedingung wird hinzugefügt,
dass die Geraden EF und CD zusammentreffen. Aber schon in der folgenden Proposition
wird so überlegt: Wenn PR in A zu AC senkrecht ist, werden die von PR abgeschnittenen Teile der Lote zu CD gleich sein; denn die unter einem beliebigen schrägen Winkel
gezogene [Gerade] EF wird die ungleichen Teile auffangen. Nichts wird hier über das Zusammentreffen der Geraden EF und CD, also auch nicht die vorausgehende Proposition
hier zu Hilfe gerufen werden können.

§. VIII.

So jener. Derselbe zwar, aber mit weitaus größerer Akribie ausgeformte Beweis ist es, den der hochberühmte Karsten in der elementaren und höheren theoretischen Mathematik (Rostock und Greifswald 1760, Oktavformat) gegeben hat. Sehr gut zeigt er im zweiten Teil des Beweises § 91,

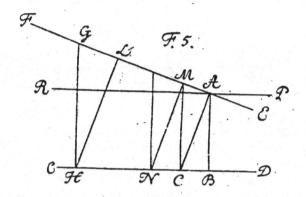

dass die Lote auf der Seite des stumpfen Winkels immer größer werden, sei es, dass jene AC, CM usw., die abwechselnd an CD und EF aufgerichtet wurden, diesen unseren Geraden begegnen, oder nicht. Aber der erstere Teil des Beweises scheint für ihn persönlich nicht so erfolgreich zu verlaufen. Er zeigt,

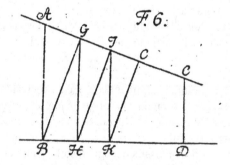

wenn aus B heraus zu G, aus G heraus zu H usw. abwechselnd Lote gefällt werden, dass AB > GH sein wird, GH > IK und so fort. Die Lote zu BD hin nehmen also ab, solange aus den Punkten heraus, wo sie gerade an BD anliegen, Lote so zu AD hin aufgerichtet werden können, dass sie auf die Seite von CD fallen, das heißt: wenn die Winkel HGC und KIC immer spitz bleiben. Wenn einer von ihnen ein Rechter wird, werden jene Lote BG, HI usw. niemals nach CD gelangen, weil auf der anderen Seite ein Lot, das gerade AC und BD gemeinsam ist, zu BD hin aufgerichtet wird; und der Winkel ACD wird, wie in jener Hypothese des spitzen Winkels von Saccheri, ein Spitzer sein. Es bleibt also übrig, zu zeigen, nachdem die wechselseitigen Lote BG, GH, HI usw. gefällt wurden, dass die Winkel bei G, I usw. immer Spitze bleiben, oder, was dasselbe ist, AG + GI + IC + usw. größer als eine beliebige angebbare [Größe] wird.

§. VIIII.

Es gab auch einen Araber, Nasir al-Din [al-Tusi], der einen Beweis des euklidischen Axioms in Angriff nahm, den Wallis, nachdem er von Eduard Pocock lateinisch wiedergegeben worden war, in öffentlichen Vorlesungen zu Oxford 1651 vorstellte. Er wurde eingefügt in Bd. 2 seiner Werke, S. 669 ff., in der geometrischen Erörterung über Postulat 5 und Definition 5 des sechsten Buches von Euklid. Dessen Beweiskraft und Reihenfolge und die von jenem, den der hochberühmte Karsten dargereicht hat, ist dieselbe, außer dass er als Lemma annimmt, was jener zu beweisen unternahm, dass die Lote auf der Seite des spitzen Winkels immer kürzer werden; ob nicht aber schließlich der Winkel nämlich wie KIC ein Rechter werden könne, legt er nicht fest. Daher kann dieser Beweis nicht losgelöst von allen Zahlen geführt werden. Vielleicht war es dieser, den Clavius in irgendeinem arabischen Euklid finden zu können meinte, aber seiner habhaft zu werden er vergeblich wünschte in der Bemerkung zu 28. 1. In dem verbreiteten arabischen Euklid, aus dem der lateinische von Campanus entstand, befand er sich nicht, wie der herausragende Vorsitzende auf S. 11 des 1750 in Leipzig herausgegebenen Briefes an Kardinal Quirinus mitteilt, in dem er die erste Euklid-Edition beschreibt, die nach der Erfindung des Buchdrucks herauskam.

§. X.

Genau dieser Wallis versuchte einen Beweis, nämlich um dem Savilius zu Willen zu sein, der seinen Professoren – er hatte nämlich einen Lehrstuhl für Geometrie zu Oxford eingerichtet – dies als Empfehlung überlassen hatte. Er meint, dass unter den Axiomen jenes umstrittene von Euklid richtig wiedergegeben wird. Dass nämlich richtigerweise nicht nur diejenigen für Grundsätze gehalten werden, die nicht bewiesen werden können, sondern auch diejenigen, die besonders in ihrem eigenen Licht klar sind, so dass sie eines Beweises nicht bedürfen. Darin zwar scheint er mir richtig zu empfinden, wenn, was bei unserem Axiom eintritt, keine Wahrheiten oder allgemeinen Begriffe vorgebaut werden können, die leichter oder sicherer erkannt würden. Was er aber bei anderen beklagt, dass sie weniger passende und ungewissere Axiome an die Stelle des euklidischen gesetzt haben, dies scheint er selbst nicht vermieden zu haben. Nachdem er nämlich bewiesen hat,

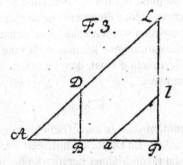

dass alle Punkte einer beliebigen Gerade AL, die unter einem gleich bleibenden spitzen Winkel LAP über die Gerade AP bewegt wurde, früher über LP hinübergegangen sind, als der Punkt A bei P landet, nimmt er einfach an, dass zu einer beliebigen gegebenen Figur eine ähnliche andere von beliebiger Größe konstruiert werden kann. Er sagt, dass Euklid die Definition ähnlicher Figuren, wenn es ihm selbst so vorgekommen wäre, dem ersten Buch voranstellen gekonnt hätte. Ob man aber nicht auch hätte beweisen können, dass alle Dreiecke dieselbe Winkelsumme haben, wenn Axiom 11 nicht eingeräumt würde? Wer dies verneint, kann nicht sagen, dass das Postulat von Wallis sich nicht widerspricht. Er könnte sogar beweisen, dass keine Dreiecke außer gleiche einander ähnlich sein können. Dass nämlich

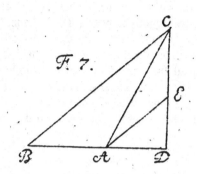

der äußere Winkel CAD eines jeden Dreiecks BAC größer oder kleiner ist als die Summe der zwei entgegengesetzten inneren, wird er anfechten. Wenn er diesen nämlich in einem Fall als jenen gleich ansieht, muss er dasselbe in allen genau diesem eingestehen, was leicht gezeigt werden kann. Infolgedessen aber würde dessen Hypothese umgeworfen. Also wird △ CAD eine größere oder eine kleinere Winkelsumme haben als △ BCD, und ebenso wird △ AED (nachdem ∠ EAD = ∠ CBD gemacht wurde) eine größere oder eine kleinere solche haben als △ ACD, also auch als △ BCD. Also wird ∠ AED größer oder kleiner sein als ∠ BCD; also werden die Dreiecke BCD und AED nicht ähnlich sein, mögen sie auch zwei einzelne übereinstimmende Winkel haben. Und es geht nicht an, dass sich einer auf Euklid berufen kann, der postuliert, dass durch gegebenen Mittelpunkt und Abstand ein Kreis beschrieben werden kann. Dies ist nämlich wegen der Einfachheit der Handlung klar genug, während bei der Konstruktion von ähnlichen Figuren sowohl proportionale Seiten als auch von jenen eingeschlossene gleiche Winkel verlangt werden. Ob dies immer gleichzeitig erhalten werden kann, durchschaut man nicht so leicht. Auch scheint gerade seine Argumentation vom Kreis aus für eine beliebige Figur nicht gesichert zu sein; Euklid postuliert nicht einmal, dass zu einem beliebigen Kreis ein anderer ähnlicher konstruiert werden kann.

§. XI.

Andere benutzten jenes Argument, dass zu einem beliebigen gegebenen Winkel und einem Punkt zwischen dessen Schenkeln ein Dreieck konstruiert werden kann, in welches hinein jener Punkt fällt. Unter diesen ragen Männer hervor, die bei weitem größer sind als mein Lob, Segner und Karsten. Jener in den Anfangsgründen der Arithmetik, der Geometrie und der geometrischen Rechnung, im magdeburgischen Halle 1756, Oktavformat, und in den „Vorlesungen über die Rechenkunst und Geometrie" (Lemgo 1747, Quartformat). Es wird postuliert in § 9 des ersteren dieser Werke, dass von zwei in einer gegebenen Ebene aus demselben Punkt heraus gezogenen geraden Linien die eine von der anderen fortlaufend und übereinstimmend zurückweicht, so dass deren Zwischenraum schließlich größer ausfällt als alles, was angegeben werden kann. Da hätte ich gewünscht, dass hochberühmter Autor genauer erklärt hätte, was übereinstimmend zurückweichen sein soll. Dass dies nämlich, bevor das Theorem über die Parallelen festgemacht ist, erledigt werden kann, glaube ich kaum. Daher bekräftigt er in § 10, dass jede Linie AC, die durch einen Punkt A außerhalb der gegebenen [Linie] BD gezogen wurde, wenn sie sich an jene anschließt, ihr schließlich auch begegnen wird; wenn sie aber auch nicht zurückweicht, mit immer demselben Zwischenraum an der Seite von BD ins Unendliche fortgesetzt ausläuft; aber einen Beweis erbringt er nicht. Daher sagt er in § 11,

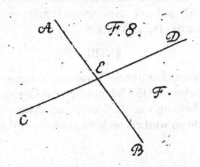

dass jede beliebige Gerade durch einen Punkt F, der zwischen den Schenkeln des Winkels DEB liegt, mit beiden oder mit einer von diesen beiden zusammentrifft. Dies freilich leitet sich richtig aus Obigem ab, wenn eingeräumt wird, dass dessen Wahrheit aus eigenem Licht leuchtet. Nicht allen jedoch kam es so vor, wenn auch niemand daran zweifeln wird, die Versuche bezeugen es, mit denen viele und ausgezeichnete Mathematiker versucht haben, es zu festigen. Es könnten nämlich die Winkelschenkel, obwohl sie immer voreinander zurückweichen, dennoch immer um einen endlichen Zwischenraum auseinander stehen, wie die Hyperbel vor einer zur Asymptote parallelen Gerade, die innerhalb ihres Hohlraums gezogen ist, immer mehr zurückweicht, nicht jedoch über den Abstand der Parallelen von der Asymptoten hinaus. Es könnten die parallelen Geraden selber gegenseitig vor sich auseinander springen. Dass dies abwegig ist, wissen wir nicht aus gesetzmäßig angestellten Überlegungen, nicht aus genauen Begriffen über die gerade und die krumme Linie, sondern aus der Erfahrung und dem Urteil der Augen, an das wir gewöhnt sind und deshalb urteilen, dass was im Einzelfall geschieht, immer geschieht.

§. XII.

Hochberühmter Karsten nimmt in den Vorlesungen der elementaren theoretischen Mathematik, die zu Rostock und Wismar 1758 im Oktavformat herausgegeben wurden, als Ausgangspunkt jenes Theorem, das glänzender Segnerus in § 11 mit Hilfe zweier Axiome glaubhaft gemacht hat. Daher schon kommt es mir zu, diesbezüglich das hervorzuheben, was wegen der umgeänderten Methode des Beweisens anders ist. Er scheint mir nämlich zu benutzen, was in Frage steht.

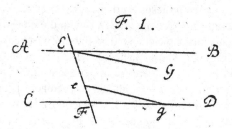

Wenn nämlich mehrere parallele Linien CD durch denselben Punkt E gezogen werden können, wird ein beliebiger Punkt F auf der Linie CD so gelegen sein, das eine durch ihn gezogene [Gerade] CD keinem der beiden Schenkel AE und EG begegnet, ja es wird nicht einmal eine die Schenkel AE und EG verbindende Gerade gezogen werden können, für die der Punkt F auf die Seite des Punktes E fällt.

§. XIII.

Zu Den Haag kamen 1758 im Quartformat heraus „Anfangsgründe der Geometrie, enthaltend die sechs ersten Bücher von Euklid, in eine neue Ordnung und auf das Niveau der Jugend gebracht unter der Leitung von M. Koenig und revidiert von M. Kuypers". An die Stelle des euklidischen Axioms wird ein anderes gesetzt, nämlich

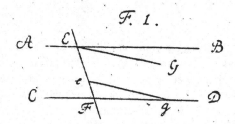

dass eine Linie EG, die von den Parallelen AB und CD, die gleiche Wechselwinkel haben, eine schneidet, auch die andere schneidet. Dieses Axiom ist mit dem euklidischen tatsächlich identisch. Jede Gerade EG nämlich, die zu CD so geneigt ist, so dass GEF und EFD kleiner sind als zwei Rechte, schneidet notgedrungen die Gerade AB, die bewirkt, dass BEF + EFD = 2 R. Dass Euklid selbst dieses neue Axiom als von sich aus offensichtlich in der Vorbereitung zu den Beweisen der Propositionen 30 und 31 von Buch I angenommen hat, meint der Autor, während es jedoch unmittelbar aus Axiom 11 fließt. Und niemals etwas einfach zu benutzen, wovon er nicht genaue Begriffe und Beweise herangezogen hatte, hatte jener sich zur Gewohnheit gemacht.

§. XIV.

Nun kommt es mir zu, einen Mann in Erinnerung zu rufen, auf den man wegen seiner herausragenden Verdienste für die gelehrte Öffentlichkeit und auf den auch ich aus vielen Gründen immer in dankbarem Sinn wieder zurückkommen muss, Abraham Gotthelf Kaestnerus, der in den Anfangsgründen der Arithmetik und der Geometrie, die in der Heimatsprache aufgeschrieben sind (Anfangs-Gründe der Arithmetik, Geometrie, Trigonometrie und Perspective, Göttingen 1758, Oktavformat), Wert darauf legte, das euklidische

Axiom zwar nicht zu beweisen (gerade er nämlich gesteht dies in der Vorrede ein), es jedoch so in Proposition 11, Korollar 2-6, zu erhellen, dass ich schlicht nicht weiß, was zur
vollständigen Überzeugung von dessen Wahrheit fehlen soll. Weil das Buch sich in den
Händen aller abnutzt, wird eine längere Erklärung seiner Methode nicht nötig sein. Die
Beweiskraft der Überlegung ist darin gelegen,

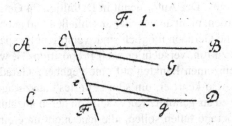

dass eine Linie EG, welche die Winkel GEF + EFD < 2 R bildet, wenn man sagt, dass sie
mit FD nicht zusammentrifft, über EF in unverändertem Winkel GEF bewegt schließlich
in die Lage eg gelangen wird, in der sie die Linie FD schneidet. Kein Überschneidungspunkt aber wie etwa g, kann der erste genannt werden, weil in gD und Ee immer Punkte
übrig sind, durch die die Gerade EG eher hindurchgehen musste, als sie bei g angelangt
wäre. Außerdem, wenn EG und FD nicht zusammentreffen, konnte es für sicher gehalten
werden, dass eg eben diesem FD begegnet, so dass Feg = FEG; kein Gedanke aber eröffnet, warum das Dreieck Feg möglich sein soll, ein anderes, das zumindest eine Basis FE
größer als die Basis FE hat und an der Basis dieselben Winkel, unmöglich.

§. XV.

Von denjenigen, welche die Definition Euklids beibehalten haben, waren die, welche auch
zu Rate zu ziehen möglich war, jene, deren Versuche mir am meisten denkwürdig erschienen. Gleich rüste ich mich, das Schicksal unseres Theorems bei denjenigen darzustellen,
die bei unveränderter Definition der Parallelen behaupteten, dass sie Abstandsgleiche sind;
es ist möglich, von diesen wiederum verschiedene Klassen zu unterschieden. Oben (§ 2)
habe ich schon erhoben, dass in dieser Definition das Theorem oder Axiom verborgen
ist, dass eine gerade Linie, die über einer anderen unter immer demselben Winkel bewegt wird, am anderen Ende von ihr eine Gerade beschreibt. Definitionen aber, die eine
Bezeichnung in dem Sinne erklären, in dem sie sie begreifen, erweisen nicht, dass die
Sache, die sie definieren, darin selbst möglich ist. So lehrt Euklid, dass das Quadrat eine vierseitige und rechtwinklige Figur ist, ob eine solche konstruiert werden kann, bevor
die Theoreme über die Parallelen festgemacht sind, könnte niemand bekräftigen. Es ist
also nicht gestattet, diese Definitionen früher hinzuzuziehen und ihnen die in ihnen sich
verbergenden Wahrheiten zu entlocken, als gezeigt worden ist, dass diejenigen Begriffe,
die in der Definition verbunden werden, sich nicht widersprechen; dieses Gesetz beachtete auch Euklid immer. Daher wollten einige, aber wenige, erweisen, dass jene Linie eine
Gerade ist, die vom Ende einer Geraden beschrieben wird, die über einer Geraden unter
einem gleich bleibenden Winkel bewegt wurde. Die einen begriffen dies an Stelle eines
Axioms, die anderen, zu denen fast die gesamte Masse von Schreibern der verbreiteten
Anfangsgründe verwiesen werden muss, scheinen überhaupt verkannt zu haben, dass es
ihnen obliegt, dies glaubhaft zu machen.

§. XVI.

Zur ersten Klasse gehört ein Werk, das zu Rom 1680 im Folioformat herauskam unter dem Titel: „Der wiederhergestellte Euklid, oder die antiken geometrischen Anfangsgründe, wiedererrichtet und erleichtert von Vitale Giordano da Bitonto, Lektor der mathematischen Wissenschaften in der königlichen Akademie, unterhalten von dem überaus christlichen König in Rom". Der Autor nennt in Definition 34 Geraden parallel, die sich, wenn sie fortgesetzt werden, nicht aneinander anschließen und auch nicht voreinander zurückweichen. Dass solche Geraden möglich sind, verspricht er, später zu beweisen. Dem Versprochenen Genüge zu tun, versucht er nach Proposition 23, wo er zeigen will, dass eine Linie, von deren einzelnen Punkten auf eine gegebene Gerade gleiche Lote fallen, selbst eine Gerade ist. Also kehrt er, um sein „Fünftes" auszusagen, dahin zuück, dass wenn ABC eine nach D zu ausgehöhlte Kurve sei, von deren unzähligen Punkten Lote auf eine beliebige andere Gerade fallen sollen, alle jene nicht untereinander gleich sind. Er glaubt, dass er dies so beweist.

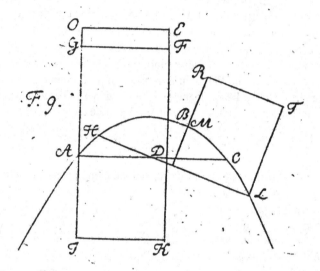

Es sollen zwei beliebige Punkte der Kurve durch eine Gerade AC verbunden werden, auf die aus einem anderen beliebigen Punkt B der Kurve eine Senkrechte BD fallen soll. Auf BD soll eine beliebige [Strecke] DF genommen werden, und zu CA soll durch A eine Senkrechte AG = DF aufgerichtet werden. Nun zeigt er – ob angenommen werde, dass bei G und F Rechte sind, oder nicht (dass sie gleich sind, ist sicher) –, dass das Lot aus A heraus auf GF größer ist als das Lot aus B heraus auf GF. Dies wird wegen dem willkürlich angenommenen F für die unzähligen Geraden gelten, die durch unzählige Paare von Punkten gezogen wurden, die von AC abstandsgleich sind, wenigstens aber durch O und E, wenn AO = DE. Nachdem wiederum eine andere Sehne HL gezogen und alles wie zuvor gemacht wurde, wird erwiesen, dass das Lot aus M heraus auf RT kleiner ist als dasjenige, welches aus L heraus auf jene gefällt wird, und dieselbe Überlegung wird auf die Lote übertragen, die innerhalb der Höhlung der Kurve auf die Gerade IK fallen, die, versteht sich, auf dieselbe Weise wie GF festgelegt wird. Was der Autor in Wahrheit zeigt, kehrt zu folgendem zurück: *Dass zu einer gegebenen Kurve ABC unzählige Geraden angegeben werden können, wie GF, OE, IK, RT, aus denen von einer beliebigen nicht alle Punkte der Kurve ABC gleich weit entfernt sind.* Diese einzelnen Geraden aber, von denen er dies zeigt, werden so festgelegt, das eine beliebige von jenen zwei zu einer Sehne der Kurve gezogene Lote schneidet, in zwei von der Sehne abstandsgleichen Punkten; von jenen Loten aber geht eins, etwa GAI, durch A hindurch, den Schnitt der Sehne und der Kurve. Im Allgemeinen zeigt unser Freund also nicht, dass die Punkte der Kurve ABC ungleich weit von *einer beliebigen gegebenen Gerade* entfernt sind, aber immerhin, *dass solche Geraden gegeben sind*, von denen sie ungleich weit entfernt sind. § 7 benutzt,

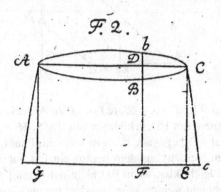

dass zur Geraden GE in G und E Lote GA = CE aufgerichtet wurden, sich also ein beliebiger Punkt der Verbindungslinie AC, etwa D, anschickt, den Abstand DF = AG = CE zu
haben. Denn wenn es nicht wahr ist, wird entweder DF > AG oder DF < AG werden, und
nachdem jeweils der eine anstelle des anderen der betreffenden Fälle FB = AG bzw. Fb =
AG genommen wurde, sind als Kurve, deren einzelne Punkte von GE Abstände haben, die
zu AG gleich sind, entweder ABC oder AbC gegeben; dass dies nicht geschehen könne,
habe er in § 5 gezeigt.

Aus dem, was ich gesagt habe, wird klar sein, dass § 5 nicht hierher gehört; in § 8 *ist*
eine Gerade GE *gegeben*, und ich habe schon hervorgehoben, dass § 5 des Autors nicht
von einer *gegebenen* spricht. Aus dieser fließt nämlich: Wenn gerade auf AC (§ 7, Fig. 2)
durch A und B Senkrechte gezogen werden und auf jenen daher von AC gleiche Teile
abgeschnitten werden, dass durch die Punkte, die von AB abstandsgleich sind, eine Gerade hindurchgeht, von der die Punkte der Kurve ABC nicht gleich weit entfernt sind; dass
eine solche jedoch GE ist (Fig. 2, § 7), kann nicht benutzt werden; es ist im Gegenteil
sicher, das sie eine solche nicht sein kann, wenn nicht GAD = ADB = R; sobald dies
benutzt worden ist, könnte sehr leicht erreicht werden, dass alle Punkte der Linie AC von
GE gleich weit entfernt sind. Wenn aber zum Beispiel ∠ GAC = ∠ ACE spitz ist, werden
die Teile Aa und Cc der Lote bei A und C, die von der Geraden GE abgeschnitten wurden,
gleich sein, daher werden alle Lote, die zwischen A und C errichtet und von GE abgefan-
gen wurden, ungleich werden, und in diesem Fall kleiner als Aa = Cc. Um in Kürze alles
zu wiederholen: Unzählige derartige Geraden können beschrieben werden, von denen die
Punkte der Kurve ABC (§ 7) ungleich weit entfernt sind. Dies dürfte dem Autor wohl auch
ohne dessen mühsamen Beweis ein jeder leicht geglaubt haben. Aber dass es *keine* derartige Gerade sein kann, von der einzelne Punkte der Kurve AGC gleiche Abstände habe, dies

zeigt er nicht, außer indem er benutzt, was in Frage steht, und sobald dies benutzt worden ist, kann ohne so große Umschweife alles kurz gezeigt werden, nämlich BAC = R.

Um Euklids Axiom zu beweisen, kehrt der Autor das Theorem von § 11 unklugerweise um. Daraus nämlich,

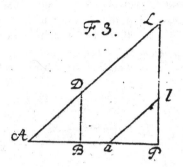

dass bei gegebenem Winkel LAP das größere Lot LP zu AL bei einem größeren Abstand AL begegnet als das kleinere Lot BD, schließt er in § 12, S. 56, dass ein beliebiges gegebenes Lot DB der [Linie] AD begegnet, denn es kann ein Punkt L auf der fortgesetzten [Linie] AD angenommen werden, aus dem heraus ein Lot auf AB bei einem Abstand AP > AB fällt. Da wird leicht klar, wenn BD nicht der [Linie] AL begegnet, dass kein derartiger Punkt L aufgebracht werden kann, aus dem heraus ein entlegeneres Lot als BD fällt.

§. XVII.

Es kam heraus zu Leipzig 1751 eine Dissertation, aufstellend „Grundsätze einer Theorie über das mathematische Unendliche und einen Beweis der Möglichkeit von Parallelen, vom Autor Friedrich Gottlob Hanke aus Breslau in Schlesien". Ausreichend stimmig und kurz ist der Beweis, außer dass er, weil er in einem Fall ausgelassen wurde, eine Ausflucht hinterlässt, durch die seine gesamte Beweiskraft vereitelt werden kann. Um zu zeigen, dass die Geraden, die drei gleiche, an eine beliebige Gerade angesetzte Lote verbinden, Teile einer einzigen Geraden sind, geht er so vor.

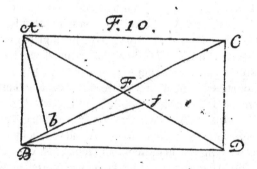

Er verlangt, dass einem rechtwinkligen Dreieck ABD in B ein anderes gleiches angebaut wird, das rechtwinklig in C ist; daraufhin behauptet er, nachdem CF unter dem Winkel

ACB = ADB gezogen wurde und aus B heraus eine Gerade Bf unter demselben Winkel fBD, dass die Punkte F und f zusammenfallen, in denen CF und Bf die Gerade AD schneiden. Wenn nicht, sagt er, mag der Punkt F entweder oberhalb oder unterhalb von F fallen. CF soll fortgesetzt werden, wenn sie nämlich AB nicht begegnet, wird auf jener bF = FD eingefangen, die Verbindungslinie Ab wir innerhalb des Winkels BAF schneiden, und △ AbF = △ FCD. Also ist ∠ AbF = ∠ FDC = ∠ BAF, also größer als ∠ bAF; daher ist AF > bF = FD. Es ist aber AF = fD (in dem Fall, in welchem f unterhalb von F schneidet), also fD > FD, was widersprüchlich ist. Also wird CB die Gerade AB schneiden; hier schließt der Autor allzu eilig, dass B jener Schnittpunkt sein wird. Er sagt nämlich, wegen AF = FC, ∠ AFB = ∠ CFD und ∠ FAB = ∠ FDC ist auch das Dreieck, das auf diese Weise sichtbar wird, gleich △ CFD. Aber aufgrund der Konstruktion ist ∠ AbF, nicht Fab oder FAB, gleich ∠ FDC, und nichts steht im Wege, wodurch Ab nicht außerhalb von ∠ DAB schneiden mag, wenn Fb = FD jenseits AB gefallen sein sollte; diesen Fall übersah der Autor, weil er nur zeigte, dass Ab nicht innerhalb des Winkels DAB fallen kann. Aber es ist notwendig, dass Ab außerhalb von jenem fällt, wenn AF = FC < FD. Von daher nämlich ist ∠ FCD = bAF > als der Winkel FDC = ∠ BAF. Wenn dagegen aber Bf oberhalb von F fällt, wird ∠ FCD kleiner sein als ∠ FDB, wegen FD, die dann kleiner ist als FC; also ist auch ∠ bAF = ∠ FCD kleiner als BAD = FDC. Daher wird auf dieselbe Weise, auf die gezeigt worden war, dass im ersteren Fall Ab nicht innerhalb ∠ BAD fallen kann, nun gezeigt werden, dass sie nicht außerhalb von jenem fallen kann. Auch dies übersah der Autor. Mit der gleichen Auseinandersetzung, sagt er, mit der zuvor gezeigt werden wird, dass die Verlängerte CF AB in B schneiden wird, was zweideutig gesagt ist. Wenn er meinte, dass die Gerade Ab nicht außerhalb ∠ BAD fallen kann, hat er sich geirrt. Dem Autor fehlt also so viel, um zu zeigen, dass die gleichen Lote durch eine gerade Linie verbunden werden können, dass eher gezeigt werden könnte, dass aus seiner Methode nichts dergleichen gemeißelt werden kann.

§. XVIII.

Außer diesen ist mir niemand begegnet, der hätte zeigen wollen, dass zwei Geraden in allen Punkten abstandsgleich sein können. Daher soll es genügen, einmal hervorgehoben zu haben, dass alle Beweise, die ich noch durchleuchten werde, mit ein und demselben Fehler arbeiten, weil sie stillschweigend als Axiom benutzen, was zu erweisen war. Denn wenn deren Autoren auch nicht fehl gehen werden, ohne Beweis anzunehmen, dass abstandsgleiche Geraden gegeben sind, gehörte es sich dennoch nicht, das durch diese Definition verhüllte Axiom den Augen der Leser entziehen zu wollen. Christoph Clavius schickt in den Kommentaren zu Euklids Elementen (Köln 1591, Folioformat), bevor er daran geht, die Theoreme über die Parallelen zu beweisen, das Axiom voraus, dass eine Linie, deren sämtliche Punkte von einer geraden Linie, die sich in derselben Ebene befindet, gleich weit entfernt sind, eine Gerade ist. Dass dann nämlich nichts in jener biegungsreich gefunden werden wird, oder dass die Linie nicht gekrümmt sein wird. Das heißt, dasselbe durch dasselbe beweisen und erklären. Dass durch Denken nicht erfasst werden kann, dass eine andere Linie außer einer geraden sich dieser Eigenschaft erfreut; dass ein Axiom aber so gewonnen worden sein muss, dass wir sofort sehen, dass das Gegenteil unmöglich ist. Hier aber durchschauen wir nur nicht, wie das Gegenteil möglich sein soll. Ich schreite freilich nicht ein, wenn einem dies im eigenen Licht genug zu leuchten scheint; umso mehr jedoch urteile ich, dass überhaupt nichts genannt werden kann, um jenes zu erhellen und zu bekräftigen, wenn du nicht dasselbe durch dasselbe erklären wolltest, weil dessen Wahrheit sich einzig und allein auf den verschwommenen Begriff der geraden und der gekrümmten Linie stützt. Für das euklidische kann jedoch vieles derartige zur Vermittlung vorgebracht werden, was in der Lage ist, genug dessen Wahrheit zu erweisen, was vor allem der herausragende Vorsitzende in seinen Anfangsgründen erreicht.

§. XIX.

Andrea Tacquet tadelt in seiner Edition der Elemente Euklids (Amsterdam 1683, Oktavformat) die euklidische Definition der Parallelen (Buch I, Definiton 36), weil sie die Natur der Parallelität nicht genug erklären würde, weil es vielleicht geschehen könnte, dass Geraden, die sich gegenseitig aneinander anschließen, niemals zusammentreffen. Aber es ist nicht nötig, dass eine Definition die Entstehung des definierten Gegenstands ausdrückt, sofern nur Merkmale dieser Art erbracht werden, die ausreichen, um jenen von allen anderen zu unterscheiden. So wurde freilich die euklidische Definition gewonnen, aus der folgt, wenn sich die übrigen Überlegungen zu ihr richtig verhalten, dass alle Parallelen Abstandsgleiche sind. Obwohl aus Taquets Definition, wenn sie eingeräumt wurde, die übrigen Anschauungen von Parallelen sehr leicht fließen, zieht er doch drei Axiome an Stelle des euklidischen hinzu, nämlich dass Parallelen ein gemeinsames Lot brauchen, dass je zwei Lote aus Parallelen auf beiden Seiten gleiche Teile ausschneiden, und (was für ihn selbst Axiom 11 und 12 ist) dass in dem Theorem nach Proposition 31 innerhalb der Schenkel eines beliebigen Winkels eine Gerade gezogen werden kann, die größer ist als eine beliebige gegebene Parallele zu einer Gegebenen. Wenn einer durch einen klaren Begriff von all dem überzeugt sein kann, wird jener ja dem euklidischen Axiom um vieles leichter Zustimmung schenken. Und weil wenn die Definition des Autors eingeräumt wurde, dies alles sehr gut gezeigt werden kann, warum sollen wir dann nicht eher genaue als klare Ideen benutzen, um die Wahrheit einzusehen? Euklid-Heuchler, wer die Wahrheiten, die niemand, sobald er sie gehört hat, ablehnen kann, lieber beweisen wollte, als sie einfach zu benutzen, so dass es scheint, dass man sogar von irgendwelchen Franzosen deswegen in Augenschein genommen werden muss.

§. XX.

Es kam heraus zu Bologna in lateinischer und italienischer Sprache: „Kleines Werk über abstandsgleiche und nicht abstandsgleiche gerade Linien" von Pietro Antonio Cataldo (1603, Quartformat). Dieses Büchlein angezeigt zu haben, genügt. Über die Existenz abstandsgleicher Geraden scheint dem Autor niemals ein Zweifel aufgekommen zu sein, dessen Beweis übrigens sich richtig verhält, außer dass er, als er hätte beweisen können, dass nicht Abstandsgleiche zusammentreffen, in Proposition 9 nur gezeigt hat, dass diese sich immer näher aneinander anschließen. Um Nachsicht jedoch bittet er bescheiden, wenn er sich geirrt haben sollte in dem Werk, das unter vielen Bedrängnissen und Krankheiten verfasst wurde; und vierhundert Exemplare des Werks an Mathematiker zu verteilen, die er selbst nicht kennen sollte, überließ er Pater Valentino Pino, so dass gewiss das Herz des Autors und der Freimut selbst gelobt werden müssen.

§. XXI.

Ich weiß nicht, ob sie würdig sind, hier angeführt zu werden, die II Bücher der Arithmetik und die XXVII der Geometrie von Petrus Ramus, durchgesehen von Lazarus Schonerus (Frankfurt 1599, Quartformat). Jener Gegner Euklids, der die Anordnung von dessen Propositionen so tüchtig veränderte, nachdem er die Regeln seiner Logik vergessen hatte, schließt in Buch V, § 11, dass eine Linie, die eine der Parallelen schneidet, die andere auch schneidet, denn wenn sie sie nicht schneiden würde, würde sie zu jener, also auch zur ersten parallel werden. In dieser Überlegung wird das Wort Parallele in doppeltem Sinne zu sich selbst begriffen, als abstandsgleiche und nicht zusammentreffende Gerade. Im Vorausgehenden hat er nämlich nicht gezeigt, dass nicht abstandsgleiche Linien schließlich zusammenfallen. Diesen Trugschluss lässt er auch in § 13 beim Beweisen von Euklids Axiom 11 zu. Was im selben Buch § 12 über die Winkel enthält, welche die von einer dritten geschnittenen Parallelen bilden, ist Unsinn und ungenaue Sprache, kein Beweis.

§. XXII.

Unter den Einheimischen erledigte niemand von denen, die den Begriff der Abstandsgleichen gebrauchten, die Sache besser als Wolfius, der in den Anfangsgründen der allgemeinen Mathesis, Bd. 1 (Halle 1730, Quartformat), sobald seine Definition der Parallelen eingeräumt wurde, das Übrige unbeugsam und stimmig beweist, außer dass er Theorem 38 über die Gleichheit der Wechselwinkel ein wenig zu kurz hätte beweisen können, nachdem eine einfallende Linie an zwei Stellen geschnitten und aus dem Schnittpunkt heraus ein Lot auf jede der beiden Parallelen gefällt wurde, welches aufgrund von Theorem 36 auch für die Übrige bei rechten Winkeln gewesen wäre. Daher wären gleiche Dreiecke entstanden.

§. XXIII.

Einen Beweis des Theorems über die Parallelen zu stiften, versuchte Magister Friedrich Daniel Behn in seiner Dissertation über eine neue Methode, die Eigenschaften paralleler Linien zu beweisen (Jena 1761). Dass parallele, bzw. nach seiner eigenen Meinung abstandsgleiche Geraden möglich sind, benutzt er einfach in § 5, dessen Korollar 3, wenn ich das dort Gesagte richtig begreife, darauf abzielt,

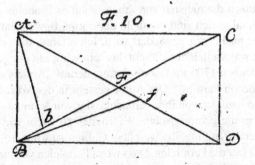

dass parallele gerade Linien, wenn sie zwei gleiche Lote AB und CD ausschneiden, immer den gleichen Abstand haben, denn jede von beiden verbreitet sich geradeaus zur selben Himmelsrichtung hin. Aber wenn man benutzt, dass diese zwei Himmelsrichtungen, die gerade für ihn unendlich ferne Punkte der Geraden AC und BD sind, um das Intervall AB voneinander entfernt sind, ist klar, dass benutzt wird, dass eine Linie, die drei gleiche Lote verbindet, eine Gerade ist. Wenn diese Himmelsrichtungen entweder zusammenfallen oder um ein größeres oder ein kleineres Intervall als AB voneinander entfernt sind, werden die Geraden nicht abstandsgleich sein, zumindest nach Meinung des Autors in einer Bemerkung desselben Paragraphen. Wenn er darin vertritt, dass zum selben unendlich fernen Punkt gezogene Geraden nicht abstandsgleich sind, scheint er mir nicht darauf Acht zu geben, dass dies eine Sprechformel ist, mit der man nichts anderes zu verstehen gibt, als dass Geraden niemals zusammentreffen. Aus demselben Grund bekräftigt er in einer Bemerkung von § 9, dass die Winkel ABD und ADB kleiner als zwei Rechte sein können, obwohl AB und AD nicht zusammentreffen, was, wie Clavius sehr gut bewiesen hat, mit seiner Hypothese nicht in Einklang stehen kann. Wenn er aber, wie es scheint, insgeheim deren Differenz von zwei Rechten als unendlich klein versteht, sagt er Wahres; denn die unter diesen Winkeln heraus gezogenen Geraden werden in der Tat parallel und abstandsgleich sein, gleichwohl sie sich für den Autor an einander anzuschließen scheinen. Sein übriger Beweis verhält sich richtig. Er enthält nämlich die elementaren Wahrheiten der Geometrie, auf die sich die Theoreme über die Parallelen stützen, vom Autor sorgfältig genug bewiesen. Aber weil der Beweis das, was in dieser Angelegenheit das Meisterstück ist, auslässt, kann er nicht als perfekt angesehen werden. Wolfius tadelt § 16, aber zu Unrecht, wenn ein Beweis nicht aus deutschen Grundzügen, sondern lateinischen verlangt wird, den ich freilich wegen der Kürze und Durchsichtigkeit jenem, den Behnius gegeben hat, bei weitem vorziehen würde. Auch der Beweis von Clavius, dass Geraden, die unter einem kleineren Winkel als zwei Rechte heraus gezogen wurden, zusammentreffen, scheint mir, muss in Augenschein genommen werden. Weil aber Hausen, Segner und Kaestner, deren Beweise der Autor in § 18–20 darlegt, nicht jede Schwierigkeit aus dem Weg räumen konnten, lag seine Methode darin, dass er keine Definition gebrauchen wollte, die er nicht beweisen konnte.

§. XXIV.

Die Geschicke unseres Theorems bei den übrigen Schreibern der Anfangsgründe zu mustern, würde lang und nutzlos werden. Weil sie sich außerdem nicht sehr untereinander unterscheiden, benutzen die meisten von ihnen, seien es Einheimische oder Auswärtige, dass Parallelen abstandsgleich sind, weshalb der übrige Beweis entweder mit der gebührenden Strenge oder nachlässig gegliedert wird. Ich erfahre, dass die Franzosen hier am meisten fehl gehen, was vielleicht nicht nutzlos sein wird, mit einigen Beispielen zu belegen. Zu Den Haag kamen 1705 im Duodezformat heraus „Anfangsgründe der Geometrie von Pater Ignace Gaston Pardies". Der Autor gesteht in der Vorrede selbst ein, dass die Strenge der Beweise häufiger von ihm vernachlässigt wurde, um das vorgenommene Ziel zu erhalten, indem er die geometrischen Wahrheiten so leicht wie möglich aussagt. Ein Beispiel dieser fehlerhaften Sitte, die weit über Gallien zu wuchern scheint, bietet uns gerade jenes Theorem über die Parallelen. Dass wenn Parallelen von einer dritten geschnitten wurden, die Wechselwinkel gleich sind, schleusst der Autor ein, als ob es durch natürliches Licht erkannt würde. Um dies zu erhellen, betrachtet er zwei Parallelen ganz wie die einander entgegengesetzten Ränder eines Lineals und sieht die Wechselwinkel, indem er sie den Winkeln an der Ecke gleichstellt, als gleich an. Einfallsreich zwar; wenn nicht angenommen worden wäre, dass Linien jeder Breite ermangeln.

§. XXV.

Auf ähnliche Weise lehrt Dom Clairaut in seinen geometrischen Anfangsgründen (Paris 1741, Oktavformat) zuerst in § 10 die Konstruktion von Quadrat und Rechteck und schleußt von daher die Konstruktion von Parallelen in § 11 ein, ohne eine Bedingung an die Winkel erwähnt zu haben, die die einfallende Gerade bildet. Ähnliche Beispiele von Nachlässigkeit bieten: „Elementare und praktische Geometrie des verstorbenen M. Sauveur von M. le Blond" (Paris 1753, Quartformat), und: „Vorlesungen über Mathematik, Teil II: Anfangsgründe der Geometrie, von M. Camus" (Paris 1750, Oktavformat), der Geraden parallel nennt, die zu einer dritten gleich geneigt sind. Auf dieselbe Weise behauptet Boscowich in den Anfangsgründen der allgemeinen Mathesis, Bd. 1 (Rom 1754, Oktavformat), dass durch natürliches Licht bekannt ist, dass Paralelen zu einer dritten gleich geneigt sind.

§. XXVI.

In den Anfangsgründen, die französisch unter dem Titel „Anfangsgründe der Mathematik von M. Varignon" (Paris 1731, Quartformat) herauskamen, schneidet Varignon, und löst nicht den Knoten auf. Parallel nennt er (Definition 5) solche in derselben Ebene zu einer dritten gleich geneigte Geraden, die einen äußeren Winkel haben, der dem auf derselben Seite entgegengesetzten inneren gleich ist. Das Theorem ist wahrer, als es die Definition ist; und das umso mehr, weil es niemanden gibt, der mit dem Begriff der Parallelen nicht dies verbindet, dass sie niemals sich begegnen. Streit werde ich gerade ihm wegen dieser Angelegenheit nicht verursachen. Darin aber scheint er fehl gegangen zu sein, dass er stillschweigend benutzt, welche Punkte der zwei Parallelen auch immer schließlich als Gerade verbunden werden, dass der äußere Winkel dem inneren gleich sein wird. Wir wollen ihm nämlich einräumen,

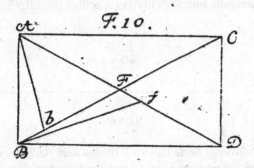

dass alle parallelen Linien wie AC und BD als Minimum zwei Punkte B und C haben, welche als Gerade, die BC verbindet, ACB = CBD bilden; was? folgt dasselbe nicht auch für alle Punkte dieser Linien wie C und D? So könnte sehr leicht gezeigt werden, dass in einem beliebigen Dreieck die Winkelsumme zwei Rechten gleich ist. Wenn genau dies aber dem Autor nicht eingeräumt wird, werden alle seine folgenden Beweise umgeworfen. Denn um diese Eigenschaft der Dreiecke zu zeigen, schickt er die Theoreme über die Mittelpunkts- und Peripheriewinkel des Kreises mit Quantität und Maß voraus. In Korollar 2 von Theorem 13 zeigt er richtig, dass die Kreisbögen, die innerhalb von zwei parallelen Sehnen ausgeschnitten werden – ein Radius ist zu beiden von diesen senkrecht

–, gleich sind. Aber schon in Theorem 17 will er zeigen, dass der Winkel zwischen Mittelpunkt und Peripherie ABO gleich der halben Summe der Bögen NM und OA ist, die von dessen Schenkeln ausgeschnitten werden. Wird nämlich, sagt er,

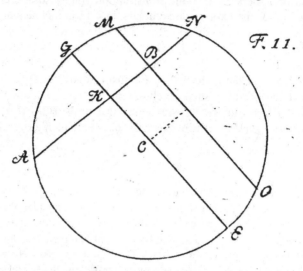

F. 11.

durch den Mittelpunkt C zu MO eine Parallele GE gezogen, wird der Bogen GM = EO sein. Aber mit Recht werden wir hier fragen, ob sie, die sie in C zu GE senkrecht ist, dies auch zu MO sein wird. Daraus, dass der Winkel bei B gleich dem Winkel bei K ist, folgt dies gewiss nicht. Von daher kann sich der Autor nicht auf Korollar 2 von Theorem 13 berufen, er zeigt auch nicht, dass die Bögen GM und EO gleich sind, von wo aus die gesamte Argumentation und alles übrige, was über ihr aufgebaut wurde, zerbröckelt zusammenstürzt.

* * *

* * *

Thesen

1. *Wer behauptet, dass die Seele materiell ist, hat kein Recht, deswegen zu behaupten, dass sie sterblich ist; und wer glaubt, bewiesen zu haben, dass sie unmateriell ist, hat fast nichts damit erreicht, zu zeigen, dass sie unsterblich ist.*

2. *Raum wird in der Methaphysik richtigerweise durch die Anordnung von koexistenten Dingen definiert, von denen sich keins in einem anderen befindet.*

3. *Der Cartesische Beweis der göttlichen Existenz aus dem Begriff des ganz vollendeten Seienden ist, nicht einmal seitdem Wolfius jenen verbessert hat, absolut, er kann auch überhaupt nicht absolut gemacht werden.*

4. *Die heftigeren Bewegungen des Geistes, die man Affekte nennt, stellen einen großen Teil des menschlichen Glücks dar.*

5. *Wer Mathesis und Physik nicht kennt, kann nicht die Seele kennen.*

6. *Es gibt keine Lust ohne Empfindung der eigenen Vollendung.*

7. *Die belebten Dinge wurden nicht wegen dem Menschen geschaffen.*

8. *Es ist wahrscheinlich, dass die Seelen der Blöden, wenn ihre Körper zerstört sind, zu anderen wandern.*

9. *Es ist sehr wahrscheinlich, dass genau im Moment des Todes selten ein großer Schmerz empfunden wird.*

10. *Vollendung ist die Übereinstimmung in der Vielfalt. Wer sie Gesamtheit der positiven Realität nennt, die dem Seienden erteilt wird, sagt entweder dasselbe oder nichts.*

11. *Die deutsche Sprache ist geeigneter, Lehren und Wissenschaften zu vermitteln, als die lateinische.*

12. *Aus den öffentlichen Gesetzen der Juden kann keine Regel gezogen werden, die für uns in ähnlichen Fällen einzuhalten wäre.*

13. *Diejenigen, die mehrere Götter verehrten, verbanden mit der Stimme eines Gottes den Begriff dessen, was wir das notwendige Seiende nennen. Also irrten sie viel gerechtfertigter als jener, der bezweifelt, dass es überhaupt einen Urheber des Universums gibt, der vom Universum verschieden ist.*

14. *Die logische Wahrheit läßt sich schlecht definieren: wegen der Übereinstimmung eines Urteils mit der Sache, über die geurteilt wird.*

15. *Dass alle Völker Opfer gebrauchten, macht glaubhaft, dass sie alle von solchen Vorfahren ausgingen, denen durch Offenbarung jene befohlen worden waren.*

16. *Ein Eid bindet, wenn nicht von anderswo Verbindlichkeit erwächst, von sich aus nicht.*

17. *Die Kreuzzüge waren, wieweit es deren Ziel war, die christliche Religion gegen die Mohammedaner zu behaupten, berechtigt.*

* * *

* * *

Den vorvornehmsten Herrn Respondenten
grüßt vielmals
der Vorsitzende

Als du dir, um öffentlich zu zeigen, wieviel du im Erörtern über einen bestimmten Gegenstand vermagst, der vor allem der mathematischen Gelehrsamkeit angehört, mich als Gefährten erbatst, hast du als Bedingung hinzugefügt, dass es erlaubt sein soll, ein Muster deines Fleißes herauszugeben, zumindest nicht etwas von einem anderen Geschriebenes zu verteidigen. Also schlug ich dir ein Thema vor, das zwar zu den unmittelbaren Anfängen der Anfangsgründe gehört, aber in dem große Geister arbeiteten und dabei ihre Kräfte nicht erfolgreich einsetzten. Du hast die Geschichte dieses Gegenstandes meinen Ratschlägen folgend so geschrieben, wie ich mir lange gewünscht hatte, dass sie von irgendjemandem geschrieben wird, Sorgfalt im Sammeln, Spitzfindigkeit im Aburteilen und Mäßigkeit im Ausdruck wirst du den Lesern genug erweisen, weniges aber hast du mir überlassen, hinzuzufügen, was ich an den entsprechenden Stellen eingefügt habe, und ich darf glauben, dass kaum ein Versuch von gewisser Bedeutung übrig bleiben wird, den du nicht untersucht hast. Dies Lob kann ausreichen für Deine Fleißigkeit, dass nach der wohl sehr reichlichen Ernte deinem Ährenbündel sehr viel Platz in der Gelehrtengeschichte gehört, als Zeichen dafür kann wohl dienen, dass wir, als wir dies behandelten, auf irgendeinen Ptolemaios gestoßen sein dürften, wohl sicher irgendein Buch des Klaudios, das dem großen Fabricius unbekannt war, den mein Leipzig deinem Hamburg gegeben hatte. Dass wir irgendwann den wirklichen Beweis haben werden, dessen Gespinste du zerstreut hast, dadurch dass das Licht der Geometrie herangebracht wurde, darf ich kaum erhoffen, wenn nicht die Lehre von der Lage sorgfältiger ausgebaut wird, deren Analysis mit Leibniz untergegangen ist.

Wolfius, De studio mathematico § 144; Elementa matheseos, Bd. 5, S. 271.

Wenn Wolfius eingeräumt wird, dass zu einem gegebenen Dreieck ein ähnliches konstruiert wird, wenn über einer beliebigen Basis zwei Winkel den zweien des gegebenen Dreiecks gleich werden, ist die Sache auch fertiggestellt, aber dieser Version der Ähnlichkeit zu einem geometrischen Gegenstand widersprechen noch die strengeren Verfechter Euklids. Es bleibt also nichts übrig, als dass wir den Anhänger unserer Wissenschaft bitten, dass sie eingeräumt wird, was kein Gesunder ablehnen kann. So verhandeln wir, offen, wie es sich gehört, als Wächter des reinsten Wahren mit jenem und tragen seiner Gelassenheit an, einzuwilligen, weil andere, mehr pfiffige als wir, wie von höchstem Gericht die Schuld aus ihm entwinden werden.

Was du über die französischen Schreiber in § 22 gesagt hast, gilt nicht nur hier, sondern auch an anderen Stellen der Geometrie, dass jene am meisten von der euklidischen Strenge abbiegen. Es verdient jedoch, entschuldigt zu werden, was von ausreichend guten Gründen – es ist sicherlich nicht gerade das Beste – ausgeht. Es studieren bei jenen die in unseren Wissenschaften führenden Männer, und selbst die Königssöhne – welch ein Vorbild freilich –, die Deutschen, zumindest die Nachahmer von Fehlern, folgen seltener dem dienenden Geschlecht; also konnten unsere Fachleute, die dabei sind, ein Volk zu belehren, dessen erster Antrieb, auch beim Lernen, allein schon größer ist als der der Manneskräfte, nicht pedantischer darauf achten, auszusprechen, wer abgelehnt hatte, dass ein königlicher Weg zur Geometrie offen steht. Der Herr Clairaut

Élémens de Géométrie S. X.

erhob sogar sehr geistreich für Euklid, dass die Sophisten besiegt werden mussten, weil sie, im Begriff über höchst offensichtliche Dinge das bisschen Ruhm der Spitzfindigkeit zu erhaschen, Zweifel bewegt hätten, dass die Unsrigen als Menschen viel gutmütiger sind; ich glaube, dass sich jene Spitzfindigkeit der Sophisten schon von den menschlichen Lehren zu den göttlichen wendet. Diese deine Schrift soll wohl lehren, dass diese freilich vor allem in den Anfängen der klarsten der Wissenschaften gefunden werden, die nicht bewiesen werden können, auch wenn es hieße töricht zu sein, jene nicht zu glauben. Und schließlich wird mit diesem Thema erreicht werden, dass dieser dein Fleiß von dem erhabeneren Studium der heiligen Gelehrsamkeit, in dem du dich aufhältst, nicht ganz und gar fern liegt. So leb wohl und sei mir weiterhin gewogen. Es soll abgegeben werden zu Göttingen im Monat August des Jahres 1763 der christlichen Ära.

* * *

* * *

Anhang B
Artikel „Parallel" von L. A. Sohnke aus J. S. Ersch und J. G. Gruber „Allgemeine Encyklopädie der Wissenschaften und Künste" (Dritte Sektion, 11. Teil) [Leipzig, 1838]

PARALLEL. In der Mathematik gibt es keinen Gegenstand, über welchen so viel gesprochen, geschrieben und gestritten ist, ohne zu einem erwünschten, entscheidenden Resultate gekommen zu sein, als die Parallelentheorie, sodaß sie d'Alembert (Mélanges de Littérature, d'Histoire et de Philosophie. Tom. V. p. 180) mit Recht „l'écueil et le scandale des élémens de Géométrie" nennt. Schon in der Definition der Parallellinien findet sich eine große Verschiedenartigkeit: einige erklären sie als solche gerade in einer Ebene liegende Linien, welche bei einer beliebigen Verlängerung nie zusammenkommen, andere als solche Gerade, die überall gleichen Abstand von einander haben, oder endlich als ein Paar solcher Geraden in derselben Ebene, die von einer dritten unter gleichen Winkeln geschnitten werden. Bei keiner von diesen Annahmen aber wollt' es gelingen, nach der sogenannten streng mathematischen Methode die Eigenschaften der Parallellinien aus ihrer Erklärung herzuleiten; stets war es noch nöthig, irgend einen gewissen Satz als Grundsatz anzunehmen, der sich auf Linien oder Winkel oder auf beide bezog. Doch hierbei zeigte sich der wunderbare Umstand, daß zwar beinahe alle zu diesem Zwecke in Vorschlag gebrachten Sätze von Jedermann als richtig anerkannt werden mußten, aber dennoch nicht von der Beschaffenheit zu sein schienen, daß sie ohne Weiteres als Axiom angenommen werden könnten. Der alte Meister Euclid stellte als eilftes Axiom folgendes auf: „Zwei Linien, welche von einer dritten so geschnitten werden, daß die Summe der zwei innern Winkel, welche auf derselben Seite der schneidenden liegen, kleiner als zwei Rechte ist, treffen genugsam verlängert zusammen. Dieses wurde nicht als Axiom anerkannt, sodaß manche, wie Montucla (Hist. des Math. I. p. 209), meinten, er wäre durch ein Versehen der Abschreiber unter die Grundsätze gestellt, während ihn Euclid als Zusatz zu dem 28. Satze des ersten Buchs gefügt hätte. Man gab sich zunächst viele Mühe, die erforderlichen Eigenschaften, welche ein Axiom besitzen soll, festzustellen, um dadurch nachzuweisen, daß der genannte Satz keine Ansprüche auf diesen Namen habe, und suchte sodann um so eifriger nach einem andern Grundsatze, der diesen entweder unmittelbar ersetzen könnte oder von der Art wäre, daß man mit seiner Hilfe den erstern, als Lehrsatz betrachtet, beweisen könnte. Die bedeutendsten Geometer älterer und neuerer Zeit haben ihre Kräfte an diesem Unternehmen zu erproben versucht, aber alle ohne genügenden Erfolg; wie es denn wol auch ein vergebliches Abmühen ist und bleiben wird. Denn daß man sich im Allgemeinen mit dem Euclidischen Satze als Grundsatz nicht begnügen wollte, scheint wol nur darin seinen Grund zu haben, daß, während die übrigen Axiome in der Mathematik sich auf rein quantitative Verhältnisse beziehen, dieses grade ein qualitatives zum Gegenstande hat. Bei jenem handelt es sich nur um die Gleichheit oder um das Größer- oder Kleinersein von Quantis, und man hat sich daran gewöhnt, nur gewisse Sätze, die sich auf dergleichen Beziehungen erstrecken, als Grundsätze anzuerkennen; das hier in Rede stehende Axiom dagegen spricht die Art und Weise der Lage aus, welche unbegrenzte Linien gegen einander haben müssen, damit sie einer gewissen Bedingung genügen; die Lage aber einer Linie gegen eine andere ist offenbar ein qualitatives Verhältniß, während die Vergleichung der Winkel zweier Linien mit einer dritten schneidenden wieder ein quantitatives wird. Wenn man nun zwei Parallellinien als solche gerade Linien betrachtet, welche in derselben Ebene neben einander laufen, ohne sich jemals zu treffen, so liegt in dieser Erklärung die vollkommene Gleichgültigkeit und Beziehungslosigkeit derselben gegen einander, woraus unmittelbar folgt, daß beide dieselbe Beziehung gegen eine dritte sie schneidende Linie haben müssen, d. h. daß sie mit dieser gleiche Winkel machen müssen. Hieraus ergibt sich aber auch grade zu der umgekehrte Schluß, welcher sich als Ausspruch des Euclidischen Axioms herausstellt, daß zwei Linien, welche verschiedene Winkel mit einer dritten sie schneidenden bilden, nicht mehr als gleichgültig und beziehungslos gegen einander zu betrachten sind, sondern daß sie irgend eine Beziehung, irgend einen Ner mit einander haben müssen, d. h. da gerade Linien nie anders in gegenseitige Beziehungen treten können, als wenn sie einen Winkel bilden, daß sie sich schneiden müssen. Obgleich nun nach der so eben ausgesprochenen Ansicht die Euclidische Theorie der Parallellinien in ihrer ganzen Ausdehnung durchaus vollständig und streng richtig erscheinen dürfte, so haben doch die mannichfachen Versuche, das erwähnte eilfte Axiom des Euclid anderweitig darzuthun, nicht ein blos historisches Interesse. Deshalb sollen die vorzüglichern von diesen hier näher durchgegangen und sämmtliche Behandlungen dieses Gegenstandes wenigstens dem Namen nach angeführt werden, wobei ich jedoch die absolute Vollständigkeit dieses Verzeichnisses nicht verbürgen kann.

§. 1. Bei Euclid selbst nimmt die Darstellung dieser Theorie folgenden Gang: Nachdem in der 35. Erklärung des ersten Buchs gesagt ist, daß „parallele Linien solche sind, welche in derselben Ebene liegen, und so weit man sie auch nach beiden Seiten hin verlängern mag, doch auf keiner Seite zusammentreffen, so werden in der 27. und 28. Nummer desselben Buchs diese Sätze aufgestellt: „Wenn zwei gerade Linien von einer dritten so geschnitten werden, daß entweder die Wechselwinkel" (d. h. solche, welche auf verschiedenen Seiten der geschnittenen und zugleich auf verschiedenen Seiten der schneidenden liegen, wie AEF und EFD oder AEG und HFD in Fig. I) „gleich sind, oder daß die correspondirenden Winkel" (d. h. solche, welche auf gleichen Seiten der geschnittenen und zugleich auf derselben Seite der schneidenden liegen, wie AEG und CFE oder FEB und HFD) „gleich sind, oder daß die Summe zweier inneren Winkel" (oder, was der Vollständigkeit wegen hinzuzusetzen gewesen wäre, zweier äußern Winkel), „welche auf derselben Seite der schneidenden Linie liegen, zwei Rechte beträgt, so sind die beiden geschnittenen Linien einander parallel." Dieses wird leicht apagogisch dargethan, mit Hilfe des in der 16. Nr. desselben Buches streng bewiesenen Satzes, daß, „wenn man in einem Dreiecke eine Seite verlängert, der dadurch gebildete Außenwinkel größer als jeder der beiden gegenüberstehenden innern Winkel ist." Hierauf folgt nun in Nr. 29 der umgekehrte Satz: „Wenn zwei gerade Linien parallel sind und sie von einer dritten geraden durchschnitten werden, so sind 1) die Wechselwinkel unter einander gleich, 2) die correspondirenden Winkel einander gleich und 3) die Summe der innern Winkel zweien Rechten gleich." Zum Beweise dieses Satzes ist nun entweder das im Anfang erwähnte Axiom nöthig, oder man muß nachweisen, daß durch einen Punkt außerhalb einer gegebenen geraden Linie nur eine Linie parallel gezogen werden könne, oder daß die Summe der drei Winkel in einem Dreieck nicht größer und nicht kleiner als zwei Rechte, also gleich zweien Rechten sein müsse, oder irgend einen ähnlichen Satz, aus welchem einer der genannten sich folgern läßt.

§. 2. Um in die einzelnen Versuche, welche zur sogenannten Vervollständigung der Parallelentheorie gemacht sind, Ordnung zu bringen und einen Überblick über das darin Geleistete zu erhalten, theilt man sie am bequemsten mit Voit (s. Nr. 43 in dem Verzeichniß am Ende dieses Artikels) in drei Classen. Zur ersten Classe rechnet man diejenigen, in welchen eine neue Definition von parallelen Linien gegeben wird; zur zweiten die, in welchen ein neues Axiom von dem eilften des Euclides gänzlich verschiedenes aufgestellt und zu Grunde gelegt wird, und zur dritten die, welche durch ein eigenthümliches

X. Encykl. d. W. u. K. Dritte Section. XI.

Raisonnement über die Natur der geraden Linie und der ebenen Winkel ausgezeichnet sind.

I. Erste Classe der Versuche über Parallelentheorie, in welchen eine neue Definition von Parallellinien angewandt wird.

§. 3. Alle Definitionen, welche als verschieden von der Euclidischen aufgestellt sind, kommen auf folgende beide zurück: entweder „parallele Linien sind gerade Linien, welche in derselben Ebene so neben einander liegen, daß sie überall gleich weit von einander abstehen," oder „es sind solche Gerade, welche gegen eine dritte sie schneidende Linie gleiche Neigung haben." Was die Verfasser betrifft, welche die erste dieser Definitionen ihrer Parallelentheorie zu Grunde gelegt haben, so muß man bei ihnen einen Unterschied machen zwischen denen, die es noch für nöthig hielten, wie es denn auch wirklich nöthig ist, nachzuweisen, daß es gerade Linien geben könne, welche überall gleich weit von einander abstehen- und zwischen denen, die dieses gradezu als sich von selbst verstehend annahmen. Zu diesen letztern gehören Wolf (s. Nr. 10), Bezout (s. Nr. 17), Bossut (s. Nr. 18), Tacquet (s. Nr. 9), Ramus (s. Nr. 3), Behn (s. Nr. 14), Cataldi (s. Nr. 5), Lüdicke (s. Nr. 63), Metternich (s. Nr. 71), Duvrier (s. Nr. 50), Boscowich (s. Nr. 12) u. A. Näher aber auf die Arbeiten dieser Genannten einzugehen, ist gewiß unnütz, denn die Hauptschwierigkeit der ganzen Theorie ist durch ihre nie zu billigende Annahme gehoben; Voit (s. Nr. 43), Jacobi (s. Nr. 75) und Klügel (s. Nr. 15) weisen ausführlich nach, daß dieselbe auf eines dieser drei noch der Beweise bedürftigen Theoreme zurückzuführen ist, nämlich entweder: „wenn auf einer geraden Linie in zwei beliebigen Punkten zwei gleiche Perpendikel errichtet werden, so ist die Verbindungslinie der Endpunkte dieser Perpendikel in allen ihren Punkten gleich weit von der ersten Geraden entfernt, oder: „wenn auf einer Geraden in verschiedenen Punkten mehre unter sich gleiche Perpendikel errichtet werden und die Endpunkte derselben durch kleine gerade Linien verbunden werden, so bilden diese kleinen Linien nur eine einzige gerade Linie," oder endlich: „wenn eine gerade Linie auf einer andern mit Beibehaltung desselben Winkels fortbewegt wird, so beschreibt der zweite Endpunkt der bewegten Linie eine gerade Linie." D'Alembert sagt zwar auch in seinen schon oben erwähnten Mélanges de Littérature: Je supposerai d'abord une ligne droite tirée à volonté; sur cette ligne j'éleverai en deux points différens deux perpendiculaires que je supposerai égales, et par l'extremité de ces perpendiculaires j'imaginerai une ligne droite, que j'appellerai parallèle à la ligne supposée; er erkennt aber selbst das Mißliche dieser Erklärung und fügt deshalb hinzu: Il faudra démontrer que la ligne parallèle à la ligne supposée, et qui en est également distante dans deux de ses points, à tous ses autres points également distans de cette ligne, c'est-à-dire *que les perpendiculaires élevées en quelques points que ce soit, sur la ligne supposée, et aboutissantes à la ligne.*

parallèle, sont toutes égales aux deux perpendiculaires par l'extremité desquelles cette parallèle a été tirée. Supposer cette vérité sans la démontrer, c'est supposer ce que la définition ne renferme et ne doit renfermer qu' implicitement; car cette définition ne suppose et ne doit supposer que l'égalité des deux perpendiculaires, dont les extremités suffisent pour déterminer la position de la *parallèle*; d'où il faut conclure et prouver l'égalité de ces perpendiculaires avec toutes les autres.

§. 4. Der älteste von denen, welche den Versuch gemacht haben, eines der drei im vorigen §. 3 angeführten Theoreme zu beweisen, ist wol Clavius (f. Nr. 4). Dieser Beweis ist aber so gut wie keiner. Er sagt nämlich: „eine Linie, von der alle Punkte von einer in derselben Ebene liegenden geraden Linie gleich weit entfernt sind, ist eine gerade Linie. Denn wenn alle Punkte der Linie AB gleich weit von der geraden Linie DC entfernt sind, so werden alle ihre Punkte gleichmäßig liegen, d. h. kein Punkt in ihr, der zwischen den äußersten liegt, wird nach Oben oder nach Unten ausspringen, es wird sich in ihr nichts Gebogenes finden, sondern sie wird sich zwischen ihren Punkten beständig gleichförmig ausdehnen wie die Gerade DC." Dieses ist nun allerdings kein genügender Beweis, wenn es überhaupt ein Beweis zu nennen ist, weshalb auch Klügel (a. a. O.) den Verfasser zu den im vorigen §. genannten rechnet. Mit größerm Rechte kann man Robert Simson (f. Nr. 47) hier nennen, welcher ein neues Axiom aufstellt, um darzuthun, daß es gleich weit von einander abstehende Gerade gibt, nämlich folgendes: A straight line cannot first come nearer to one another straight line and then go further from it, before it cuts it; and, in like manner, a straight line cannot go further from another straight line, and then come nearer to it; nor can a straight line keep the same distance from another straight line, and then come nearer to it, or go further from it, for a straight line keeps always the same direction. So einfach und klar dieser Satz auch ist, so kann man ihn doch nicht als Grundsatz gelten lassen, denn es liegt ihm offenbar die Idee des Clavius von den gleich weit von einander abstehenden Linien zum Grunde.

§. 5. Giordano da Bitonto (f. Nr. 6) nennt parallele Linien solche Gerade, welche verlängert sich weder einander nähern, noch von einander entfernen. Der Verfasser versucht zunächst nachzuweisen, daß solche Linien möglich sind, und zwar dadurch, daß er beweisen will: „es gibt keine gerade Linie, von welcher die einzelnen Punkte einer krummen Linie gleiche Entfernung haben." Der Beweis ist aber von der Art, daß dadurch dargethan wird, daß es gerade Linien gibt, deren einzelne Punkte nicht gleiche Entfernung von der gegebenen Curve haben, aber keineswegs geht daraus hervor, daß alle gerade Linien in ihren einzelnen Punkten ungleiche Entfernungen von ihr haben müssen.

Friedr. Gottlob Hanke (f. Nr. 11) glaubt bewiesen zu haben, „daß, wenn man auf einer geraden Linie drei gleiche Perpendikel errichtet, die Verbindungslinien je zweier

Endpunkte dieser Perpendikel Theile einer geraden Linie sein müssen." Der Beweis fällt aber in Nichts zusammen."

Ad. Kircher wendet zum Beweise der Parallelentheorie folgenden Satz an: „Wenn eine gerade Linie AB, Fig. III. auf einer andern Geraden BD unter einem constanten Winkel ABD fortbewegt wird, so beschreibt sie mit ihrem andern Endpunkte A eine Linie AC, welche nicht allein überall von BD gleichweit absteht, sondern auch gerade ist." Dieser Satz, auf dem offenbar die ganze Theorie beruht, wird vom Verfasser auf folgende Art bewiesen. Daß die von dem Endpunkte A der Geraden AB beschriebene Linie beständig in gleicher Entfernung von der Linie BD bleibt, ist leicht einzusehen, nicht aber ebenso, daß sie eine Gerade ist. Kircher sagt nun, die Linie AC wird eine gerade sein müssen, wenn man beweisen kann, daß je drei ihrer Punkte in gerader Linie liegen. Wählt man etwa die drei Punkte A, G und C und nimmt an, daß sie nicht in gerader Linie liegen, so wird man sie durch drei Gerade verbinden können und dadurch ein geradliniges Dreieck bilden, woraus man offenbar sieht, daß die drei Punkte A, G und C nicht gleiche Entfernung von BD haben können, was der Annahme widerspricht, sodaß also daraus folgt, daß AC eine Gerade sein muß. — Ein Beweis, der gewiß nicht geometrische Strenge hat.

Karl Gräf (f. Nr. 92) stellt zwar den Satz: „wenn zwei gerade Linien in zwei Punkten gleiche Entfernungen von einander haben, so sind sie in allen Punkten gleich weit von einander entfernt" als Grundsatz auf, fühlt aber doch, daß dieses nicht so ganz zulässig ist, und versucht ihn deshalb in einer Anmerkung auf zwei Arten zu beweisen. Er sagt: wenn man auf einer Geraden AB zwei gleiche Perpendikel AC und BD errichtet, so ist durch die Punkte C und D die Gerade CD ihrer Lage nach vollkommen bestimmt, und eine von den beiden Linien AB und CD müßte nicht gerade sein, wenn irgend ein Punkt der Linie CD von AB eine andere Entfernung haben sollte, als C und D. — Oder: nach der zweiten Art denkt er sich das Perpendikel AC so gegen BD hinbewegt, daß der Endpunkt A stets in der Linie AB bleibt und der Winkel A stets ein rechter, so muß der sich bewegende Punkt C überall dieselbe Richtung behalten, welche die Leitlinie AB hat, d. h. sie muß eine gerade Linie sein, welche, wie es sich aus der Construction ergibt, überall gleich weit von der Linie AB absteht. — Daß beide Beweise nicht genügen, darf natürlich nicht erst erwähnt werden.

§. 6. Ferd. Karl Schweikart (f. Nr. 51) sagt auch, daß Parallellinien neben einander liegende Gerade sind, welche überall gleich weit von einander abstehen. Er fühlt aber, daß es nothwendig ist, nachzuweisen, daß es solche Gerade wirklich gebe und stellt deshalb den Satz auf: „in jedem Rechteck sind die gegenüberliegenden Seiten einander gleich." Der Beweis jedoch, den Schweikart hierfür liefert, ist insofern nicht vollständig und nicht genügend, weil darin nicht nachgewiesen wird, daß Vierecke mit vier rechten Winkeln möglich seien. Letzteres zu thun unternahm K. L. Struve (f. Nr. 65). Er stellt zuerst mehre auf die Natur des Vierecks bezügliche Sätze auf, die sich mit Leichtigkeit streng geometrisch beweisen lassen, namentlich:

Satz 3. Wenn in einem Viereck (Fig. IV) zwei gegenüberstehende Seiten AD und BC gleich sind und die beiden Winkel DAB und CBA, welche diese zwei Seiten mit einer dritten Seite machen, ebenfalls gleich sind, so sind auch die beiden andern Winkel ADC und BCD gleich.

Satz 4. Die Umkehrung des vorhergehenden.

Satz 5. Wenn in einem Viereck alle vier Winkel einander gleich sein können, so müssen die gegenüberstehenden Seiten gleich sein.

Satz 6. Wenn in einem Viereck ABGD (Fig. IV) zwei an Einer Seite AB liegende Winkel DAB und GBA gleich, aber die beiden gegenüberstehenden andern Seiten AD und BG ungleich sind, so sind auch die beiden andern Winkel ADG und BGD ungleich, und zwar steht der größeren von den ungleichen Seiten der größere Winkel gegenüber, der kleinern aber der kleinere.

Satz 7. Die Umkehrung des vorhergehenden.

Satz 8. Wenn in einem Viereck ABCD (Fig. IV) zwei an Einer Seite AB liegende Winkel DAB und ABC und die beiden anliegenden Seiten AD und BC und also nach Satz 3 auch die beiden andern Winkel ADC und BCD gleich sind, so werden die beiden andern Seiten AB und DC bei beliebiger Verlängerung auf keiner Seite sich schneiden können, und die Linie EF, welche die Mitte der beiden zuletzt genannten Seiten AB und DC verbindet, steht senkrecht auf beiden.

Nach diesen Vorbereitungen folgt im zehnten Paragraphen der Satz, auf dem die gesammte Parallelentheorie beruht, nämlich: „Wenn in einem Viereck ABCD (Fig. V) zwei an Einer Seite CD liegende Winkel ADC und BCD nicht nur gleich, sondern auch rechte sind und die beiden anliegenden Seiten AD und BC gleich sind, so müssen auch die beiden andern Winkel DAB und ABC rechte Winkel sein."

Beweis. Daß die beiden andern Winkel A und B gleich sind, folgt aus Satz 3, daß sie aber auch rechte Winkel sein müssen, wird apagogisch bewiesen. Wenn sie nämlich nicht rechte sind, so müssen sie entweder spitze oder stumpfe sein.

Die beiden andern Winkel A und B sollen spitze sein.

Wenn man die Mitten E und F von AB und DC verbindet, so steht diese Verbindungslinie EF nach Satz 8 senkrecht auf beiden. Da nun $\angle$ AEF ein rechter und $\angle$ EAD der Annahme nach ein spitzer, also $\angle$ AEF $>$ EAD ist, so muß nach Satz 7 auch AD $>$ EF sein und ebenso auf der andern Seite BC $>$ EF. Macht man nun HD $=$ GC $=$ EF und zieht EH und EG, so werden nach Satz 3 $\angle$ DHE $=$ $\angle$ FEH und $\angle$ FEG $=$ $\angle$ CGE und alle vier Winkel spitze sein, weil $\angle$ AEF $=$ 90° und $\angle$ HEF $<$ AEF ist. Verbindet man ferner H mit G, so wird diese Linie HG die Linie EF in einem Punkte K schneiden, der zwischen E und F liegt.

Denn sollte sie über E hinaus etwa in K' oder unterhalb F etwa in K" durch EF gehen, so würde man in dem Dreiecke LEK' bei E und bei K' und in dem Dreiecke MFK" bei F und bei K" rechte Winkel haben, weil bei K', bei K" oder bei K gleiche Nebenwinkel gebildet werden müssen wegen der Congruenz der Vierecke DFKH und CFKG.

Durch diese Construction erhält man ein Viereck HCGD, welches ebenso beschaffen ist als das Viereck ABCD; bei D und C sind rechte Winkel, die anliegenden Seiten DH und CG sind gleich, die Winkel KGC und KHD sind als Theile der spitzen Winkel EGC und EHD selbst spitz, und K ist die Mitte von HG wegen der Congruenz der Vierecke DFKH und CFKG.

Wenn man bei diesem neuen Viereck HCGD dieselbe Betrachtung anstellt als bei dem ersten, so gelangt man zu analogen Folgerungen, und durch continuirliche Fortsetzung dieses Verfahrens erhält man beständig solche Punkte K, welche sich immer mehr dem Punkte F nähern. Hierbei entsteht nun aber die Frage, ob dieser Punkt K bei seinem Vorschreiten in den Punkt F oder gar drüber hinauskommen kann, oder aber, ob er sich einem bestimmten festen Punkte zwischen E und F beständig nähert, ohne ihn jemals zu erreichen?

Ersteres ist sogleich zurückzuweisen, denn wäre R der letzte Punkt vor F, welcher erreicht wird, so würde nach dem Frühern RF $<$ PD und $<$ QC sein, also etwa $=$ SD $=$ TC; zöge man dann die Verbindungslinie ST, so müßte diese die Linie EF in dem Punkte F unter rechten Winkeln schneiden, wodurch man also, weil der Annahme gemäß DF auch senkrecht auf EF steht, zwei Perpendikel SF und DF in demselben Punkte einer Linie erhalten würde, was nicht möglich ist. Daß ebenso der Punkt K nicht über F hinausgehen kann, ist schon im Vorigen bewiesen. Es bleibt also nur die Möglichkeit übrig, daß die Durchschnittspunkte K auf EF sich einem bestimmten festen Punkte X beständig nähern, ohne ihn jemals zu erreichen, wobei man aber wieder zwei Fälle zu unterscheiden hat; entweder nämlich liegt der Punkt X zwischen E und F, oder er fällt mit F zusammen. In beiden Fällen aber verlangt Struve ausdrücklich, daß der bestimmte nie zu erreichende Punkt der erste und einzige sei, welcher nicht erreicht werden könne. Von dieser Foderung dürfen wir ihm aber nicht mehr als diese sehr bedeutende Einschränkung zugestehen, daß er diesen Punkt als den ersten unerreichbaren auf der Linie EF von E aus gerechnet annehmen kann, während vorher und nachher sich mehre dergleichen finden könnten.

Um nun zunächst zu beweisen, daß es keinen solchen unerreichbaren Punkt schon vor F geben könne, verfährt der Verfasser auf folgende Art:

Erstlich ist leicht einzusehen, daß, wenn man zwei Linien hat, wie HG und hg (Fig. V), welche so gezogen sind, daß HD $=$ GC und hD $=$ gC sind und welche nach dem Frühern mit den Linien AD und BC nach der Seite DC hin spitze Winkel bilden, daß auch jede andere Linie pq, welche zwischen ihnen liegt und zwei Punkte p und q verbindet, die gleich weit von D und C ent-

47*

fernt find, nach derselben Seite DC hin spitze Winkel bilden muß, weil in dem Dreieck sgq der Winkel sgq als Nebenwinkel eines spitzen Winkels ein stumpfer ist, die beiden andern Winkel also spitze sein müssen. Wenn nun in Fig. VI X der erste nicht zu erreichende Punkt wäre, so ziehe man durch X eine solche Linie δε, daß sie bei X rechte Winkel mit EF bildet; dann wird, wie sich leicht aus der Congruenz der Vierecke DFXδ und CFXε ergibt, Dδ = Ce sein, und es handelt sich jetzt darum, wie die beiden Winkel DδX und CεX beschaffen sein werden. Wenn man nämlich nachweisen kann, daß sie weder spitze, noch stumpfe, noch rechte sein dürfen, so wird man dadurch zugleich bewiesen haben, daß ein solcher unerreichbarer Punkt X zwischen E und F gar nicht vorhanden sein kann.

Wären die genannten Winkel spitz, so würden nach Satz 7 die Linien δD und εC größer als XF sein; dann könnte man wieder ζD und ηC = XF machen und die Linien Xζ, Xη und ζη ziehen und, weil ∠ CηX = ∠ FXη < 90° und ∠ DζX = ∠ FXζ < 90° sind, von Neuem die frühere Operation des Abschneidens anfangen „und," schließt Struve weiter, „X wäre nicht der Grenzpunkt, bis wohin von C nach AD in gleicher Entfernung von C und D gezogenen Linien spitze Winkel nach den Punkten C und D hin bildeten." Das darf und soll aber auch gar nicht von dem Punkte X angenommen werden, denn es könnte unter ihm nur ein solcher Punkt verstanden werden, welcher durch die von E ausgehende Operation nie erreicht werden sollte; es hindert aber Nichts, ihn als den Anfangspunkt einer neuen Operation anzusehen.

Wären zweitens die beiden Winkel DδX und CεX stumpf, so wären nach Satz 7 die beiden Linien δD und εC kleiner als XF; man könnte δD und εC gleich XF machen und die Verbindungslinien Xϑ, Xϰ und ϑϰ ziehen. Es müßte alsdann ∠ CϰX = ∠ FXϰ und ∠ DϑX = ∠ FXϑ > 90° und vielmehr noch ∠ CϰϑF > 90° sein; man hätte also in dem Zwischenraume von E bis X eine Linie ϑϰ, die in den beiden Punkten ϑ und ϰ gleich weit von DC absteht und mit den Seitenlinien stumpfe Winkel nach Seite DC hin bildet, was nicht erlaubt ist.

Drittens aber sollen die Winkel auch nicht rechte sein können, denn wären sie es, sagt Struve, so mache man λε = μδ = δD = εC und ziehe μλ, wodurch man ein Viereck δμλε erhält, dessen Congruenz mit DδεC leicht nachzuweisen ist. Aus dieser Congruenz folgt aber, daß die Linie μλ mit den Seiten AD und BC rechte Winkel bildet. Man hätte also eine Linie μλ zwischen E und X, welche auf beiden Seiten gleichweit von DC abstände und doch nicht spitze Winkel mit den Seitenlinien bildete, was dem Frühern gemäß sein sollte. — Hierin liegt aber offenbar ein übereilter Schluß, denn X sollte nur der erste unerreichbare Punkt unterhalb E sein; daraus folgt aber gewiß nicht, daß er näher an F als an E liegt, oder, um genauer zu sprechen, daß εC < εB ist, und doch nimmt dieses der Verfasser an, weil εC auf εB aufträgt, was bei ihm so weit reichen soll, daß μλ

unterhalb AB fällt; es hindert aber Nichts anzunehmen, daß μλ oberhalb AB falle, man hätte dann nur einen solchen Punkt X jenseit E, von welchem eine solche früher genannte Operation des Abschneidens anfinge, die durch E hindurch sich fortsetzte bis zum Punkte X zwischen E und F, ohne diesen aber je zu erreichen, und diese Annahme enthält nichts Widersprechendes.

Nachdem nun Struve auf diese Weise glaubt bewiesen zu haben, daß es keinen Grenzpunkt der Operation zwischen E und F geben könne, will er noch nachweisen, daß der unerreichbare Punkt auch nicht in F selbst liegen kann. Davon ist aber gar nicht weiter die Rede, im Gegentheile nimmt der Beweis einen durchaus andern Gang. Es wird von Seite 19 ab versucht nachzuweisen, daß in der Figur ABCD (Fig. VII), welche ebenso construirt ist wie die frühern Figuren, von dem Punkte E aus kein Perpendikel auf AD gefällt werden kann, weder wenn bei A und bei B spitze, noch wenn an denselben Punkten stumpfe Winkel sind.

Wenn bei A ein spitzer Winkel ist und EF wie früher die Mitten von AB und CD verbindet, so entstehen, wie auch schon früher gezeigt ist, bei E rechte Winkel, und es muß nach Satz 7 AD > EF sein. Trägt man DG = EF auf AD auf und zieht GE, so erhält man ein mit dem frühern gleichartiges Viereck DFEG, in welchem bei D und F rechte Winkel, die Seiten EF und GD gleich und die beiden Winkel E und G gleich und spitz sind. Wenn man in diesem H und K, die Mitten von GE und DF, durch eine Gerade HK verbindet, so entstehen bei H und K rechte Winkel, und es wird wieder GD < HK. Wenn man darauf wieder LD = HK macht, HL in M und DK in N halbirt und auf ähnliche Weise fortfährt, so erhält man eine Reihe von solchen Punkten wie G, L, P ꝛc., in welchen immer nach der Seite D hin ein spitzer Winkel liegt. Nun kann aber gewiß von E aus ein Perpendikel auf AD gefällt werden, dieses darf aber weder oberhalb von A noch unterhalb von D fallen, weil im ersten Falle ein Dreieck mit einem stumpfen und einem rechten Winkel und im zweiten Falle ein Dreieck mit zwei rechten Winkeln entstehen würde, was nicht möglich ist; es darf auch nicht zwischen A und G, über A und L ꝛc., überhaupt nicht zwischen A und einen solchen Punkt fallen, zu welchem man durch die angeführte Operation gelangen kann. Da aber doch das Perpendikel jedenfalls möglich ist, so muß es für die genannte Operation einen Grenzpunkt X geben, bis zu welchem alle Punkte erreicht werden können, er selbst aber nicht. Alsdann fällt das Perpendikel von E entweder in diesem Punkte X selbst oder zwischen X und D.

Wenn erstlich EX das Perpendikel ist, so wähle man zwischen G und L einen beliebigen Punkt ξ, dann ist gD < GD, also auch ξX < EF, und man kann auf dieser letztern eine Linie εF = gD abschneiden. Zieht man nun durch ε eine Linie ab, welche senkrecht auf EF steht, so erhält man ein Viereck abCD, welches ebenso construirt ist als das ursprüngliche ABCD, also bei a und b spitze Winkel haben muß. Folglich wird aD > εF oder > gD, also liegt der Punkt a zwischen A und

PARALLEL   — 373 —   PARALLEL

g. Die Linie go wird von HK in dem Punkte h halbirt, und die Winkel bei h sind rechte. In dem Vierecke ghKD wird also gD > hK; macht man lD = hK und zieht lb, so wird diese Linie wieder von MN in m halbirt und unter rechten Winkeln geschnitten, dann wird wieder lD > mN ꝛc. Man kann diese Operation fortsetzen bis zu einem gewissen Grenzpunkte, der hier aus denselben Gründen als vorhin stattfinden muß. Da aber g unterhalb G, l unterhalb L, p unterhalb P ꝛc. liegt, so wird auch der letzte Punkt in dieser zweiten Operation unterhalb des letzten Punktes der ersten Operation liegen. X sollte aber der Grenzpunkt für die erste Operation sein, bis zu welchem alle Punkte erreicht werden konnten, er selbst aber nicht; es wird also der Grenzpunkt der zweiten Operation unterhalb X fallen. Für den letzten Punkt dieser zweiten Operation würde also noch eine Linie rs gezogen werden, welche das Perpendikel EX durchschneidet, sodaß ein Dreieck tXs entstände, welches bei X einen rechten und bei s einen stumpfen Winkel enthielte, was nicht möglich ist. Es kann also keinen solchen Grenzpunkt X geben, in welchem das Perpendikel von E aus trifft. Hier ist wol übereilt geschlossen, daß weil g unter G, l unter L ꝛc. fällt, auch der Grenzpunkt der zweiten Operation unter X fallen müsse. Denn es läßt sich sehr gut denken, daß die Unterschiede Gg, Ll, Pp ꝛc. beständig geringer werden, sodaß die Grenzpunkte beider Operationen zusammenfallen.

Daß das Perpendikel endlich nicht nach einem Punkte zwischen X und D, etwa nach Y, fallen kann, ergibt sich daraus, daß man immer eine Linie erhalten kann, welche zu einer mit der zweiten analogen Operation gehört und welche das Perpendikel EY in irgend einem Punkte schneidet, sobald man ein Dreieck mit einem rechten und einem stumpfen Winkel erhalten möchte. Wenn man nämlich CZ = DY macht und YZ zieht, so entsteht ein Viereck, welches dem ursprünglichen analog ist, indem es bei Y und Z gleiche spitze und bei U rechte Winkel haben muß, sodaß YD > UF ist und also die genannte Operation beliebig nach der einen oder andern Seite hin fortgesetzt gedacht werden kann.

Da nun das Perpendikel, von E auf AD gefällt, weder zwischen A und D, noch über einen dieser beiden Punkte hinausfallen kann, sobald man den Winkel A als spitz annimmt, und doch ein Perpendikel überhaupt möglich sein muß, so ist diese Annahme nicht statthaft. Ganz ähnlich zeigt sich, daß die Annahme, A sei ein stumpfer Winkel, nicht zulässig ist, und es bleibt also Nichts übrig, als folgenden Satz zugzugestehen: „Wenn man an einer Linie DC unter rechten Winkeln zwei gleiche Seiten DA und CB anträgt, so bildet die Verbindungslinie AB mit diesen Seiten auch rechte Winkel." — Dieses wäre ganz richtig, wenn nicht die einzelnen, bei der Deduction selbst miterwähnten, Bedenken gegen manche übereilte Schlüsse vorhanden wären. Könnte man aber diesen Satz als streng bewiesen annehmen, so sieht man leicht, daß sich die ganze Parallelentheorie höchst einfach daraus ableiten könnte.

§. 7. Im Anfange des §. 3 haben wir noch eine andere Erklärung von Parallellinien angeführt, welche von der bei den bis jetzt genannten Autoren angewandten verschieden ist. Es war nämlich diese: „Parallellinien sind solche Gerade, welche mit einer dritten sie schneidenden Geraden gleiche (oder specieller ausgedrückt: rechte) Winkel bilden. Diese Erklärung kann nur dann als eine genügende angenommen werden, wenn darin gesagt wird, daß die beiden Geraden mit einer bestimmten dritten gleiche Winkel bilden sollen; für durchaus unpassend und ungenügend muß man sie dagegen halten, wenn darin von irgend einer schneidenden geraden Linie die Rede ist; denn in diesem Falle liegt in dieser Definition offenbar schon folgender Lehrsatz versteckt: „Wenn zwei gerade Linien AB und CD mit irgend einer dritten sie schneidenden EF gleiche Winkel bilden, so werden sie auch mit jeder beliebigen andern schneidenden gleiche Winkel bilden," was man ohne Beweis natürlich nicht annehmen darf.

Von denen, welche diese Erklärung angenommen haben, sind besonders Varignon (f. Nr. 8) und van Swinden (f. Nr. 83) zu nennen. Letzterer sagt in Nr. 24 des ersten Abschnitts des ersten Buches: „Gerade Linien heißen parallel, wenn sie gegen eine dritte Linie, die sie schneidet, dieselbe Neigung haben, d. h. mit dieser an der einen Seite einen äußern Winkel bilden, der so groß als der innere Gegenwinkel an ebendieser Seite ist." Dieser Erklärung fügt er noch zwei Beweis folgenden Zusatz bei: „Sind zwei oder mehre gerade Linien unter einander parallel, so muß jede (nöthigenfalls verlängerte) Gerade, welche eine derselben schneidet, auch stets die andern (nöthigenfalls verlängerten) schneiden." Wie dieser Satz als Zusatz aus der vorigen Erklärung folgen kann, sieht man nicht ein, und dennoch wäre grade hierbei eine genauere Deduction nöthig gewesen, denn auf diesem Satze beruht der Beweis des Lehrsatzes, welchen van Swinden in Nr. 28 aufstellt: „Wenn eine gerade Linie zwei andere so schneidet, daß ein Paar der innern, an derselben Seite der schneidenden Linie liegenden Winkel zusammen kleiner als zwei Rechte ist, so sind 1) diese beiden Linien niemals einander parallel und 2) müssen sie auf ebendieser Seite der schneidenden Linie bei hinreichender Verlängerung in einem Punkte zusammentreffen oder sich schneiden.

II. Zweite Classe von Versuchen über Parallelentheorie, in welchen ein neues von dem Euclidischen verschiedenes Axiom aufgestellt wird.

§. 8. Alle Axiome, welche erdacht worden sind, um das 11. Euclidische entbehrlich zu machen, sind von der Art, daß man sie entweder gar nicht als Axiome anerkennen kann, oder daß sie nicht mehr Ansprüche auf diesen Namen haben, als das des Euclides.

Proclus (f. Nr. 1) stellt als Axiom auf: „Wenn zwei gerade Linien, welche einen Winkel bilden, unbestimmt weit verlängert werden, so kann ihre Distanz größer werden, als jede gegebene Distanz." Mit Hülfe dieses Axioms beweist er dann den Satz: „wenn eine gerade Linie eine von zwei Parallelen schneidet, so wird die-

PARALLEL   — 374 —   **PARALLEL**

selbe Gerade, gehörig verlängert, auch die zweite Parallele schneiden." Er sagt nämlich, wenn in Fig. VIII IK und CL parallel sind und die erstere wird von EF in G geschnitten, so entsteht in diesem Punkte ein Winkel, es wird also die Distanz der beiden Linien IK und EF größer als jede gegebene Größe, also auch größer als die Distanz der beiden parallelen IK und CL werden können, d. h. EF muß durch CL hindurchgehen. — Nach dieser Vorbereitung folgt der Hauptsatz: „wenn eine gerade Linie zwei andere schneidet und auf einerlei Seite innere Winkel bildet, welche zusammen kleiner als zwei rechte sind, so werden auch die beiden geschnittenen Linien bei gehöriger Verlängerung auf der Seite der genannten Winkel zusammentreffen." Bilden nämlich (Fig. VIII) AB und CD mit EF die beiden Winkel BGH und DHG, welche zusammen kleiner als zwei Rechte sind, so wird, weil DHG + DHF = 2 Rechten, der Winkel DHF > BGH sein; man wird also an GH den Winkel HGK = FHD antragen können, und es wird GK oberhalb GB fallen. Nun ist aber wegen der Gleichheit der Winkel KGH und DHF die Linie GK parallel mit HD, und die erstere wird von AB in G geschnitten, also muß nach dem vorigen Satze auch CD von AB geschnitten werden.

Bei dieser Entwickelung wird erstlich der Begriff der Distanz, theils zweier Linien, die einen Winkel mit einander bilden, theils zweier paralleler Linien, als ein ganz bestimmter vorausgesetzt, was er doch keineswegs ist, zweitens aber und hauptsächlich wird gradezu angenommen, daß Parallellinien überall eine gleiche Entfernung von einander haben, weil sonst nicht nur von Einer Distanz zweier Parallelen die Rede sein durfte.

König (s. Nr. 13) und Huber (s. Nr. 73) stellen als Grundsatz auf: „Wenn in irgend einem Punkte einer von zwei parallelen Linien ein Perpendikel errichtet wird, so schneidet dieses, hinlänglich verlängert, auch die zweite Parallele." Huber hätte aber diesen Satz beinahe entbehren können, da der Gang seiner Deduction von der Art ist, daß er nachweisen will: die Summe der drei Winkel eines Dreiecks sei = 2 R, weshalb er vielleicht eher zur dritten als zur zweiten Classe zu rechnen sein möchte.

Lorenz (s. Nr. 34) stellte als Axiom auf: „Jede gerade Linie, welche durch einen Punkt, der zwischen den Schenkeln eines Winkels liegt, gezogen wird, schneidet bei gehöriger Verlängerung einen der beiden Schenkel des Winkels."

Schwab (s. Nr. 42) sagt: „Gerade Linien, welche gegen einander eine gleiche Lage haben, sind auch gegen eine dritte gleich geneigt." Müller endlich (s. Nr. 42) spricht seinen Grundsatz in folgender Weise aus: „Wenn von zwei Linien AB und CD (Fig. IX) die eine CD ganz auf einerlei Seite von der andern AB liegt und in der Linie CD ein Punkt F näher an AB liegt als C, so wird auch der Punkt D näher liegen als F, d. h. der Theil FD von der Linie CD wird durchaus dieselbe Lage gegen AB haben, als der Theil CF," welcher nach der Idee Jacobi's (s. Nr. 75) identisch mit folgendem ist: „Wenn zwei gerade Linien eine gewisse Lage gegen einander haben, und zwar in der Art, daß die eine sich der

andern nähert, so kann sich diese Lage nicht ändern, d. h. die eine wird sich der andern immer mehr nähern.

Daß alle diese hier genannten Axiome diesen Namen nicht mit vollem Rechte führen, ist wol an sich selbst schon klar, ohne daß es besonders nachgewiesen werden darf. Wir begnügen uns daher, diese hier angeführt zu haben und gehen sogleich zur dritten Classe über.

III. Dritte Classe von Versuchen über Parallelentheorie, welche durch ein eigenthümliches Raisonnement über die Natur der geraden Linie und der ebenen Winkel ausgezeichnet sind.

§. 9. Um in die große Menge von Arbeiten, welche man zu dieser dritten Classe rechnen muß, einige Ordnung zu bringen, wollen wir sie einigermaßen zu gruppiren versuchen und deshalb zuerst diejenigen betrachten, welche durch irgend ein Raisonnement nachzuweisen versucht haben, daß die Summe der drei Winkel eines Dreiecks zwei Rechte betrage.

Legendre (s. Nr. 74) hat in den verschiedenen Ausgaben seiner Éléments de Géométrie verschiedene Beweise für die Winkelsumme des Dreiecks gegeben (s. auch §. 13). In der zwölften Ausgabe steht ein Beweis im Texte und zwei aus den frühern Ausgaben wieder aufgenommene in den Noten. Der erstere (Livre I. Prop. XIX) nimmt folgenden Gang: Es sei AB die größte und BC die kleinste Seite in dem Dreieck ABC (Fig. X), also auch ACB der größte Winkel und BAC der kleinste; dann ziehe man von A aus durch I, die Mitte von BC, eine gerade Linie AC' = AB, mache AK = KB' = AI und ziehe B'C', so erhält man ein Dreieck AB'C', in welchem die Summe der Winkel gleich der des ersten Dreiecks ABC ist, wie man leicht sieht, wenn man berücksichtigt, daß $\angle$ AKC $\sim$ ABI und KC'B' $\sim$ CIA. Aus der zuletzt genannten Congruenz der beiden Dreiecke KC'B' und CIA folgt auch noch, daß B'C' = AC und $\angle$ AB'C' = $\angle$ CAI; da aber nach der Voraussetzung AC < AB und AB = AC' ist, so wird B'C' < AC' sein; hieraus folgt wieder, daß $\angle$ AB'C' > $\angle$ B'AC' oder da $\angle$ AB'C' = $\angle$ BAI, daß CAI > IAB ist, d. h. daß der Winkel C'AB' kleiner als die Hälfte des ganzen Winkels bei A ist.

Macht man nun bei dem Dreieck AB'C' dieselbe Construction als bei dem Dreieck ABC, so erhält man einen Winkel C'AB'', der < ¼ C'AB' oder < ¼ CAB ist, und setzt man diese Construction beliebig weit fort, so erhält man Winkel bei A, welche kleiner als ¼ A, ¼ A, ⅛ A ꝛc. sind und folglich so weit abnehmen können, daß sie kleiner als jeder beliebig klein gegebene Winkel werden, während die Winkelsumme in den hierbei vorkommenden Dreiecken beständig dieselbe bleibt.

Denkt man sich also diese Construction so weit fortgesetzt, bis der Winkel cAb kleiner als jeder noch so klein gegebene Winkel ist und construirt man das folgende Dreieck c'Ab', so wird in diesem die Summe der beiden Winkel c'Ab' und c'b'A kleiner als der Winkel cAb sein, also kleiner als jeder noch so kleine Winkel, sodaß sich die Summe der drei Winkel beinahe auf den einzigen Winkel Ac'b' reducirt, welcher, wenn die beiden andern Winkel == 0 werden, in einen flachen Winkel übergeht. Da nun nach der Construction das Dreieck ABC eine gleiche Winkelsumme auch mit diesem Grenzdreiecke hat, so folgt, daß die Summe der drei Winkel im △ ABC und, da dieses willkürlich angenommen ist, in jedem Dreiecke zwei Rechten gleich sein muß.

Daß diese Deduction nicht eine streng geometrische genannt werden kann, leuchtet ohne Weiteres ein, wir verlassen sie daher und gehen gleich zu einer zweiten Art des Beweises über, welche Legendre in der zweiten Note gegeben hat. Der Verfasser beweist zuerst, daß die Summe der Winkel im Dreieck nicht größer als zwei Rechte sein kann, was bekanntlich streng geometrisch ausführbar ist; um aber auch nachzuweisen, daß diese Summe nicht kleiner als zwei Rechte ist, wendet Legendre eine wunderbare Schlußart an. Er sagt nämlich: „Da der Überschuß der drei Winkel über zwei Rechte, welcher bei dem sphärischen Dreieck stattfindet, proportional der Fläche des Dreiecks ist, so wird auch das Deficit, wenn ein solches bei geradlinigen Dreiecken stattfindet, der Fläche dieses Dreiecks proportional sein." Wäre es nun auch erlaubt, auf diese Weise zu schließen, so dürfte man freilich mit Legendre weiter folgern: „wenn man ein Dreieck construiren kann, welches m mal so groß als ein gegebenes ist, so wird auch im neuen Dreieck das Deficit das mfache von dem Deficit des ursprünglichen sein, sodaß die Summe der Winkel in den größer werdenden Dreiecken immer kleiner wird, bis sie == 0 oder negativ wird, was natürlich absurd ist;" aber hier findet sich wieder eine neue Klippe, denn um ein Dreieck erhalten zu können, welches m mal so groß als ein gegebenes ist, muß man vor allen Dingen ein Dreieck zeichnen können, welches das Doppelte eines andern ist, und so einfach dieses auch klingt, so braucht man dazu doch das Postulat, daß man durch einen Punkt, welcher zwischen den Schenkeln eines Winkels, der kleiner als ⅔ Rechte ist, liegt, eine gerade Linie ziehen kann, die beide Schenkel des Winkels trifft. Zu diesem Ende stellt Legendre folgenden Satz auf:

„Es sei BAC in Fig. XI ein gegebener Winkel und M ein Punkt innerhalb dieses Winkels, wenn man diesen Winkel BAC durch die Gerade AD halbirt und von dem Punkte M ein Perpendikel MP auf AD fällt, so wird die nach beiden Seiten hin verlängerte MP nothwendig beide Schenkel des Winkels BAC treffen."

Denn wenn sie einen Schenkel des Winkels trifft, so muß sie auch den andern treffen, da vom Punkte P ausgehend Alles auf beiden Seiten gleich ist, ebenso wenn sie den einen Schenkel nicht trifft, so wird sie aus demselben Grunde den andern auch nicht treffen können. Wäre aber Letzteres der Fall, so würde eine Gerade ganz in dem Raum zwischen den Schenkeln des Winkels BAC enthalten sein, was der Natur der geraden Linie widerspricht.

In der That, fährt Legendre fort, theilt jede in einer Ebene gezogene Gerade AB (Fig. XII), wenn sie nach beiden Seiten hin unbestimmt weit verlängert wird, diese Ebene in zwei Theile, welche auf einander gelegt in ihrer ganzen Ausdehnung zusammenfallen und vollkommen gleich sind. Der Theil AMB ist durchaus gleich dem Theile AM'B. Wenn man z. B. von einem Punkte M eine Linie MC willkürlich nach AB zieht, so wird dieser Punkt durch die Länge von CM und durch den Winkel ACM bestimmt sein; macht man nun den Winkel ACM' == ACM und CM' == CM, so wird der Punkt M' in dem zweiten Theile der Ebene vollkommen dieselbe Lage haben, als M in dem ersten. Sollte jetzt irgend eine Gerade XY denkbar sein, welche ganz in dem Winkelraume BCM enthalten wäre, so müßte diese den Theil der Ebene, welcher in dem Winkel BCM enthalten ist, in zwei gleiche oder ungleiche Theile theilen. Es ist aber dieser Theil BCM weniger als die Hälfte der ganzen Ebene, also könnte die Linie XY die ganze Ebene nicht in zwei gleiche Theile theilen, was gegen die Natur einer Geraden ist. Folglich ꝛc.

Daß diese Schlußweise nicht zulässig ist, liegt am Tage. Was würde z. B. Legendre mit dem Raume machen, der zwischen zwei Parallelen liegt, wenn jede von ihnen die Fläche halbiren sollte?

Die dritte Manier endlich von demselben Verfasser ist ein interessanter analytischer Beweis. Es ist folgender: Da man durch einfaches Aufeinanderlegen nachweisen kann, daß zwei Dreiecke congruent sind, wenn eine Seite und die beiden anliegenden Winkel in beiden Dreiecken gleich sind, so folgt daraus, daß der dritte Winkel (C) durch die gegenüberliegende Seite (p) und durch die beiden an dieser liegenden Winkel (A, B) vollkommen bestimmt sein muß; d. h. C wird eine Function von p, A und B sein, oder man wird $C = \varphi (A, B, p)$ haben.

Fällt man aber den rechten Winkel als Einheit an, so werden A, B und C unbenannte Verhältnißzahlen sein, und weil $C = \varphi (A, B, p)$ sein soll, so darf p als Größe, d. h. als Linie, von anderer Benennung wegen der nothwendigen Symmetrie der Gleichung nicht in diese mit eingehen; man wird also nur sagen dürfen, $C = \varphi (A, B)$, oder man wird den Satz haben: „Durch zwei Winkel in einem Dreiecke ist der dritte jedes Mal bestimmt."

Fällt man zunächst in dem bei A rechtwinkligen Dreiecke ABC (Fig. XIII) das Perpendikel AD, so sind in den Dreiecken ABD und ABC der Winkel ADB == BAC == 90°, ∠ ABD == ∠ ABC, also nach dem ebengenannten Satze auch ∠ BAD == ∠ ACB; ebenso wird andererseits ∠ CAD == ∠ ABC; es werden also in dem rechtwinkligen Dreiecke ABC die beiden spitzen Winkel B und C zusammen so groß sein als die Winkel BAD und CAD, d. h. gleich einem rechten Winkel.

Zerlegt man nun irgend ein Dreieck durch ein von der Spitze seines größten Winkels auf die gegenüberliegende Seite gefälltes Perpendikel in zwei rechtwinklige Dreiecke, so folgt mit Leichtigkeit, „daß die Summe der drei Winkel in jedem beliebigen Dreiecke zwei Rechte beträgt." Und hieraus entwickelt sich auf bekannte Weise die Paralleltheorie.

Gegen diesen Beweis kann man nur dieses Eine einwenden, daß er nicht geometrisch ist; denn der sonst gemachte Einwurf, daß die ganze Ableitung sich auf ein sphärisches Dreieck wörtlich anwenden ließe und dadurch zu einem falschen Resultate führen würde, ist von Legendre ganz richtig durch die Bemerkung zurückgewiesen, daß hier noch der Radius der Kugel in Betracht kommt, und man also $C = \varphi(A, B, p, r)$ oder $C = \varphi\left(A, B, \frac{p}{r}\right)$

haben müsse, wo $\frac{p}{r}$ ebenso eine unbenannte wie A, B und C ist, und also nicht wegen Homogenität der Gleichung ausgeschlossen werden darf.

§. 10. Am nächsten schließt sich an den ersten Beweis von Legendre der von Huber (s. Nr. 73) an, von dem wir schon in §. 8 gesagt haben, daß er zwar einen neuen Grundsatz annimmt, daß aber der Verfolg seiner Deduction ihn in diese dritte Classe zu setzen berechtigt.

Nachdem er mit Hilfe seines Axioms nachgewiesen hat, „daß zwei gerade Linien, die von einer dritten so geschnitten werden, daß die Summe der beiden innern Winkel kleiner als Ein Rechter ist, genugsam verlängert sich schneiden müssen," und auch, „daß ein Perpendikel, welches man in irgend einem Punkte des einen Schenkels eines Winkels, der $< \frac{1}{2}$ R. ist, errichtet, in der Verlängerung den zweiten Schenkel treffen muß," geht er zu dem Beweise über, „daß die Summe der drei Winkel in einem Dreieck nicht größer und auch nicht kleiner, als zwei Rechte sein könne." Beide Beweise sind apagogisch.

Wäre zuerst die Summe der drei Winkel im Dreieck ABC (Fig. XIV) um den Winkel y größer als zwei Rechte, so verwandle man ABC in ein anderes Dreieck ABD, welches dieselbe Winkelsumme hat, in welchem aber ein Winkel D kleiner als der angenommene Überschuß y ist. (Die hierbei nöthige Construction ist dieselbe als die, welche wir im Anfange des vorigen §. 9 bei Legendre angeführt haben.) Sodann trage man an BC, d. h. an die Verlängerung von AB den Winkel EBF = y und an BF den Winkel FBG = D an, so wird der überstumpfe Winkel ABF den drei Winkel des Dreiecks darstellen. Man hat also: ABC + BCA + CAB = ABD + ADB + BAD = ABD + DBE + EBG + GBF, zieht man hiervon ABD = ABD. und ADB = GBF ab, so erhält man:

BAD = DBE + EBG oder DBE < BAD,
d. h. der Außenwinkel am Dreieck ABD müßte kleiner sein, als ein gegenüberstehender innerer, was mit dem streng bewiesenen 16. Satze im ersten Buche des Euclid im Widerspruche steht.

Es kann also die Summe der Winkel in ABD und ebendeshalb auch in ABC nicht größer als zwei Rechte sein.

Wenn zweitens in dem Dreieck ABC (Fig. XV) die Summe der drei Winkel um z kleiner sein sollte, als zwei Rechte, so verwandle man ABC in ein anderes Dreieck ABD, welches dieselbe Winkelsumme hat, in welchem aber der eine Winkel D kleiner als ein halber Rech-

ter ist. Dann verlängere man DA und DB über A und B hinaus, mache AH = DA und KH = HD u. s. w. und errichte in A, H u. s. w. Perpendikel, welche nach dem früher angeführten Satze den zweiten Schenkel DB irgendwo treffen werden. Wäre nun in △ABC oder in △ABD die Summe der Winkel = 2R − z, so würde, da nach dem vorigen Satze in dem △ABG die Summe der Winkel zwei Rechte nicht übertreffen darf, die Summe der Winkel in beiden Dreiecken ABD und ABG zusammen höchstens = 4R − z, oder wenn man die Nebenwinkel bei B = 2R wegnimmt, die Summe der Winkel im Dreieck AGD höchstens = 2R − z sein. Das Dreieck AGH ist aber dem Dreieck AGD congruent, also wäre die Summe der Winkel in diesen beiden Dreiecken zusammen höchstens = 4R − 2z, oder nach Abzug der beiden rechten Winkel bei A die Summe der Winkel im Dreieck HGD höchstens = 2R − 2z. Durch Fortsetzung dieses Raisonnements erhielte man die Winkelsumme des Dreiecks KID höchstens = 2R − 4z u. s. w. f. Man käme endlich darauf, daß die Summe der Winkel in einem Dreieck Null oder negativ wäre, was natürlich absurd ist.

Es kann also auch nicht die Winkelsumme des Dreiecks kleiner als zwei Rechte sein. Sie dürfte nach dem vorigen Satze auch nicht größer sein, also muß sie = 2R sein.

§. 11. Ein anderer Verfasser, der auch den Satz von der Winkelsumme des Dreiecks versucht hat, nämlich C. Hauff (s. Nr. 69), ist seiner Sache so sehr gewiß, daß er nicht nur in dem Streite, welchen er seiner Parallelentheorie wegen mit Richard van Rees hatte, Legendre zum Schiedsrichter erwählte (den er aber hernach, als dieser mit ihm nicht einerlei Meinung war, als incompetenten Richter verwarf), sondern sogar einen Preis von 100 Dukaten aussetzte, der ihm bis zu einem gewissen Termine (Michaelis 1820) einen wesentlichen Fehler in seiner Theorie nachweisen könnte. Ob Jemand den Preis gewonnen hat, ist mir unbekannt, doch glaube ich es kaum, da der Verfasser etwas hartnäckig bei seinen Behauptungen beharrt, mitunter reelle Einwürfe, die ihm von Legendre und van Rees gemacht sind, nicht verstehen zu wollen scheint und sich durch Sophistereien zu helfen sucht. — Er ist übrigens sehr freigebig mit Theorien, denn er gibt deren drei, die erste aus der Betrachtung des gleichseitigen Dreiecks, die zweite aus der des Quadrats und die dritte aus der des Kreises abgeleitet. Freilich wäre es besser gewesen, wenn er statt dieser drei nur eine, aber eine brauchbare Theorie gegeben hätte — indessen wollen wir doch, den Hauptinhalt derselben hier angeben.

In der ersten Section construirt er sich erst ein gleichseitiges Dreieck über einer gegebenen Linie CA (Fig. XVI) dadurch, daß er mit dieser CA als Radius einen Kreis beschreibt, den Radius CA in B halbirt und in diesem Punkte ein Perpendikel BD errichtet, welches den Kreis in D schneidet, dann ist ACD das verlangte gleichseitige Dreieck.

Aus dieser Construction werden mehre Corollare gefolgert.

Cor. 1. „Die Hypotenuse eines rechtwinkeligen

Dreiecks, welches die Hälfte von dem über derselben Hypotenuse construirten gleichseitigen Dreiecke ist, ist das Doppelte der kleinern Kathete."

Cor. 2. „Ein rechtwinkeliges Dreieck, in welchem die Hypotenuse das Doppelte der kleinern Kathete ist, ist die Hälfte von dem über derselben Hypotenuse construirten gleichseitigen Dreieck."

Cor. 3. „In einem rechtwinkeligen Dreieck, in welchem die kleinere Kathete die Hälfte der Hypotenuse ist, ist auch der eine der schiefen Winkel die Hälfte des andern."

Cor. 4. „In einem rechtwinkeligen Dreieck, in welchem der eine der schiefen Winkel die Hälfte des andern ist, ist auch die kleinere Kathete die Hälfte der Hypotenuse."

Cor. 5. „Wenn in einem rechtwinkeligen Dreieck der eine der schiefen Winkel gleich dem Winkel eines gleichseitigen Dreiecks ist, so ist die Hypotenuse das Doppelte der kleinern Kathete."

Cor. 6. „Wenn in einem rechtwinkeligen Dreieck der eine der schiefen Winkel gleich der Hälfte des Winkels eines gleichseitigen Dreiecks ist, so ist auch die kleinere Kathete die Hälfte der Hypotenuse."

Cor. 7. Jedes rechtwinkelige Dreieck, in welchem ein schiefer Winkel dem Winkel eines gleichseitigen Dreiecks oder dessen Hälfte gleich ist, ist der Hälfte eines über der Hypotenuse beschriebenen gleichseitigen Dreiecks gleich."

Cor. 8. „Wenn man an eine Gerade AB (Fig. XVII) eine andere Gerade BD so anträgt, daß der Winkel zwischen beiden ABD dem Winkel eines gleichseitigen Dreiecks gleich ist, so erhält man ein gleichseitiges Dreieck entweder a) dadurch, daß man von irgend einem Punkte C der angetragenen Linie BD ein Perpendikel CE auf die erste Linie AB fällt; oder b) dadurch, daß man in irgend einem Punkte E der ersten Linie AB ein Perpendikel EC errichtet und dieses bis zum Durchschnitt mit BD verlängert." Hierauf folgt nun gleich der zweite Satz: „Jeder Winkel im gleichseitigen Dreieck ist zwei Drittheilen eines Rechten gleich," welcher in folgender Weise bewiesen wird.

Wenn Fig. XVIII ABC ein gleichseitiges Dreieck ist und man zieht darin die Linien AF, BE und CD so; daß dadurch die Winkel des Dreiecks halbirt werden, so schneiden sich diese in Einem Punkt und stehen zugleich senkrecht auf den gegenüberliegenden Seiten. Hierdurch entstehen sechs unter einander congruente Dreiecke: ADG $\sim$ BDG $\sim$ BEG $\sim$ CEG $\sim$ CFG $\sim$ AFG.

Jedes dieser Dreiecke ist rechtwinkelig und in jedem ist ein spitzer Winkel gleich der Hälfte des Winkels eines gleichseitigen Dreiecks, also ist auch nach dem vorhin angeführten Cor. 5 die Hypotenuse das Doppelte der kleinern Kathete und nach Cor. 3 der eine spitze Winkel die Hälfte des andern, also z. B. $\angle$ FCG = ¼ $\angle$ FGC; also die Summe der drei Winkel des Dreiecks ABC gleich der Hälfte aller Winkel um G, d. h. gleich zweien Rechten, mithin jeder = ⅓ R.

Mit Hilfe dieses Satzes läßt sich dann auch der dritte Satz: „Wenn auf einer Geraden zwei gleiche Perpendikel errichtet und ihre Endpunkte durch eine zweite

Gerade verbunden werden; so sind auch diese beiden neu gebildeten Winkel gleichfalls rechte," ohne besondere Mühe beweisen. Hiernach kommt man aber, wie leicht zu ersehen, dazu, daß die Summe der drei Winkel in jedem Dreieck zwei Rechte beträgt, und dann weiter zu der vollständigen Parallelentheorie.

Gegen diese Deduction wandten nun Legendre und R. v. Rees ein, daß in dem 5., 6. und 7. Corollar stillschweigend angenommen werde: alle gleichseitigen Dreiecke haben dieselben Winkel. Jeder unbefangene Leser wird dasselbe darin finden, der Verfasser aber will es theils nicht zugestehen, theils es rechtfertigen. Zuerst (s. Supplementa ad Sect. I.) will er sich durch Worte vertheidigen, indem er sagt, wenn Jemand die ersten vier Corollare als richtig anerkennt, so muß er auch die folgenden zugestehen. Das ist aber hier gewiß nicht der Fall; denn in den erstern ist nur von dem speciellen, über der Hypotenuse eines rechtwinkeligen Dreiecks beschriebenen gleichseitigen Dreieck die Rede, in den andern dagegen von dem Winkel irgend eines. Hernach scheint Hauff selbst es noch für zweckdienlich gehalten zu haben, den Satz, „daß die Winkel in allen gleichseitigen Dreiecken dieselben sind," zu beweisen. Und wäre ihm dieses geglückt, so wäre gegen seine ganze Arbeit Nichts einzuwenden, sondern sie würde ihren Zweck vollkommen erreicht haben — aber es ist wunderbar, wie der Verfasser sein Herumdrehen im Kreise nur selbst hat für einen Beweis halten können. Er sagt nämlich: In jedem Kreise ist der Radius die Sehne für den Winkel des gleichseitigen Dreiecks, welches über dem Radius beschrieben wird. Wenn man nun um C (Fig. XIX) als Mittelpunkt mit AC, als Einheit angenommen, dann mit BC = 2. AC, mit DC = 3. AC u. s. w. Kreise beschreibt, darauf in E, G, K u. s. w. EF, GH, KL u. s. w., welche den respectiven Radien gleich sind, anträgt, so erhält man offenbar die gleichseitigen Dreiecke CEF, CGH, CKL u. s. w. Könnte man nun nachweisen, daß C, F, H, L u. s. w. in gerader Linie liegen, so hätte man zugleich bewiesen, daß die Winkel wenigstens in allen den gleichseitigen Dreiecken, welche commensurable Seiten haben, gleich seien. Um dieses zu thun, argumentirt der Verfasser so: die Winkel bei E, G, K u. s. w. müssen dem Winkel bei C gleich sein (sollte wol heißen: $\angle$ FEC muß = $\angle$ FCE, $\angle$ HGC = $\angle$ HCG, $\angle$ LKC = $\angle$ LCK u. s. w. sein, weil man noch nicht weiß, daß bei C nur ein Winkel gebildet wird, da man sonst ja schon annehme, daß C, F, H, L u. s. w. in einer geraden Linie liegen), sollten nun F und H nicht in der Linie CL liegen, so würde die Bedingung für die Gleichheit und somit mit die Gleichheit selbst des Winkels bei C mit denen bei E und G aufgehoben. — Kann man das einen Beweis nennen?

In der zweiten Section, in welcher Hauff die Parallelentheorie aus den Eigenschaften des Quadrats ableitet und die wir bei der geringen Wichtigkeit wegen hier nicht näher aus einander setzen wollen, befindet sich ein merkwürdiger Schluß. S. 29. Prop. IV, 3 schließt der Verfasser: weil eine Linie BD zwei andere Linien AD und FD, die in dem Punkte D zusammentreffen, schneiden muß, deshalb müssen sich alle drei Linien in einem Punkte D schneiden. — Da grade von diesem Zusammentreffen dieser drei Linien in einen Punkt nicht allein dieser Satz, sondern mittelbar die ganze Theorie abhängt und der erwähnte Schluß natürlich nicht gebilligt werden kann, so fällt damit zugleich diese ganze Deduction zusammen.

Ebenso können wir auch die dritte Section, in welcher die Parallelentheorie aus der Betrachtung des Kreises abgeleitet werden soll, ganz übergehen, da der Verfasser sich hierbei auf Sätze aus dem Frühern beruft, sodaß sie eigentlich nicht eine besondere Theorie genannt werden kann.

§. 12. Ferner ist unter denen, welche den Satz von der Winkelsumme des Dreiecks nachweisen wollten, auch Creizenach (s. Nr. 70) zu nennen. Er geht zuerst darauf aus, die Gleichheit des Quadrats der Hypotenuse und der Summe der Quadrate beider Katheten im rechtwinkeligen Dreieck nachzuweisen, und zwar auf analytischem Wege. Man kann aber nicht sagen, daß ihm dieses ganz geglückt ist; denn so sehr er sich auch bemüht, durch bloßes Raisonnement darzuthun, daß in zwei rechtwinkeligen Dreiecken, welche einen spitzen Winkel gleich haben, eine Kathete (k und k′) dasselbe Vielfache der zugehörigen Hypotenuse (h und h′, also k = m . h und k′ = m . h′ sein müsse, so sieht man doch überall die Proportionalität der gleichnamigen Seiten ähnlicher Dreiecke zum Grunde liegen. Mit Hilfe dieses Satzes kommt er dann zur Bestimmung der Winkelsumme im rechtwinkeligen und endlich auch in jedem Dreiecke.

§. 13. Heßling (s. Nr. 59) schrieb eine sehr peinlich gearbeitete Abhandlung über die Theorie der Parallellinien, worin er sich ganz an die Theorie von Legendre, wie dieser sie in einer der frühern Ausgaben seiner Elemente gegeben hatte, anschloß, indem er sich nur bemühte, die Lücken, welche der ursprüngliche Verfasser gelassen hatte, auszufüllen. Um nachzuweisen, daß die Summe der Winkel eines Dreiecks nicht größer als zwei Rechte sein könne, stelle ABC (Fig. XX) ein Dreieck vor, in welchem die Winkel ABC und CAB spitze sind. Verlängert man nun AB über B hinaus, macht BE = AB, ∠ DBE = ∠ CAB und BD = AC, so wird △BDE ≅ △ACB. Wäre aber die Summe der Winkel in △ABC um x größer als 2 R., so wäre CAB + ABC + BCA = 2R + x, dagegen DBE (oder CAB) + ABC + CBD = 2R, also wenn man letztere Gleichung von der vorigen abzieht: ACB = CBD + x. Da ferner die beiden Dreiecke ACB und CBD die Seiten AC = BD und BC = BC haben, in dem einen aber der von diesen gleichen Seiten eingeschlossene Winkel größer als in dem andern ist, so wird auch nach einem bekannten Satz die dritte Seite im ersten größer als die dritte im zweiten Dreiecke sein, d. h. AB > CD oder AB = CD + z. Setzt man diese Construction fort, sodaß die Dreiecke ACB, BDE, EFG u. s. w. unter einander congruent gemacht werden, die zwischenliegenden Dreiecke aber CBD, DEF, FGH u. s. w. unter einander von selbst congruent werden, so wird auch jede

der Linien AB, BE, EG u. s. w. um dieselbe Größe z größer als respective CD, DF, FH u. s. w. sein, also der geraden Linie ABE...Q = n.z + der gebrochenen Linie CDF....R. Nun kann n so groß angenommen werden, daß nz > AC + RQ wird, wodurch dann

$$AQ > AC + RQ + CDF...R$$

d. h. die gerade Linie AQ größer als die gebrochene ACD...RQ wird, was gegen die Natur der geraden Linie ist. Diese Ungleichung müßte aber bestehen, wenn die Summe der Winkel in dem Dreiecke ABC größer als zwei Rechte wäre: es kann also letzteres nicht stattfinden.

Um zweitens nachzuweisen, daß die Summe der drei Winkel eines Dreiecks auch nicht kleiner als zwei Rechte sein könne, construire man über der Seite AC (Fig. XXI), welche dem kleinsten Winkel im Dreiecke ABC gegenüber liegt, ein anderes Dreieck ACF, welches seine Spitze nach der entgegengesetzten Seite liegen hat und dem Dreieck ACB in der Weise congruent ist, daß ACF = ∠ BAC und ∠ CAF = ∠ ACB ist. Daß die Spitze F zwischen die Verlängerungen der Schenkel BA und BC fallen muß, hat darin seinen Grund, daß sowol ∠ BCF als ∠ BAF, jeder die Summe zweier Winkel (BAC und BCA) eines Dreiecks ist, als solche aber kleiner als zwei Rechte sein muß. Zieht man nun durch F eine gerade Linie DE, so erhält man zunächst Dreiecke ADF und CFE. Jedes von diesen letztern hat zu seiner Winkelsumme nach dem Vorigen höchstens 2R; wäre dagegen in dem △ ABC und also auch in seinen congruenten △ ACF diese Summe = 2R — x, so würde die Summe der Winkel in allen vier Dreiecken höchstens = 8R — 2x, und wenn man die Summe der Nebenwinkel bei A, C und F wegnimmt, die Winkelsumme im △ BDE höchstens = 2R — 2x sein. Wiederholt man diese Construction, so erhält man zunächst ein Dreieck BGH, in welchem die Winkelsumme höchstens = 2R — 4x ist, dann eines, in welchem diese Summe höchstens = 2R — 8x ist u. s. w., sodaß man durch Fortsetzung dieser Construction zu einem Dreiecke gelangt, in welchem die Winkelsumme = 2R — 2ⁿ.x ist, wo n eine so große Zahl bedeuten kann, daß diese Summe = 0 oder negativ wird, was natürlich absurd ist, sodaß also auch die zweite Annahme: die Summe der Winkel eines Dreiecks betrage weniger als zwei Rechte, auf einen Widerspruch führt.

Das Wesentliche, was Heßling in diesem Beweise von Legendre ergänzt zu haben glaubt, besteht in Folgendem:

1) Legendre hatte in Fig. XX nicht nachgewiesen, daß solche zwischenliegende Dreiecke CBD, DEF u. s. w. möglich waren, was Heßling dadurch that, daß er das erste Dreieck ABC in solcher Lage annahm, daß bei A und bei B spitze Winkel lagen.

2) Legendre hatte gradezu ohne Beweis den Satz als wahr angenommen, daß eine Bruchlinie, welche zwei Punkte mit einander verbindet, größer ist, als die gerade Linie zwischen denselben beiden Punkten. Heßling bewies diesen Satz.

3) Legendre hat in Fig. XXI nicht gezeigt, daß durch einen Punkt F, der zwischen den Schenkeln eines spitzen Winkels liegt, eine gerade Linie gezogen werden kann,

:welche beide Schenkel trifft. Heßling hat es versucht. Aber hierin liegt grade die hauptsächliche Schwierigkeit, welche aus dem Wege zu räumen ihm ebenso wenig gelungen ist, als allen übrigen Geometern. Er sagt nämlich: ist FAB (Fig. XXII) ein spitzer Winkel und E ein Punkt innerhalb desselben, so fälle man von E ein Perpendikel ED auf einen seiner Schenkel, so wird dieses verlängert den andern Schenkel treffen müssen, weil, wenn es nicht träfe, der spitze Winkel den rechten ganz in sich fassen, also größer als dieser sein würde, was ein Widerspruch ist. Daß diese Schlußweise nicht zulässig ist, leuchtet an sich ohne besondere Erklärung ein.

§. 14. Eine merkwürdige und höchst interessante Theorie über Parallellinien ist die von Thibaut (s. Nr. 52). Sie wird gewöhnlich nach diesem Verfasser genannt, weil er sie besonders ausarbeitete, obgleich die erste Idee dazu schon sieben Jahre vorher von Krause (s. Nr. 44) gegeben war. Thibaut sagt:

Eine Linie ist die sichtbare Spur, die ein bewegter Punkt von seiner Bewegung zurückläßt. Wenn ein Anfangspunkt und ein Endpunkt gegeben sind, so bildet die progressive Bewegung vom ersten nach dem zweiten hin die gerade Linie. Der als nothwendig erscheinende Gang, welchen die Construction einer geraden Linie nehmen muß, um von einem bestimmten Anfangspunkt zu einem gegebenen Endpunkte fortzuschreiten, wird durch das Wort Richtung bezeichnet. Wenn ferner in einer ebenen Fläche von demselben Punkte aus, zwei Richtungen gegeben sind, so ist es allemal möglich, den Unterschied derselben durch continuirlichen Übergang von der ersten zur zweiten in ursprünglicher Anschauung aufzufassen, wozu uns nicht weiter zurückführbare Raumbeschreibung oder Bewegung, welche man die drehende nennt, erfodert wird. Der Winkel besteht nun in dem durch drehende Bewegung aufgefaßten Unterschiede zweier Richtungen. Die Winkel, welche durch eine ganze, halbe oder Viertel-Drehung entstehen, heißen vier Rechte, zwei Rechte oder ein Rechter.

Bis hierher ist natürlich Alles in Ordnung; Thibaut fährt aber fort: Durch die Verbindung von geraden Linien und Winkeln in ebenen Flächen entstehen ebene geradlinige Figuren. „In Absicht auf diese bei der wirklichen Erzeugung zusammengesetzter Züge zu treffenden Verbindung tritt das allgemeine Princip einer völligen gegenseitigen Unabhängigkeit der progressiven und drehenden Bewegung ein. Insofern ein Punkt in gerader Linie fortschreitet, behält er durchaus die nämliche Richtung. Wenn also durch Drehung an einem Scheitelpunkte ein Winkel beschrieben worden und auf dem letzten Schenkel desselben beliebig fortgeschritten wird, ehe man aus seiner Richtung zu einer neuen drehend fortgeht, so ist die dadurch im Ganzen bewirkte Änderung der Richtung völlig dieselbe, als wenn beide Drehungen, ohne durch eine progressive Bewegung unterbrochen zu werden, an dem nämlichen Scheitelpunkte vorgenommen wären.

Nun stelle man sich in einen Winkelpunkt A des Dreiecks ABC (Fig. XXIII) vor. So lange man von da in der ersten Seite AB fortschreitet, behält man die An-

fangs genommene Richtung ungeändert. Angekommen in ihrem Endpunkte B, ist man gezwungen, die bisherige Richtung zu verlassen und in der zweiten Seite die Richtung BC anzunehmen. Es wird also zum ersten Male hier ein Winkel DBC beschrieben, welcher der Nebenwinkel des an dieser Ecke in das Dreieck gehörigen ABC ist. Auf gleiche Weise ändert man, im Endpunkte der zweiten Seite BC angelangt, an dieser Stelle, von der bisherigen Richtung BCE in die der folgenden Seite übergehend, diese letzte Richtung um einen Winkel ECA, welcher der Nebenwinkel des an diesem Winkelpunkte im Dreiecke selbst liegenden BCA ist. Die Construction des Dreiecks wird vollendet, indem man in der zuletzt genommenen Richtung CA, zu ihrem Endpunkte CA fortgeht und sich, wie vorhin, aus der bisherigen Richtung CAF in die folgende AB versetzt, wobei ein Winkel FAB beschrieben wird, welcher Nebenwinkel des an dieser Ecke im Dreiecke liegenden CAB ist. Alsdann aber wird die Construction vollendet sein, weil man in ihren Anfangspunkt und in die zuerst von ihm aus genommene Richtung zurückgekommen ist.

Man hat also im Ganzen genommen drei Drehungen oder Änderungen der Richtung vorgenommen; jede von ihnen hat weniger als eine halbe Umdrehung betragen; sie sind sämmtlich nach derselben Seite hin geschehen. Wäre man, sie vollziehend, an demselben Punkte geblieben, so würde man, zurückgekommen in die anfängliche Richtung, von selbst berechtigt sein zu behaupten, man habe eine ganze Umdrehung vollführt. Das Gleiche ist aber auch hier der Fall. Denn man ist zwar in jeder der genommenen Richtungen fortgeschritten, ehe man sie drehend verlassen hat, um in die folgende überzugehen. Da aber, dem vorhin angeführten Princip zufolge, progressive und drehende Bewegung völlig unabhängig von einander sind und das Fortschreiten in einer geraden Linie durchaus keine Änderung der Richtung nach sich zieht, so muß es in Absicht des Betrags der vorgegangenen Richtungsänderungen ganz einerlei sein, ob man in der vorhergehenden Richtung erst fortgeschritten ist, ehe man aus ihr drehend in den Übergang in die folgende gemacht hat oder nicht. Die drei Drehungen also, die bei vollständigem Durchlaufen des Umfangs eines Dreiecks beschrieben werden, würden die nämliche Änderung der Richtung im Ganzen erzeugt haben, wenn sie an demselben Scheitelpunkte vorgegangen wären, d. h. sie betragen in der That zusammen eine ganze Umdrehung oder vier Rechte. Da aber an jeder Ecke der durch die Drehung erzeugte Außenwinkel mit dem daneben liegenden innern Winkel zusammen zwei Rechte ausmacht, so ist die Summe der drei äußern und der drei innern Winkel gleich sechs Rechten. Zieht man also hiervon die Summe der äußern, welche vier Rechte ist, ab, so bleibt für die **Summe der drei innern Winkel des Dreiecks zwei Rechte.**

Der oben genannte Satz, auf welchem dieser ganze Beweis beruht, ist zwar sehr plausibel, wie es Jeder eingestehen muß, aber ihn als mathematischen Grundsatz anzuerkennen, dürfte doch nicht erlaubt sein.

§. 15. Ähnlich mit dieser Theorie von Thibaut ist die von einem Ungenannten in Wolf's Anfangsgründen u. s. w. (s. Num. 61). Dieser sagt: Die Größe eines Winkels wird durch den Bogen gemessen, welcher aus dem Scheitel mit einem beliebigen Radius beschrieben wird. Denkt man sich nun in irgend einem Dreieck abc (Fig. XXIV) die Seiten ab, bc, ca nach B, C und A hin ins Unendliche verlängert, sodaß B, C und A Punkte in einer Kreisperipherie sind, welche von a, b und c unendlich weit entfernt ist, dann wird der Bogen BC, das Maß des Winkels x sein, ebenso CA das Maß für y und AB das Maß für z. Die Summe x + y + z wird also die ganze Peripherie zum Maße haben, also = 360° sein, mithin die Summe der Nebenwinkel u + o + m = 180°.

Der Verfasser denkt sich zuerst die drei Punkte a, b und c als in den Mittelpunkt zusammenfallend, insofern man die Peripherie als unendlich weit entfernt annimmt, d. h. also, er denkt sich das Dreieck als verschwindend in Vergleich mit dem unendlich großen Kreise, hernach aber soll das Dreieck doch wieder eine endliche Größe haben, weil von der Größe seiner Winkel gesprochen wird. Das ist natürlich eine Vermengung der Begriffe des Endlichen und Unendlichen, die nicht gestattet werden darf.

§. 16. Wir haben im Anfange des §. 9 gesagt, daß wir die zur dritten Classe gehörigen Theorien über Parallellinien zu gruppiren versuchen wollten und haben bis jetzt diejenigen Verfasser angeführt, welche es unternahmen nachzuweisen, daß die Summe der drei Winkel eines Dreiecks zwei Rechte betragen. Wir gehen jetzt weiter und führen zunächst Karsten (s. Nr. 19), Hoffmann (s. Nr. 48), Malezieu (s. Nr. 7) und Nassir Eddin (s. Nr. 2) zusammen an, weil sie die Sache gleichmäßig behandelten.

Nassir Eddin raisonnirt folgendermaßen: Wenn man in einer Ebene zwei gerade Linien AB und CD (Fig. XXV) zeichnet und dazwischen andere Gerade EF, GH, IK ꝛc. zieht, welche auf CD senkrecht stehen und mit der andern AB ungleiche Winkel, einen spitzen und einen stumpfen, machen, und zwar so, daß alle spitzen Winkel nach der Seite BD hin liegen, die stumpfen nach der Seite AC, so werden die Linien AB und CD auf der Seite BD sich nähern, bis sie sich schneiden und auf der Seite AC sich von einander entfernen, sodaß die Perpendikel nach der Seite BD hin kleiner und nach der Seite AC hin größer werden. Und zweitens: Wenn die geraden Linien, zwischen zwei Geraden AB und CD gezogen sind, senkrecht auf einer von beiden, CD stehen und größer werden nach der einen Seite AC hin und kleiner nach der andern Seite BD, und wenn von beiden Geraden AB und CD so gezogen sind, daß sie sich auf der Seite, wo die Senkrechten größer werden, von einander entfernen und sich nähern auf der andern Seite, wo die Senkrechten kleiner werden, so werden ebendiese auf CD senkrecht stehenden Linien die andere Gerade AB unter zwei Winkeln, einem spitzen und einem stumpfen, scheiden, sodaß alle spitzen Winkel nach der Seite

der Annäherung der beiden Linien AB und CD liegen und alle stumpfen nach der Seite ihrer Entfernung; deshalb ist auch AB gegen jede Senkrechte hin geneigt auf der Seite der Annäherung und von ihr ab auf der Seite der Entfernung. Diese beiden Sätze sind von frühern und spätern Geometern als Axiome angewandt worden.

Mit Hülfe dieser beiden Sätze, die ich hier mit Auslassung der überflüssigen Wiederholungen treu übersetzt habe, beweist Nassir Eddin zunächst: wenn man die Endpunkte zweier geraden Linien, die auf einer dritten senkrecht stehen, durch eine Gerade verbindet, so werden die hierdurch entstandenen Winkel auch rechte sein. — Sodann: die Winkel in jedem geradlinigen Dreieck betragen zwei Rechte. — Von hier ab nimmt dann die Theorie ihren gewöhnlichen Gang.

Wenn man nun auch in den zum Grunde gelegten Sätzen mit Recht folgern kann, daß die Perpendikel nach AC hin immer größer werden, so kann man doch nicht geradezu behaupten, daß jede Linie wie XZ erreicht und überschritten werden könne.

Ziemlich auf dasselbe kommt das hinaus, was Bendavid (s. Nr. 26) sehr detaillirt und in viele Sätze vertheilt vorträgt. Er geht von der besondern Erklärung aus: „wenn man auf einer Geraden zwei ungleich lange Perpendikel errichtet und die Endpunkte derselben verbindet, so wird der innerhalb des dadurch entstehenden Vierecks an dem längern Perpendikel liegende Winkel ein spitzer, der an dem kleinern Perpendikel liegende ein stumpfer Winkel genannt." Sein Hauptfehler liegt in seinem zehnten Satze, der so lautet: „Wenn zwei Linien AB und FC (Fig. XXVI) von einer dritten EB so durchschnitten werden, daß der eine Winkel FBC ein rechter, der andere ABC aber spitz ist, so werden diese Linien genugsam verlängert, auf dieser Seite unter einem spitzen Winkel zusammentreffen." Um diesen Satz zu beweisen, sagt er, nehme man in dem Schenkel AB einen beliebigen Punkt A an, der aber von der in B auf BC errichteten senkrechten Linie weiter entfernt ist, als der Punkt C, oder sobald AG > CB wird, und ziehe AC, dann wird nach der Erklärung ∠ ACB ein stumpfer Winkel sein und also nach einem vorhergegangenen, leicht beweisbaren Satze größer als ein rechter, d. h. > FCB; es wird mithin die Linie FC innerhalb des Dreiecks ABC liegen, also in der Verlängerung die Linie AB schneiden müssen. — Hierin ist es nun offenbar nicht gestattet, ohne Weiteres anzunehmen, daß man in der Linie AB einen Punkt A finden könne, dessen senkrechte Entfernung von BG größer sei als CB, und doch beruht hierauf die Möglichkeit des ganzen Beweises und Satzes und dadurch mittelbar die ganze Theorie.

§. 17. Bensemann (s. Nr. 76) beweist zunächst, daß in jedem Dreiecke zwei Seiten größer sein müssen als die dritte, und je zwei Winkel kleiner als zwei Rechte. Darauf will er nachweisen, daß, wenn man auf einer Geraden AC (Fig. XXVII) zwei unbestimmt lange Perpendikel AB und CD errichtet, und von einem beliebigen Punkte E in AB ein Perpendikel auf CD fällt, daß auch bei E rechte Winkel entstehen müssen. Denn, sagt er, wäre ∠ FEB kleiner als ein Rechter, so könnte man EB und FD so weit verlängern, daß sie größer als EF werden und als gleich anzunehmen sind. Dadurch aber erhält man drei Linien EF, EB und FD, von denen je zwei größer als die dritte sind, und es muß sich ein Dreieck aus ihnen bilden lassen. Zugleich würde dieses aber ein Dreieck sein, von dem zwei Seiten in ihrer Verlängerung von einer Linie AC unter zwei rechten Winkeln geschnitten würden, was nicht möglich ist. Hier sieht man aber nicht ein, weshalb aus den drei Linien EB, EF und FD grade ein solches Dreieck entstehen soll, welches bei F und E die hier vorhandenen Winkel enthält, während sogar noch die Seiten EB und FD als gleich angenommen werden, obgleich die Winkel E und F ungleich sind.

§. 18. Kästner (s. Nr. 36), Schmidt (s. Nr. 40), Hermann (s. Nr. 53) u. a. m. wollen die Theorie der Parallellinien aus der Vorstellung von der Verschiebung unveränderlicher Winkel herleiten; legen aber dabei einen der folgenden zu unvollständig bewiesenen Sätze zu Grunde, entweder: „wenn von zwei geraden Linien AB und CD, welche von einer dritten XZ geschnitten werden, die eine AB, die andere CD schneidet, und man bewegt AB so auf XZ fort, daß sie mit dieser beständig denselben Winkel bildet, so wird sie nie ganz aus CD heraustreten, sondern beständig einen Durchschnittspunkt mit ihr haben." — Oder: „wenn man von zwei Linien AB und CD, die von einer dritten XZ geschnitten werden, nicht weiß, ob sie sich bei gehöriger Verlängerung gegenseitig schneiden werden, dagegen nachweisen kann, daß AB, wenn sie unter demselben Winkel gegen XZ auf dieser fortbewegt wird, in irgend einer Lage CD schneidet, so muß auch AB in der ursprünglichen Lage, gehörig verlängert CD schneiden."

Olivier (s. Nr. 79) geht zwar nicht von der Verschiebung des Winkels, aber von der Veränderung desselben durch Drehung einer Linie aus. Er sagt: wenn in Fig. XXVIII die grade Linie KC so liegt, daß sie durch den Punkt C geht und die Linie AB schneidet, so wird nach einem bekannten Satze der Winkel KCF größer als BAC sein, und jede Linie durch C gezogen, welche einen noch größern Winkel mit CF macht, wird nothwendig die Linie AB zwischen A und K treffen müssen.

Die Linie IC, welche einen Winkel ICF = BAC bildet, kann die Linie BA niemals treffen, und es entsteht die Frage, ob es noch andere Linien gibt, welche durch C gehen und sich mit AB nie schneiden. Gesetzt DC wäre eine solche, dann wird auch jede zwischen DC und IC liegende die AB nie schneiden dürfen; denn schnitte z. B. NC dieselbe, so müßte dies auch für den Fall sein, wie vorhin aus dem Schneiden der KC mit AB, das von LC mit AB folgte.

Soll es nun solche theils schneidende, theils nicht schneidende Linien geben, so muß man gewiß eine letzte schneidende finden können, über welche hinaus alle Linien nicht schneiden. Wäre DC diese Grenze oder die letzte Linie durch C, welche sich mit AB schneidet, so muß dieser Schnittpunkt immer noch angebbar sein. Es kann

aber AB als unbegrenzte Linie gewiß über diesen Punkt hinaus verlängert werden, und von einem beliebigen Punkte in dieser Verlängerung kann man gewiß eine Gerade nach C ziehen, die außerhalb DC liegen würde, sodaß DC nicht die Grenze der schneidenden Linien sein kann. Es gibt also keine letzte schneidende oder erste nicht schneidende Linie, die mit CF einen Winkel bildete, der größer als ICF = BAC wäre.

§. 19. Ptolemäos stellt nach dem, was uns Proclus berichtet, die Lehre von den Parallellinien so dar, daß er sagt: „wenn zwei parallele Linien von einer dritten geschnitten werden, so sind die innern Winkel auf derselben Seite der schneidenden Linie entweder gleich oder kleiner oder größer als zwei Rechte. Sollte aber," fährt Ptolemäos zu schließen fort, „die Summe der innern Winkel auf der einen Seite der schneidenden Linie größer oder kleiner als zwei Rechte sein, so müßte auch zu gleicher Zeit, weil die Linien auf der andern Seite ebenfalls parallel sein sollen, die Summe der innern Winkel auf dieser andern Seite größer oder kleiner als zwei Rechte sein, was mit dem Satze, daß Nebenwinkel zusammen zwei Rechte betragen, nicht verträglich ist, sie müssen also gleich zwei Rechten sein." Hier liegt offenbar die Idee zum Grunde, daß parallele Linien auf beiden Seiten einer sie schneidenden Linie gleichmäßig gegen diese gelegen sind, d. h. gleiche Winkel mit dieser machen; was natürlich nicht gradezu anzunehmen ist.

Franceschini (s. Nr. 29) will beweisen, daß zwei Linien sich schneiden müssen, wenn die eine von ihnen eine dritte unter einem rechten Winkel schneidet, während die andere mit derselben dritten einen spitzen Winkel bildet. Er denkt sich an AB (Fig. XXIX) die Linien BC unter rechtem und AD unter spitzem Winkel angetragen, und die Linie AD in zwei Theile AF und FD so getheilt, daß AD > AF wird. Fällt man alsdann von F ein Perpendikel auf AB, so trifft dieses etwa in G, fällt man aber darauf ein Perpendikel von D auf AB, so wird dieses nicht in G, weil sonst hier zwei Perpendikel in demselben Punkte auf derselben Linie stehen würden, auch nicht zwischen A und G fallen können, weil man ein Dreieck HGD mit einem rechten und einem stumpfen Winkel erhalten würde, sondern es muß über G hinausfallen, also etwa nach E. „Es wird also," sagt Franceschini, „wenn die Linie AD einen Zuwachs erhält, auch ebenso und in demselben Verhältnisse, AE wachsen." Da nun AD ohne Ende wachsen kann, so hindert nichts, anzunehmen, daß auch AE größer werde als AB, und dann muß AD die Linie BC schneiden. — Die Schwäche des Schlusses liegt am Tage.

Martin Ohm (s. Nr. 64) stellt für seine Parallelentheorie folgende vier Sätze auf:

1) Sind die äußern Winkel den innern gleich, so schneiden sich die Linien nie.

2) Schneiden sich zwei Linien nie, werden sie aber von einer beliebigen dritten geschnitten, so sind die äußern Winkel den innern gleich.

3) Sind die äußern Winkel oben größer, als die innern, so schneiden sich die Linien oben.

4) Schneiden sich zwei Linien oben, so sind oben die äußern Winkel größer als die innern.

Beweis zu 1. Wegen der Gleichheit der äußern und innern Winkel sind auch die Wechselwinkel gleich und werden sich also die obere Figur und die untere, auf einander gelegt, decken; sollten sich also die Linien oben schneiden, so müßten sie sich auch wegen der Deckung unten schneiden, d. h. zwei gerade Linien müßten sich in zwei Punkten schneiden können, was nicht möglich ist.

Beweis zu 2. Dieser zweite Satz folgt aus dem Satze des zureichenden Grundes. — Ein Winkel hängt von der gegenseitigen Lage seiner Schenkel ab; die Gleichheit oder Ungleichheit zweier Winkel also von der Lage eines jeden zweiten Schenkels gegen den ersten. „Ist nun dieser erste Schenkel gemeinschaftlich, so ist kein Grund da, warum die Gleichheit oder Ungleichheit der Winkel von etwas anderm abhängen sollte, als von der Lage der zweiten Schenkel. Die Gleichheit oder Ungleichheit der äußern und innern Winkel hängt also nur von der Lage der beiden geschnittenen Linien ab, weil die schneidende der gemeinschaftliche Schenkel ist. Da nun diese Lage der geschnittenen Linien oben und unten dieselbe ist, indem sie sich oben nicht schneiden und auch unten nicht schneiden, so ist kein Grund vorhanden, warum die äußern Winkel zu den innern oben ein anderes Verhältniß haben sollten, als die äußern zu den innern unten haben." Wären also oben die äußern Winkel größer als die innern, so wären auch unten die äußern größer als die innern. Wären aber oben die äußern Winkel kleiner als die innern, so wären auch unten die äußern kleiner als die innern. In beiden Fällen wäre aber die Summe der anliegenden äußern Winkel oben und unten entweder größer oder kleiner als die Summe der anliegenden innern Winkel oben und unten, d. h. ein flacher Winkel wäre größer oder kleiner als der andere flache Winkel, was nicht möglich ist. Daraus folgt, daß die äußern Winkel zu den innern oben und unten gleich sein müssen.

Beweis zu 3. Daß sich die Linien schneiden, folgt rein indirect aus dem zweiten Satze. Wo aber? folgt durch Aufeinanderlegen des untern Theils der Figur auf den obern, indem dann wegen der größern untern Winkel das obere Paar Linien zwischen das untere zu liegen kommt, sodaß, wenn sich die untern schnitten, sich nothwendig auch die obern schneiden müßten. Da aber zwei gerade Linien sich nur in Einem Punkte schneiden können, so dürfen sich die Linien unten nicht schneiden.

Der Beweis zu 4 folgt indirect aus dem vorigen. Jacobi (s. Nr. 75) sagt, durch jeden Punkt kann man nicht mehr als eine Linie ziehen, welche eine bestimmte Richtung hat. Denn denkt man sich durch den Punkt eine Linie in der gegebenen Richtung gezogen, und sollte durch denselben Punkt noch eine zweite von dieser verschiedene Linie möglich sein, welche dieselbe Richtung hat, so würde sie offenbar mit der ersten einen Winkel bilden, deshalb aber nothwendig eine andere Richtung haben, weil ja die Richtung einer Linie eben von dem Winkel abhängt.

Liegen nun zwei Linien, welche dieselbe Richtung

haben, neben einander, so werden sie bei beliebiger Verlängerung sich nie schneiden können. Denn schnitten sie sich irgendwo, so würde man dadurch einen Punkt erhalten, durch den zwei Linien von gleicher Richtung gingen, was nicht möglich ist. Es werden daher Linien von gleicher Richtung parallel sein.

Schneidet man endlich zwei parallele Linien oder was, nach dem eben Gesagten, dasselbe bedeutet, zwei Linien von gleicher Richtung durch eine dritte Gerade, so werden die Winkel mit dieser dritten bei beiden dieselben sein. Denn die Linie EF (Fig. XXX) hat eine gewisse Richtung und die beiden AB und CD haben auch eine gewisse, von der vorigen aber verschiedene Richtung. Die Verschiedenheit aber der Richtungen zweier Geraden wird überall im Raume dieselbe sein, es wird also der Winkel EAB, der die Verschiedenheit der Richtungen von EF und AB mißt, gleich sein dem Winkel ECD, der die von EF und CD mißt.

Daß zwei Linien, die mit einer dritten ungleiche Winkel machen, sich schneiden müssen, folgt nun auch ganz einfach daraus, daß durch einen Punkt nicht mehr als eine Linie mit einer andern parallel gehen kann.

Diese Sache wäre ganz gut und brauchbar, wenn man nur bestimmt angeben könnte, was man sich unter der Richtung einer Linie zu denken habe. In dem, was Jacobi sagt, liegt offenbar der Satz zum eigentlichen Grunde, daß man von Linien sagt, sie haben gleiche Richtung, wenn sie mit einer dritten Linie gleiche Winkel machen.

§. 20. Die beiden Theorien von Voigt (s. Nr. 30) und Langsdorf (s. Nr. 45) sind einander sehr ähnlich. Beide kommen darauf hinaus, daß der Raum nicht bis ins Unendliche theilbar ist, sondern daß es ein Element der Linie, ein Element der Fläche und ein Element des Körpers gibt. Das Element der Linie ist weder gerade noch krumm, nur durch die verschiedene Art der Zusammenfügung der Elemente entsteht die gerade oder die krumme Linie. Voigt will aus diesem Begriffe ableiten, daß durch einen Punkt außerhalb einer geraden Linie nur eine Parallele mit dieser gezogen werden könne. Er sagt nämlich:

Es sei (Fig. XXXI) αβ mit ab parallel, dann wird kein anderes Linienelement durch a gelegt werden können, welches parallel mit αβ ist. Denn wäre am ein solches Element, so kann man αβ so auf der Linie dg fortbewegen, daß der Winkel βad beständig derselbe bleibt und daß sie endlich den Endpunkt m des Elements am erreicht, dann wird α'β' zwar noch mit ab parallel sein, aber nicht mit am.

Hier sieht man offenbar nicht ein, weshalb die Linie αβ den Punkt m früher erreichen soll, als die Linie ab, da ja am noch keine Linie ist, sondern nur ein untheilbares Element.

Langsdorf will gradezu beweisen, daß parallele Linien von einer dritten unter gleichen Winkeln geschnitten werden. Er sagt:

Das Einfache, was durch sein continuirliches Nebeneinandersetzen den Begriff der Ausdehnung erzeugt, ist ein räumlicher Punkt, das durch continuirliches Nebeneinandersetzen des räumlichen Punkts Erzeugte ist die räumliche Linie, und das continuirliche Nebeneinandersetzen der räumlichen Linie erzeugt die räumliche Fläche. Nimmt man aus diesen continuirlich neben einander gesetzten Linien irgend welche heraus, so nennt man sie parallele Linien. Schneidet man diese durch eine dritte Gerade und denkt man sich alle zwischen den beiden Parallelen continuirlich neben einander liegenden räumlichen Linien, so wird der obere Rand der ersten parallelen Linie denselben Winkel mit der schneidenden machen, als der untere und dieser untere Rand der ersten Linie denselben Winkel, als der obere Rand der zunächst liegenden; weil beide Ränder zusammenfallen müssen, dieser dann wieder denselben Winkel als der untere Rand u. s. w. bis zur zweiten parallelen Linie.

§. 21. Die Verfasser Crelle (s. Nr. 56 und Nr. 85), Bürger (s. Nr. 66) und Schulz (s. Nr. 23) wollen das Wesen des Winkels in dem unendlichen Raume finden, welcher zwischen ihren Schenkeln liegt, d. h. nach ihrem Ausdrucke in den Winkelflächen, indem sie sagen: gleiche Winkel haben gleiche Winkelflächen, ungleiche aber ungleiche, und die Flächen zwischen parallelen Linien sind als Null zu betrachten. Man sehe hierüber Bendavid (s. Nr. 26) und Eichler (s. Nr. 24). Um hiervon eine Idee zu geben, führen wir noch die Entwickelung aus Crelle (Mathem. Journ. T. XI) an.

Der Verfasser will beweisen, daß zwei Linien EC und DB (Fig. XXXII), welche mit einer dritten zwei Winkel ECB und DBC machen, die zusammen kleiner als zwei Rechte sind, sich nothwendig schneiden müssen. Dieses thut er nun auf folgende Art. Man mache den Winkel ACB gleich dem Winkel DBI, d. h. gleich dem Supplement von DBC, und die Winkel ACE, ECF, FCG ꝛc. unter einander gleich, sodaß ACF = 2 . ACE, ACG = 3 . ACE ꝛc. wird, so ist klar, daß man immer irgend ein Vielsaches ACH = n . ACE von dem Winkel ACE wird finden können, welches gleich oder größer als der Winkel ACP ist, d. h. welches nicht kleiner als dieser Winkel ACP ist, welches auch der Winkel ACE sein mag. Hierbei kann n stets als ganze Zahl gedacht werden.

Andererseits mache man CB = BI = IL ꝛc. und die Winkel ACB, DBI, KIL ꝛc. unter einander gleich, dann werden die Figuren ACBD, DBIK, KILM ꝛc. unter einander congruent sein und man erhält ACIK = 2 . ACBD, ACLM = 3 . ACBD ꝛc.

Nun sei ACNO = n . ACBD, wo n denselben Zahlenwerth hat, als vorhin in dem Ausdrucke ACH = n . ACE, so sieht man, daß ACNO immer kleiner ist, als der Winkel ACP, weil ACNO nicht den Winkel ONP, der noch innerhalb ACP liegt, mit in sich begreift. Es wird also nothwendig ACBD kleiner als ACE sein müssen. Oder auch, man sieht, daß der Winkel ACP nicht in ACNO begriffen ist, sodaß folglich auch der Winkel ACH, der nicht kleiner als ACP ist, nicht darin begriffen sein kann; also kann auch der Winkel ACE, der nte Theil von ACH nicht in ACBD, dem nten Theil

von ACNO enthalten sein. Es muß also CE nothwendig BD schneiden.

Wir fügen zum Schlusse noch ein möglichst vollständiges chronologisch geordnetes Verzeichniß der Werke und Abhandlungen über die Parallelentheorie hinzu, worin wir bei der im Vorigen genauer behandelten die Nummer des Paragraphen, in welchem dieses geschehen, anmerken:

1) *Procli* in primum Elementorum Euclidis libri quatuor. (Basileae 1533. fol.) s. §. 8. 2) *Euclidis* Elementorum geometricorum libri tredecim. Ex traditione doctissimi *Nassir-Eddini* Tusini nunc primum arabice impressi. (Romae in Typographia Medicea 1594.) s. §. 16. 3) *Petri Rami*, Arithmeticae libri duo, geometriae XXVII. a *Lazaro Schonero* recogniti. (Francof. 1599. 4.) s. §. 3. 4) *Euclidis* Elementorum libri XV. Auctore *Christophoro Clavio*. (Bambergensi. Francofurti 1607.) s. §. 4. 5) Operetta delle linee rette equidistanti ed non equidistanti di *Pietro Antonio Cataldo*, (Bologna. 1603.) s. §. 3. 6) Euclide restituto da *Vitale Giordano da Bitonto*, Lettore delle Mathematiche nella Sapienza di Roma, e nella Reale Academia stabilita dal Rè Christianissimo nella medesima Citta. Libri XV. (Rom. 1686.) s. §. 5. 7) *Malezieu*, Elémens de Géometrie. (Paris 1721.) s. §. 16. *Varignoni*, Elémens de Mathém. (Paris 1731.) s. §. 7. 9) *Andreae Tacquet*, Elementa Euclidea. (Romae 1745.) s. §. 3. 10) *Ch. Wolf*, Elementa matheseos universae, (Halle 1750.) s. §. 3. 11) Principia theoriae de infinito mathematico et demonstrationem possibilitatis parallelarum publico eruditorum examini subjiciunt *Fridericus Gottlob Hanke* et *Benjamin Gottlieb Binder*. (Bresl. 1751.) s. §. 5. 12) *Rog. Jos. Boscovich*. Elementa matheseos universae. (Rom. 1754.) s. §. 3. 13) Élémens de Géometrie par *Koenig*. 1758. s. §. 8. 14) Diss. mathem. sistens linearum parallelarum proprietates nova ratione demonstratas, quam publicae eruditorum disquisitioni subjiciunt *Fridericus Daniel Behn* et respondens *Jonam. Jacob. de Hagen*. (Jena 1761.) s. §. 3. 15) Conatuum praecipuorum theoriam parallelarum demonstrandi recensio, quam publico examini submittens *Abr. Gotth. Kaestner* et auctor respondens *Georgius Simon Kluegel*. (Goetting. 1763.) s. §. 18. 16) *Andreae Boehmii* de rectis parallelis dissertatiuncula. 1763. 17) *Bezout*, Cours de mathématiques. (Paris 1770.) s. §. 3. 18) *Bossut*, Traité élémentaire de Géométrie. (Paris 1775.) s. §. 3. 19) Wr. J. Gfr. Karsten, Versuch einer völlig berichtigten Theorie von den Parallellinien. (Halle 1778.) s. §. 16. 20) Franz Xaver von Käsner, Abhandlung über die Lehre von den Parallellinien. (Wien 1778.) 21) Neueröffnetes Geheimniß der Parallellinien von Anton Felkel. (Wien 1781.) 22) Hindenburg, über die Schwierigkeit bei der Lehre von den Parallellinien. Neues System der Parallellinien. Im leipziger Magazin zur Naturkunde, Mathem. und Ökonomie. 1781 und 1786. 23) Entdeckte Theorie der Parallelen von J. Schulz. (Königsberg 1784, und Darstellung der vollkommenen Evidenz und Schärfe seiner Theorie der Parallelen. (Königsberg 1786.) s. §. 21. 24) *Kp. Eichler*, De theoria parallelarum *Schulziana*. (Leipzig 1786.) 25) Bestätigung der Schulzischen Theorie der Parallelen und Widerlegung der Bendavidschen Abhandlung über die Parallellinien von J. F. Genschen. (Königsberg 1786.) 26) über die Parallellinien, von *Lazarus Bendavid*. (Berlin 1786.) s. §. 86. 27) Theorie der Parallellinien, von Joh. Heinr. Lambert, Leipziger Magazin für reine und angewandte Mathem. 1786. 28) De Castillon, Mémoire sur les parallèles d'Euclide. Nouv. Mém. de l'acad. roy. des scienc. et bel. let. de Berlin. 1786—1787 et 1788—1789. 29) Opuscoli Mathematici del *Francesco Maria Franceschini*. (Bassano 1787.) p. 103—183. Opuscula III. La Teoria delle parallele rigorosamente dimostrata. s. §. 19. 30) *J. H. Voigt*, Dissertatio mathematica exhibens tentamen ex notione lineae rectae distincta et completa, axiomatis undecimi Euclidei veritatem demonstrandi. (Jena 1789.) s. §. 20. 31) *E. Rosenback*, Diss. sistens theoriam linearum parallelarum. 1789. 32) *Mt. Wold. v. Schroetteringk*, Demonstratio theorematis par-

PARALLEL   — 384 —   **PARALLELEN**

allelarum. (Hamburg 1790.) 33) *Lucca Cagnazzi*, Memoria sulle Curve Paralleli. Neapel. 34) J. F. Lorenz, Grundriß der reinen und angewandten Mathematik. (Helmstedt 1791.) f. §. 8. 35) *J. Jac. Ebert*, Progr. de lineis rectis parallelis. (Wittenberg 1792.) 36) Abr. Gotth. Kästner, Anfangsgründe der Arithm., Geom. 2c. (Göttingen 1792.) f. §. 18. 37) *J. C. F. Hauff*, Programma acad. quo duas vexatissimas matheseos purae elementaris theorias enodare conatur. (Marburg 1793.) 38) *J. C. D. Wildt*, Systematis matheseos proxime vulgandi specimen. Theses quae de lineis parallelis respondent. (Goetting. 1795.) 39) Bemerkungen über die Theorien der Parallelen des Hrn. Hofpredigers Schulz und der Herrn Gensichen und Bendavid. (Eibau 1796.) 40) G. Gli. Schmidt, Anfangsgründe der Mathematik zum Gebrauche auf Schulen und Universitäten. (Frankfurt a. M. 1797.) f. §. 18. 41) Demonstratio theorematis parallelarum. (Hamburg 1799.) 42) *J. Cp. Schwab*, Tentamen novae parallelarum theoriae notione situs fundatae. (Stuttg. 1801.) f. §. 8. 43) *Paul. Christ. Voit*, Percursio conatuum demonstrandi parallelarum theoriam de iisque judicium. (Goetting. 1802.) f. §. 2. 44) *Krausii* dissertatio de philosophiae et matheseos notione et earum intima conjunctione. (Jena 1802.) f. §. 14. 45) C. Ch. Langsdorf, Anfangsgründe der reinen Elementar= und höhern Mathematik. (Erlangen 1802.) f. §. 20. 46) Nouvelle Théorie des Parallèles avec un appendice contenant la manière de perfectionner la Théorie des Parallèles de *A. M. Legendre*. (Paris 1803.) 47) Die sechs ersten Bücher, nebst dem eilften und zwölften des Euclid, mit Verbesserung der Fehler, wodurch Theon und andere sie entstellt haben, nebst den Anfangsgründen der ebenen und sphärischen Trigonometrie mit erklärenden Anmerkungen von Rb. Simson. Aus d. Engl. übers. von J. Mthi. Reder, herausgegeb. v. Jos. Riesert. (Paderborn 1806.) f. §. 4. 48) J. Jos. Ign. Hoffmann, Kritik der Parallheltheorie. 1. Th. (Jena 1807.) f. §. 16. 49) M. J. G. Scheibel, Zwei mathem. Abhandl. I. Berth. der Theorie der Parallellinien nach dem Euclides. II. Beitrag zu den Untersuchungen der Eigenschaften der trigonometrischen Linien. (Breslau 1807.) 50) G. Sgm. Duvrier, Theorie der Parallelen. (Leipzig 1808.) f. §. 3. 51) Fd. C. Schweickart, Die Theorie der Parallellinien, nebst dem Vorschlag ihrer Verbannung aus der Geometrie. (Jena 1808.) f. §. 6. 52) Bh. F. Thibaut, Grundriß der reinen Mathematik. 2. Aufl. 1809. 4. Aufl. 1822. f. §. 14. 53) Ch. A. Herrmann, Versuch einer einfachen Begründung des eilften euclidischen Axioms. (Frankfurt 1813.) f. §. 18. 54) Ch. Alo. Hoffmann, Versuch einer einfachen Begründung des eilften euclidischen Axiom und die darauf gebaute Theorie der Parallellinien. (Frankf. 1813.) 55) J. F. Duttenhofer, Versuch eines strengen Beweises der Theoreme von den Parallellinien, vermittels einer von jenen Theoremen unabhängigen Construction des Rechtecks. (Stuttg. 1815.) 56) A. L. Crelle, Ueber Parallelen-Theorien und das System in der Geometrie. (Berlin 1816.) f. §. 21. 57) C. Ch. H. Vermehren, Versuch, die Lehre von den Parallelen und convergenten Linien aus einfachen Begriffen vollständig herzuleiten und gründlich zu beweisen. (Rostock 1816.) 58) *Wachter*, Demonstratio axiomatis geometrici in Euclideis undecimi. (Gedani 1817.) 59) C. B. Heßling, Versuch einer Theorie der Parallellinien. (Halle 1818.) f. §. 13. 60) Euclidis eilfter Grundsatz als Lehrsatz bewiesen von C. A. H. Hellwag. (Hamburg 1818.) 61) Wolf's Anfangsgründe der reinen Elementar= und höhern Mathematik mit Veränderungen und Zusätzen von Meyer und Langsdorf und mit umgeänderten Text von Müller. (Marburg 1818. 2. Ausg.) f. §. 15. 62) J. Wfg. Müller, Ausführliche evidente Theorie der Parallellinien. (Nürnb. 1819.) f. §. 8. 63) Lübike, Versuch einer neuen Theorie der Parallellinien. (Meißen 1819.) f. §. 3. 64) Martin Ohm, kritische Beleuchtung der Mathematik überhaupt und euclidischen Geometrie inebesondere. (Berl. 1812.) f. §. 19. 65) K. E. Strube, Theorie der Parallellinien. (Königsberg 1820.) f. §. 6. 66) J. A. W. Bürger, Vollständige Theorie der Parallellinien, nebst Anmerkungen über andere bisher erschienene Parallelentheorien. (Karlsruhe 1821.) f. §. 21. 67) Bh. F. Mönnich, Versuch, die Theorie der Parallellinien auf einen Grundbegriff der allgemeinen Grö-

ßenlehre zurückzuführen. (Berl. 1821.) 68) J. G. Küster, Versuch einer neuen Theorie der Parallelen. (Hamm 1821.) 69) *C. Hauff*, Nova rectarum parallelarum theoria. (Frankf. 1821.) f. §. 11. 70) M. Creizenach, Abhandlung über den eilften euclidischen Grundsatz, in Betreff der Parallellinien. (Mainz 1821.) f. §. 12. 71) Mthi. Metternich, Vollständige Theorie der Parallellinien oder geometrischer Beweis des eilften euclidischen Grundsatzes. (Mainz 1822.) 72) C. Rh. Müller, Theorie der Parallelen. (Marb. 1822.) 73) *Dn. Huber*, Nova theoria de parallelarum rectarum proprietatibus. (Bas. 1823.) f. §. 8 und §. 10. 74) *A. M. Legendre*, Eléments de Géométrie. 12. Ausg. 1825. f. §. 9. u. §. 13. 75) *Andr. Jacobi*, De undecimo Euclidis axiomate judicium. (Jena 1824.) f. §. 3. 8 u. 19. 76) *Joh. David Bensemann*, Diss. de undecimo axiomate Elementorum Euclidi. (Halle 1824.) f. §. 17. 77) F. A. Hegenberg, Vollständige auf die bekannten Elementarsätze von den geraden Linien gegründete Theorie der Parallellinien. (Berlin 1825.) 78) F. A. Taurinus, Theorie der Parallellinien. (Cöln 1825.) 79) über den eilften Grundsatz in Euclid's Elementen der Geometrie von Louis Olivier, in Crelle's mathem. Journ. 1. Th. S. 151. f. §. 18. 80) Ch. A. Koch, über Parallellinien. Ein Versuch, dem Urtheil Sachkundiger gewidmet. (Hamburg 1827.) 81) H. J. Reinhold, Theorie des Krummzapfens, nebst einem Anhange: Versuch einer rein geometrischen Begründung der Lehre von Parallellinien. (Münster 1829.) 82) J. A. P. Bürger, Vollständig erwiesene, von den ältesten Zeiten bis jetzt noch unberichtigt gewesene Theorie der Parallellinien 2c. (Heidelberg 1833.) Eine zweite Abhandlung 1834 und eine dritte 1835. 83) J. H. v. Swinden, Elemente der Geometrie, übersetzt von C. F. A. Jacobi. (Jena 1834.) f. §. 7. 84) S. Mezing, Beweis des eilften euclidischen Grundsatzes. (Berlin 1834.) 85) Théorie des parallèles, in Crell's mathem. Journ. 11. Th. S. 198. f. §. 21. 86) Nouvelle théorie des parallèles, par M. *Van-Tenac*, in den Annales maritimes et coloniales. 1836. Mai. 87) Lettre de M. *Gaudain* à M. *Van-Tenac*, sur la théorie des parallèles, in den Annales maritimes et coloniales. 1836. Novbr. 88) Hennig, Neue Begründung der Parallelentheorie. (Nürnberg 1827.) 89) Wießner, Beweis über Parallellinien, oder daß alle drei Winkel eines jeden Dreiecks zusammen genommen zwei rechten gleich sind. (Jena 1833 u. 1836.) 90) Nouvelle théorie des parallèles, par M. *Lemonnier*, in den Annales maritimes et coloniales. 1836. Juli. 91) Ignaz Kaiser, Versuch die Theorie der parallelen Linien streng nachzuweisen. (Wien 1836.) 92) Gräf, Der Satz von der Winkelsumme des Dreiecks, ohne Hilfe der Parallellinien bewiesen. (Rudolstadt 1837.)

                     (*L. A. Sohncke.*)

Literatur

Abardia, J./R. Agusti/C. J. Rodriguez (2012). „What did Gauss read in the Appendix?" In: *Historia Mathematica* 39, S. 292–323.

Abbott, E. A. (2009). *Flatland*. An Edition with Notes and Commentary by W. F. Lindgren and Th. F. Banchoff. Cambridge.

Adickes, E. (1910). „Liebmann als Erkenntnistheoretiker". In: *Kantstudien* 15, S. 1–52.

Baldus, R./F. Löbell (1964). *Nichteuklidische Geometrie. Hyperbolische Geometrie der Ebene*. Berlin.

Baltzer, R. (1867). *Die Elemente der Mathematik. Band 2. Planimetrie, Stereometrie, Trigonometrie*. 2. Aufl. Leipzig.

– (1870). „Ueber die Hypothesen der Parallelentheorie". In: *Journal für die reine und angewandte Mathematik* 73, S. 372–373.

Becker, J. C. (1873). „Besprechung von ‚Absolute Geometrie. Nach Johann Bolyai von Dr. J. Frischauf. Professor an der Universität Graz. Leipzig, Verlag von B. G. Teubner. 1872' ". In: *Zeitschrift für Mathematik und Physik (Literaturzeitung)* 18, S. 69–71.

Beez, R. (1874). „Über Mannigfaltigkeiten höherer Ordnung". In: *Mathematische Annalen* 7, S. 387–395.

– (1875). „Zur Theorie des Krümmungsmasses von Mannigfaltigkeiten höherer Ordnung". In: *Zeitschrift für Mathematik und Physik* 20, S. 423–444.

– (1888). *Über Euklidische und Nicht-Euklidische Geometrie. Wissenschaftliche Beilage aus dem Programm des Gymnasiums und Realgymnasiums zu Plauen i. V.* Plauen.

Beltrami, E. (1867). „Della variabili complesse sopra una superficie qualunque". In: *Annali di Matematica pura ed applicata* (2)1, S. 329–366.

– (1869a). „Essai d'interpretation de la géométrie non euclidienne". Übersetzung ins Französische von Beltrami 1868 von J. Houël. In: *Annales scientifiques de l'école normale supérieure* 6, S. 251–288.

– (1869b). „Théorie fondamentale des espaces de courbure constante". Übersetzung ins Französische von Beltrami 1869 von J. Houël. In: *Annales scientifiques de l'école normale supérieure* 6, S. 347–375.

Bertrand, J. (1869). „Sur la somme des angles d'un triangle". In: *Compte rendu des Séances de L'Académie des Sciences* 69, S. 1267–1269.

– (1870). „Sur la démonstration relative à la somme des angles d'un triangle". In: *Compte rendu des Séances de L'Académie des Sciences* 70, S. 17–20.

Betti, E. (1871). „Sopra gli spazi di un numero qualunque di dimensioni". In: *Annali di Matematica pura ed applicata* 4.2, S. 140–158.

Biermann, K. R. (1988). *Die Matheamtik und ihre Dozenten an der Berliner Universität 1810–1933*. Berlin [DDR].

Blaschke, W. (1954). *Projektive Geometrie*. Basel und Stuttgart.

Boi, L./L. Giacardi/R. Tazzioli (1998). *La découverte de la géométrie non euclidienne sur la pseudosphère. Les lettres d'Eugenio Beltrami à Jules Houël (1868–1881)*. Paris.

Bolyai, J. (1867). „La science absolue de l'espace, indépendant de la vérité ou de la fausseté de l'Axiome XI d'Euclide (que l'on ne pourra jamais établir a priori). Suivie de la quadrature géométrique du cercle, dans le cas de la fausseté de l'Axiome XI." Traduit par J. Houël. In: *Mémoires de la Société des sciences physiques et naturelles de Bordeaux* 5, S. 189–248.

– (1868). „Sulla scienza dello spazio assolutamente vera, ed indipendente dalla verità o dalla falsità dell'assioma XI di Euclide. (giammai da potersi decidere a priori)". Übersetzung von G. Battaglini. In: *Giornale di matematiche* 6, S. 97–115.

Bonola, R./H. Liebmann (1908). *Die nichteuklidische Geometrie.* Leipzig und Berlin.

Breitenberger, E. (1984). „Gauss' geodesy and the axiom of parallels". In: *Archive for History of Exact Sciences* 31, S. 273–289.

Cayley, A. (1854). „An introductory memoir on quantics". In: *Transactions of the Royal Society of London* 144, S. 245–258.

– (1859). „Sixth memoir on quantics". Zitiert nach Cayley 1889, 561–593. In: *Transactions of the Royal Society of London* 149, S. 61–90.

– (1865). „Note on Lobatschesky's imaginary geometry". In: *Philosophical Magazine* 24, S. 231–233.

– (1872). „On the non-euclidean geometry". In: *Mathematische Annalen* 2, S. 630–634.

– (1889). *The Collected mathematical Papers. Vol. II.* Cambridge.

Chadarevian, S. de/N. Hopwood, Hrsg. (2004). *Models. The Third Dimension of Science.* Stanford.

Clebsch, A./F. Lindemann (1891). *Vorlesungen über Geometrie. Zweiter Band, erster Teil.* Leipzig.

Clifford, W. K. (1873). „Prelimary scetch on biquaternions". (auch in: Mathematical Papers (London, 1872), 181–200). In: *Proceedings of the London Mathematical Society* 4, S. 381–395.

Contro, W. (1976). „Von Pasch zu Hilbert". In: *Archive for History of Exact Sciences* 15, S. 283–295.

Daum, A. (2002). *Wissenschaftspopularisierung im 19. Jahrhundert.* 2. Aufl. München.

Décaillot, A.-M. (2011). *Cantor und die Franzosen.* Heidelberg

Dehn, M. (1900). „Die Legendre'schen Sätze über die Winkelsumme im Dreieck". In: *Mathematische Annalen* 53, S. 404–439.

Drobisch, M. W. (1863). *Neue Darstellung der Logik nach ihren einfachsten Verhältnissen. Mit Rücksicht auf Mathematik und Naturwissenschaften.* 3. Aufl. Leipzig.

Dühring, E. (1875). *Cursus der Philosophie als streng wissenschaftlicher Weltanschauung und Lebensgestaltung.* Leipzig.

Efimov, N. W. (1970). *Höhere Geometrie II. Grundzüge der projektiven Geometrie.* Braunschweig/Basel.

Enriques, F. (1910). *Probleme der Wissenschaft. II. Teil.* Übersetzung von K. Grelling. Leipzig und Berlin.

Erdmann, B. (1877). *Die Axiome der Geometrie, eine Untersuchung der Riemann-Helmholtzschen Raumtheorie.* Leipzig.

Euklid (1818). *Euklid's Elemente funfzehn Bücher: Aus dem Griechischen übersetzt von Johann Friedrich Lorenz. Aufs neue herausgegeben von Karl Brandan Mollweide* 4. Aufl. Halle und Berlin.

– (1980). *Die Elemente.* übersetzt und hg. von Cl. Thaer. Darmstadt.

Fechner, G. T. (unter dem Pseudonym Mises) (1846). „Der Raum hat vier Dimensionen". In: *Vier Paradoxa.* Hrsg. von Dr. Mises. Leipzig, S. 15–40.

Freudenthal, H. (1957). „Zur Geschichte der Grundlagen der Geometrie. Zugleich eine Besprechung der 8. Auflage von Hilberts ,Grundlagen der Geometrie' ". In: *Nieuw Archief voor Wiskunde* 5, S. 105–142.

Frischauf, J. (1872). *Absolute Geometrie nach J. Bolyai bearbeitet.* Leipzig.

– (1876). *Elemente der absoluten Geometrie.* Leipzig.

– (1877). „Erwiderung auf Herrn F. Pietzker's Anzeige meiner ,Elemente der absoluten Geometrie' ". In: *Zeitschrift für den mathematischen und naturwissenschaftlichen Unterricht* 8, S. 222–223.

Gauß, K. F. (1831). „Selbstanzeige". In: *Göttingische gelehrte Anzeigen* 1, S. 625–638.

– (1880). *Werke. Band IV.* Göttingen.

– (1900). *Werke. Band VIII.* Leipzig.

Gilles (1880a). „Bedenkliche Richtungen in der Mathematik". In: *Zeitschrift für den mathematischen und naturwissenschaftlichen Unterricht* 11, S. 5–24.

– (1880b). „Erwiderung auf die Bemerkungen des Herrn V. Schlegel". In: *Zeitschrift für den mathematischen und naturwissenschaftlichen Unterricht* 11, S. 278–281.

Gray, J./S. Walter (1997). *Three supplements on Fuchsian Functions.* Berlin.

Grunert, J. A. (1867). „Ueber den neuesten Stand der Frage von der Theorie der Parallelen". In: *Archiv der Mathematik und Physik* 47, S. 307–320.

Günther, S. (1877). *Der Thibaut'sche Beweis für das elfte Axiom historisch und kritisch erörtert. Programm zur Schlussfeier des Jahres 1876/77 an der Königlichen Studienanstalt zu Ansbach*. Ansbach.

– (1878). „Die pädagogisch verwertbaren Errungenschaften der Neuzeit". In: *Zeitschrift für den mathematischen und naturwissenschaftlichen Unterricht* 9, S. 80–88.

Hallett, M./U. Majer (2004). *David Hilbert. Lectures on the Foundations of Geometry 1891–1902*. Berlin

Helmholtz, H. (1865). „Über die thatsächlichen Grundlagen der Geometrie". In: *Verhandlungen des Naturhistorisch-medicinischen Vereins Heidelberg* 4, S. 197–202.

– (1869). „Correctur an dem Vortrag vom 22. Mai 1868, die thatsächlichen Grundlagen der Geometrie betreffend". In: *Verhandlungen des Naturhistorisch-medicinischen Vereins Heidelberg* 5, S. 31–32.

– (1883a). „Über den Ursprung und Sinn der geometrischen Sätze. Antwort gegen Professor Land". In: *Wissenschaftliche Abhandlungen. Band 2*. Braunschweig, S. 640–650.

– (1883b). „Über den Ursprung und die Bedeutung der geometrischen Axiome". (Englische Übersetzung: The Mind 1 (1876), 301–321, französische Übersetzung in Revue scientifique 12 (1877), 1197–1207). In: *Vorträge und Reden. Band II*. 4. Aufl. Braunschweig, S. 1–31.

Henke, J. (2010). *Der Bewegungsbegriff in der neueren Geometrie und seine Adaption im elementaren Geometrieunterricht*. Hamburg.

Hensel, S. (1989). „Mathematik und Technik im 19. Jahrhundert in Deutschland". In: *Die Auseinandersetzungen um die mathematische Ausbildung der Ingenieure*. Hrsg. von S. Hensel/K. N. Ihmig/M. Otte. Göttingen, S. 1–111.

Hermite, Ch. (1854). „Sur la théorie des formes quadratiques ternaires indéfinies". In: *Journal für die reine und angewandte Mathematik* 47, S. 307–312.

Hilbert, D. (1895). „Ueber die gerade Linie als kürzeste Verbindung zweier Punkte". In: *Mathematische Annalen* 46, S. 91–96.

– (1901). „Über Flächen von konstanter Gaußscher Krümmung". In: *Transactions of the American Mathematical Society* 2, S. 86–99.

– (1903). *Grundlagen der Geometrie*. 2. Aufl. Leipzig.

– (1972). *Grundlagen der Geometrie*. 11. Aufl. Stuttgart.

– (2004). *Lectures on the Foundations of Geometry 1891–1902*. Ed. By M. Hallett and U. Majer. New York

– (2009). *Lectures on the Foundations of Physics 1915–1927*. Ed. by U. Majer and T. Sauer. New York

Hoffmann, I. C. V. (1870). „Die Prinzipien des 1. Buches von Euclid's Elementen". In: *Zeitschrift für den mathematischen und naturwissenschaftlichen Unterricht* 3, S. 114–143.

Hoppe, R. (1872). „Ueber das Verhältnis der Naturwissenschaft zur Philosophie". In: *Tageblatt der 45. Versammlung Deutscher Naturforscher und Ärzte Leipzig*, S. 104–107.

– (1875). „Über den Raumbegriff". In: *Tageblatt der 48. Versammlung Deutscher Naturforscher und Ärzte Graz*, S. 142–143.

– (1876). „Ueber den Grund der mathematischen Evidenz". In: *Tageblatt der 49. Versammlung Deutscher Naturforscher und Ärzte Hamburg*, S. 60–62.

Houël, J. (1863). „Essai d'une exposition rationnelle des principes fondamentaux de la géométrie élémentaire". In: *Archiv der Mathematik und Physik* 40, S. 171–211.

– (1866). „Etudes géométriques sur la théorie des parallèles, par Lobatschewsy, suivi d'un extrait de la correspondance de Gauss et de Schumacher". Übersetzung ins Französische von Lobatschewskij, 1840. In: *Mémoires de la Société des sciences physiques et naturelles de Bordeaux* 4, S. 83–128.

– (1867). *Essai critique sur les principes fondamentaux de la géométrie élémentaire ou commentaire sur les XXXII premiers propositions des Eléments d'Euclide*. Paris.

– (1870). „Note sur l'impossibilité de démontrer par une construction plane le principe des parallèles, dit Postulatum d'Euclide". In: *Nouvelles annales de mathématiques* 9.2, S. 93–96.

Jahnke, N. (1990). *Mathematik und Bildung in der humboldtschen Reform*. Göttingen.

Karsten, W. J. G. (1761). *Beyträge zur Aufnahme der Theoretischen Mathematik. Viertes Stük*. Rostock.

Kern, St. (1983). *The Culture of Space and Time 1880–1918*. London.

Killing, W. (1877). „Über einige Bedenken gegen die Nicht-Euklidische Geometrie". In: *Zeitschrift für den mathematischen und naturwissenschaftlichen Unterricht* 8, S. 220–222.

– (1878). „Über zwei Raumformen mit constanter positiver Krümmung". In: *Journal für die reine und angewandte Mathematik* 86, S. 72–83.

Klein, F. (1871). „Über die so genannte Nicht-Euklidische Geometrie". In: *Mathematische Annalen 4*, S. 573–625.

– (1872). *Vergleichende Betrachtungen über neuere geometrische Forschungen*. Erlangen.

– (1873). „Über die sogenannte Nicht-Euklidische Geometrie. Zweiter Aufsatz". In: *Mathematische Annalen 7*, S. 112–145.

– (1893a). *Nicht-euklidische Geometrie I. Vorlesung gehalten während des Wintersemesters 1889–90*. Autographierte Ausarbeitung von Fr. Schilling. 2. Aufl. Göttingen.

– (1893b). *Nicht-euklidische Geometrie II. Vorlesung gehalten während des Sommersemesters 1890*. Autographierte Ausarbeitung von Fr. Schilling. 2. Aufl. Göttingen.

– (1921). *Gesammelte Abhandlungen. Band 1*. Berlin.

– (1928). *Vorlesungen über nichteuklidische Geometrie*. Berlin.

– (1979). *Vorlesungen über die Entwicklung der Mathematik im 19. Jahrhundert. Ausgabe in einem Band*. Nachdruck der Ausgabe Berlin 1926 [Band 1] und Berlin 1927 [Band 2]. Berlin, Heidelberg und New York.

Königsberger, L. (1919). *Mein Leben*. Heidelberg.

Kronecker, L. (1869). „Über Systeme von Funktionen mehrerer Variabeln". In: *Monatshefte der Berliner Akademie der Wissenschaften*, S. 159–193; 688–698.

Kunz, E. (1976). *Ebene Geometrie*. Reinbek.

Laguerre-Verly, E. (1853). „Note sur la théorie des foyers". In: *Nouvelles annales de mathématiques* 1.Serie 12, S. 57–66.

– (1852). „Note sur la théorie des foyers". In: *Nouvelles annales de mathématiques* 1.Serie 11, S. 290–292.

Legendre, A. M. (1817). *Eléments de géométrie*. 11. Aufl. Paris.

Liebmann, O. (1876). *Zur Analysis der Wirklichkeit*. Straßburg.

Lobatschewskij, N. I. (1840). *Geometrische Untersuchungen zur Theorie der Parallellinien*. Berlin.

Lorey, W. (1916). *Das Studium der Mathematik an den deutschen Universitäten seit Anfang des 19. Jahrhunderts*. Leipzig und Berlin.

– (1938). *Der deutsche Verein zur Förderung des mathematischen und naturwissenschaftlichen Unterrichts e. V. 1891–1938*. Frankfurt a. M.

Lotze, H. (1879). *Metaphysik. Drei Bücher der Ontologie, Kosmologie und Psychologie*. Leipzig.

Luminet, J. M. (2005). „Topologie et cosmologie". In: *Géométrie au XXe siècle*. Hrsg. von J. Kouneiher u. a. Paris, S. 351–361.

Mahwin, J. (1995). „La terre tourne-t-elle? A propos d'une polémique née d'un livre d'Henri Poincaré". In: *Ciel et Terre* 111, S. 3–10.

– (1996). „La Terre tourne-t-elle? A propos de la philosophie scientifique de Poincaré". In: *Réminisciences, vol. 2*. Hrsg. von J.F Stoffel. Louvain-la-Neuve/Paris, S. 215–252.

Minding, F. (1839). „Wie sich entscheiden lässt, ob zwei krumme Flächen aufeinander abwickelbar sind oder nicht". In: *Journal für die reine und angewandte Mathematik* 19, S. 370–377.

– (1840). „Über einen besonderen Fall bei der Abwickelung krummer Flächen". In: *Journal für die reine und angewandte Mathematik* 20, S. 171–172.

Most, R. (1883). *Neue Darlegung der absoluten Geometrie und Mechanik mit Berücksichtigung der Frage nach den Grenzen des Weltenraumes. Jahresbericht über die Städtische Oberrealschule (in Umwandlung zum Realgymnasium) zu Coblenz für das Schuljahr 1882/83*. Coblenz.

Nabonnand, Ph. (2012). „La ‚quatrième' géométrie de Poincaré". (Eine deutsche Übersetzung erscheint 2013 in den „Mathematischen Semesterberichten".) In: *Gazette des mathématiciens Oktober 2012 No. 134*, S. 76–86.

Newcomb, S. (1877). „Elementary theorems relating to the geometry of a space of three dimensions and of uniform positive curvature in the fourth dimension". In: *Journal für die reine und angewandte Mathematik* 83, S. 293–299.

Osterhammel, J. (2011). *Die Verwandlung der Welt. Eine Geschichte des 19. Jahrhunderts*. München.

Pasch, M. (1882). *Vorlesungen über neuere Geometrie*. Leipzig.

– (1976). *Vorlesungen über neuere Geometrie*. Nachdruck der zweiten Auflage Berlin 1926 [mit einem Anhang von M. Dehn]. Berlin, Heidelberg und New York.

Paul, M. (1980). *Gaspard Monges „Géométrie descriptive" und die Ecole Polytechnique. Eine Fallstudie über den Zusammenhang von Wissenschafts-und Bildungsprozess*. Bielefeld [IDM].

Peters, C. A. F., Hrsg. (1863). *Gauß, K. F. – Schumacher, H. C. Briefwechsel. Band 5*. Altona.

Peters, W. S. (1961/62). „J. H. Lamberts Konzeption einer Geometrie auf einer imaginären Kugel". In: *Kant-Studien* 53, S. 51–67.

Pietzker, Fr. (1876). „Besprechung von Frischauf ‚Elemente der absoluten Geometrie' ". In: *Zeitschrift für den mathematischen und naturwissenschaftlichen Unterricht* 7, S. 464–473.

– (1877). „Replik gegen die Bemerkungen des Dr. Killing und Professors Frischauf". In: *Zeitschrift für den mathematischen und naturwissenschaftlichen Unterricht* 8, S. 301–303.

– (1895). „Besprechung von Killing ‚Grundlagen der Geometrie. Erster Band' ". In: *Zeitschrift für den mathematischen und naturwissenschaftlichen Unterricht* 26, S. 580–588.

Poincaré, H. (1906). *Der Wert der Wissenschaft*. Übersetzung von E. Weber, Anmerkungen und Zusätze von H. Weber. Leipzig und Berlin.

– (1908). „L'invention mathématique". In: *Science et méthode*. Paris, S. 24–34.

– (1950). „Sur les applications de la géométrie non euclidien à la théorie des formes quadratiques". (= Association française pour l'avencement des sciences, 10e Session 16. Avril 1881, 132–138). In: *Œuvres tome V*. Paris, S. 267–274.

– (1952a). „Grand prix des sciences mathématiques". (= Comptes rendus de l'Académie des Sciences 92 (1881), 551–554). In: *Œuvres tome II*. Paris, S. 71–74.

– (1952b). „Sur les fonctions Fuchsiennes". (= Comptes rendus de l'Académie des Sciences 92 (1881), 333–335). In: *Œuvres tome II*. Paris, S. 1–4.

– (1952c). „Sur les groupes Kleinéens". (= Comptes rendus de l'Académie des Sciences 93 (1881), 44–46). In: *Œuvres tome II*. Paris, S. 23–25.

– (1952d). „Théorie des groupes Fuchsiens". (= Acta mathematica 1 (1882), 1–62). In: *Œuvres tome II*. Paris, S. 108–168.

– (1953). „Sur les hypothèses fondamentales de la géométrie". (= Bulletin de la Société mathématique de France 15 (1887), 203–216). In: *Œuvres tome XI*. Paris, S. 79–91.

– (1968). *La Science et l'hypothèse*. (1. Auflage Paris, 1902). Paris.

Pont, J.-C. (1986). *L'aventure des parallèles. Histoire de la géométrie non euclidienne : précurseurs et attardés*. Berne

Reich, K./E. Roussanova (2012). *Carl Friedrich Gauß und Russland. Sein Briefwechsel mit in Russland wirkenden Wissenschaftlern*. Berlin.

Richards, J. (1988). *Mathematical visions. The Pursuit of Geometry in Victorian England*. Boston

Riehl, A. (1924). *Der philosophische Kritizismus. Erster Band: Geschichte des philosophischen Kritizismus*. 3. Aufl. Leipzig.

– (1925). *Der philosophische Kritizismus. Zweiter Band: Die sinnlichen und logischen Grundlagen der Erkenntnis*. 2. Aufl. Leipzig.

Riemann, B. (1867). „Über die Hypothesen, welche der Geometrie zu Grunde liegen". In: *Abhandlungen der Königlichen Gesellschaft der Wissenschaften zu Göttingen* 13, S. 133–152.

Rosenfeld, B. A. (1988). *A History of Non-Euclidean Geometry. Evolution of the Concept of a Geometric Space*. Übersetzung von A. Shenitzer mit historischer Unterstützung von H. Grant. New York

Rosenthal, A. (1910). „Über das dritte Hilbertsche Axiom der Verknüpfung". In: *Mathematische Annalen* 68, S. 223–228.

– (1911). „Vereinfachung des Hilbertschen Systems der Kongruenzaxiome". In: *Mathematische Annalen* 71, S. 257–274.

Schiemann, G. (1997). *Wahrheitsgewißheitsverlust. Hermann von Helmholtz' Mechanismus im Anbruch der Moderne*. Darmstadt.

Schilling, F. (1931). *Die Pseudosphäre und die nichteuklidische Geometrie*. Leipzig und Berlin.

Schipperges, H. (1976). *Weltbild und Wissenschaft. Eröffnungsreden zu den Naturforscherversammlungen 1822–1972*. Stuttgart.

Schlimm, D. (2010). „Pasch's philosophy of mathematics". In: *The Review of Symbolic Logic* 3, S. 93–118.

Schmidt, F. (1868). „Aus dem Leben zweier ungarischer Mathematiker Johann und Wolfgang Bolyai von Bolya". In: *Archiv der Mathematik und Physik* 48, S. 217–228.

Schmidt, S. (1985). „Max Simon (1844–1918). Person und Konzeption einer Didaktik des gymnasialen Mathematikunterrichts um die Jahrhundertwende". In: *Didaktik und Methodik des Rechnens und der*

Mathematik. Mit einer Einführung von Siegbert Schmidt. Nachdruck der Ausgabe München 1908. Paderborn, E 5–E 64.

Schmitz, A. (1884). *Aus dem Gebiete der nichteuklidischen Geometrie. Programm für die K. bayrische Studienanstalt Neuburg a. D.* Neuburg a. d. Donau.

Scholz, E. (2004). „C. F. Gauss' Präzisionsmessungen terrestrischer Dreiecke und seine Überlegungen zur empirischen Fundierung der Geometrie in den 1820er Jahren". In: *Form, Zahl, Ordnung. Studien zur Wissenschafts-und Technikgeschichte.* Ivo Schneider zum 65. Geburtstag. Hrsg. von R. Seising/M. Folkerts/U. Hashagen. Stuttgart, S. 355–380.

Schotten, H. (1890). *Inhalt und Methode des planimetrischen Unterrichts. Eine vergleichende Planimetrie. Band I: Grundbegriffe.* Leipzig.

– (1893). *Inhalt und Methode des planimetrischen Unterrichts. Eine vergleichende Planimetrie. Band II: Richtung und Abstand, Lagen-und Maßbezeichnungen, Parallelismus, Winkel, Dreieck.* Leipzig.

Schubring, G. (1986). *Bibliographie der Schulprogramme in Mathematik und Naturwissenschaften (wissenschaftliche Abhandlungen) 1800–1875.* Bad Salzdetfurt.

Schur, Fr. (1892). „Die Parallelenfrage im Lichte der modernen Geometrie". In: *Pädagogisches Archiv* 34, S. 545–553.

Schweins, F. F. (1805). *Geometrie nach einem neuen Plane bearbeitet aus den Schriften der Alten und Neuen gesammelt, und mit neuen Sätzen vermehrt.* Göttingen.

Simon, M. (1891). *Zu den Grundlagen der nicht-euklidischen Geometrie. Beilage zum Programm des Lyceums zu Straßburg für das Schuljahr 1890/91.* Straßburg.

– (1892). „Die Trigonometrie in der absoluten Geometrie". In: *Journal für die reine und angewandte Mathematik* 109, S. 187–198.

– (1905). „Die Dreieckskonstruktion in der nichteuklidischen Geometrie". In: *Mathematische Annalen* 61, S. 587–588.

– (1906). „Über die Entwicklung der Elementar-Geometrie im XIX. Jahrhundert". In: *Jahresbericht der Deutschen Mathematiker Vereinigung, der Ergänzungsbände erster Band.* Leipzig.

– (1985). *Didaktik und Methodik des Rechnens und der Mathematik. Mit einer Einführung von Siegbert Schmidt.* Nachdruck der Ausgabe München 1908. Paderborn

Sommerville, D. M. Y. (1911). *Bibliography of Non-Euclidean Geometry.* reprinted 1970. New York.

Spinoza, B. (1967). *Tractatus de intellectus emendatione. Ethica. Abhandlung über die Berichtigung des Verstandes. Ethik.* hg. von K. Blumenstock. Darmstadt.

Stäckel, P./Fr. Engel (1895). *Die Theorie der Parallellinien von Euklid bis auf Gauß.* Leipzig.

Steck, M. (1981). *Bibliographica Euclideana.* Hildesheim.

Struve, H./R. Struve (2004). „Klassische nicht-euklidische Geometrien. Ihre historische Entwicklung und Bedeutung und ihre Darstellung". In: *Mathematische Semesterberichte* 51, S. 37–67; 207–223.

Swinden, J. H. van (1834). *Elemente der Geometrie, aus dem Holländischen übersetzt und vermehrt von C. F. A. Jacobi.* Jena.

Sylvester, J. J. (1869). „A Plea for the Mathematician". In: *Nature* 1, S. 237–239.

Thibaut, B. F. (1822). *Grundriß der reinen Mathematik zum Gebrauch bei academischen Vorlesungen.* 4. Aufl. Göttingen.

Tichy, R./J. Wallner (2009). „Johannes Frischauf – eine schillernde Persönlichkeit in Mathematik und Alpinismus". In: *Internationale Mathematische Nachrichten* 210, S. 21–32.

Tilly, J.-M. de (1872). „Besprechung von C. Flye Sainte-Marie 'Etudes analytiques sur la théorie des parallèles [Paris, 1871]' ". In: *Bulletin des sciences mathématiques et astronomiques* 3, S. 131–138.

Tobies, R./K. Volkert (1998). *Mathematik auf den Versammlungen der Gesellschaft deutscher Naturforscher und Ärzte 1843–1890.* Stuttgart.

Toepell, M. (1986). *Über die Entstehung von David Hilberts „Grundlagen der Geometrie".* Göttingen.

– (1996). *Mathematiker und Mathematik an der Universität München.* München.

Tropfke, J. (1940). *Vierter Band: Geschichte der Elementargeometrie. Ebene Geometrie.* hg. von K. Vogel. 3. Aufl. Berlin.

Veblen, O. (1923). „Geometry and Physics". In: *Science* 57. Feb. 1923, S. 129–139.

Voelke, J.-D. (2005). *Renaissance de la géométrie non euclidienne entre 1860 et 1900.* Berne.

Voigt, R. (1874). „Ueber die Bedeutung der Nicht-euklidischen Geometrie für unsere Ansichten über die Natur des Raumes". In: *Tageblatt der 47. Versammlung deutscher Naturforscher und Ärzte Breslau*, S. 177–178.

Volkert, K. (1986). *Die Krise der Anschauung.* Göttingen.

– (1987). *Geschichte der Analysis.* Mannheim

– (1989). „Zur Differenzierbarkeit stetiger Funktionen. Ampère's Beweis und seine Folgen". In: *Archive for History of Exact Sciences* 40, S. 37–112.

– (1993). „Note on Helmholtz' Paper ‚Ueber die thatsächlichen Grundlagen der Geometrie' ". In: *Historia Mathematica* 20, S. 307–309.

– (1994a). „Max Simon als Historiker und Didaktiker der Mathematik". In: *Der Wandel im Lehren und Lernen von Mathematik und Naturwissenschaften. Band 1: Mathematik.* Hrsg. von J. Schönbeck/H. Struve/K. Volkert. Weinheim, S. 73–88.

– (1994b). „Wechselwirkungen zwischen Geometrie und Geometrieunterricht im 19. Jh. (Teil II)". In: *Der Wandel im Lehren und Lernen von Mathematik und Naturwissenschaften. Band 1: Mathematik.* Hrsg. von J. Schönbeck/H. Struve/K. Volkert. Weinheim, S. 169–191.

– (1994c). „Zur Rolle der Anschauung in mathematischen Grundlagenfragen. Die Kontroverse zwischen Hans Reichenbach und Oskar Becker über die Apriorität der euklidischen Geometrie". In: *Hans Reichenbach und die Berliner Gruppe.* Hrsg. von L. Danneberg/A. Kamlah/L. Schäfer. Braunschweig und Wiesbaden, S. 275–293.

– (1996). „Hermann von Helmholtz und die Grundlagen der Geometrie." In: *Hermann von Helmholtz. Vorträge eines Heidelberger Symposiums anläßlich seines hundersten Todestages.* Hrsg. von W. U. Eckert/K. Volkert. Pfaffenhofen, S. 177–205.

– (2002). *Das Homöomorphismusproblem insbesondere der 3-Mannigfaltigkeiten in der Topologie 1892– 1935.* Paris.

– (2008). „Wie viele Dimensionen hat der Raum – und wie läßt sich das beschreiben?" In: *Mosaiksteine moderner Schulmathematik.* Hrsg. von J. Schönbeck. Heidelberg, S. 199–212.

– (2010a). „Are there points at infinity. A debate among German Teachers around 1870". In: *Eléments d'une biographie de l'espace projectif.* Hrsg. von L. Bioesmat-Martagon. Nancy, S. 197–205.

– (2010b). „Projective plane and projective space from a topological point of view". In: *Eléments d'une biographie de l'espace projectif.* Hrsg. von L. Bioesmat-Martagon. Nancy, S. 287–313.

– (2011). „Essai sur la tératologie mathématique". In: *Justifier en mathématiques.* Hrsg. von D. Flament/Ph. Nabonnand. Paris, S. 167–213.

– (2013a). „Up, Up, and away. The fourth dimension and beyond". In: *Eléments d'une biographie de l'espace mathématique.* Im Erscheinen. Hrsg. von L. Bioesmat-Martagon. Nancy.

– (2013b). „Ways of space-making". In: *Eléments d'une biographie de l'espace mathématique.* Im Erscheinen. Hrsg. von L. Bioesmat-Martagon. Nancy.

Waltershausen, W. Sartorius von (1856). *Gauß zum Gedächtnis.* Stuttgart.

Weber, H./J. Wellstein/W. Jacobsthal (1907). *Encyklopädie der Elementaren Mathematik. Band 2. Elemente der Geometrie.* 2. Aufl. Leipzig.

Wehler, H.-U. (2006). *Deutsche Gesellschaftsgeschichte. Dritter Band: Von der deutschen „Doppelrevolution" bis zum Beginn des Ersten Weltkriegs 1849–1914.* 2. Aufl. München.

Weissenborn, H. (1878). „Über die neueren Ansichten vom Raum und von den geometrischen Axiomen". In: *Vierteljahresschrift für wissenschaftliche Philosophie* 2, S. 222–239, 314–334, 449–467.

Zöllner, Fr. K. (1872). *Über die Natur der Kometen.* Leipzig.

Personenverzeichnis